世界兽医经典著作译丛·小动物外科系列

小动物无血手术

【西班牙】乔斯·罗德里格斯（José Rodríguez）
【阿根廷】吉列尔莫·库托（Guillermo Couto）
【西班牙】乔根·利纳斯（Jorge Llinás）
编著

中国农业出版社
北　京

图书在版编目（CIP）数据

小动物无血手术 / （西）乔斯 · 罗德里格斯，（阿根廷）吉列尔莫 · 库托，（西）乔根 · 利纳斯编著；刘光超主译．—北京：中国农业出版社，2023.1
（世界兽医经典著作译丛）
ISBN 978-7-109-30431-4

Ⅰ．①小…　Ⅱ．①乔…　②吉…　③乔…　④刘…　Ⅲ．①动物疾病－外科手术　Ⅳ．①S857.12

中国国家版本馆CIP数据核字（2023）第027303号

English edition:
Small animal surgery, Surgery atlas,a step-by-step guide, Bloodless surgery
©2014 Grupo Asís Biomedia, S.L.
ISBN: 978-84-942449-3-3

合同登记号：图字01-2018-1208号

中国农业出版社出版
地址：北京市朝阳区麦子店街18号楼
邮编：100125
责任编辑：武旭峰　弓建芳
版式设计：杨　婧　　责任校对：刘丽香　　责任印制：王　宏
印刷：北京缤索印刷有限公司
版次：2023年1月第1版
印次：2023年1月北京第1次印刷
发行：新华书店北京发行所
开本：889 mm × 1194 mm　1/16
印张：17
字数：515千字
定价：188.00元

译者名单

主　译　刘光超

参　译（按姓氏笔画排序）

王　静　牛启蒙　田　萌　司一江　许　超

杜佳卿　李　欣　杨　栋　张　舟　罗旭阳

孟凯闻　侯　宁　施　尧　贾晓麟　柴鑫妍

原著作者

José Rodríguez （Edition and coordination）, DVM, PhD

Graduate in Veterinary Medicine from the Complutense University of Madrid

Head Tutor of the Department of Animal Pathology, University of Zaragoza

Guillermo Couto, DVM, dipl. ACVIM

Graduate in Veterinary Medicine from the University of Buenos Aires

American diploma in Internal Medicine and Oncology

Tutor at the Department of Clinical Science at the Faculty of Veterinary Medicine

Oncology/Haematology Department at Ohio State University （Ohio, USA）

Jorge Llinás, DVM

Graduate in Veterinary Medicine from the University of Zaragoza

University specialist in Maxillofacial Surgery

Director and founder of the Valencia Sur Veterinary Hospital （Valencia, Spain）

President of the Spanish Society for Veterinary Laser and Electrosurgery

合著者

Sheila Aznar, DVM
Graduate in Veterinary Medicine from the University of Zaragoza Huellas Veterinary Centre （Jaca, Spain）

Beatriz Belda, DVM
Graduate in Veterinary Medicine from the University of Valencia

María Borobia, DVM
Graduate in Veterinary Medicine from the University of Zaragoza
Associate professor of the Department of Animal Pathology, University of Zaragoza

Cristina Bonastre, DVM, PhD
Graduate in Veterinary Medicine from the University of Zaragoza
Doctor in Veterinary Medicine from the University of Cáceres
Associate professor of the Department of Animal Pathology, University of Zaragoza

Fausto Brandão, DVM, MSc., Cert. Spec. EaMIS
Graduate in Veterinary Medicine from the Technical University of Lisbon MSc.
University Masters in CO_2 laser
Specialist International Veterinary Consultant for Karl Storz GmbH & Co. KG （Tuttlingen, Germany）

Roberto Bussadori, DVM, PhD
Graduate and Doctor of Veterinary Medicine from the University of Milan
European Doctorate in Veterinary Medicine
Director of the Gran Sasso Veterinary Clinic （Milan, Italy）

Gabriel Carbonell, DVM
Graduate in Veterinary Medicine from the Cardenal Herrera-CEU University of Valencia

Vicente Cervera, DVM, Dipl. ACVR, Dipl. ECVDI
Graduate in Veterinary Medicine from the Cardenal Herrera-CEU University of Valencia
American and European diploma in Diagnostic Imaging
Head of the Diagnostic Imaging Area at the Valencia Sur Veterinary Hospital

Miguel Ángel de Gregorio, DVM, PhD
Graduate and Doctor of Medicine from the University of Zaragoza
Professor of Radiology and Physical Medicine at the University of Zaragoza
Head of the Image-guided minimally invasive surgery unit at the Clinical University Hospital of Zaragoza

Amaya de Torre, DVM
Graduate in Veterinary Medicine from the University of Zaragoza
Director of the Hispanidad Veterinary Clinic （Zaragoza, Spain）
Associate professor of the Department of Animal Pathology, University of Zaragoza

Gabriele Di Salvo, DVM
Graduate in Veterinary Medicine from the University of Messina

Gran Sasso Veterinary Clinica (Milan, Italy)

Azucena Gálvez, DVM, PhD

Graduate and Doctor of Veterinary Medicine from the University of Zaragoza
Director of the Torrero Veterinary Clinic (Zaragoza, Spain)
Associate professor of the Department of Animal Pathology, University of Zaragoza

Luis García, DVM

Graduate in Veterinary Medicine from the University of Zaragoza
Director of the Ejea Veterinary Clinic (Zaragoza, Spain)
Vice-President of the Spanish Society for Veterinary Laser and Electrosurgery

Olivia Gironés, DVM PhD

Graduate and Doctor of Veterinary Medicine from the University of Zaragoza
Professor of the Department of Animal Pathology, University of Zaragoza

Mª Cristina Iazbik, DVM

Graduate in Veterinary Medicine from the University of Buenos Aires
Director of Operations for the Blood Bank, Veterinary Medical Centre, The Ohio State University (Ohio, USA)

Manuel Jiménez, DVM, Dipl. MRCVS

Graduate in Veterinary Medicine from the University of Cordoba
European diploma from the College of Veterinary Surgery
Valencia Sur Veterinary Hospital (Valencia, Spain)

Alicia Laborda, DVM, PhD

Graduate and Doctor of Veterinary Medicine from the University of Zaragoza
Asst Professor of the Department of Animal Pathology, University of Zaragoza

Clara Lonjedo, DVM

Graduate in Veterinary Medicine from the University of Zaragoza
Silla Veterinary Clinica (Valencia, Spain)

Ángel Ortillés, DVM

Graduate in Veterinary Medicine from the University of Zaragoza
PhD student at the University of Zaragoza

David Osuna, DVM

Graduate in Veterinary Medicine from the Complutense University of Madrid
Director of the Mobile Veterinary Surgery Department

Carolina Serrano, DVM, PhD

Graduate and Doctor of Veterinary Medicine from the University of Zaragoza
Asst Professor of the Department of Animal Pathology, University of Zaragoza

Pedro Suay, DVM

Graduate in Veterinary Medicine from the University of Zaragoza
Silla Veterinary Clinica (Valencia, Spain)

Ana Whyte, DVM, PhD

Graduate and Doctor of Veterinary Medicine from the University of Zaragoza
Professor of the Department of Animal Pathology, University of Zaragoza

序

非常荣幸José Rodríguez博士能邀请我为这部充满了外科学知识艺术的新书作序。当我看到这个标题时，还以为这部作品是关于如何在可能的情况下推迟手术。读完这部新书后，我就无法拒绝这个作序的机会了。

本书中由José Rodríguez和Jorge Llinás等外科兽医所分享的无出血手术原则，已成为了人类手术的金标准。在人体手术中，该操作的主要目的在于降低长期住院治疗带来的高昂成本，以及减少输血带来的继发性并发症。在兽医领域，我们也有类似的目标。我们知道，如果可以加速愈合和恢复、减少使用抗生素、降低输血难度，同时降低血液存储及相容性的风险，病患也会直接受益。

手术中的出血是不可避免的，外科医生通常会小心地使用止血技术来控制出血。然而，有时凝血问题或过度的手术创伤也会导致出血，这种情况下的出血会更难控制和止血，这将使手术难以继续进行并将影响病患康复。

为使无血手术也能够成为兽医手术中的金标准，本书总结了手术与出血所涉及的关键点，讨论了手术技术可能影响出血的各个阶段，介绍了止血、凝血问题的诊断与控制、术中和术后出血的控制、麻醉师在手术团队中发挥的作用、减少或控制出血的手术技术、电刀与激光等的使用；同时还介绍了对于特殊病例的替代疗法，这些替代疗法适用于改善某些特定的术式中的剥离操作或止血过程，促进病患康复。

本书和以往系列图书的撰写模式相同，为读者提供非常实用的临床方法，使经验丰富的外科医生和受训者都可以学到新的内容，帮助他们改善手术技术，使病患尽快恢复健康。

通过与另一位著作颇多的著名兽医学作者Guillermo Couto博士的合作，这本书变得更具吸引力，为这部作品中知识的质量和标准提供了保证。

读者将会看到本书根据现有文献资料，对逐个问题进行了十分深入的讨论。

我相信这将是一本值得读者反复翻阅的书籍，虽然它没有提供所有问题的答案，但它提供了有关持续研究、学习和提高兽医外科手术以及动物健康等问题的关键点。

这本书如同一部解剖书，是刚踏入兽医外科领域的新人与这一领域经验丰富的专家都应必备的书籍。

Rodolfo Bruhl Day, DVM, Ch.Dip. SAS, Dip. CLOVe, Ed.D.
小动物外科学教授
格林纳达圣乔治大学动物医学院小动物医学和外科学系主任

前　言

风筝冲浪是一项新兴的运动，人们站在冲浪板上拉着风筝借由风力掠过水面。

由于风筝冲浪可以达到很高的时速，又包括巨大的跳跃动作，网络上又不时发布出一些事故视频，因而许多人认为这是一项极限运动。但事实并非如此，它是近年来发展最快的水上运动之一。今天，到处都可以看到在海滩和湖泊上进行风筝冲浪的儿童、年轻人和老人。

冲浪和风筝冲浪所带来的独特感受，是无法以任何其他的方式来体验的，这种特殊体验可以改变人生。

风筝冲浪所带来的伤害比手球、篮球、足球或曲棍球等运动少得多，但要真正不受伤害并降低风险，必须要经过良好的理论学习和实践训练。在上水之前需要进行数小时掌控风筝的练习；必须选择适合自身体重和风力的装备；必须要有保护措施，并且对水域十分了解（包括风的类型和方向、水流、岩石或其他危险因素）。

当你评估了所有外部因素，并且已将用具备好在海滩上，无论你心里多么急于开始，也应冷静行动。必须在安全的地方检查和安装风筝。在将挂环连接到安全带之前，必须正确连接线绳并检查所有线绳。随后是重中之重的环节：升起和降落风筝更是精细的动作，必须在经验丰富的助手帮助下完成。如果其中一个人犯了错误，风筝就会坠到地面，驾驶风筝的人也会被拖到沙滩上。

计划一天的工作、冷静地准备设备只需几分钟，却能保障安全运动几个小时。但同时，驾驶风筝的人必须保持对周围环境的警觉以避免发生事故，注意观察游泳的人及其他人的位置避免碰撞，并随时关注气象变化以便需要时紧急上岸。

很显然，在海上可能遇到不能人为控制的困境。做一个好的风筝冲浪者也意味着要了解这些威胁，并克服它们。同理，一个好的外科医生可以控制和纠正出现的医疗并发症。临床中发生问题时没有太多时间思考，就要做出决定并解决问题。就像在海上一样，错误的决定会导致严重的问题。这种反应能力的基石是外科团队的培训、实践和经验，以及正确地计划和准备手术。

实现了预期的目标，这会是美好的一天，每个人各得其乐，一切按计划进行，没有发生任何意外，每个人都期待着第二天新的手术带来的挑战。

“如果你想要不同的结果，不要重复做同样的事情”

——阿尔伯特·爱因斯坦（1879—1955）。

在外科手术过程中，必须保持组织有适当的血液供应，以确保营养和氧合作用，但同时对于切割组织时不可避免的过度出血，整个外科手术团队必须及时加以制止。必须在保留血管和凝血之间取得平衡，如此完成手术而不出现并发症，使得组织和病患都能够迅速恢复。

所有外科手术的成功都取决于外科医生及其团队在术前、术中和术后精确高效地识别和控制出血的技能和能力。

任何外科医生都必须熟悉正常的凝血过程及影响因素，以及在术中和术后止血的方法。他必须了解有助于凝血的药物，控制出血的机械手段、化学手段、热学手段和手术方法，以及如何识别和应对凝血问题和术后出血。

在本书中，我们整理了所有关于如何在手术过程中减少出血量、控制和最小化并发症的必要信息，还总结了正常的凝血过程，以及改变这一过程的临床意义；如何检测并管理出现的问题；评估了麻醉师的作用，以及药物是如何止血和控制出血；提出了应用于控制术中出血常用的、有效的和最新的方法和技术。

我们知道本书所涵盖的许多主题读者已经有所了解，但重新审视并更新记忆永远不是一件坏事。当然我们也希望提供新的有用的信息，分享我们在控制和管理出血方面的经验。我们的目的是使手术更简单，减少外科医生和病患的压力，实现最快、最好的术后恢复。

我们希望本书的正文会是您所感兴趣的内容，并且能激发您对手术的热情。

José Rodríguez
Guillermo Couto
Jorge Llinás

致　谢

完成这本书之后再回头看，才发现自己已走了这么远；我们永远都会记得那些曾经给予帮助并支持我们到达这一刻的所有人。

首先必须要感谢家人，感谢他们每天都能包容我们、理解我们并支持我们。

感谢所有教导过并对我们进行外科手术培训的人们。这份感谢名单很长，无穷无尽，但我们要特别感谢支持和推动这个项目的：

Ricardo Viana，投资并提供了兽医电外科技术进步所需的工具设备。

Daniel Farrés，认同无血手术的理念，并提供了专业支持和个人支持。

Robert Bussadori和Ana Whyte，分享了他们的知识并投入了时间。

Pablo Llinás、Fernando Gómez、Nacho Yarza及Javier Beut和Fundación Cirujanos Plastikos Mundi，让我们在整形及颌面外科领域与他们一起学习并受训。

还要感谢我的父亲，我与他共同度过了生命的最后几个月并写下这本书。

Dieter Brandau和Jaime Arias，曾带领我进入外科手术领域，并指导我度过了在本领域的最初几年。

当然，我们也非常诚挚地感谢所有的兽医、实习生、助理、行政人员、维护和清洁人员，他/她们每天都承受着巨大的压力而努力工作，以协助我们的外科医生取得最好的结果。

非常感谢所有信任我们的同事，他们将病例转介给我们进行治疗。希望自己并没有让他/她们失望。

最后但也同样重要的是，我们衷心感谢Servet团队出色的工作及专业精神。正如您所看到的，他们将本书设计得既有吸引力又易于查阅。

目　录

引 言

为什么术中必须控制或尽量减少出血?

微血管及少数情况下的大血管系统均有一定的连续性，因此任何手术操作必然会导致出血。由于受损组织的结构及接受手术动物的病理状态不同，术中出血的显著程度也不同。

出血可能很严重以至于使手术难以进行，甚至危及病患生命。因此，数百年来术者们一直很担心病患的出血及止血问题。

Abu al-Qasim Khalaf ibn al-Abbas Al-Zahrawi，也就是Albucasis（936—1013），被称为“外科手术之父”，在其著作“Al-Tasrif”中描述了局部压迫及电烙止血的方法。从此以后，外科医师已探索了术中及术后控制出血的多种方法。这就是现代手术的关注点和“无血手术”的原理。

> 术中及术后的出血可能是外科医生最担心的问题之一。

“无血手术”这个词最早是在20世纪早期，由骨外科医师Adolf Aorenz基于他在病人身上实施的低侵入性操作的原理所提出来的，他也因此被人们称为“无血外科医师”（dry surgeon）。

在人类医学上，无血手术观念最重要的原因是整体上降低输血的必要性，如此便能够避免免疫反应的发生、降低血源性疾病的传播、减少诊疗花费或消除由于宗教信仰原因无法接受输血等情况。

> 止血可减少或阻止血液从受损血管处丢失。

出血在术中是不可避免的，但应尽量控制及减少出血。

> 任何侵入性操作中，手术团队必须努力在维持组织的足够供血和防止出血之间达到平衡。

这点很重要，因为术野内的血液会影响术者对组织的观察，使手术的精确度和有效性降低（图0.1）。另外，血凝块是细菌生长的温床，可使术后感染的风险增加，同时也会成为愈合期组织内的异物，导致组织难以愈合。更为重要的，如果出血严重或长时间出血，则可导致病患出现低血容量性休克、渐进性低血氧并危及其生命。

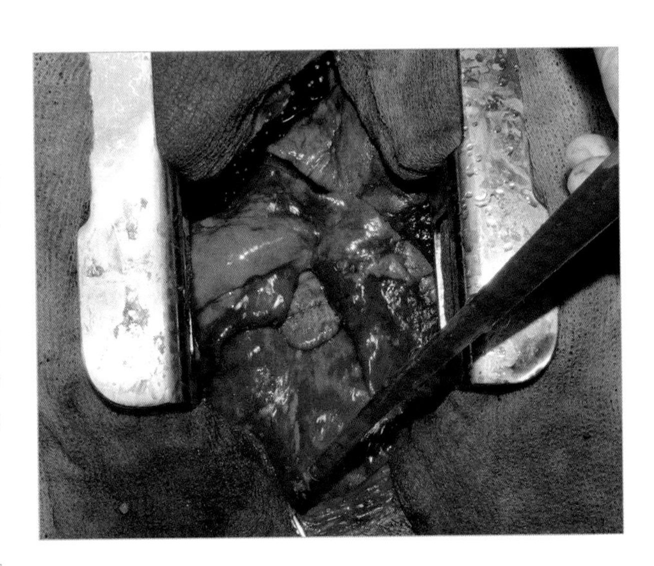

图0.1　术中应尽可能地采取措施以减少出血，尽可能保持术野清洁，以方便手术顺利进行，促进病患的恢复。

还需要注意的是，由于知识储备不足或缺少训练，医生可能未能正确地实施止血技术，这可导致组织损伤增加、血管形成减少、动物更加疼痛不适，最终导致手术失败。

为使无血手术顺利进行，外科医师的训练及技术十分重要。比这点更重要的是术前对每个动物个体的考量与计划，术前对潜在的凝血问题进行排查并纠正异常的凝血功能，细心地制定手术方案以使手术准确无误地进行并减少出血（表0.1），并准备好合适的器械与技术来应对随时可能出现的出血。

表0.1 控制术中出血应考虑的因素

病患	技术
凝血	操作类型
药物	手术切口
全身状况	切口的大小与保护
营养状态	不可见或控制不良的出血
低体温、酸中毒	无法缝合的组织

控制出血可使术野清晰，并避免后续的术后出血。

术中及术后的出血与手术的类型和持续时间（紧急手术或计划性手术）、术者的熟练程度、麻醉方法及术后护理直接相关。

表0.2 术中控制失血的方法

方法	内容
机械性方法	■ 直接压迫 ■ 布及加压 ■ 结扎、皮钉、缝线
药物	■ 肾上腺素 ■ 鱼精蛋白 ■ 去氨加压素 ■ 赖氨酸类似物（氨基己酸/氨甲环酸）
常用物质	■ 明胶海绵 ■ 纤维素海绵 ■ 纤维蛋白 ■ 氰基丙烯酸酯 ■ ……
能量/温度	■ 单极电刀 ■ 双极电刀 ■ 激光 ■ 双极血管闭合器 ■ ……

接下来的章节为理解并识别动物术前所出现的凝血问题的临床基础，以及针对性治疗的方法。有关不同的麻醉及手术技巧、减少出血及促进凝血的可用材料、无血手术可用的器械（图0.2）也会进行相关的介绍；还会特别讲述器械止血、常用止血产品，并根据对组织发生作用的不同形式对其进行分类（表0.2）。也会以一些典型的临床病例来阐述不同技术的实际应用。

若手术很成功，但术后很快发生了出血（图0.3），则医生应考虑以下可能的原因：

- 动物是否存在凝血异常？
- 是否出现了麻醉的副作用或术中是否存在某些错误？
- 是否可能是因为血压恢复造成的？
- ……

最好能在治疗前就找到这些问题的答案，或重新手术以查找出血的源头。

图0.2　爪部及足垫的手术非常容易出血，通过使用单极电凝手术刀能够减少手术相关出血并不影响后续愈合。

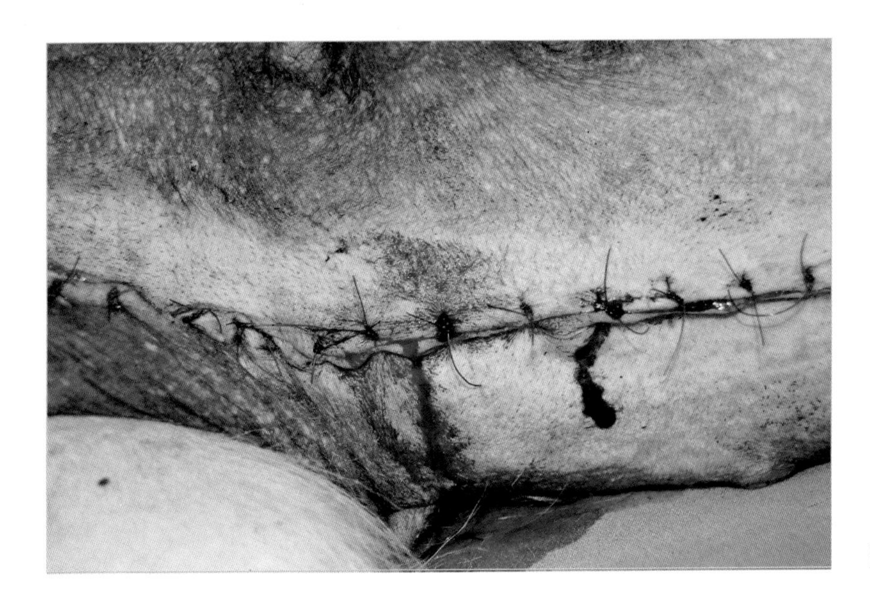

图0.3　当动物血压恢复正常后可能出现延迟性出血。

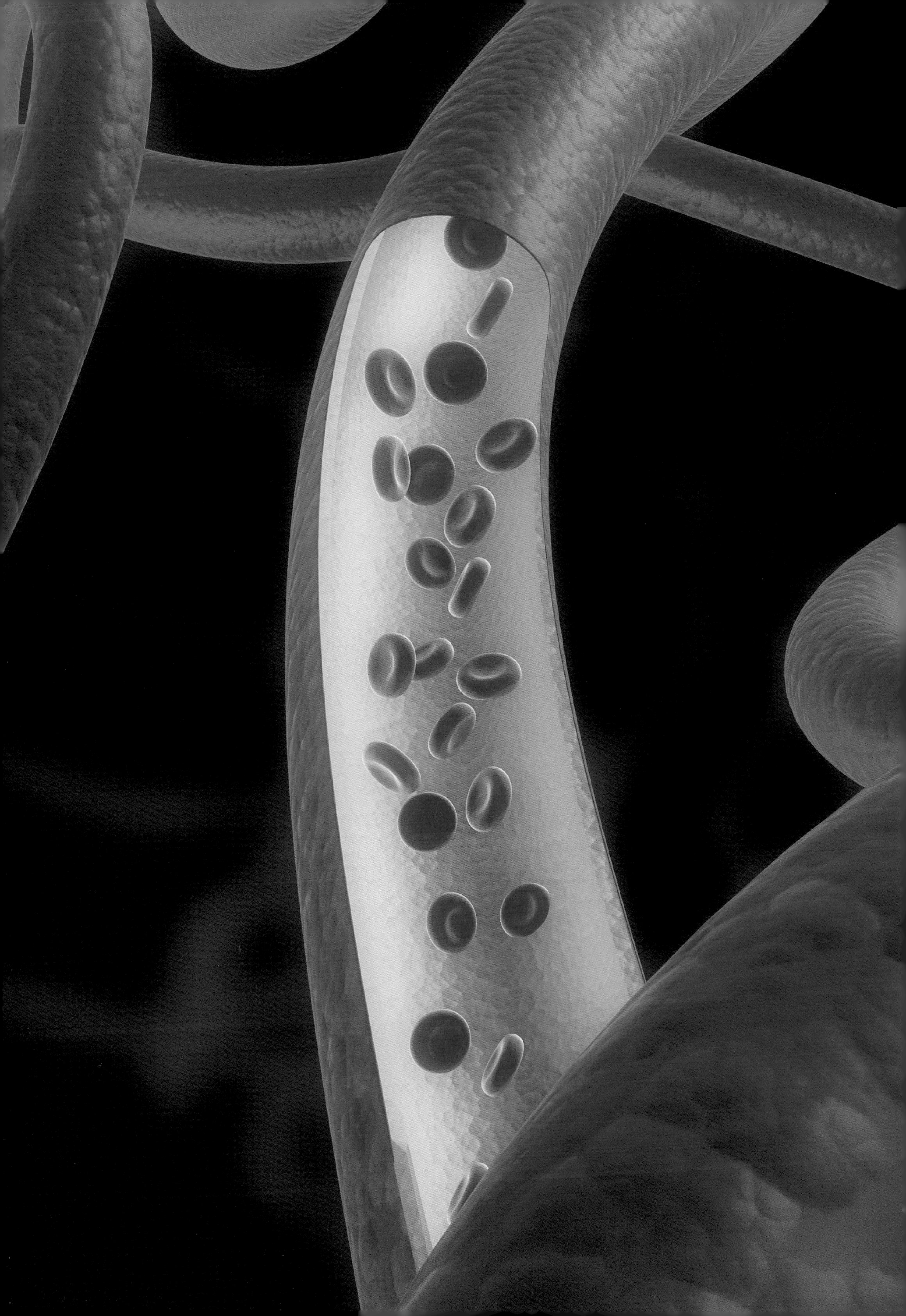

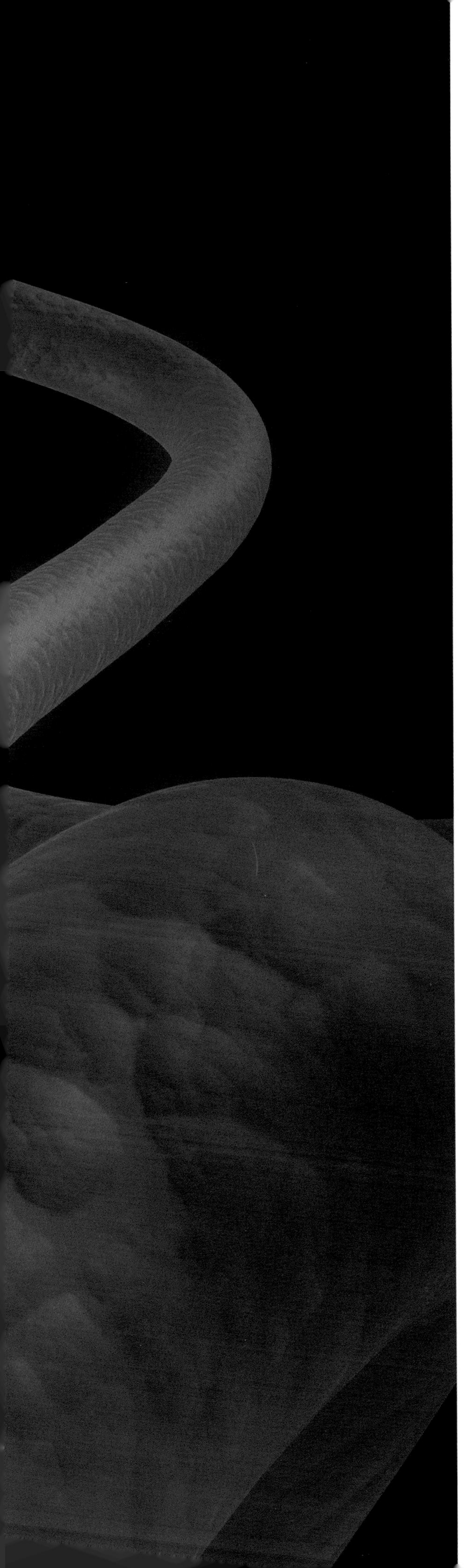

第1章　凝血及凝血障碍

概述

临床凝血生理学

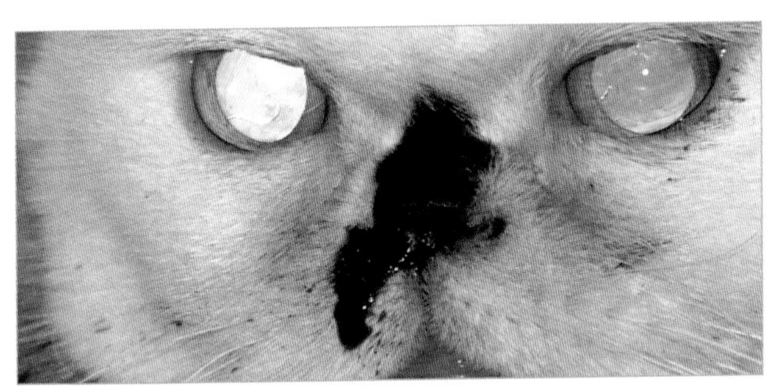

出血的临床症状

凝血功能评估技术

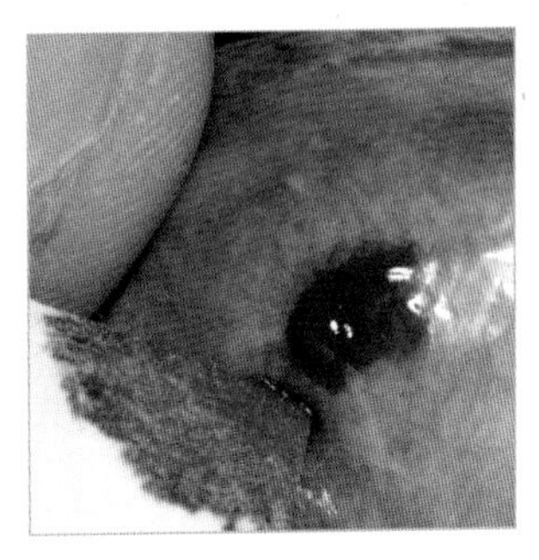

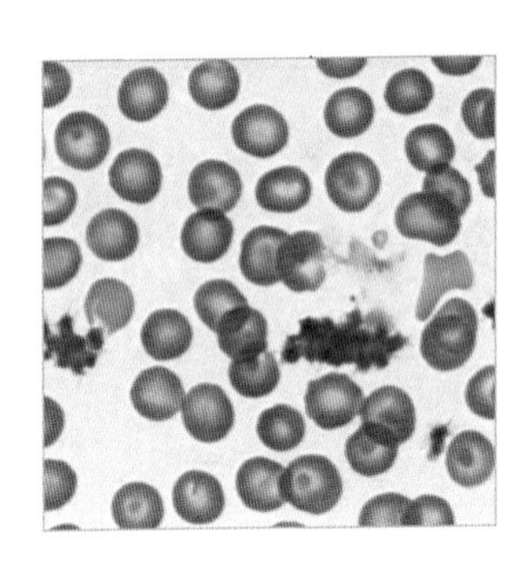

凝血障碍或术前出血病患的护理

兽医临床常见的凝血障碍

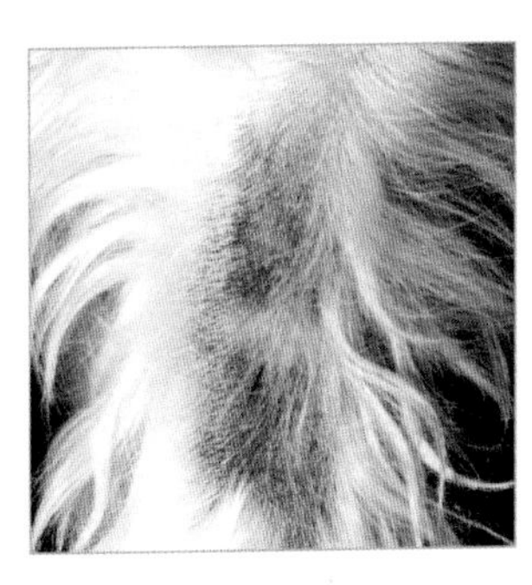

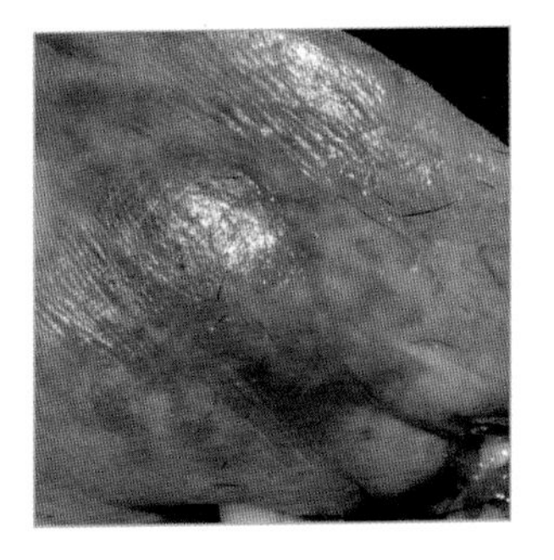

概 述

相对来说，犬更常见自发性出血或围手术期过度出血，但猫极少发生。若排除了局部止血（如结扎）失败，通常出血的原因更可能是全身性的凝血障碍。对大多数病患来说，进行有序合理的检查即可确定病因，也能够使其获得恰当的治疗。

很明显，除了自发性出血，凝血功能异常的病患也可能出现与之相反的问题：血栓或栓塞。尽管伴侣动物不常见血栓，且血栓通常与特定的疾病相关（如猫肥厚性心肌病、犬库兴氏综合征），却也越来越高发（图1.1至图1.3）。

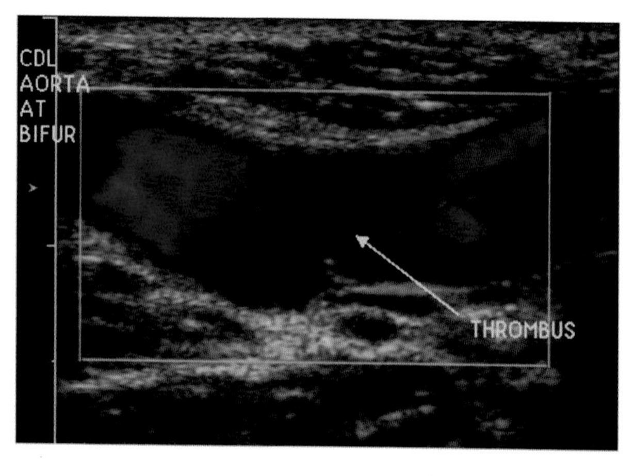

图1.1 一只灰猎犬髂动脉血栓的超声影像图（箭头所指部位即血栓）。

血栓的发生越来越频繁。

犬最常见的自发性出血病因是免疫介导性血小板减少症。其他导致出血的常见疾病有感染性血小板减少症、弥散性血管内凝血（DIC）及灭鼠药中毒。

先天性凝血异常并不常见，但犬常见冯布兰德病（Von Willebrand disease, VWD），然而此病很少引起自发性出血。猫常见凝血检测结果的异常，但自发性出血很罕见。

自发性出血最常见的病因是血小板减少症。

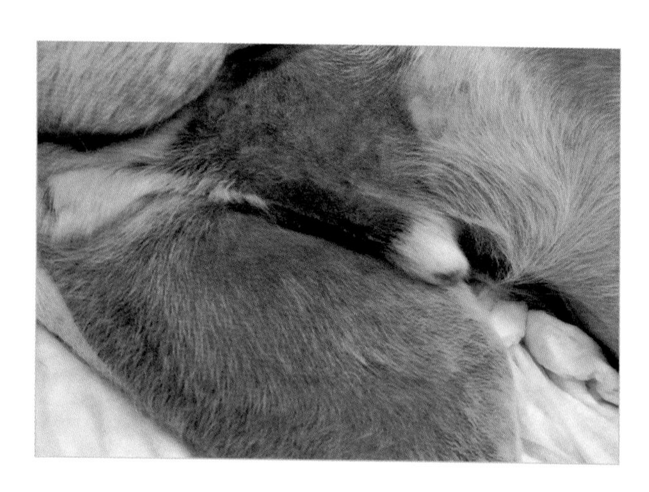
图1.2 一只患髂动脉血栓的灰猎犬的后肢外观。

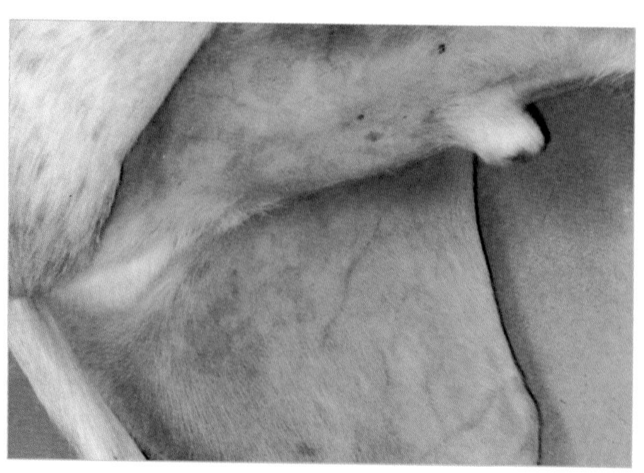
图1.3 同一只犬使用抗凝剂治疗后的后肢外观。

临床凝血生理学

血小板除在初级血栓（初级凝血栓子）形成中有着重要作用外，由于其和细胞因子的产生有关，它们也参与维持血管内皮的完整性。另外，血小板参与调节循环内的内皮前体细胞（endothelial precursor cells）的分化。血小板减少的病例，内皮细胞连接处将发生出血，即当血小板数目低至20 000 ~ 30 000个/mm^3时，内皮细胞连接处断裂，红细胞从血管中逸出。

正常情况下，血管损伤时血管立即收缩，凝血过程即可被快速激活。平顺的血流变得湍急使循环血接触内皮下层组织，从而使血小板即刻黏附聚集于损伤处，此黏附是通过黏附蛋白介导的，如冯布兰德因子（Von Willebrand factor，VWF）、纤维蛋白原、纤连蛋白等。血小板在损伤处的黏附和聚集形成初级血栓，此过程发生迅速，但血栓的寿命很短（数秒钟）且相对不稳定。此血栓相当于支架，可使次级凝血系统能够形成稳定的血栓/血凝块（次级血栓）。

> 血管损伤后，血小板在损伤部位黏合聚集形成不稳定的血栓。

对于健康动物来说，凝血因子以非活性形式存在于循环中，只在损伤的部位被激活。凝血级联反应的内源性、外源性及共同途径在数十年前就已被阐明，现在在提及血液凝集的生理学过程时我们仍然在使用以上理论，但在生物体内凝血并不是严格遵循这些步骤发生的。例如，因子Ⅻ（FⅫ）对血液凝固并不是引发凝血的接触阶段（contact phase of coagulation）所必需的，因为在FⅫ缺乏的犬、猫并不会出现自发性出血。体内最有效的凝血机制是FⅦ因子经组织因子（TF）作用被激活，或传统的外源性途径。20年来，人们逐渐了解到内源性和外源性凝血途径之间关系甚密。

传统的凝血模式中，接触阶段的激活（内源性途径）与初级血栓的形成几乎同时发生，使得纤维蛋白形成。如图1.4所见，内源性途径参与的因子有FⅫ、FⅪ、FⅨ及FⅧ。理论上FⅫ是内皮细胞暴露所激活的；前激肽释放酶（Fletcher因子）及高分子质量激肽原（high-molecular-weight kininogen）是FⅫ的辅因子。如前所述，体内内源性途径所发挥的功能目前仍受到质疑。

次级血栓稳定且持续时间长。不过当发生组织损伤时，组织因子（存在于有机体所有细胞细胞膜表面上，除了正常的内皮细胞）会被瞬间释放。组织因子会迅速激活FⅦ（外源性途径），使得次级血栓形成（图1.4）。

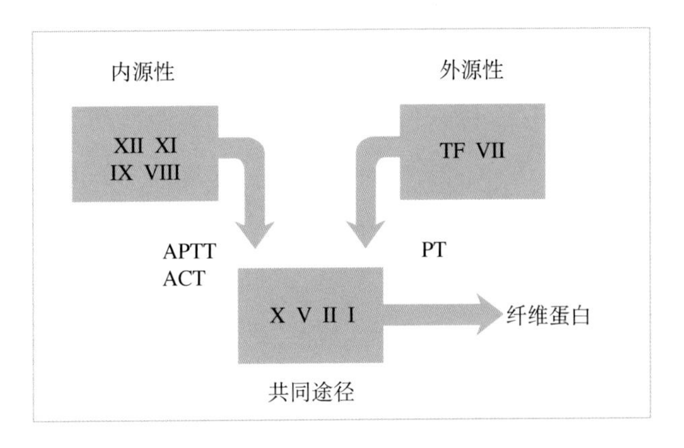

图1.4　内源性、外源性及共同凝血级联反应。
ACT，活化凝血时间；APTT，活化部分凝血活酶时间；PT，凝血酶原时间。

> 次级血栓对受损血管的永久性止血很重要。

因为凝血也影响组织炎症与修复，故激活凝血的刺激也可激活抗凝与促炎反应。例如，纤维蛋白溶解是最重要的抗凝机制之一。纤溶酶原在循环中以非活性的形式存在（所有凝血因子也是如此），在损伤部位被激活。作为蛋白水解酶，它可消化血栓或血凝块，降解纤维蛋白及其他凝血因子并产生纤维蛋白降解产物（FPD）及D-二聚体。FPDs分子可抑制血小板在损伤部位的黏附和聚集，进而限制血栓或血凝块的形成。

亢进的纤维蛋白溶解作用可导致出血，它也是DIC病例主要的自发性出血原因之一。

其他抗凝机制包括抗凝血酶（AT，肝素的一个辅因子）、蛋白质C和蛋白质S。

> 纤维蛋白溶解的天然机制对控制血管内血凝块的生成起着重要作用。

最后，兽医师应谨记凝血发生于炎症及组织修复之前。通常可以这样说："没有不存在凝血的炎症"。这也就是说，手术后的24 ~ 48 h内，动物处于高凝状态，这可通过一定的方法进行检测，如血栓弹性描记图（thromboelastography）。若未发生此生理变化，则可导致术后出血，25% ~ 30%的灰猎犬可发生此异常。

损伤组织愈合之前纠正凝血是必要的。

出血的临床症状

某些特定的犬猫品种可能易发某些先天性或获得性凝血障碍（表1.1、表1.2）。

表1.1 先天性或获得性凝血障碍*

	凝血因子的改变	易感品种
先天性原因	因子Ⅰ或低纤维蛋白血症及纤维蛋白原异常	卷毛比熊犬、俄国狼犬、柯利犬；家养短毛猫
	因子Ⅱ或低凝血酶血症	拳师犬、猎水獭犬、英国可卡犬
	因子Ⅶ或转变素原缺乏（Hypoproconvertinaemia）	阿拉斯加克利凯犬、比格犬、阿拉斯加雪橇犬、猎鹿犬、雪纳瑞犬；家养短毛猫
	因子Ⅷ缺乏或血友病A	多个犬种，主要为德国牧羊犬、金毛猎犬；家养短毛猫
	因子Ⅸ或血友病B	多个犬种；家养短毛猫及许多其他品种
	因子Ⅹ缺乏或称Stuart-Prower trait	可卡犬、杰克罗素㹴；家养短毛猫
	因子Ⅺ或血友病C	英国史宾格犬、大白熊犬、凯利蓝㹴；家养短毛猫
	因子Ⅻ或哈格曼因子（Hageman factor deficiency）缺乏	迷你贵宾犬、沙皮犬；家养短毛猫、家养长毛猫、暹罗猫、喜马拉雅猫
	激肽释放酶（Fletcher因子）缺乏	多犬种均可发生
获得性原因	变化	病因
	凝血因子合成减少功能障碍？	肝病
		胆汁淤积
		维生素K吸收不良
	维生素K拮抗剂	弥散性血管内凝血（DIC）

*引自Couto, G. Disorders of Hemostasis. In: Nelson R. W., Couto, G.（ed.）. Small Animal Internal Medicine, 5th ed, Elsevier, 2014。

表1.2 与犬猫血小板减少症或血小板病相关的病因**

血小板减少症	
变化	病因
生成减少	免疫介导性巨核细胞发育不良
	特发性骨髓发育不良
	药物相关的巨核细胞发育不良：雌激素、苯基丁氮酮、美法仑、洛莫司汀、β-内酰胺类抗生素
	脊髓痨
	循环性血小板减少症
	逆转录病毒
	埃利希体病
血小板被破坏、扣押或消耗过度	免疫介导性血小板减少症（IMT）
	传染性无浆体病、巴尔通体病、败血症等
	使用弱毒疫苗进行免疫
	药物相关的血小板减少
	微血管病
	弥散性血管内凝血（DIC）
	尿毒症/溶血综合征
	血管炎
	脾肿大
	脾扭转
	内毒素血症
	肿瘤（免疫介导性、微血管病）
血小板病	
变化	病因
遗传性	冯布兰德病（Von Willebrand disease，多犬种均可发生）
	巨型血小板（查理士王小猎犬）
	血小板无力症（Glanzmann's thrombasthenia，猎水獭犬、大白熊犬）
	血小板病（巴吉度犬、猎狐犬、波美拉尼亚丝毛犬、德国牧羊犬）
	Ehlers-Danlos综合征（多犬种均可发生）
	Scott综合征（德国牧羊犬）
获得性	药物（NSAIDs、抗生素、吩噻嗪类）
	继发于其他疾病（骨髓及髓外增殖性疾病、全身性红斑狼疮、肾衰竭、肝病、γ-球蛋白病）
	冯布兰德病

**引自Couto, G. Disorders of Hemostasis. In: Nelson R. W., Couto, G.（ed.）. Small Animal Internal Medicine, 5th ed, Elsevier, 2014. Inherited Intrinsic Platelet Disorders. In: Weiss, D.J. and Wardrop, K.J（ed.）. Schalm's Veterinary Hematology, 6th ed. Iowa: Wiley-Blackwell, 2010. page 619.

当评估犬或猫是否存在自发性出血或围手术期过度出血时，应询问以下问题：

- 此次是否为首次出血？若为首次出血，且动物已成年，则出血最有可能是获得性凝血异常导致的。
- 动物之前是否接受过任何手术？若是，当时是否观察到出血？若也是，则动物最可能是先天性异常引起。
- 同窝其他幼龄犬、猫是否出现出血现象？若是，则提示先天性或遗传性问题。
- 动物是否使用了任何可造成血小板减少，影响血小板功能或凝血的药物？此类药物包括抗生素、巴比妥类及非甾体类抗炎药（NSAIDs）等。
- 动物是否可能摄入灭鼠药？

有些药物，如巴比妥类及氟烷、特定的抗生素，如某些头孢菌素、青霉素及NSAIDs（如酮洛芬），可能影响动物的凝血稳态。不过，它们引起的临床变化并不显著。

原发性与继发性血液异常的临床表现很难区分，通常是假设性诊断的。

初级凝血异常通常是由血小板减少（血小板功能异常极其罕见）引起的，动物可表现黏膜层浅表出血（鼻出血、黑粪症、直肠出血、血尿）（图1.5至图1.8）。

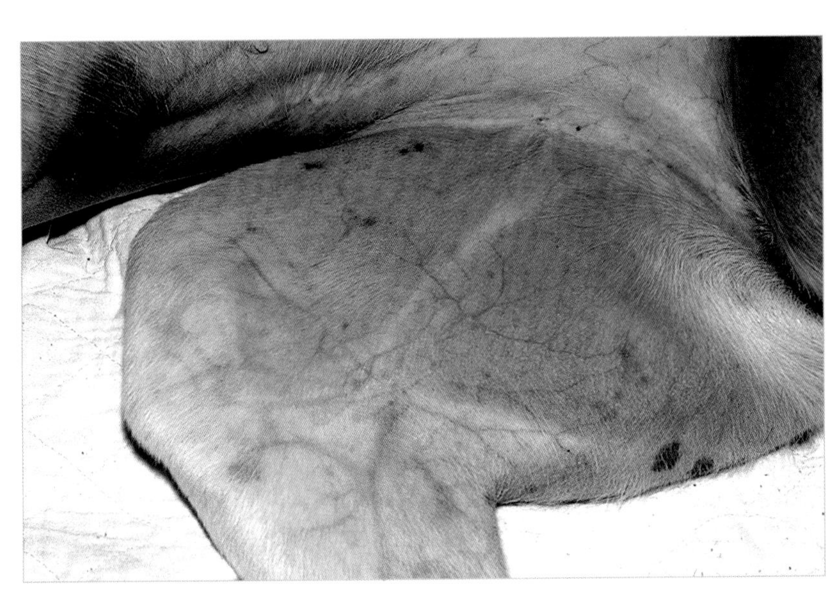

图1.5　患免疫介导性血小板减少症的雌性灰猎犬，腹部及股骨中部皮肤可见出血点及出血斑。由于皮肤颜色较浅，故可见到紫色的肌肉。

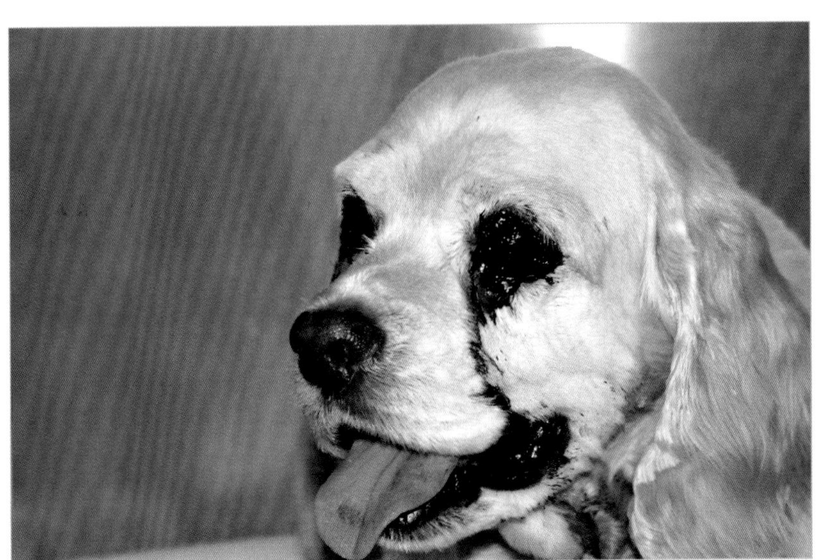

图1.6　一只患血小板减少症的可卡犬，可见创伤后结膜出血。

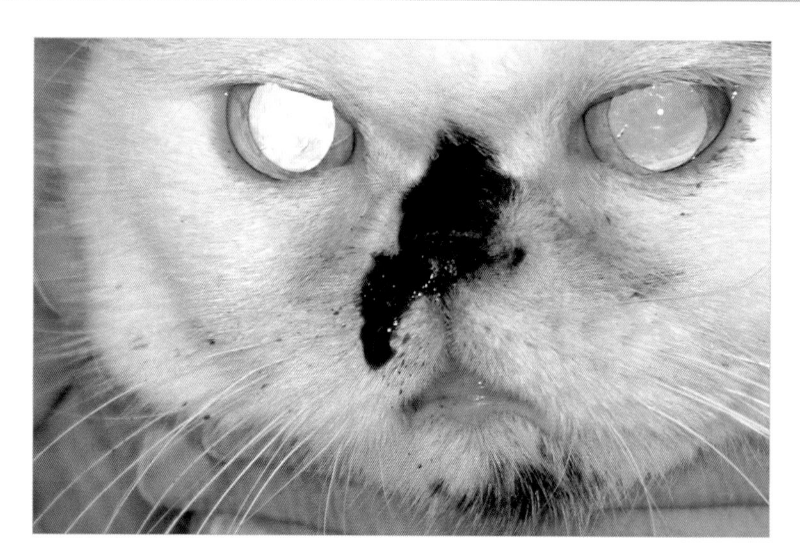

图1.7 患免疫介导性血小板减少症的猫，可见自发性鼻出血。

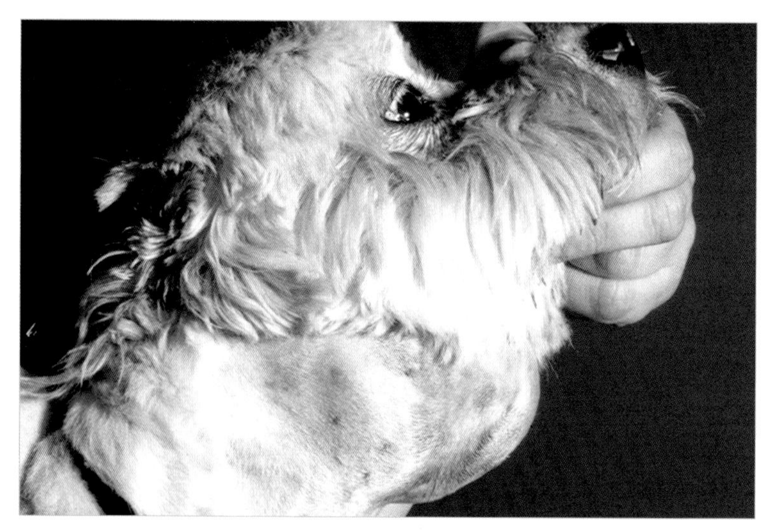

图1.8 患血友病A的混血犬，可见颈部血肿。此病犬转诊原因是假设性诊断为甲状腺肿瘤。

最常见的初级凝血异常是血小板减少症，发病时可见浅表出血。

反之，次级凝血异常的动物无法形成纤维蛋白，可表现为深部出血（血肿或体腔内出血）（图1.8）。犬最常见的次级凝血异常是灭鼠药中毒。例如，患血友病A的青年雄性犬可能出现间歇性跛行（关节血肿）及肿块（血肿）。

最常见的次级凝血异常是灭鼠药中毒，主要表现为内出血。

如上文所述，存在黏膜出血点、出血斑及出血者不应诊断为灭鼠药中毒，而应怀疑血小板减少（或血小板功能异常），而血小板减少不会是犬出现血肿及血胸的原因。

若犬、猫同时出现了初级凝血异常（如出血点、出血斑或黏膜出血）及次级凝血异常（如血肿或体腔内出血），则动物最可能出现了DIC。

临床上不表现出血的犬、猫有时会发现凝血检测异常。例如，FⅫ、前激肽释放酶或高分子激肽原缺乏可导致活化部分凝血酶原激酶时间（APTT）明显延长，但不出现自发性出血。

凝血功能评估技术

下列两种情况下建议对动物进行凝血的临床病理学评估：

- 有自发性出血或出血时间延长者。
- 术前若动物存在：
  - 出血倾向的疾病（如犬脾脏血管肉瘤及DIC，猫肝病）。
  - 怀疑先天性凝血障碍（如疑似冯布兰德病的杜宾犬进行卵巢子宫摘除术术前）。

如上文所述，大多数自发性出血的动物出血的模式能够提示凝血障碍的机制（出血点、出血斑及黏膜出血提示血小板异常，血肿或体腔内出血提示凝血因子缺乏）。获取出血病因的相关信息有助于减少实验室诊断项目。若这些检测并不能提供足够的信息，则应将样本送至推荐的实验室进行另外的检查。

一线诊断方式包括血涂片及血小板评估，凝血酶原时间（PT）、活化部分凝血酶原激酶时间（APTT）、纤维蛋白降解产物或D-二聚体分析及颊黏膜出血时间检测。

> 对浅表出血的动物进行血小板计数很重要。

血小板计数

若动物的临床症状与初级凝血异常相符（出血点、出血斑、黏膜出血），则首先应检测血涂片，评估动物是否存在血小板数量不足。通常此类症状是血小板减少导致的。因此，血涂片可提供重要信息。

一旦确认血涂片边缘并未出现血小板凝集现象（可导致血小板计数减少，即假性血小板减少症），则应在油镜（×1 000）下检查血涂片计数区或单层区。对于正常犬、猫，每个油镜视野下可见10 ~ 15个血小板，其每一个相当于15 000 ~ 20 000个/μL的血小板（图1.9）。

> 血小板数量＞25 000 ~ 30 000个/μL且血小板功能正常的动物不会出现自发性出血。

自动分析仪比人工血小板计数准确性更高。但需要注意的是猫和某些品种的犬，如灰猎犬的血小板可能在抗凝管中凝集，因此会出现假性血小板减少的现象（图1.10）。

血小板形态学评估有助于诊断血小板减少的原因，如无浆体病病犬的细胞质内可见胞内桑葚体。

若动物表现初级凝血异常的症状，但血小板数量无异常，则最可能的出血原因是血小板功能异常，如某些病例患埃利希体病、无浆体病或多发性骨髓瘤。

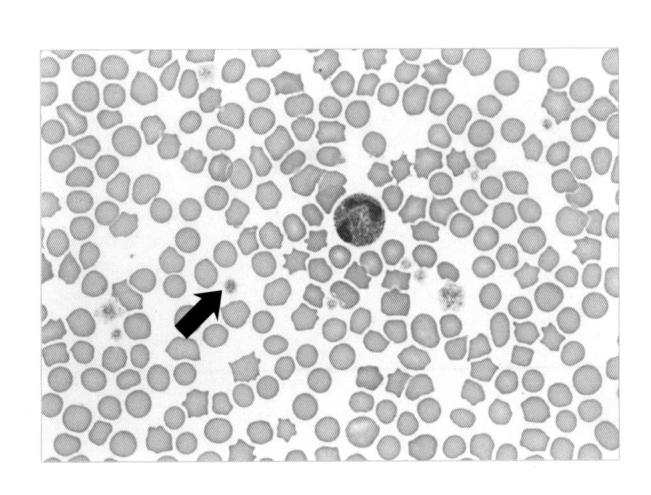

图1.9　正常猫的血小板计数。
此视野有10个血小板（箭头所指），中间可见一嗜酸性粒细胞。

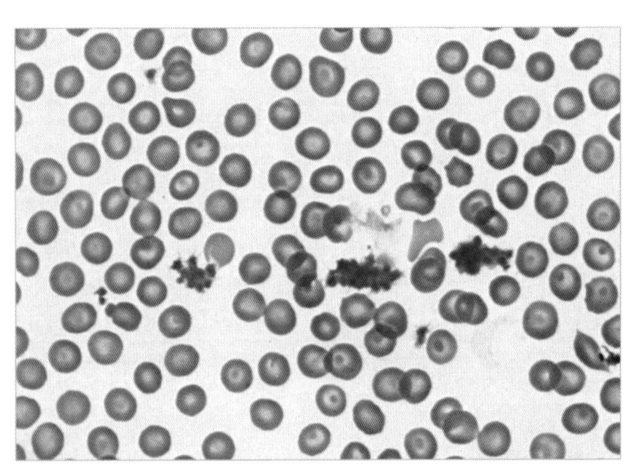

图1.10　一只正在接受化疗的巴吉度犬，可见假性血小板减少症。
血小板大量凝集使得计数区的“可被计数”的血小板数量减少。

颊黏膜出血时间

一旦排除了血小板减少症，可通过颊黏膜出血时间测试（BMBT）进行确认。但不同医师进行此项目检查时的结果可能不同，即便是由同一个医师进行检测，结果也可能不同。

对健康犬来说，使用弹簧采血器（spring-loaded lancet）在唇部内侧的BMBT测量值应＜3 min（图1.11至图1.13）。猫很难进行BMBT检测。

表皮出血时间在犬患血友病A和FⅦ缺乏时也是有价值的，但由于其测量结果也高度多变，此项目很少在兽医临床中被使用。

颊黏膜出血时间检测流程

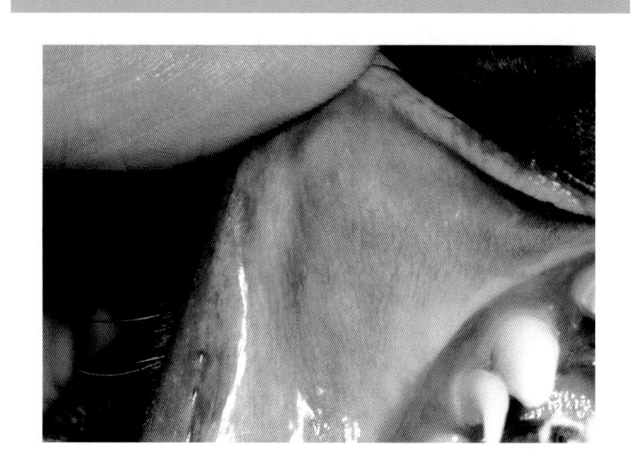

图1.11 第一步，提起上唇暴露黏膜并用纱布将黏膜擦干。

图1.12 第二步，将采血器放在黏膜上触发后可制造一固定深度和长度的切口，此时开始使用秒表计时。

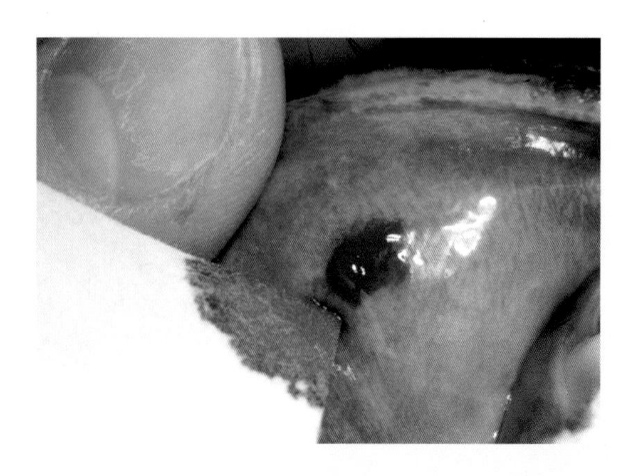

图1.13 第三步，使用吸血纸在不需接触切口或移动血凝块的情况下吸干涌出的血液。

当血凝块成形，出血停止后停止计时。正常的BMBT为1 ~ 3 min。

实验室检查

对血肿或体腔内出血的犬来说可进行纤维蛋白形成的检测项目，如凝血酶原时间（PT）及活化部分凝血酶原激酶时间（APTT）。这些检测在兽医临床中很容易实施，费用也不算昂贵。

PT所显示的是外源性凝血途径（因子Ⅶ），APTT显示的是内源性凝血途径（因子Ⅻ、Ⅺ、Ⅸ、Ⅷ）；显而易见，这些检测依赖于血凝块的形成，两者均可检测共同途径（因子Ⅹ、Ⅴ、Ⅱ及纤维蛋白原）（图1.4）。

活化凝血时间（ACT）测试需要将血液置于表面含硅或白陶土的试管中，是另一种评估内源性凝血途径的方法（图1.14）。犬凝血时间应为60 ~ 100 s，猫＜75 s则为正常。医生需要注意除非每一种凝血因子减少超过70%以上时（或活性小于正常的30%），凝血时间才会表现异常，这也就意味着ACT检查不是非常敏感。

凝血疾病通常是特定凝血检测结果异常的原因（表1.3）。没有自发性或术中出血，但APTT显著延长的动物（PT正常）具有临床意义。当出现这样的“凝血疾病”时，医生通常会进行一系列的其他检测，但这其实并没有必要。如上文所述，FⅫ因子缺乏的犬、猫不会发生自发性出血，也不会在术中出血，但其APTT会显著延长（通常为正常参考值的2倍以上）。先天性高分子质量激肽原或前激肽释放酶缺乏的犬、猫也会出现此现象。

图1.14　使用含硅藻土的试管评估活化凝血时间（ACT）的操作流程。
1.提前将含硅藻土的试管回温至37℃；2.加入2 mL病患的全血，用秒表开始计时；3.翻转5次以混匀试管内容物；4.于37℃保温1 min；5.每5 s检查一次以尽早发现血液的凝集。血液的凝集通常会很突然。

最后，循环内抗凝物（circulating anticoagulants）或抗磷脂抗体（antiphospholipid antibodies），有时也称为狼疮抗凝物（lupus anticoagulants），是一种可在患免疫介导性或传染性疾病的病例上检测到的抗体，其可导致APTT延长。在检测过程中，此抗体可与试剂中的凝血因子结合并使APTT延长，但在体内它们是血栓前期物质。

区分循环内抗凝物和先天性接触因子缺乏时，可将疑似动物的血浆和健康犬的血浆按照1 ∶ 1的比例等量混合后进行区分。若动物存在一种或多种凝血因子的缺乏，则APTT被矫正后其值应表现正常，因为即使FⅫ（或其他辅因子）浓度为零，通过将疑似犬的血浆和健康犬的血浆混合即可使混合后的因子浓度＞50%。如上文所述，若凝血因子活性<30%则APTT会延长。循环中存在抗凝物的动物，它们的抗体将和健康犬血液内抗体发生反应，APTT不会被校正。

若怀疑动物存在纤溶亢进（如DIC），则可使用纤维蛋白降解产物（FDP）试剂盒，此检测很容易判读，如存在D-二聚体，乳胶微球将发生凝集。对于大多数灭鼠药中毒的犬来说，FDP检测会呈阳性，这可能会使医生将病例误诊为DIC。

若进行了这些检查后仍然不能建立诊断，则可能需要将血浆（加入3.2%或3.9%柠檬酸钠）提交给血液学相关实验室。理想情况下，呈递样本前需要离心分离血浆并冷冻，以防止伪像出现。全血细胞计数也可提供有用的信息。对大多数诊断实验室来说，凝血检测包括PT、APTT、纤维蛋白原及PDF或D-二聚体。

先进的中心机构可做的其他检测有PFA-100（即一种可代替BMBT检测血小板功能的方法），凝血因子和vWF因子测试；血栓弹性描记法（thromboelastography，TEG），即一种体外评估整体凝血功能的方法。

表1.3　凝血功能的判读

疾病	BMBT	PT*	APTT*	血小板	纤维蛋白原	FDP/D-二聚体
血小板减少症	↑	N	N	–	N	N
血小板病	↑	N	N	N	N	N
冯布兰德病	↑	N	N / ↑	N	N	N
血友病	N	N	↑	N	N	N
灭鼠药中毒	N / ↑	↑ ↑	↑	N /–	N /–	N / ↑
DIC	↑	↑	↑	–	N /–	↑
肝病	N / ↑	N / ↑	↑	N /–	N /–	N

*当PT和APTT检测值高于正常范围的25%时则可被认定为凝血延长。

↑，升高或延长；N，正常；–阴性。

术前凝血评估

当有必要对病例进行术前凝血评估（图1.15）时，医生需要考虑以下问题：

- 术前应该怎么去评估凝血障碍？
- 哪些检测有利于预测动物在术中或术后的出血可能？
- 哪些治疗可预防或降低出血的严重性？

若医生仅遵循询证医疗的方式进行诊疗，则没必要对没有症状的病例进行完全彻底的术前凝血评估，因为任何凝血试验都不能准确预测围手术期是否会发生出血。

特殊情况，如冯布兰德病时，BMBT延长（>5 min）与术中和术后出血有一定的相关性。

在美国和英国，人医每年使用4 000 000 U以上的新鲜冷冻血浆（FFP）。大多数用于凝血检测结果异常病人的侵入性操作（如活组织检查、留置导管等）过程。但近期的研究表明，凝血测试结果与围手术期是否发生出血并没有关系，且PT延长的病患使用FFP后只有1%凝血检测结果恢复正常。换句话说，术前输注FFP，除了费用昂贵且存在一定的风险外，它只能对医生起到心里安慰作用，但对病患来说并没有显著的益处（一种极佳的医生自用安慰剂！）。人医上对凝血检测结果异常的病患输注FFP的观点目前正在发生变化。

术前应评估凝血功能的情况：

- 所有术前有凝血功能存在异常表现的动物。
- 怀疑凝血异常，如激素的改变、全身性或脾脏或肝脏肿瘤时。
- 存在全身感染或寄生虫病时。
- 静脉穿刺后出现异常出血时。

人医领域尚且如此，读者可以想象兽医领域可用的参考数据更少。与人医相似，本书作者认为大多数FFP主要用于PT或APTT延长的病例术前或术中阶段。

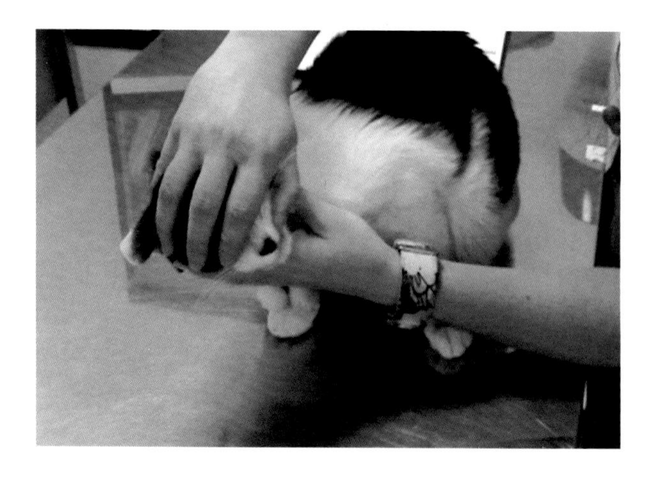

图1.15　术前评估犬、猫凝血功能。

凝血障碍或术前出血病患的护理

通常来说，存在凝血障碍的动物必须进行紧急处理，因为很多情况下这都是致命的；与此同时还必须预防新出现的出血点。此外，应尽量减少创伤，对动物进行笼养；主人在对动物牵遛时也应当使用牵引带并限制其活动。

进行静脉穿刺应使用最小的针头，穿刺部位使用压迫绷带进行压迫止血（图1.16）。若需要连续对动物采血检测HCT，建议使用25 G针头（不连接注射器）从外周静脉采血（如隐静脉或臂头静脉）。针头进入静脉后，将微量比容管接触血液通过毛细作用将其充满。其中一管用于评估HCT和血浆蛋白，另一管用于做血涂片。

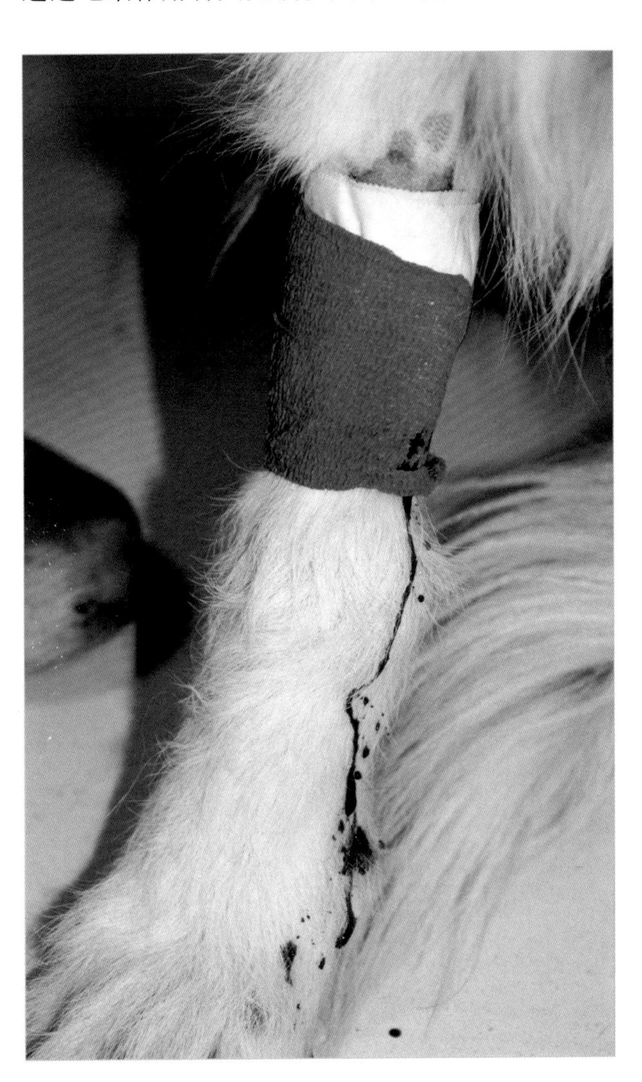

图1.16　对有凝血异常的动物，静脉采血后必须使用绷带压迫以控制出血。

应尽量减少对这类动物进行侵入性操作的次数。例如，应避免使用膀胱穿刺的方法采集尿液。但进行某些操作并不会导致异常出血，如骨髓抽吸、淋巴结或体表肿物的细针抽吸（FNA）或留置静脉留置针。甚至有些手术也可进行，且出现凝血异常的概率较低；在作者所在医院内，常对血小板计数＜25 000个/mm^{3}的犬进行脾脏摘除术，通常不会出现任何并发症。

有些凝血异常的犬、猫，建议使用FFP、冷沉淀或全血输注治疗。“输血原则”章节将更详细地讨论凝血异常病例的输血问题。

在作者的医院中，有商品化的血小板功能快速检测试剂盒，可作为冯布兰德病（VWD）病犬出血倾向的提示。对这些犬或术前出血的犬来说，使用去氨加压素（1 μg/kg，SC，术前或出血时使用）可降低出血的严重程度。如果已经使用了去氨加压素，但VWD病患仍过度出血，此时使用冷沉淀会非常有效。

术中或术后出血的动物，若医生没有FFP或冷沉淀可用，则使用 ε - 氨基己酸（每8 h 15 ～ 50 mg/kg，PO或IV）也可有效，且可消除出血或降低出血的严重程度。抑肽酶（aprotinin，80 000 KIU/kg，其中KIU为激肽释放酶灭活剂单位）也有类似效果。此药对某些因血小板减少引起出血的犬也有效。

兽医临床常见的凝血障碍

初级凝血障碍

初级凝血障碍是自发性出血最常见的原因，可导致出血点、出血斑和黏膜出血（如鼻出血、尿血、黑粪症）（图1.5至图1.8）。

血小板减少症

在作者的经历中，血小板减少是犬自发性出血的最常见原因。常由于下列原因而引起：

■ 骨髓中血小板生成减少（如白血病、埃利希体病、利什曼原虫病）。

■ 血小板破坏增多［如免疫介导性血小板减少（IMT）］或耗费增多（如DIC）。

■ 血小板被扣押（如脾肿大）。

> 由免疫或感染机制引起的血小板破坏增加是犬血小板减少症的最常见原因，然而在猫上较不常见。

评估血小板减少症病患

在开始对患有血小板减少症的犬进行全面评估前，临床医生应知晓，有些犬种的血小板数量本身就低于参考值。例如，灰猎犬和其他视觉猎犬的血小板数量为80 000～120 000个/μL。个别犬种如查理士王小猎犬患有巨血小板减少症（Macrothrombocytopaenia）时，血小板计数可能低于50 000个/μL，但总体血小板功能正常。

> 值得注意的是：猫和有些视觉猎犬品种的血小板会在EDTA管中凝集，造成假性血小板减少。

一旦确定动物患有血小板减少症，其发病机理也应随之明确。此时血小板计数可能会提供一些病因信息。例如，犬血小板计数低于25 000个/μL时，通常意味着动物存在免疫介导性血小板减少症（IMT），而数值在50 000～75 000个/μL时，通常是由传染病（如埃利希体病、无浆体病、利什曼原虫病）或肿瘤（如脾脏淋巴瘤）引起的血小板减少。由于外周循环内血小板破坏而导致一些药物引起血小板减少。在兽医临床中，与血小板减少症最常相关的药物包括β-内酰胺类抗生素（青霉素、头孢菌素衍生物以及克拉维酸等）和巴比妥类药物。

> ✱ 对患有血小板减少症的犬进行任何侵入性诊断测试之前，都应通过快速血清学检测来排除感染性疾病。猫白血病（FeLV）和猫艾滋病（FIV）的检查尤为重要，因为这两种疾病是血小板减少症的相对常见原因。

胸部X线片和腹部超声能帮助排除肿瘤方面的原因。有些患有免疫介导性血小板减少的犬会表现为脾淋巴网状内皮增生，进而导致弥漫性脾脏肿大。脾脏肿大时应进行细针穿刺细胞学检查，因为这种方式动物的出血风险最小，即使血小板数值低于20 000个/μL的犬也同样适用。

若侵入性检查不能提供有用的信息时，应进行骨髓抽吸。巨核细胞增生通常见于由血小板耗费增多或破坏增加引起的血小板减少症。患有利什曼原虫病的犬浆细胞增生会很明显，且常可见寄生虫。

> 目前几乎不可能向犬、猫体内输注足量血小板。然而，输注浓缩红细胞通常能降低血小板减少症病患的出血严重程度。

在血小板减少症患犬身上存在球型红细胞性溶血性贫血或自体凝集性贫血提示Evans综合征（免疫介导性血小板减少和免疫介导性溶血性贫血

同时出现），这种情况下直接库姆斯测试**（direct Coombs test）通常为阳性。血涂片中无裂红细胞和凝血迹象可以帮助排除DIC。检测抗血小板抗体的诊断性测试具有极小的（或没有）临床意义。

免疫介导性血小板减少通常是使用免疫抑制剂量的糖皮质激素治疗进行回顾性诊断。如果临床医生怀疑血小板减少症是由传染病引起（例如立克次体病、埃利希体病），可联合使用糖皮质激素与多西环素（每12 h 5 ~ 10 mg/kg，PO）进行治疗。

免疫介导性血小板减少（IMT）

在作者从业经验中，免疫介导性血小板减少是犬自发性出血最常见的原因，中年雌性犬、西班牙猎犬以及英国古代牧羊犬易发生。

临床表现通常为急性和超急性，包括出血点、出血斑和黏膜出血（图1.17）。根据出血的严重程度不同，体格检查时可能会发现脾肿大和黏膜苍白。如果动物患有Evans综合征，可同时观察到黄疸。

患有免疫介导性血小板减少的犬在全血细胞计数中通常没有任何显著变化，通常只显示严重的血小板减少，可能伴有或不伴有出血后贫血；Evans综合征患犬的血涂片可观察到球形红细胞或自体凝集；免疫介导性血小板减少患犬的骨髓细胞学检查通常显示巨核细胞增生，而由免疫介导的巨核细胞破坏导致的巨核细胞发育不全在犬中发生的比例较低。

> 患有免疫介导性血小板减少的犬常缺乏临床症状。检查时除有出血外一切正常，全血细胞计数无明显变化。

如果临床诊断假定为免疫介导性血小板减少，医生需要与动物主人讨论不同的治疗方案。

作者建议使用免疫抑制剂量的糖皮质激素进行治疗（相当于每天2 ~ 8 mg/kg泼尼松）。如果动物患有免疫介导性血小板减少，应观察其用药后24 ~ 96 h内的血液学反应。此外，应始终给予胃保护剂，如法莫替丁（每12 h 1 mg/kg，PO）或奥美拉唑（每12 h 0.5 ~ 1 mg/kg，PO）。

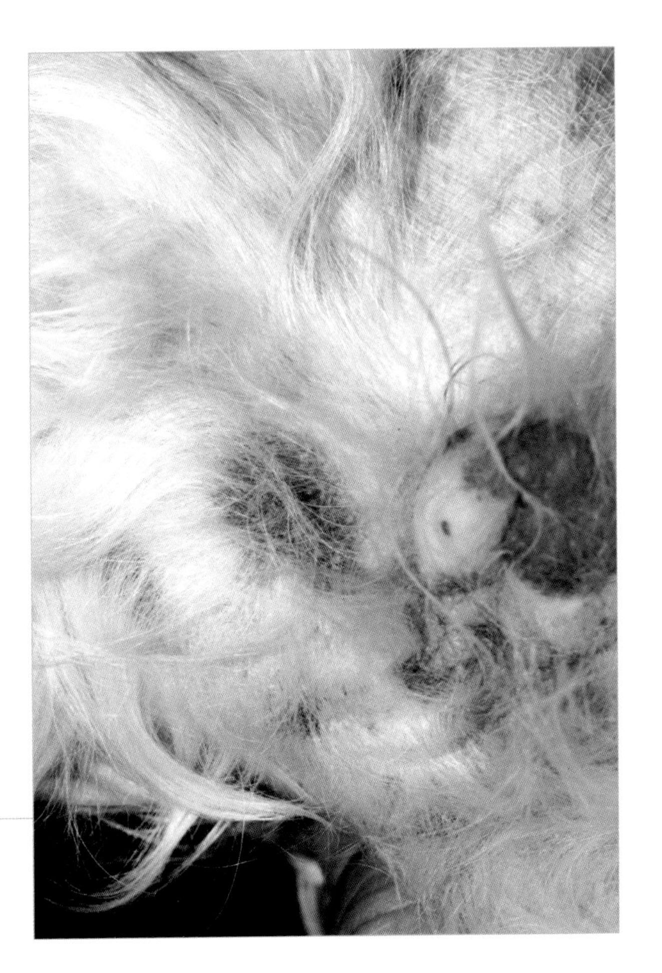

图1.17　该患犬身体的不同区域均有自发性出血，尤其暴露在外易受创伤的部位，如前腿、腋窝及图中所示的腹股沟。

**库姆斯测试检测的是与红细胞表面抗原发生反应的血清抗体。

在一些血小板减少且严重出血的患犬中，作者会使用单剂量环磷酰胺（200 ~ 300 mg/m²，PO或IV）。对于糖皮质激素不耐受的动物，使用硫唑嘌呤（每24 h 50 mg/m²，PO，持续1周，后续每48 h使用一次）。根据作者经验，长春新碱对免疫介导性血小板减少犬的治疗效果不明显。

人免疫球蛋白G是一种非常好的“救援性”药物（0.5 g/kg，IV，单次使用）。

虽然很多免疫介导性血小板减少的犬需终生治疗，但预后通常极佳。临床医生应持续调整治疗方案，直至发现能维持可接受血小板数量的最低药物剂量。

继发性凝血障碍

继发性凝血障碍的犬通常会因发生虚脱（内出血）、运动不耐受（血胸）、腹胀（腹腔积血）、跛行（关节积血）或血肿而被主人带去医院；通常主人很少能在摩擦部位（腋窝或腹股沟）发现“擦伤”（图1.17）。继发性凝血障碍的两个最常见病因是灭鼠药中毒（维生素K缺乏）和血友病。

维生素K缺乏

维生素K可激活四种凝血因子，分别为凝血因子Ⅱ、Ⅶ、Ⅸ和Ⅹ。此外，蛋白质C和蛋白质S同样为两种维生素K依赖型的抗凝血成分。

通常情况下，犬的维生素K缺乏是由于摄入灭鼠药（香豆素、华法林、敌鼠、溴鼠灵）。维生素K吸收不良在犬非常罕见，但在患有浸润性肠病或慢性肝病的猫身上较为常见。

大多数患有此种疾病的动物就诊时常伴有虚脱症状，且既往史均显示曾接触灭鼠药。动物通常有腔内出血，尤其多发血胸，常见呼吸困难、胸壁疼痛和咳嗽等症状。如前所述，有时可在腋窝和腹股沟处出现“擦伤”。

如果动物刚刚（几分钟前）误食了灭鼠药，应对其进行催吐，同时使用活性炭吸附体内毒物。若不确定服用时间，且没有出血的临床症状，可预防性给予维生素K，或测试凝血酶原时间（PT）对动物进行评估。

> 凝血因子Ⅶ在血液中的半衰期为4 ~ 6 h，故凝血酶原时间将最先升高，这种升高一般发生在动物出血之前。

动物具有典型灭鼠药中毒症状时，凝血试验显示PT明显延长，APTT增加不明显。有些犬能观察到血小板中度减少（70 000 ~ 120 000个/μL），纤维蛋白降解产物（FPD）测试为阳性。此时，主要应进行鉴别诊断为DIC。但是，灭鼠药中毒犬的血涂片上不会观察到裂红细胞。

严重出血的动物需要输全血、血浆或浓缩红细胞，因为维生素K需要8 ~ 12 h才能起效。维生素K_1是维生素K最具生物活性的形式，可以口服或注射，但注射可能会导致注射部位出血、过敏反应或海因茨小体溶血性贫血，故不推荐。

> 口服维生素K_1的剂量为5 mg/kg，需与脂类或油性食物作为载体同服，随后降为2.5 mg/kg口服，每日分为2 ~ 3次用完。

如果动物误食了第一代抗凝血剂，如华法林或香豆素，需连续对其进行1周维生素K治疗便可稳定。然而，面对第二代和第三代抗凝血剂时，治疗时间必须延长3 ~ 6周。治疗起效的首个迹象往往是PT值恢复至正常范围。

混合型凝血障碍

弥散性血管内凝血

关于混合型凝血障碍，我们将只涉及弥散性血管内凝血，因其在小动物临床实践中出现的频率和相关性均较高。

弥散性血管内凝血（DIC）是一种复杂的综合征，血管内凝血过多可导致多器官微血栓形成，纤溶增加将继发血小板和凝血因子失活或过度使用，从而引起反常出血（图1.18）。

DIC并不是一种特定改变，而是多种疾病发展可能经历的一个过程。作为一种动态现象，根据动物的状态不同，快速凝血测试结果可有多种表现，需要反复监测。

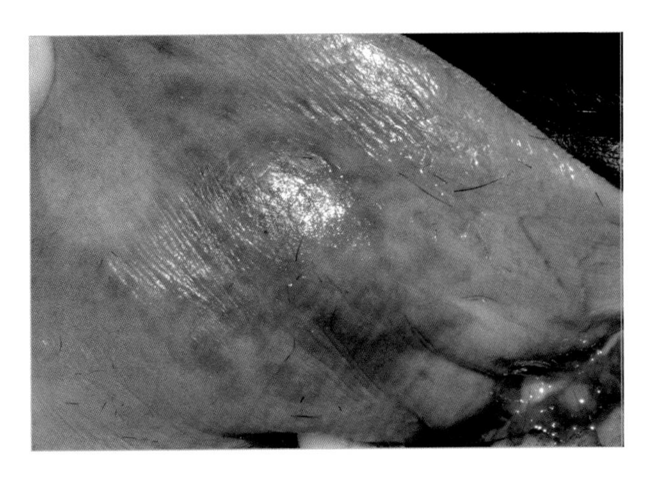

图1.18　病患在摘除眼眶内肿瘤的手术中发生DIC后黏膜下出血。

DIC是一种犬、猫相对常见的综合征。

发病机理

激活血管内凝血的几种机制：

■ 内皮细胞损伤通常由触电或中暑造成，同时也在DIC引起的败血症中起重要作用。

■ 血小板活化可能是病毒感染的结果，如猫传染性腹膜炎。

■ 组织促凝成分的释放可发生于各种临床变化中，包括创伤、溶血、胰腺炎、细菌感染、急性肝炎，可能还包括一些肿瘤，如血管肉瘤（HSA）等。

理解DIC病理生理学的最好方法是将血管系统想象成一个巨大的单一血管，并将其发病机制视为正常凝血机制的加剧。一旦凝血级联被激活，这个“巨大的血管”（可达全身微血管系统）就会发生一系列改变，虽然这些改变被描述为连续发生的，但大多数是同时发生的，而且每个单独过程的强度随时间变化而变化，这就导致整个DIC过程一直保持持续的动态。

■ 第一，初级凝血（血小板）和次级凝血（凝血级联）相继被触发。由于这一现象同时发生在大量血管中，因此微循环中将会形成许多血栓，如果不能及时消除，将导致缺血。在这种过度的血管内凝血过程中，大量的血小板被消耗，从而导致血小板减少症。

■ 第二，纤溶系统被激活，这使得血凝块溶解及凝血因子失活或破坏，这在之前的过程中由于血小板活性正常而没有发生（纤维蛋白降解产物FDP是血小板功能的强效抑制剂）。

■ 第三，机体试图阻止血管内凝血过程而导致抗凝血酶（AT）的消耗及同时可能存在的蛋白质C及蛋白质S消耗，此时血液内天然抗凝物质逐渐耗尽。

■ 第四，微循环中纤维蛋白的形成导致溶血性贫血，这是红细胞被这些纤维蛋白链（破碎的血细胞或裂红细胞）分裂的结果。

考虑到上述所有过程，便很容易理解以下问题：

■ 为什么形成多系统血栓（由血管内过度凝血和天然抗凝剂耗尽引起）的病患会引起自发性出血（血小板减少症、血小板功能受损和凝血因子失活的结果）？

■ 为什么看似矛盾地使用肝素治疗DIC这种方法对犬（可能也对猫）有效？

当抗凝血酶充足时，肝素通过抑制凝血因子和血小板功能来降低纤溶系统的活性，从而制止血管内凝血。

除此之外，组织灌注不当会加剧缺氧、酸中毒、肝肾肺功能障碍以及心肌抑制因子的释放。单核巨噬细胞系统的功能也受到阻碍，以至于FPDs等代谢产物和胃肠道吸收的细菌无法从血液循环中清除干净。进行治疗时应充分考虑这些方面，下文将会进一步提及。

在犬、猫中，DIC的发病与一系列疾病相关，如表1.4所示。俄亥俄州立大学教学动物医院（OSU VTH）近期评估了50只犬和21只猫与DIC相关的原发性疾病的发生率，如表1.5所示。

肿瘤（主要是血管肉瘤）、肝脏疾病和免疫介导性血液疾病是犬DIC最常见的相关性疾病。肝脏疾病（尤其是脂肪肝）、肿瘤（特别是淋巴瘤）和FIP是猫DIC最常见的相关疾病。

表1.4 已被证实与犬、猫DIC相关的疾病和过程

肿瘤	血管肉瘤
	血管瘤
	甲状腺转移癌
	乳腺转移癌
	乳腺炎性癌
	前列腺腺癌
	淋巴瘤
	胆管癌
感染性疾病	败血症
	细菌性心内膜炎
	钩端螺旋体病
	犬传染性肝炎
	巴贝斯虫病
	犬心丝虫病
	猫传染性腹膜炎
炎症	化脓性皮炎
	化脓性支气管肺炎
	急性肝坏死
	急慢性肝炎
	胰腺炎
	出血性胃肠炎
	多形性红斑
其他	休克
	中暑
	蛇毒中毒
	肝硬化
	黄曲霉毒素中毒
	免疫介导性溶血性贫血
	冷凝集素病
	胃扩张/扭转
	充血性心力衰竭
	瓣膜纤维化
	膈疝
	术后阶段
	真菌性足分支菌病
	肾脏淀粉样变性
	肺栓塞
	肝脂肪沉积症

表1.5 在50只犬和21只猫中与DIC相关的原发病变(OSU VTH)

疾病		犬(%)*	猫(%)**
肿瘤	血管肉瘤	44.4	17.2
	恶性上皮肿瘤(癌)	22.2	34.5
	淋巴瘤	22.2	48.3
	血管瘤	11.1	0
肝脏疾病	胆管肝炎	28.6	0
	脂肪沉积症	0	72.7
	门体静脉分流	28.6	0
	肝硬化	14.3	0
	未明确诊断	28.6	27.3
胰腺炎		100.0	100.0
免疫介导性血液病	溶血性贫血	40.0	0
	血小板减少症	20.0	0
	Evans综合征	20.0	0
	中性粒细胞减少症	20.0	0
感染性疾病	猫传染性腹膜炎	0	89.5
	败血症	80.0	0
	巴贝斯虫病	20.0	10.5
灭鼠药***		100.0	100.0
胃扩张/扭转		100.0	100.0
创伤		100.0	100.0
其他		100.0	100.0

*在犬病例上的百分比。**在猫病例上的百分比。***灭鼠药中毒犬的凝血测试结果与DIC患犬相似。

临床表现

犬发生DIC时有几种临床表现。两种常见类型为隐蔽慢性(亚临床)DIC和急性(暴发性)DIC。在大多数猫中发生的是亚临床DIC。在隐蔽慢性型中，动物不会出现自发性出血，但凝血系统的临床病理检查显示的异常与这种病症相符。这种形式的DIC常见于患恶性疾病或其他慢性疾病的犬。急性(暴发性)型可能发生于某种急性创伤后(例如，在中暑、触电或急性胰腺炎后)，但更多情况下可表现为隐蔽慢性型的急性失代偿发作(如HSA、肝病)(图1.19)。

无论病因为何，发生急性DIC的患犬常因为表现大面积自发性出血，或出现了贫血或实质性脏器栓塞(器官衰竭)后的临床症状而来院就诊。出血的临床症状能够提示初级凝血障碍(出血点、出血斑或黏膜出血)或次级凝血障碍(体腔内出

血）。动物通常还会同时存在下文所描述的临床及临床病理性特征。

图1.19 患犬因脾脏血管肉瘤实施脾摘除术，由于发生DIC其网膜和肠系膜出现多发性出血。

诊断

由于在猫中并不常见，因此对DIC诊断和治疗的讨论主要集中于犬。

一些血液学检查结果有助于DIC的临床诊断，包括溶血性贫血、血红蛋白血症（血管内溶血所致）、血红蛋白尿、循环内可见红细胞碎片或裂红细胞、血小板减少、伴随核左移的中性粒细胞增多症或较罕见的中性粒细胞减少症（图1.20）。大多数检查结果在通过离心后血细胞比容测定和血涂片检查时都很明显。

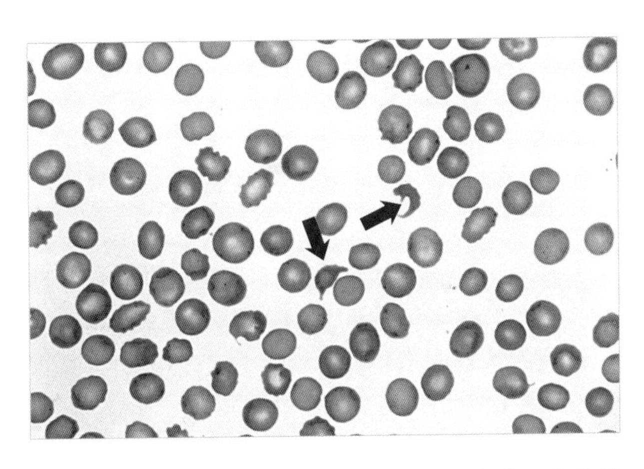

图1.20 一只患有血管肉瘤和DIC的混血犬，血涂片中显示裂红细胞（箭头）和血小板减少。视野内未见血小板。

DIC患犬血清生化中的异常包括高胆红素血症（继发于溶血或肝血栓形成）、氮质血症和高磷血症（高则说明肾脏出现微栓塞），总二氧化碳含量降低（代谢性酸中毒引起），如果出血严重到一定程度，还会出现低蛋白血症。

尿常规检查可以检测尿液类型，分辨血红蛋白尿、胆红素尿、蛋白尿或偶见的管型尿。

> DIC病患的尿样不能通过膀胱穿刺获得，因为此举可能造成严重的膀胱内或膀胱壁出血。

DIC患犬的凝血异常包括：

- 血小板减少。
- 凝血酶原时间（PT）延长或活化部分凝血酶原激酶时间延长（APTT）（超过正常值的25%）。
- FDP检测阳性，抗凝血酶（AT）Ⅲ浓度降低。
- 低纤维蛋白血症并不常见。评估时，可以观察到这些病患的纤维蛋白溶解增加（例如纤溶酶原活性降低，血凝块溶解时间增加）。

> 当动物出现上述四种或四种以上的异常以及裂红细胞时，即可确诊DIC。

凝血弹性描记法可对DIC病患提供一些有价值的信息，医生有时会考虑对疑似这种情况的动物进行该检测。在50只犬和21只猫的研究中观察到的凝血变化已详细列在表1.6。犬最常见变化包括血小板减少、APTT延长、贫血和裂红细胞，与先前对该物种综合征描述的“再生贫血、凝血酶原时间延长和低纤维蛋白原血症是罕见的”言论相反。

表1.6 俄亥俄州立大学对患有DIC的50只犬和21只猫凝血变化的评估

改变	犬占比（%）	猫占比（%）
血小板减少	90	57
APTT 延长	88	100
裂红细胞	76	67
纤维蛋白降解产物	64	24
PT 延长	42	71
纤维蛋白溶解综合征	14	5

治疗

一旦诊断为DIC（或高度怀疑），应立即开始治疗。但不幸的是，目前还没有针对犬、猫DIC不同治疗方法的对照临床研究。因此，下方给出的信息只代表了作者对治疗犬DIC的看法（表1.7）。对猫DIC的治疗经验有限，但基本原则相同。

表1.7 犬、猫DIC的治疗方法

消除病因		
抑制血管内凝血	肝素	最小剂量：每8 h 5 ~ 10 IU/kg，SC
		低剂量：每8 h 50 ~ 75 IU/kg，SC
		中剂量：每8 h 300 ~ 500 IU/kg，SC或IV
		高剂量：每8 h 750 ~ 1 000 IU/kg，SC或IV
	阿司匹林	犬每12 h 5 ~ 10 mg/kg，PO
		猫每72 h 5 ~ 10 mg/kg，PO
	血液及血液制品	
维持实质器官良好的灌注	积极液体疗法	
防止继发性并发症	供氧	
	酸碱平衡	
	抗心律失常药物	
	抗生素	

毫无疑问，控制或消除原发病因是治疗DIC的主要方法，然而这几乎不可能实现。可能的消除病因包括：外科切除原发性血管肉瘤，对侵袭性、弥散性或转移性血管肉瘤进行化疗，对犬败血症适当抗菌治疗，以及对免疫介导性溶血性贫血病患进行免疫抑制治疗。在大多数其他情况下（如触电、中暑、胰腺炎），病因很难在短时间内消除。因此，治疗犬DIC的目的是：

- 抑制血管内凝血。
- 保持实质器官良好灌注。
- 预防继发性并发症。

必须牢记的是：如果有无限可用的血库和血液制品（大多数人类医院），犬、猫不会因低血容量性休克而死，而更可能死于肺或肾衰竭。据作者经验，“DIC肺”（肺内出血伴肺泡间隔微血栓）似乎是这些病患死亡的原因。

抑制血管内凝血

抑制血管内凝血是通过使用肝素和血液或血液制品的双重途径来实现的（图1.21）。如前文曾提到过，肝素是抗凝血酶（AT）的辅助因子，因此如果血浆中AT-Ⅲ活性不足，那么抗凝血酶（AT）对阻止凝血级联的激活是无效的。由于DIC病患的AT活性通常较低（由于消耗和失活），应给予病患足量含抗凝剂的抗凝血酶。实现这一目标最有效的方法即输注新鲜全血或新鲜冷冻血浆（或冷沉淀）。作者认为，过去曾说的“给DIC病患输注血液及血液制品无异于‘火上浇油’”并非一定正确。

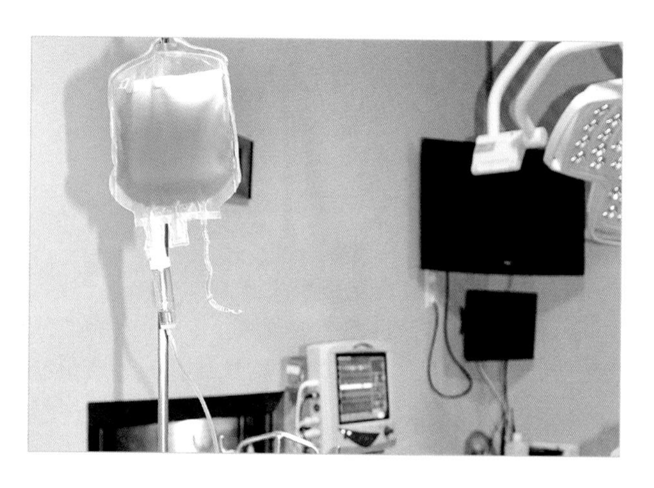

图1.21 如果手术中出现明显DIC症状，应立即使用肝素和新鲜冷冻血浆（已预回温）进行治疗。

DIC病患使用血液及血液制品绝不应推迟。

肝素历来被用于治疗人和犬的DIC。然而，对于它是否真的有益，仍存在争议。根据作者经验，自从这些病患常规使用肝素和血液制品后，DIC患犬存活率似乎显著增加。虽然这可能归因于更好的护理，但作者认为肝素是有用的，甚至事实上肝素才是提高生存率的原因。

肝素钠可在大剂量范围内使用，最常用的有以下4种：

最小剂量：每8 h 5 ~ 10 IU/kg，SC。

低剂量：每8 h 50 ~ 75 IU/kg，SC。

中剂量：每8 h 300 ~ 500 IU/kg，SC或IV。

高剂量：每8 h 750 ~ 1 000 IU/kg，SC或IV。

在作者的临床实践中，最小剂量和低剂量肝

素通常与血液或血液制品联合使用。原因如下：此剂量肝素不会延长健康犬的ACT或APTT（延长该参数所需的最低剂量是每8 h 150 ~ 250 IU/kg），考虑到某些临床症状和凝血方面的变化被成功消除，推测肝素似乎在体内发挥了生物活性。事实上，不延长APTT或ACT对已出现DIC动物是非常有益的。例如，如果一只DIC患犬接受了中等剂量的肝素治疗，那么根据凝血参数就无法断定APTT延长是由于肝素剂量过高，还是由于DIC的进展过程。

根据作者经验，如果接受小剂量或低剂量肝素治疗的DIC病患出现ACT或APTT延长，这表明临床状况正在恶化，因此需要修改治疗方案。

如果显示形成了严重的微血栓（如明显的氮质血症伴等渗尿，或肝酶活性增加），呼吸困难或低氧血症，可以使用中等或高剂量的肝素，其目标是将ACT延长至基线值（或正常值，如果ACT已经延长）的2倍或2.5倍。

如果发生肝素过量，可慢速静脉输注硫酸鱼精蛋白。按每100 U的最后剂量肝素使用1 mg鱼精蛋白计算剂量：50%的计算剂量在使用肝素后1 h给予，25%在使用肝素后2 h给予，其余剂量可根据临床需要给予。

硫酸鱼精蛋白应谨慎使用，因为可能导致犬发生急性过敏反应。

一旦临床症状有所改善，且临床病理参数恢复至正常，应逐渐减少肝素剂量（3 ~ 4 d）。

在最近的一项评估中，由于血管肉瘤和胃扭转导致DIC的一组犬使用冷沉淀治疗后，6只患犬全部表现出临床症状及血液学方面的改善。

维持实质器官良好的灌注

最佳方法是使用晶体或血浆扩容剂（如右旋糖酐）进行液体治疗。其目的是稀释循环中的凝血和纤溶因子，冲出微循环中的微血栓，保持毛细血管前细动脉的通透性，使血液分流到氧气交换效率高的区域。然而应注意不要过度补液，否则会危害动物的肾脏、肺脏或心血管功能。

防止继发性并发症

如前所述，DIC犬可能存在一些并发症。

应注意保持动物氧合（例如用氧气面罩、笼内或鼻氧管供氧），纠正酸中毒，消除心律失常，并预防继发性细菌感染[胃肠道黏膜缺血失去对微生物的屏障功能，细菌入血且无法被肝脏单核巨噬细胞系统（MPS）从血液内清除，因此导致败血症]（图1.22）。应小心使用或不使用中央静脉导管，因为DIC病患似乎更容易因导管形成血栓。前腔静脉血栓形成通常可导致乳糜胸。

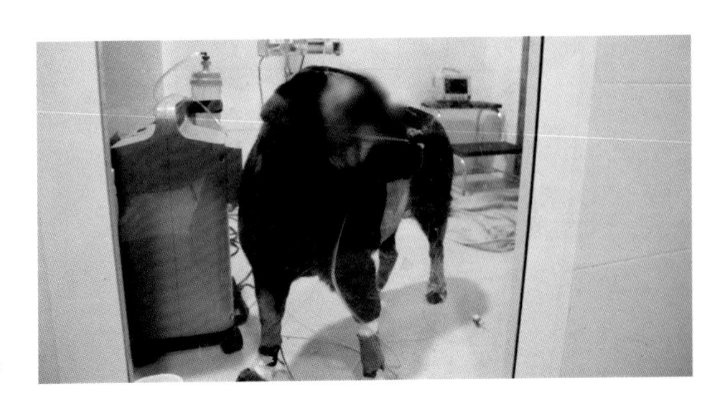

图1.22 DIC病患需要术后护理以预防继发性并发症。1.纠正氧合；2.持续心电图监测；3.例行动脉血气检查；4.正确的静脉抗生素治疗。

犬DIC的预后仍然较差。尽管有许多首字母缩写与这种疾病有关，如“死亡来临（death is coming），死在笼内（death in cage），犬进冰柜（dog in cooler）”，在过去的几十年里，如果能够控制原发病因或诱因，大多数病患都能通过适当的治疗康复。

在对俄亥俄州立大学教学动物医院DIC患犬的回顾性研究中发现，死亡率达54%。但凝血测试结果发生较少变化（少于3个）的犬中，这一比例为37%，而严重凝血异常的犬中（多于3个），这一比例高达74%。此外，APTT的显著延长和明显的血小板减少是消极的预后因素。存活犬的APTT平均值比对照组延长了46%，而死亡犬的APTT值比对照组延长了93%。同样，存活犬的血小板计数平均在110 000个/μL，而死亡犬仅为52 000个/μL。

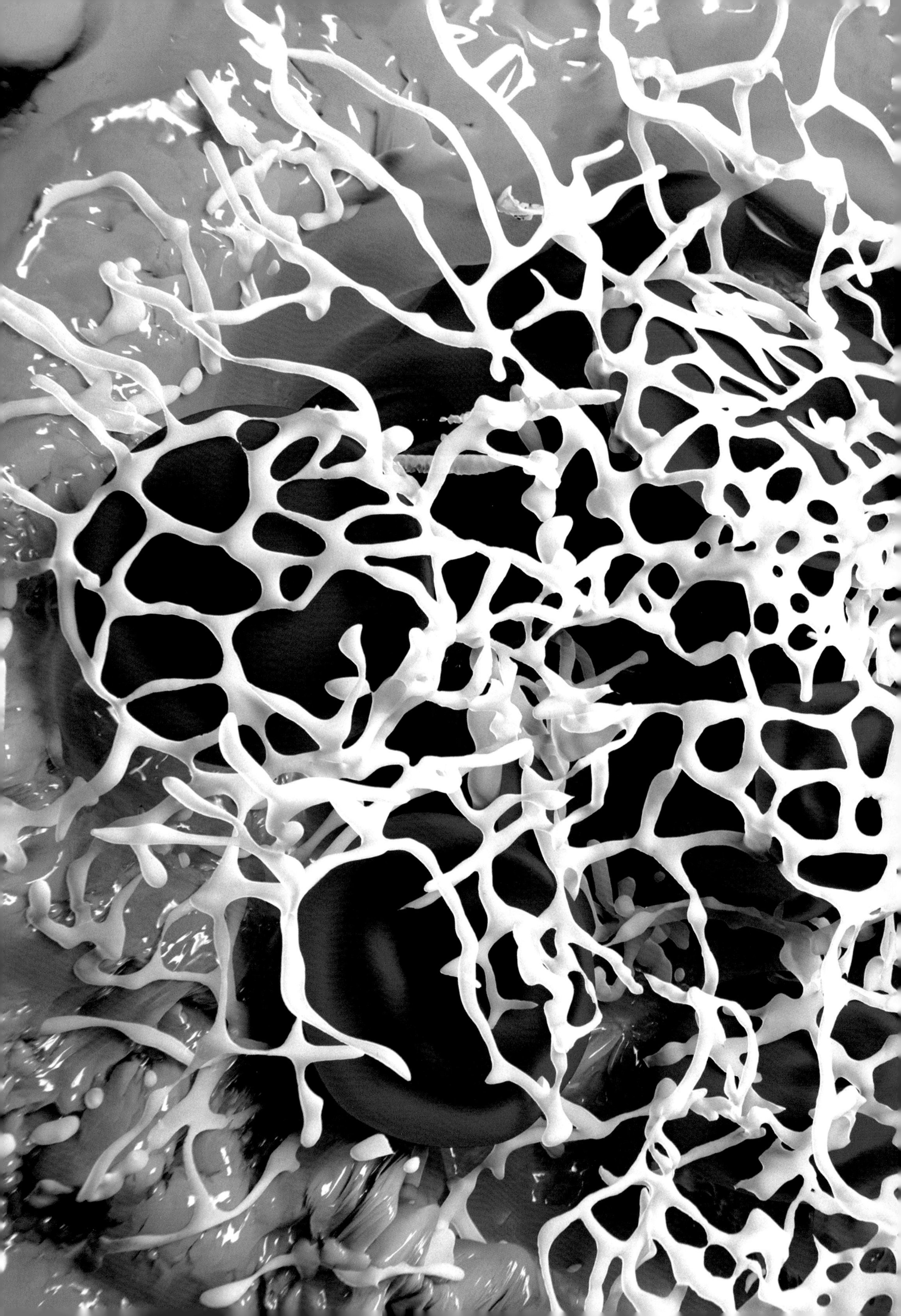

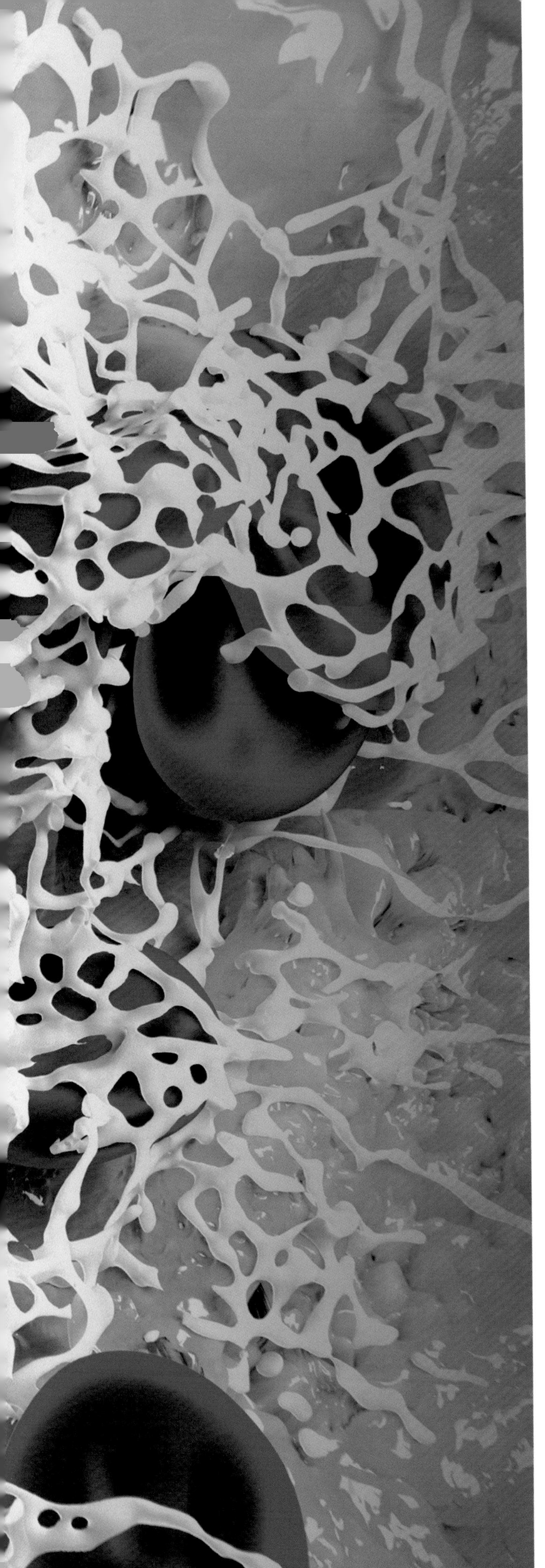

第2章 抗凝和纤维蛋白溶解

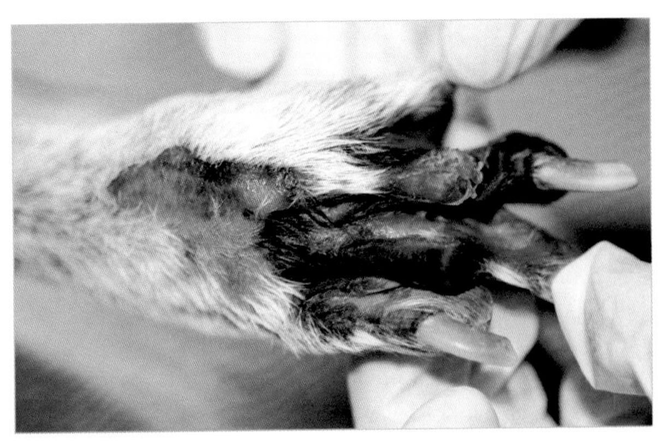

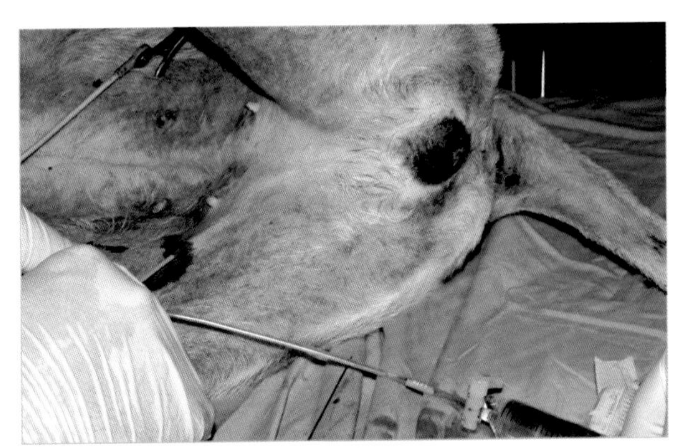

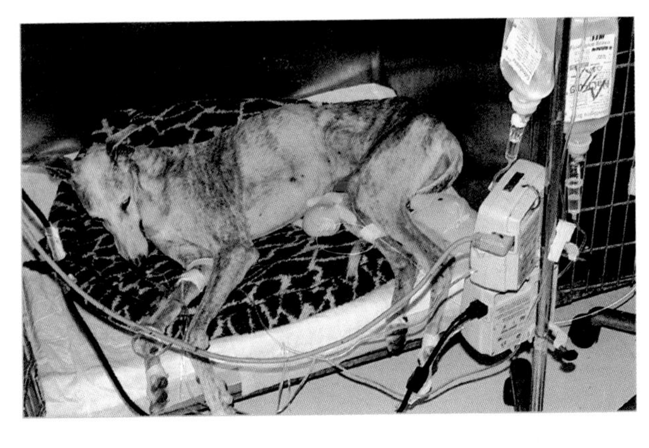

概 述

心血管疾病是全球范围内人类的首要致死因素（缺血性心脏病和缺血性卒中分别是第一和第二大死因）。抗血小板药和抗凝血药可能是人类医学中最常用的预防药物。当病患面临较高患病风险时，使用这些药物可以阻止疾病的发生。

在兽医学领域，由于肉食动物的生理学差异，这些药物很少被使用，而通常作为二线预防药物。这意味着它们被用来预防新的血栓栓塞，而此时动物常已发生血栓栓塞，或存在其他高风险因素（例如肾上腺皮质机能亢进和败血症）。

> 需要强调的是，人类医学中所观察到的主要风险因素和兽医学中所见并不相同。

首先，区分血栓形成（thrombosis）和血栓栓塞（thromboembolism）是非常重要的。

血栓形成是指在血管内有凝块（血栓）的形成，阻塞血管内的血流。例如患有肝脏肿瘤的动物可能会出现门静脉血栓形成。

血栓栓塞是指机体其他部位形成的凝块通过血液循环进入末梢血管并造成血管阻塞。

例如，主动脉分叉处的血栓栓塞（鞍状血栓栓塞），血栓通常在左心形成，随后松脱并进入主动脉，随后栓塞主动脉分叉处而导致后肢缺血。

人们常常提及形成血栓的三个潜在因素，即Virchow三要素：血液高凝状态、血管内皮损伤和血流停滞（图2.1）。

如果三要素中有两个发生改变，就可以假设存在血栓形成倾向。表2.1列举了兽医临床中最重要的危险因素。

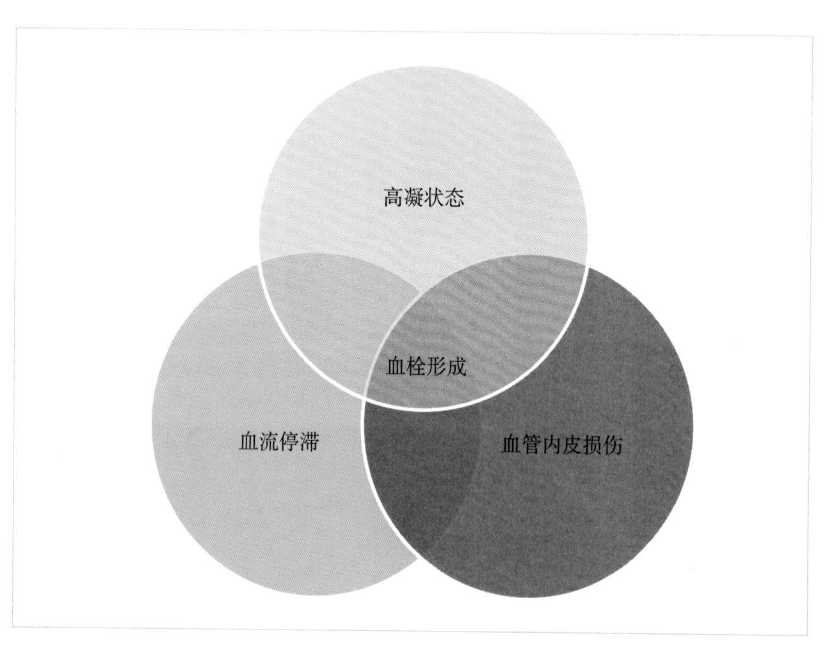

图2.1 Virchow三要素。

表2.1　Virchow三要素和相关疾病

血流停滞	高凝状态	血管内皮损伤
■ 低血容量 ■ 血管病变 ■ 心肌病 ■ 心律失常 ■ 血液黏度过高 ■ 肿瘤引起的静脉阻塞 ■ 瘫痪或运动机能丧失	■ 免疫介导性溶血性贫血 ■ 蛋白质丢失性肾病 ■ 肾上腺皮质机能亢进 ■ 肝胆管疾病 ■ 与全身炎症反应有关的疾病（败血症、胰腺炎等）	■ 静脉内留置针的存在 ■ 心脏起搏器和心脏瓣膜 ■ 外科手术或创伤 ■ 化疗

机体的凝血和纤维蛋白溶解系统存在动态平衡且能够自我调节。任何一个系统发生调节紊乱都会导致凝血状态的改变。表2.2详述了平衡是如何被打破的。

本章将聚焦于使用抗凝剂、抗血小板药和纤溶药物的不同治疗措施。因此，理解血栓可以形成于静脉和动脉系统且各具不同特点是非常有必要的。

表2.2　凝血-纤维蛋白溶解平衡

凝血	内源性抗凝剂	纤维蛋白溶解
血小板活性增加和聚集	蛋白质C水平下降	纤维蛋白溶解减少
凝血因子异常激活	蛋白质S水平下降	
促凝水平增加（纤维蛋白原）	抗凝血酶减少	
外源性途径的激活（血管内皮损伤）		

✱ 动脉血栓的临床表现通常是急性的，可导致非常严重的后果（局部缺血），必须立即治疗。

人类医学和兽医学中，引起动静脉血栓栓塞的最常见原因是不同的。

在动脉系统内，由于血压较高和血流较快，某些情况（如保定）并不会显著影响血栓形成，高凝状态在该过程中无足轻重。然而，湍流（即层流紊乱）和剪切应力会导致动脉血栓中的血小板含量非常高。因此，抑制动脉血栓形成时应关注抗血小板治疗。

另外，静脉系统易受血流停滞、病患静止不动和高凝状态的影响。成熟的静脉血栓中所含的血小板数量要少得多。减少静脉血栓形成的主要措施是抗凝，但也应把抗血小板治疗作为补充。

与人类相比，动物的静脉血栓非常少见。与直立行走相关的危险因素，例如静脉曲张或下肢深静脉血栓，在兽医临床中尚无报道。

与动脉血栓相反，静脉血栓通常不致命，因此推荐采用抗凝剂进行保守治疗。尚无证据表明早期外科手术去除血栓或溶栓治疗有长期益处，但这些治疗方式可能会使动物出现继发性出血。

血栓栓塞性疾病

迄今为止，尚无伴侣动物原发性血栓形成倾向的病例报道，因此下文所描述的疾病均继发于其他疾病，或是多种风险因素共同作用的结果。医生需要知道这些因素是什么，以便在适当的时间进行预防性治疗。下文将详细分析导致家养小动物处于高凝状态的原因。这些危险因素的概述参见表2.3。

表2.3 已知的导致小动物高凝状态的风险因素

疾病类型	相关疾病
内分泌疾病	■ 肾上腺皮质机能亢进 ■ 糖尿病
免疫介导性疾病	■ 自体免疫性溶血性贫血 ■ 淋巴细胞性肠炎 ■ 炎性肠病，伴有蛋白质丢失
肾脏疾病	■ 蛋白质丢失性肾病
感染性或炎性疾病	■ 胰腺炎 ■ 败血症 ■ 细小病毒性肠炎 ■ 心丝虫病
肿瘤	■ 急性白血病 ■ 实质性肿瘤
心脏病	■ 感染性心内膜炎 ■ 心脏肥大 ■ 心律失常 ■ 心丝虫病
肝脏疾病	■ 肝病 ■ 肝胆管疾病
医源性疾病	■ 长期使用皮质类固醇治疗 ■ 使用雌激素治疗 ■ 放置中央静脉导管 ■ 心脏起搏器

动脉血栓栓塞在猫中更常见，通常由肥厚性心肌病导致。动脉血栓栓塞的临床症状在犬和猫中有所不同。

兽医临床中最常见的静脉血栓类型是门静脉血栓、脾静脉血栓和腔静脉血栓。最常见的并发条件是肿瘤：30%～40%的静脉血栓与此相关。

肝脏疾病习惯上被认为与低凝状态相关，尽管有时也可出现相反的情况：肝脏中血小板的活性增加和血小板聚集、后腔静脉和脾静脉血栓形成、血窦中血流改变以及凝血因子Ⅷ和冯布兰德因子的活性增加。

静脉血栓在犬更为常见，发生于门静脉、脾静脉和腔静脉。

肿瘤、库兴氏综合征、自体免疫性溶血性贫血和心丝虫病是兽医临床中最常见的原因。

这些因素可能导致犬出现动脉血栓栓塞，尤其是肺部血栓栓塞。

肾上腺皮质机能亢进所致的静脉血栓和血液中高皮质醇浓度有关，但其确切的病因尚未被阐明。

动脉粥样硬化是人类医学中发生动脉血栓的最主要原因，但在食肉动物中并未发现。无论是在人类医学中还是兽医学中，动脉血栓栓塞的发生通常有心脏病因素。在人类医学中，心律失常，尤其是房颤是促使医生使用预防性药物（抗血小板药和抗凝剂）的第一风险因素。

在兽医学中，猫的心脏病，尤其是猫肥厚性心肌病是导致血栓形成和动脉血栓栓塞的最常见诱因。血栓通常在左心房和左心室心尖区域形成，形成后的血栓可能会随血流移动，引起脑部动脉栓塞（主要通过颈动脉）、前肢动脉栓塞和后肢动脉栓塞（最常见）。

80%的心脏病患猫的最初临床表现是主动脉分叉处血栓栓塞引起的双后肢急性轻瘫（图2.2）。

鞍状血栓也可见于犬，尤其是处于高凝状态的犬，但临床表现不同于猫。

猫的临床表现通常是急性发作的双后肢完全瘫痪，双后肢苍白、冰凉，同时伴有呼吸困难和缺血性疼痛。呼吸困难很常见，可能由疼痛或充血性心力衰竭引起。因此，进行鉴别诊断是非常重要的，这有助于我们选择最佳的治疗方案。

犬的临床表现通常更加迟缓，即在发病后2 h至6个月之间表现出跛行和疼痛。犬可能会更多的形成侧支循环以代偿局部缺血。在一些病例中可见到间歇性跛行（休息时无疼痛，但在运动时由于组织灌注不足而表现疼痛）。

介于动脉血栓和静脉血栓之间的是肺栓塞（pulmonary thromboembolism，PTE），犬最常见的诱因是肿瘤、败血症和自体免疫性溶血性贫血，而猫最常见的诱因是心脏病和肿瘤。

同人类医学一样，由于血液分析和胸部影像学检查中可能不表现出任何异常，PTE是一种难以确诊的严重疾病。在犬、猫的一些体内研究表明在人类医学中被用作肺部血栓栓塞指示物的D-二聚体（D-dimer）在兽医学中也有同等作用。犬、猫D-二聚体的正常参考值低于250 μg/mL。D-二聚体正常时可排除PTE。然而，D-二聚体增高并不能确诊PTE，但此时至少表明动物的纤溶系统活性增强；这既可能是生理性变化（例如手术创愈合期），也可能是病理性变化（例如存在弥散性血管内凝血或PTE等），因此D-二聚体的诊断价值需结合临床症状来评估。

D-二聚体是PTE诊断中意义较大的分析参数。其具有很高的阴性预测值，这意味着D-二聚体水平正常即可排除PTE。然而，其阳性预测值很低，因为D-二聚体增加仅仅表明纤溶系统活性增加，因此必须结合临床症状进行评估。

在流行区，犬心丝虫病是值得一提的。犬患心丝虫病时，寄生虫原本寄生在肺动脉和右心腔，但感染严重的病例，虫体甚至可能入侵腔静脉。

这些血管由于寄生虫的存在而发生动脉内膜炎，随后通常还伴随着腔内寄生虫导致的心腔狭窄及血液湍流；这些情况所致的高凝状态可导致PTE和腔静脉血栓的形成。尽管这种现象也可自然发生，但当使用成虫杀虫剂时，由于死亡成虫的碎片作为栓塞物导致肺栓塞，因此PTE的发生风险很高。已有资料报道使用D-二聚体来监测成虫驱杀药物治疗犬心丝虫病的治疗效果。

使用成虫驱杀药治疗犬心丝虫病会导致较高的肺部血栓栓塞风险。

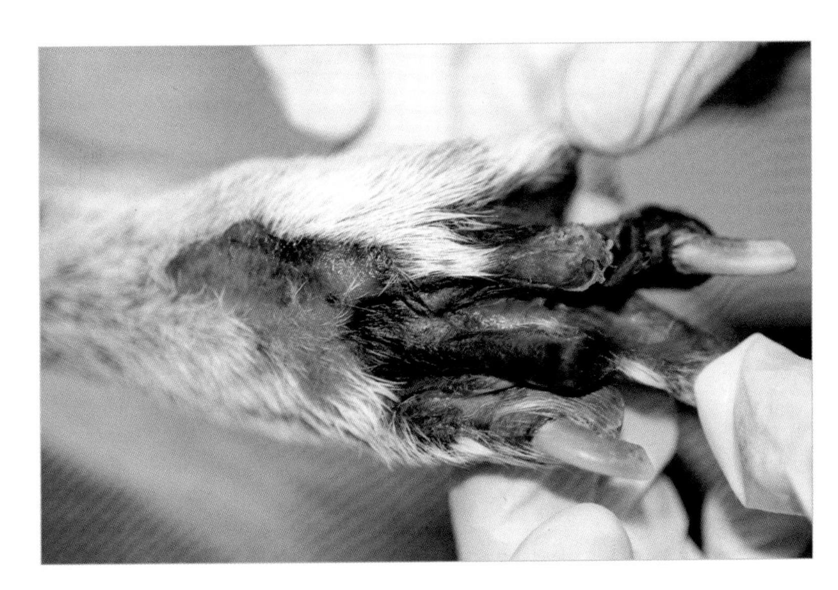

图2.2　股动脉和髂动脉血栓栓塞导致后肢轻瘫和后肢末梢灌注不良。

抗血小板药、抗凝剂和纤溶剂

尽管将这些药物放在同一部分讨论，但对这两种治疗进行区分很重要。抗凝剂、抗血小板药和维生素K拮抗剂可抑制血凝块的形成，被用于预防新血栓的形成。这使得内源性纤溶系统可以消除已形成的血凝块并预防新血栓的形成。然而，这种治疗方式并不能溶解用药前就已经存在的血栓。

必须使用纤溶剂才能溶解已经形成的血栓（图2.3）。

这些药物目前正在密集的研发中，其部分原因是由于凝血级联的概念发生了改变。

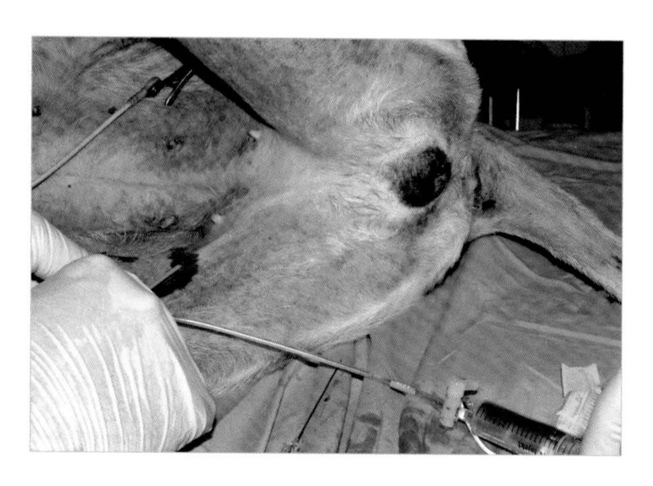

图2.3　一旦确诊血栓，应尽快使用纤溶剂。在这个病例中，在股动脉远端放置导管限制血栓移动后，在血栓部位局部给予尿激酶（urokinase）。

抗血小板药和抗凝剂可用作预防或治疗血栓形成。纤溶剂被用于治疗血栓栓塞，而非预防血栓栓塞的发生。

1994年提出了一种新的“凝血级联”，较传统的定义有一些变化（图2.4，表2.4）。

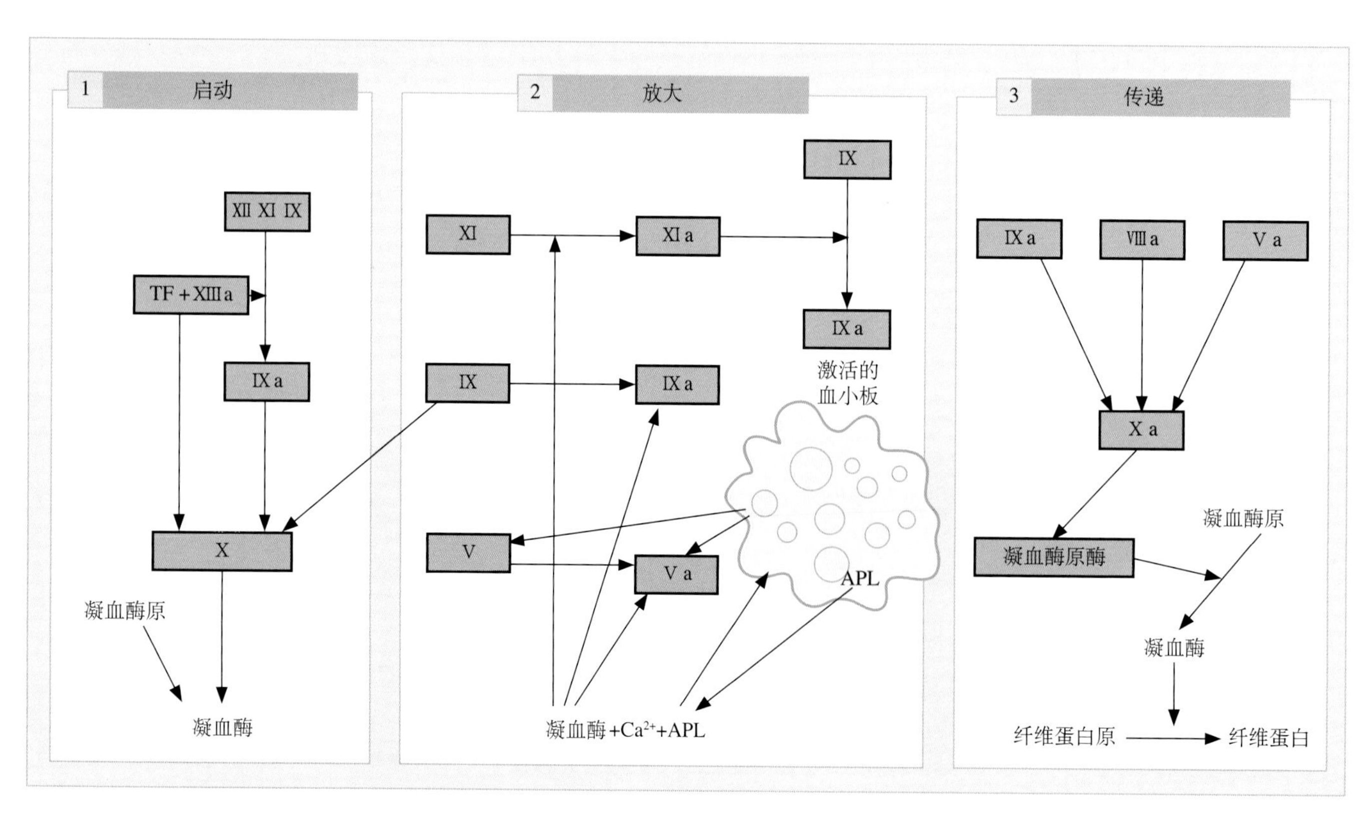

图2.4　新凝血级联。
罗马数字代表凝血因子；a，激活的；Ca^{2+}，钙离子；APL，酸性磷脂；TF，组织因子。

表2.4 新"凝血级联"与经典理论的不同之处		
■ 由组织因子和因子Ⅶ组成的复合物参与因子Ⅸ的激活，所以两条凝血途径，即内源性和外源性通路，在凝血过程开始时就相互关联。 ■ 整个过程并非是连续的。三个必需的相邻阶段包含：启动、放大和传递。血小板和凝血酶积极参与后两个阶段。		
1	起始阶段	组织因子-因子Ⅶ复合物最初直接或通过因子Ⅸ间接激活因子X，将凝血酶原转化为凝血酶，该阶段尚无法完成纤维蛋白形成过程。
2	放大阶段	凝血酶与血液内的钙和来自血小板的磷酸酯一起，积极参与反馈过程以激活因子Ⅺ、Ⅸ、Ⅷ和Ⅴ，同时通过一种特殊的方式加速激活血小板。与此同时，趋化因子使得上述因子被吸引至血小板表面，并迅速发生重要的激活过程和放大效应。
3	传递阶段	通过凝血酶、血小板的反馈机制使得该过程被放大。所有这些因子的激活使得大量的因子X被激活，凝血酶原复合物的形成使得凝血酶原转变为凝血酶，随后纤维蛋白原变为纤维蛋白。 最后的过程仍发生在血小板表面，该过程加速形成大量的凝血酶和纤维蛋白。

抗血小板药

抗血小板药是指能抑制血小板凝集并因此抑制动脉和静脉内血栓或血凝块形成的物质。

表2.5列举了不同类型的抗血小板药。这些已经用于临床治疗的药物会在下文中加以讨论。

表2.5 重要的抗血小板药	
类型	药物
环氧化酶抑制剂	■ 阿司匹林 ■ 苯磺唑酮 ■ 三氟醋柳酸 ■ 双苯唑醇 ■ 吲哚布芬
磷酸二酯酶抑制剂	■ 双嘧达莫 ■ 西洛他唑 ■ 三氟醋柳酸 ■ 前列腺环素 ■ 依前列醇 ■ 伊洛前列素
ADP-受体抑制剂	■ 噻氯匹啶 ■ 氯吡格雷 ■ 普拉格雷
糖蛋白Ⅱb/Ⅱa抑制剂	■ 依替巴肽、替罗非班、阿昔单抗

环氧化酶抑制剂（阿司匹林）

这类药物能不可逆地使血小板环氧化酶失活。此外，它们抑制血小板的聚集和黏附，继而抑制花生四烯酸的代谢和凝血噁烷A_2的产生。需要强调的是，猫缺乏葡萄糖醛酰基转移酶，因此用药后中毒的可能性很高，需严格控制使用剂量。

✱ 犬的剂量：每天0.5 mg/kg，口服。药物主要的副作用是胃肠道刺激。

✱ 猫的传统剂量：80 mg/只，每3 d (72 h) 1次。有文献表明使用低剂量（0.5 mg/kg），每3 d 1次，存活率无显著差异，但相关并发症减少。作者推荐使用低剂量。

ADP-受体抑制剂（氯吡格雷）

它们抑制血小板的聚集和腺苷二磷酸（ADP）介导的血小板激活作用。氯吡格雷是人类医学中双重抗血小板治疗（阿司匹林-氯吡格雷）的基础。兽医领域已对该药进行了评估，尤其是对于伴有肥厚性心肌病的猫。目前，它是这些动物预防性治疗的首选药物，尚未报道该药存在明显的副作用。通常每日1次口服给药，最低有效剂量尚未确定，常用剂量为每24 h 18.75 ~ 75 mg，具有抗血小板作用，无不良反应。

抗凝剂

表2.6列举了不同类型的抗凝剂和最常用的药物。

表2.6 重要的抗凝剂	
种类	药物
维生素K依赖性凝血因子抑制剂	■ 醋硝香豆素 ■ 华法林
因子Xa间接抑制剂	■ 肝素钠和普通肝素 ■ 低分子肝素 ■ 方达帕林
因子Xa直接抑制剂	■ 利伐沙班
凝血酶直接抑制剂	■ 达比加群

维生素K依赖性凝血因子抑制剂（香豆素衍生物）

华法林能够阻止维生素K依赖性凝血因子（Ⅱ、Ⅶ、Ⅸ和Ⅹ）的激活，同时抑制蛋白质C和S；它需要2 ~ 3 d才能达到最佳效果。蛋白质C和S的快速抑制导致一过性的高凝状态，故在治疗的最初3 ~ 5 d华法林需配合肝素使用。应使用国际标准化比率（International Normalised Ratio，INR）监控治疗效果，该数值需维持在2.0 ~ 3.0。需精确控制药物剂量，由于不同厂家的药片中药物成分可能分布不均匀，因此推荐将药物磨成粉末后称量以得到精确剂量。

✱ 犬的剂量：0.05 ~ 0.2 mg/kg，口服，每24 h一次。调整剂量使INR位于2.0 ~ 3.0之间。

✱ 猫的剂量：0.6 ~ 0.9 mg/kg，口服，每24 h一次。然而，与其他抗凝治疗相比，华法林对猫并无益处，反而与高出血率相关（通常是致命的）。除了给药困难之外，其花费较高且需要持续监控，这些原因使得该药的使用并不常见。

由于治疗窗口较窄，该药在兽医学中副作用风险较高（如严重出血）。此外，尽管药物相对廉价，但用药后的监测费用使得治疗变得昂贵。

因子Xa间接抑制剂

肝素钠和普通肝素

肝素能够增加体内抗凝血酶的活性，抗凝血酶是体内最重要的生理性抗凝剂，它能抑制凝血酶并激活因子X。

使用活化部分凝血酶原激酶时间（APTT）能够监测肝素钠的抗凝效果。APTT可评价凝血级联中的内源性途径和共同途径。肝素的主要缺点是其分子异质性，这使得肝素与血浆蛋白、血小板、内皮蛋白以及已形成的血凝块中的凝血酶结合，这使得肝素的抗凝作用变数较大且依赖于病患的血液学状况，因此需要谨慎地监控。例如，自体免疫性溶血性贫血患犬需要更高剂量的肝素钠以达到具有治疗效果的血浆药物浓度。

但是即便如此，治疗效果仍然无法预测，因为这取决于动物每时每刻的临床状况。在改为使用普通肝素后，抗凝血酶水平可能下降，反弹性高凝状态也可能出现，因此监测并停药也是非常必要的。

硫酸鱼精蛋白可以逆转普通肝素的作用。

肝素口服后无法吸收，肌内注射可能导致血肿。因此，肝素应通过静脉或皮下途径注射。

低分子肝素

低分子肝素（low molecular weight heparin，LMWH）同样通过促进凝血酶的活性发挥作用，但其大小更均匀，几乎仅和抗凝血酶结合。其对共同途径影响较小，APTT未改善，而抗因子Xa（antifactor Xa）可用于对其效果的监控。抗凝反应更均匀，更易预测。但鉴于这些药物在兽医临床上应用经验不足，因此在使用时建议监测。此外，其缺点是花费较为昂贵。

在这种情况下，硫酸鱼精蛋白仅可部分逆转LMWH的抗凝效果。

方达帕林是一种近期研发的人工合成的因子Xa的选择性抑制剂，但目前尚未在兽医临床使用。

表2.7列举了兽医临床中常用肝素类药物的剂量。

一些最近在人类医学临床中出现的药物（利伐沙班和达比加群）未来在兽医学中可能有用，因为它们具有剂量固定、无需监控和副作用小的特点。然而，这些药物的使用经验很少，费用也较昂贵。

表2.7　兽医临床中常用的肝素类药物的剂量

药物	物种	剂量	监控
普通肝素	犬	■ 每8 h 500 IU/kg，SC ■ 每6 h 200 IU/kg，SC ■ 初始为150 ~ 200 IU/kg，SC，单次给药，随后在生理盐水中以每1 h 12 ~ 15 IU/kg，IV	APTT延长至基础值的1.5 ~ 2倍
	猫	■ 每8 h 250 ~ 375 IU/kg，SC ■ 初始为200 IU/kg，SC，单次给药，随后在5%葡萄糖中以每4 h 120 ~ 200 IU/kg，SC，或每1 h 10 ~ 25 IU/kg，IV	给予初始剂量后在4 h时监测一次，随后每12 h监测
达肝素钠	犬	■ 每8 h 150 IU/kg，SC	■ 抗因子Xa =0.4 ~ 0.8 IU/mL
	猫	■ 每6 h 180 IU/kg，SC	■ 抗因子Xa =0.5 ~ 1.0 IU/mL
依诺肝素	犬	■ 每6 h 0.8 mg/kg，SC	■ 抗因子Xa =0.5 ~ 2.0 IU/mL
	猫	■ 每6 h 1.25 mg /kg，SC	■ 抗因子Xa =0.5 ~ 1.0 IU/mL
硫酸鱼精蛋白	犬和猫	■ 每100 IU肝素钠，给予1 ~ 1.5 mg，IV（缓慢） ■ 每100 IU达肝素钠，给予1 mg，IV（缓慢） ■ 每1 mg依诺肝素，给予1 mg，IV（缓慢）	■ 缓慢给药以避免不良反应 ■ 可以输注给药

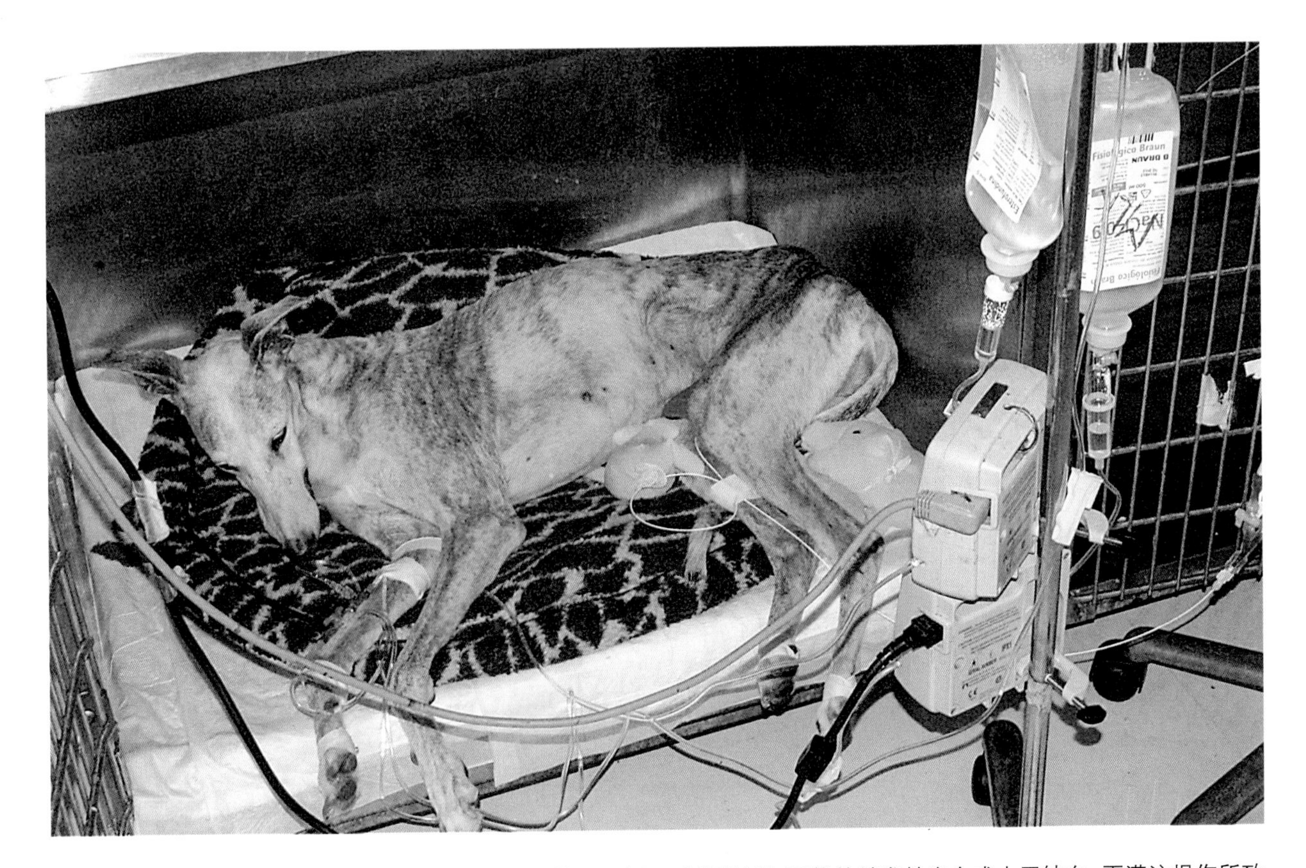

图2.5　接受纤溶治疗的动物应该住院并持续监控，以便及时发现任何可能的继发性出血或由于缺血-再灌注损伤所致的其他并发症，如血钾浓度增高或乳酸水平增高。

纤维蛋白溶解剂（纤溶剂）

溶栓治疗的主要目的是溶解已有的血栓，包括全身性使用溶栓因子、局部溶栓和使用外科手术移除已有的栓塞。

可全身或局部使用的主要溶栓或纤溶药包括：链激酶、尿激酶和重组组织纤溶酶原激活剂（recombinant tissue plasminogen activators，r-TPA），例如阿替普酶（alteplase）、瑞替普酶（reteplase）和替奈普酶（tenecteplase）。

这些药物促进纤维蛋白酶原转化为纤维蛋白酶，从而使纤维蛋白降解，进而溶解血栓（图2.5和图2.6）。出血是用药后的主要不良反应，在人类医学中，使用这类药出现不良反应的概率是使用肝素时的3倍。

链激酶由β-溶血链球菌产生，但由于其可导致急性过敏反应，在人类医学中常被限制使用。此外，循环中存在抗体也会减弱其作用。

尿激酶是肾脏产生的蛋白酶，天然存在于尿液中。组织纤溶酶原激活剂在人类医学中被常规使用，但其价格不菲，显著高于链激酶。

通过静脉通路全身性使用溶栓药已被局部导管动脉内溶栓治疗所替代（原位纤维蛋白溶解）。在这种治疗方式中，药物可以在血栓形成局部使用。无论如何，纤溶剂对于新近形成的血栓效果更好。

这些药物在兽医临床上的使用经验非常有限，因此无法给出具体的使用建议。在兽医临床中，应用这种治疗的两种主要情况是猫动脉血栓栓塞和犬肺栓塞。数个临床研究评估了在这些情况下全身使用链激酶和r-TPA的效果，然而由于较高的治疗后死亡率（出血和与高钾血症相关的再灌注损伤），治疗效果与使用抗凝剂和抗血小板药进行保守治疗相比，无明显优势。

有过对犬成功进行全身使用溶栓药物的报道，但仅有一例犬局部输注纤溶剂后获得成功的报道，因此目前尚无足够的证据支持这些药物的使用。

为了最大限度地溶解血栓并将再灌注并发症的风险降至最小，建议只在动物出现临床症状后的4 h内才考虑使用溶栓治疗。

链激酶

在20 ～ 30 min内使用90 000 IU，随后的3 h按45 000 IU/h连续输注。

组织纤溶酶原激活剂（TPA）

药物剂量为1 ～ 10 mg/kg，通过静脉通路连续输注给药，速率为每1 h 0.25 ～ 1.0 mg/kg。也可每60 min静脉推注1 mg/kg，可用最多10次。

为了进行有效的溶栓治疗，纤溶剂应在确认血栓形成后尽快使用。

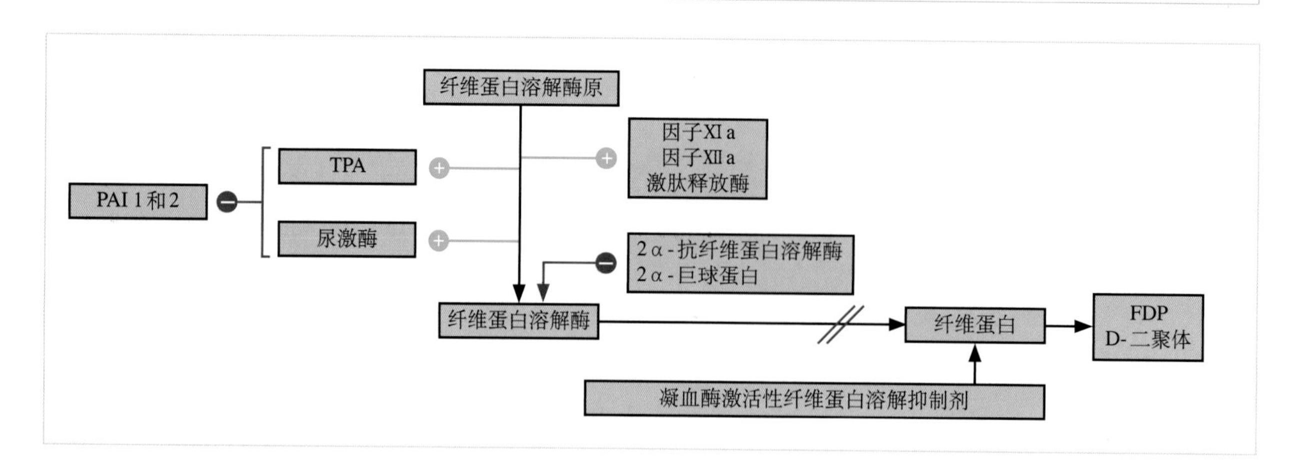

图2.6 纤维蛋白溶解级联。
TPA，组织纤溶酶原激活剂；PAI，纤溶酶原激活抑制剂；FDP，纤维蛋白降解产物（D-二聚体为其中之一）。

这些药物需在严格监控病患的条件下使用，以便于控制可能发生的出血或再灌注损伤等并发症，例如代谢性酸中毒和高钾血症。因为溶栓治疗费用昂贵，故这些药物并不常用；这些间接影响以及治疗时所需要严格监控使得这类药物的使用变得很不方便，也只有很少的顾客愿意为该治疗付费。

推荐用于动物动脉血栓栓塞的维持疗法

- 阿司匹林用于治疗猫动脉血栓栓塞的推荐剂量为5 mg/kg，每3 d 一次。一些作者建议将阿司匹林与氯吡格雷联合给药。未来氯吡格雷可能在这些疾病的治疗中逐渐代替阿司匹林。
- 可以考虑使用华法林（每天0.6 ~ 0.9 mg/kg）进行治疗。但目前尚无研究表明华法林优于其他抗凝疗法。使用华法林治疗的最初5 ~ 7 d需配合使用肝素。
- 可按照推荐剂量皮下注射普通肝素或低分子肝素进行治疗。
- 外科治疗（血栓切除术或栓子清除术）是急诊病例的可选治疗方案，但由于患病动物当时的状况（心肌肥厚、充血性心力衰竭、心律失常、低体温、DIC等），治疗风险很高。

推荐用于动物肺栓塞的维持疗法

华法林（在最初的5 ~ 7 d内联合肝素进行治疗）。
普通肝素。
低分子肝素（LMWH）。

推荐用于动物的预防措施

- 外科手术
  - 对于即将接受全髋置换手术的动物，建议在围手术期进行肝素化治疗，可使用肝素钠或低分子肝素。
  - 当肿瘤和其他血栓风险因素并存时推荐使用该疗法。
  - 对于即将进行肾上腺切除术的库兴氏综合征的患病动物，在麻醉诱导期推荐使用肝素化血浆（heparinised plasma）进行治疗，剂量为35 IU/kg，随后皮下注射另外2剂肝素钠，35 IU/kg，每8 h 1次。治疗方案需每8 h进行1次，在4 d内逐步降低剂量。
  - 门体静脉分流手术。
- 蛋白丢失性肾病和肾病综合征
  - 推荐使用阿司匹林0.5 ~ 5 mg/kg，每12 ~ 24 h 1次。
- 蛋白丢失性肠病/肾上腺皮质机能亢进
  - 仅当同时存在其他血栓风险因素时才推荐预防性治疗。
  - 当存在血栓栓塞的其他诱因，例如手术、肿瘤、败血症等，才建议采用预防性治疗。
- 免疫介导性溶血性贫血
  - 推荐每日使用低剂量阿司匹林（每24 h 0.5 mg/kg）。
  - 最新的研究推荐仅用氯吡格雷或将其联合低剂量阿司匹林使用。
  - 考虑到这些患病动物发生肺栓塞的可能性较高，建议使用抗凝疗法，但尚无科学证据证明其效果。
  - 作者推荐在进一步的研究证据出现前，使用低分子肝素或皮下注射肝素钠进行治疗。
- 猫肥厚性心肌病
  - 目前尚无研究评估预防性治疗对动脉血栓栓塞的效果。
  - 可考虑使用低剂量的阿司匹林和氯吡格雷。
- 肿瘤
  - 尽管有足够的病理生理学数据表明肿瘤会导致高凝状态，但目前尚无研究评估这些病例使用血栓预防疗法后的效果。

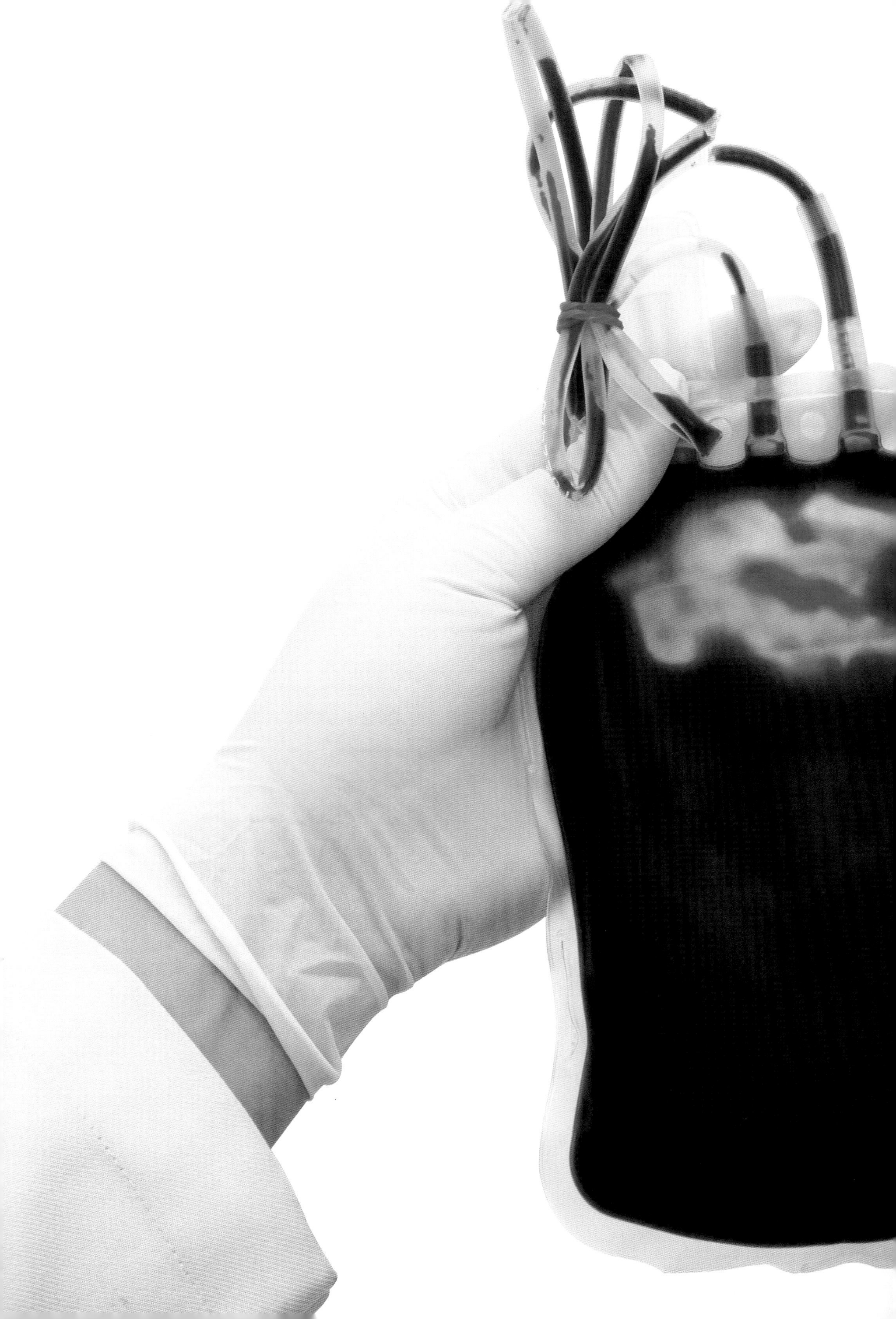

第3章　输血的原则

概述

适应证

血型

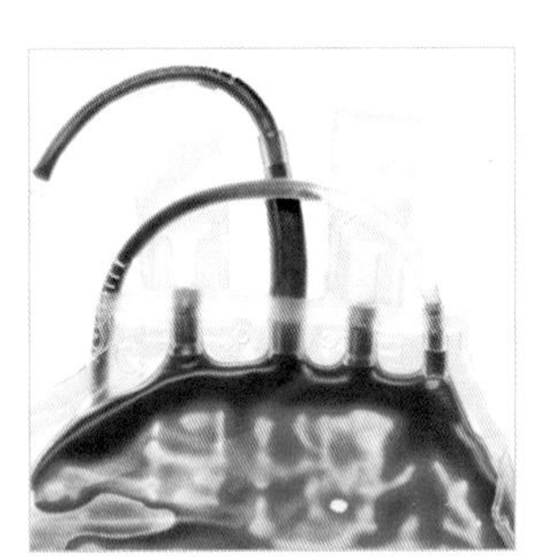

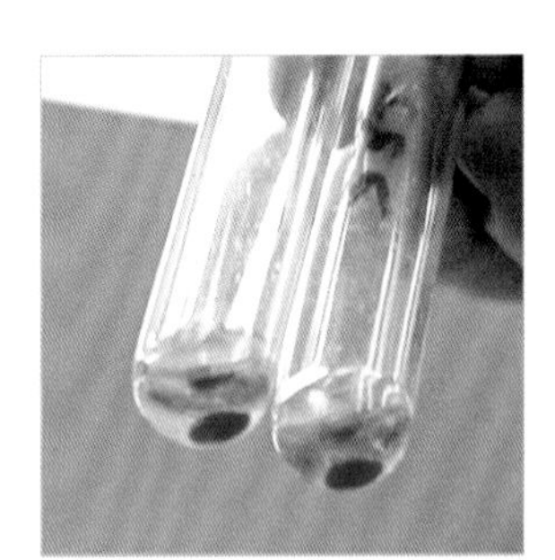

输血治疗

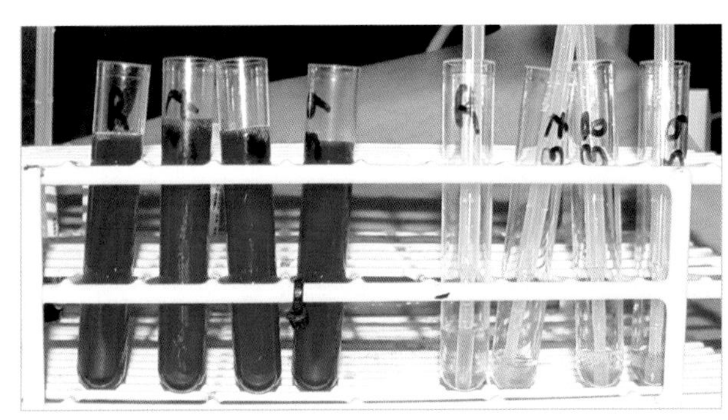

概 述

兽医输血医学在近些年来取得了很大的进步，人们建立了商业动物血库，其中大多数血液制品的生产和储存是由全血制备或通过血浆分离置换获得的（图3.1）。犬、猫通常通过颈静脉采集血液，犬一般使用徒手保定，而猫则使用七氟烷吸入麻醉（图3.2和图3.3）。

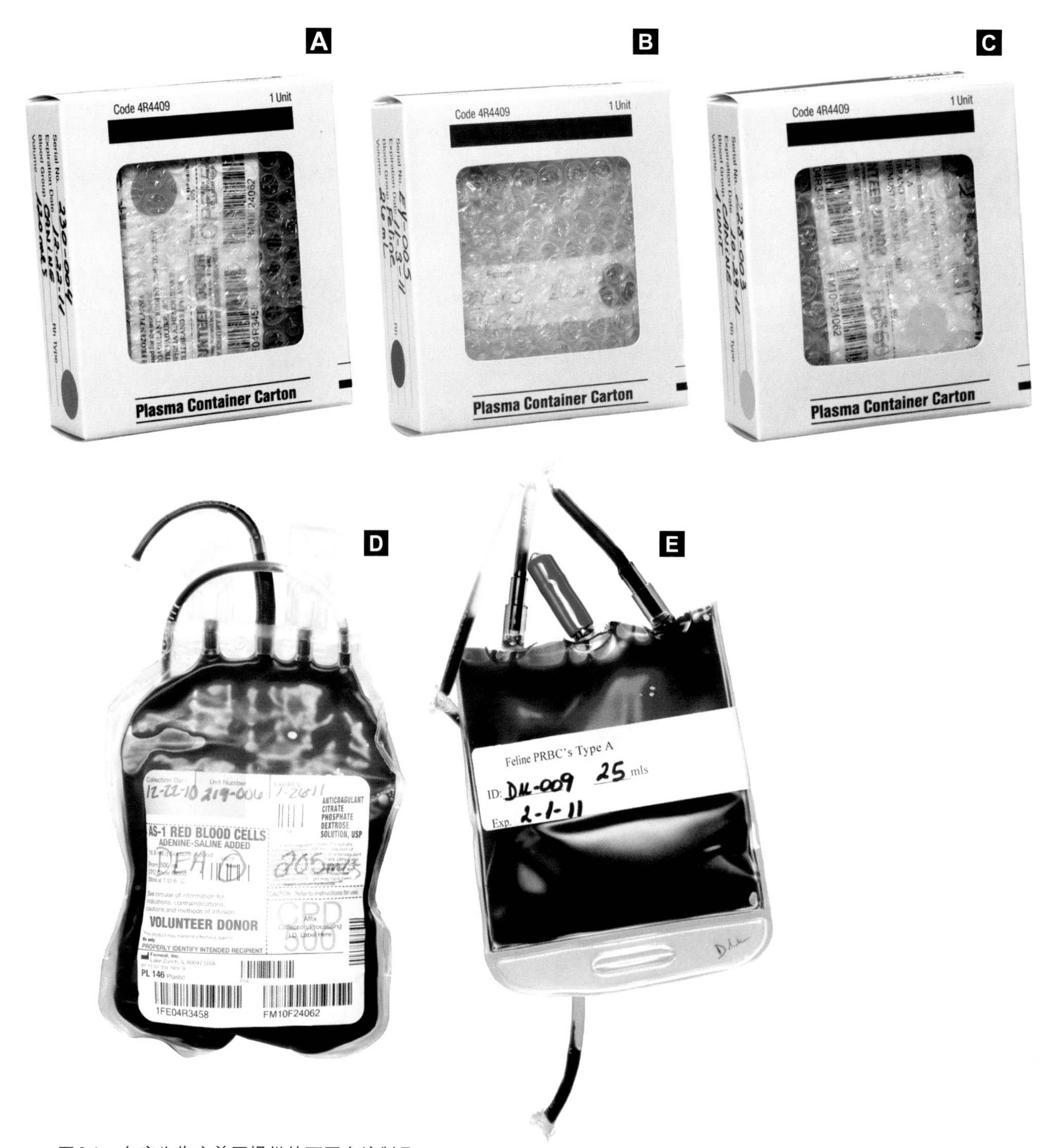

图3.1 血库为临床兽医提供的不同血液制品。
A，犬新鲜冷冻血浆；B，猫新鲜冷冻血浆；C，犬冷沉淀；D，犬压缩红细胞（PRBCs）；E，猫红细胞。

通常从供血犬的颈静脉进行采血，但也可以从头静脉或股静脉采集。

通常，从供血犬体内采集血液后（450 mL）应立即将其离心，并制备压缩红细胞（PRBC）和新鲜冷冻血浆（FFP）。通过添加营养液（葡萄糖、腺嘌呤、甘露醇和氯化钠）可以保存PRBC，如此可将其在4℃（1～6℃）下储存5周，而FFP在－30～－20℃之间的温度下可储存几个月。在该温度下储存一年时，不稳定的凝血因子（Ⅴ和Ⅷ）在FFP中可能减少，此时该产品将被称作储存血浆（SP）或冷冻血浆（FP）。然而，作者最近证实，存储5年的SP或FP仍然具有血液学活性。一些血库还储备了富血小板血浆（PRP）或血浆分离置换浓缩血小板。

将FFP置于冰箱中缓慢解冻数小时，当其性质变得类似于"冰水混合物"时，将其离心。留在袋底部的发白沉淀物是冷沉淀（CRYO）。很少的冷沉淀内（即40～60 mL）就含有血浆内的几乎全部因子Ⅷ、纤维蛋白原和冯布兰德凝血因子（VWF）。上清液被称为沉淀上清血浆（cryo- poor plasma），含有所有其他凝血因子、白蛋白和其他必需蛋白质。

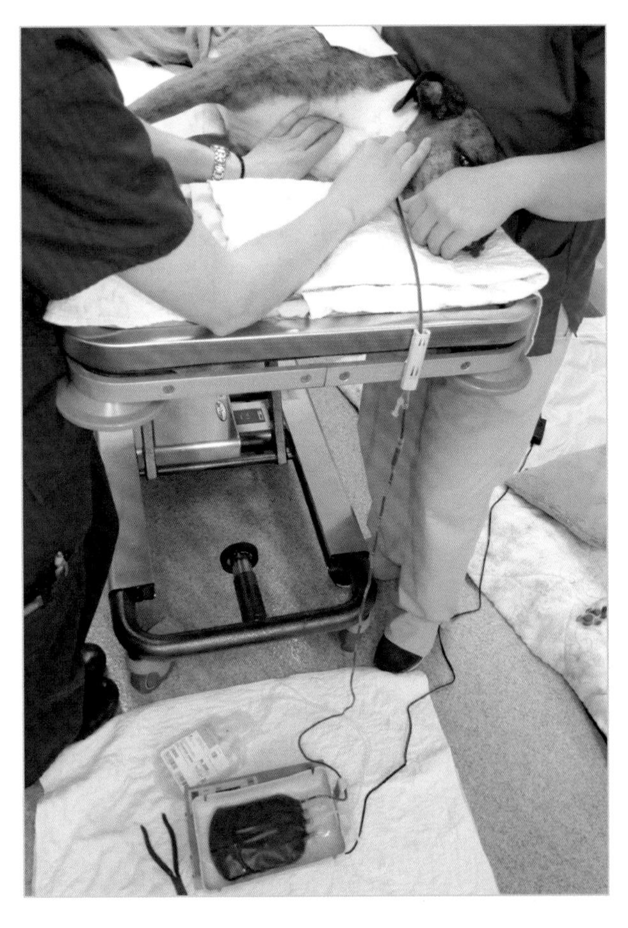

图3.2 对于温顺的供血犬，通常可在无需镇静的情况下由颈静脉抽取血液。

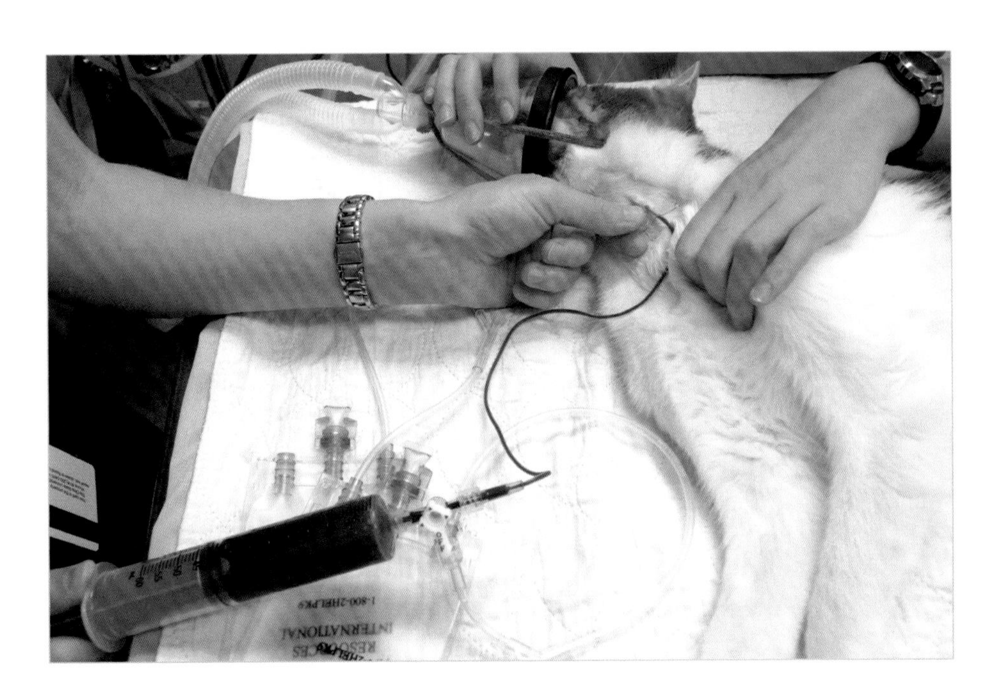

图3.3 对于比较紧张难以采血的供血猫，通常在七氟烷的浅层吸入麻醉下抽取血液。

适应证

在几种不同的状况下，需要输注全血（WB）或血液制品（例如PRBC、FFP、FP、CRYO）。WB或PRBC输注用于恢复贫血动物血液的携氧能力。当动物存在低血容量性贫血或除红细胞外还需要凝血因子时，应使用WB（图3.4）。PRBC对血容量正常的贫血犬、猫是比较理想的血液制品，例如单纯红细胞再生障碍、慢性肾病或溶血的情况下。

对于患有免疫介导性溶血性贫血（IMHA）的动物，应谨慎进行输血疗法，因为可能会发生严重的输血反应。凝血因子缺陷可以导致出血，此时在大量失血的情况下，可以使用新鲜全血，如能给予FFP、FP、SP治疗则更好。

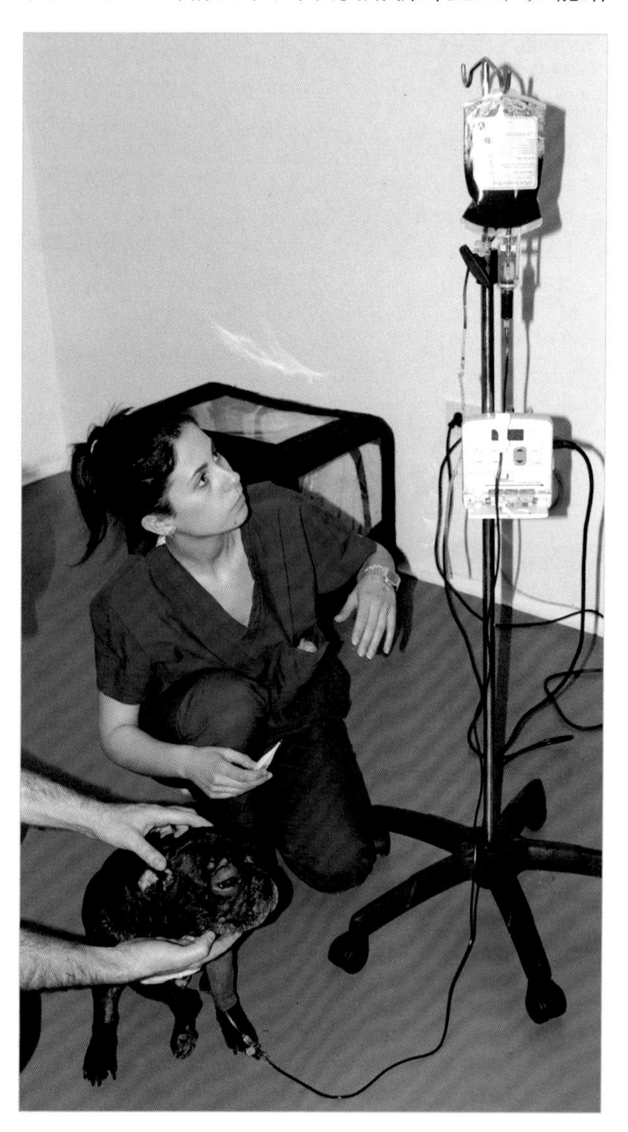

图3.4　给由于脾脏肿瘤破裂导致严重内出血的犬输注全血。

冷沉淀内凝血因子Ⅷ和VWF的浓度很高，因此常在患A型血友病或冯布兰德病的犬中使用；它目前也被用作DIC患犬纤维蛋白原的来源。如前所述，沉淀上清血浆是凝血因子（除纤维蛋白原、因子Ⅷ和VWF）和白蛋白的良好来源。

如有PRP或血小板输注可用时，常将其用于严重的血小板减少症导致自发性出血的犬和猫（表3.1）。然而，受血者的血小板计数很少能在输注后增高到可以阻止出血。PRP和血小板输注对存在外周血小板破坏（例如，免疫介导性血小板减少症）的动物只有很少（或几乎没有）益处，因为输血后血小板很快会被从循环中清除。

表3.1　犬、猫血液制品输注适应证

	新鲜全血（WB）	压缩红细胞（PRBC）	储存血浆/冷冻血浆（SP/FP）	新鲜冷冻血浆FFP	冷沉淀（CRYO）	沉淀上清血浆
低血容量性贫血	+++	++	–	–	–	–
等血容量性贫血	+	+++	–	–	–	–
冯布兰德病	–	–	–	+++	++++	–
A型血友病	–	–	–	+++	++++	–
B型血友病	–	–	+++	++	–	++++
灭鼠药中毒	–	–	+++	++	–	++++
低蛋白血症	–	–	++	+	–	++++
肝病	–	–	++++	++	–	++++
胰腺炎	–	–	++++	+++	–	++++
抗凝血酶缺乏	–	–	++++	+++	–	++++
弥散性血管内凝血	++	+	++	++++	–	++

患DIC的动物也可以输注新鲜全血、PRP或FFP。很少会将血浆用于纠正低白蛋白血症，因为受血者血清白蛋白浓度很少能够如愿增加。胶体液或人血白蛋白更能有效地恢复血浆渗透压。

血型

已在犬体内鉴定出几种血型，包括DEA（犬红细胞表面抗原）1.1、DEA 1.2（以前称为A型）、DEA 3～8和DAL型。犬没有抗血型抗原的天然抗体，理论上讲，它们只能在接受输血或妊娠后才能产生。然而最近的研究表明，犬的妊娠和抗体出现之间缺乏关联。

如果将DEA 1.1、1.2或7抗原阳性犬的血液输注到阴性犬身上，可能会发生输血反应，因此供血犬的这些表面抗原应该呈阴性。不过尽管如此，由于输血导致的临床相关的急性输血反应在犬中极为罕见。DEA7在输血反应中的临床相关性值得商榷。

> 从血型不明但没有被输过血的供血犬那里采集的血液，无论血型如何，都很少引起临床问题。

猫的血型为A型、B型和AB型。在美国，经过评估的猫几乎都是A型血，而过去10年间在笔者医院内看到的大多数B型血的猫都是家养短毛猫。B型血猫因地区和品种的不同而有很大差异：

■ 以下品种的猫中有15%～30%为B型血：阿比西尼亚猫、伯曼猫、喜马拉雅猫、波斯猫、苏格兰折耳猫和索马里猫。

■ 超过30%的猫是B型血的品种：英国短毛猫和德文卷毛猫。

最近在葡萄牙和西班牙的研究中，A型血的猫最为常见，在里斯本的猫中占97.5%，在葡萄牙北部的猫中占89.3%，在加纳利群岛的猫中占88.7%。

由于B型血猫接受A型血后很容易出现致命的输血反应，所有的猫在输血前都应该进行分型（图3.5）。如果可能的话，应该进行交叉匹配，以确保它们的血型相容。

> 为B型血的猫输血时，供血猫始终应确保为B型血。

对于繁育机构，血型鉴定也至关重要，这样才能避免B型血母猫所生的A型或AB型小猫发生新生儿溶血现象。如果一只AB型血的猫需要输血，而没有AB型供血猫可用，建议采用A型供血猫的血液。

> 在猫身上，由于存在天然抗体，在进行任何输血（即使是第一次输血）之前，应始终使用前面提到的测试或交叉匹配来确认血型兼容性。

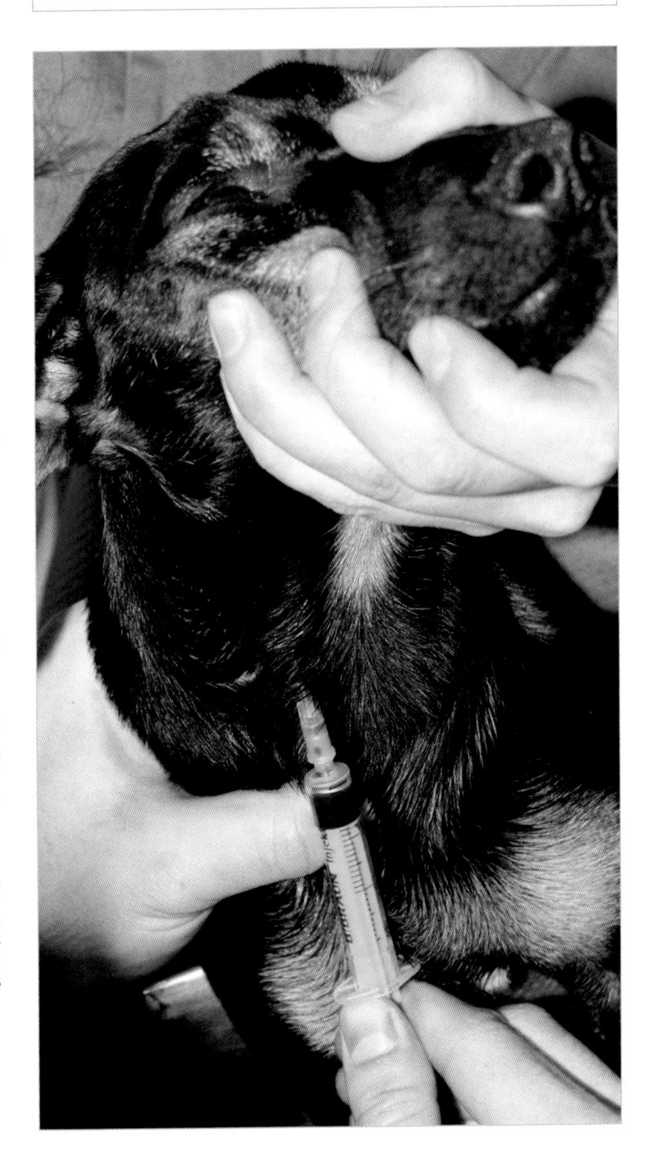

图3.5 血样采集测试血型。

血型鉴定

对于犬和猫，在临床中有可用于供血动物及受血动物血型鉴定的快速、低成本测试方法。当RBC表面抗原与已知（多克隆或单克隆）抗体接触时，将会发生血液凝集反应。这些快速检测方式以凝集反应或免疫层析为基础。场上有依靠凝集反应来确定犬DEA 1.1分型和猫A、B和AB分型的血型测试卡（图3.6）。也可以选用基于免疫层析的测试系统（图3.7和图3.8）。

表3.2列出了这些系统的优点与缺点。

如果犬是DEA 1.1阳性，则在“DEA1”区域出现一条红线，在“C”区域出现第二条红线，这是为了确保测试结果可信的对照测试。图中的动物血型被确认为DEA 1.1阴性。

阅读使用说明书并遵循制造商的指示，以便正确执行每项测试，这一点非常重要。

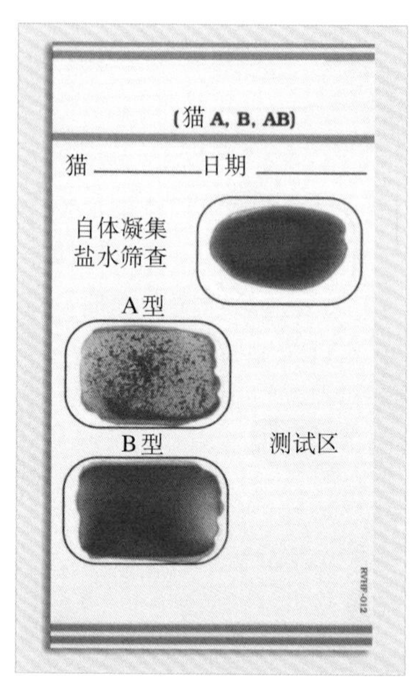

图3.6 使用凝集试验对猫进行血型鉴定。在含有A型抗体的方框中观察到凝集，因此该猫的血型为A型。

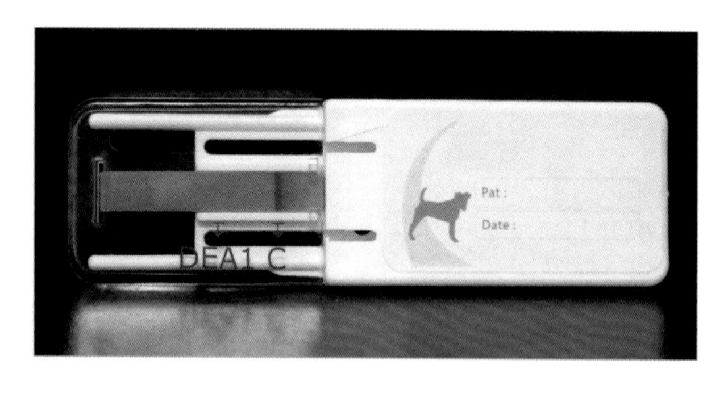

图3.7 鉴定DEA 1.1血型的免疫层析分析测试卡。

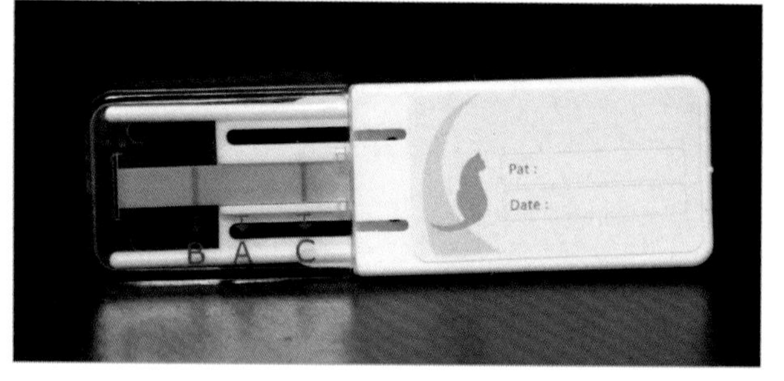

图3.8 图中的血型免疫层析测试提示该猫为B型血。

表3.2 犬和猫血型测试系统的优点和缺点

测试类型	免疫层析试验	凝集试验
所需样品类型	EDTA、全血、柠檬酸盐、CPD（柠檬酸盐-磷酸盐-葡萄糖）血样	只适用于EDTA血样
注意事项	自体凝集或严重贫血不影响判断	对存在自体凝集或严重贫血的动物不适用
样本量	10μL血液	150μL血液

存在自体凝集或无法使用免疫层析法进行血型分析的犬，建议输血时使用通用或DEA 1.1阴性血液。交叉配血是另一种替代方式，可以在以前输过血的动物、需要多次输血的动物以及猫上进行。

任何之前接受过输血或不确定输血史的患犬，在下一次输血前都应该进行交叉配血试验。

输血治疗

在输血前，冷藏的血液需回复到室温，这点对于小型犬和猫格外重要。应避免温度过高，因为可能导致纤维蛋白原析出或自体凝集。最近的研究表明，输血前对血液进行加温对受血者的核心体温没有影响，因此通常不必进行。

输血套件中应包含过滤器以消除凝块和其他颗粒，如聚集的血小板。血液可以通过臂头静脉、隐静脉或颈静脉输注。然而，也可以采用适合小型或新生动物等外周循环不良个体的骨内输注方式。

骨内输注液体或血液时，通常要对股骨上转子窝区域的皮肤进行外科手术预备，并用1%利多卡因对该部位的皮肤和骨膜进行局部麻醉。将18 G骨髓穿刺针或骨内留置针平行插入股骨长轴的骨髓腔中。接下来使用10 mL注射器抽吸，确认能够获得骨髓内组织（如脂肪、骨碎屑和血液），以此确认留置针放置的位置正确。使用标准输血器输注血液，输血器应当配有孔径为170 ~ 240μm的过滤器。

推荐的输血速度各不相同，但通常为每天22 mL/kg，但在低血容量动物中可提升到每1 h 20 mL/kg。患有心力衰竭的犬和猫，输血速度不能接受超过每天5 mL/kg。为了避免细菌污染，血液在室温条件下应在4 h内使用完毕。

> 如果血液在室温下保留超过4 h，就应认为已被污染。

血液不能与乳酸钠林格氏液一起输注，因为枸橼酸钠会和钙发生螯合，可能会形成血凝块。液体应当选择生理盐水。

预估受血动物红细胞比容上升值的一个简单方法是：如果供血动物的红细胞比容是45%左右，那么每输入2.2 mL/kg的血液，红细胞比容就会增加1%。在猫中，一个单位的全血或PRBC能使红细胞比容增加约5%（如从10%增加到15%）。

输血治疗的并发症

与输血相关的并发症可分为免疫系统介导的和非免疫系统介导的两类：

■ 免疫介导的并发症：包括皮疹、溶血和发热。

■ 非免疫介导的并发症：包括输注了存储不当的血液导致的发热或溶血、循环超负荷、枸橼酸盐中毒以及传染病的传播。

免疫介导的溶血症状会立即出现，通常在输血开始后的几分钟内会很快出现，包括震颤、呕吐和发热。这在犬中极为罕见，但在接受了不相容血液制品的猫上很常见。迟发性溶血反应更常见，主要表现为输血后红细胞比容比预期更快的下降，同时伴有血红蛋白血症、血红蛋白尿和高胆红素血症。循环超负荷可表现为呕吐、呼吸困难或咳嗽。

输血相关急性肺损伤（Transfusion-related acute lung injury，TRALI）是与血液制品输注相关的超急性肺部综合征，笔者在一组接受全血输注的犬中曾发现过该情况。

枸橼酸中毒发生于输血速度过快或肝脏不能代谢枸橼酸盐时。枸橼酸盐中毒的表现主要由于高钙血症引起，包括肌肉震颤和心律失常。

如果发现任何输血反应的迹象，必须马上中断输血，并立即对动物进行对症治疗。

交叉配血

为了进行这一试验，需要分别进行三种不同的单独测试：

■ 对照组：受血者血浆+受血者红细胞。

■ 主侧交叉配血：受血者血浆+供血者红细胞。

■ 次侧交叉配血：供血者血浆+受血者红细胞。

自体对照非常重要，因为有些动物可能存在自体凝集，这将影响另两组的配血结果。在主侧或次侧交叉配血过程中观察到溶血或凝集意味着两者血液不相容，应选择其他的血液供体。

由于供血犬的血浆不应含有任何红细胞抗体，因此次侧交叉配血结果应该是阴性（相容）。

交叉配血结果呈阴性，仅表明在进行测试的当时没有检测到红细胞抗体。但应该记住，在输血后可能会发生对供体红细胞表面抗原的敏化。

进行交叉配血试验时，要按下列步骤操作：

（1）将受血者和潜在供血者的血液采集到EDTA管中。

（2）将管以1 000 *g*离心5 min，将血浆与红细胞分离。

（3）用移液管从每个样品中分离血浆，并将其放入独立的塑料或玻璃管中；正确标记各管，以避免混淆样品。

（4）用生理盐水冲洗红细胞3次：

■ 将生理盐水加入含有红细胞的管中，最多约为管的3/4。

■ 混合均匀。

■ 以1 000 *g*离心1 min。

■ 丢弃上清液，将红细胞留在试管底部。

■ 用生理盐水重悬红细胞，重复上述过程两次。

（5）最后，在管底的红细胞沉淀中加入生理盐水，以获得2% ~ 4%的洗涤红细胞（类似于番茄汁）悬液（图3.9）。

（6）当受血动物和供血动物的血浆或血清已经分离，并且已经获得各自洗涤过的红细胞悬液，应该准备有“主侧”“次侧”和“对照”标记的三个试管。然后如下添加两滴（100μL）血浆和一滴（50μL）红细胞悬液：

“对照”管：受血者的血浆+受血者的红细胞。

“主侧”管：受血者的血浆+供血者的红细胞。

“次侧”管：供血者的血浆+受血者的红细胞。

（7）将每个管混匀，并在37℃水浴锅中作用15 min。

（8）将试管以1 000 *g*离心15 s。

（9）评估管内是否存在宏观和微观的凝血。在相容的样品中，不应观察到溶血，或溶血程度不应高于自身血浆或血清混合的对照管。这有时会难以评估，可能会使测试无效。

（10）轻轻摇动试管以重新悬浮红细胞并观察。在相容的样品中，红细胞应自由漂浮；任何程度的可见凝集都代表血液不相容（图3.10）。

图3.9 洗涤过的红细胞悬液。这些溶液中只存在红细胞，其他血液成分已被弃去。

离心后，可在试管底部观察到沉淀红细胞。当它们与相容样本混合时，血浆和红细胞能够形成均匀的混合液体。但是，如果样本不相容，可以观察到不同大小的“团块”，这些团块即使在试管被摇晃时也无法彼此分离，正是凝集的红细胞。

血液相容并不代表供血者和受血者的血型相同，而仅代表未检测出血样内存在抗红细胞抗体，以及不会发生急性输血反应。

(11) 如果眼观没有观察到凝集，则需将一滴悬浮液置于显微镜载玻片上并盖上盖玻片，在40倍下观察。在相容的样品中，可观察到单独存在的红细胞而不发生聚集。有一点非常重要，就是操作者应将凝集的红细胞（不相容）与“缗钱样”或“钱串样”（相容）区分开。

(12) 如对观察到的“钱串样”红细胞或红细胞凝集存在疑问，应采取下列操作：

- 将试管再次离心（1 000 g，15 s）。
- 用移液枪除去上清液，并加入两滴生理盐水。
- 轻轻混匀，离心（15 s）并再次轻轻混匀。
- 在显微镜下观察一滴混合液：“钱串样”红细胞将分散，但凝集的红细胞则会仍然存在。

市场上也有犬、猫交叉配血试剂盒，内含移液管、试管和稀释液，仅需操作者按步骤进行离心。

图3.10 红细胞的凝集，即图中试管底部的沉淀物，代表了血液不相容。

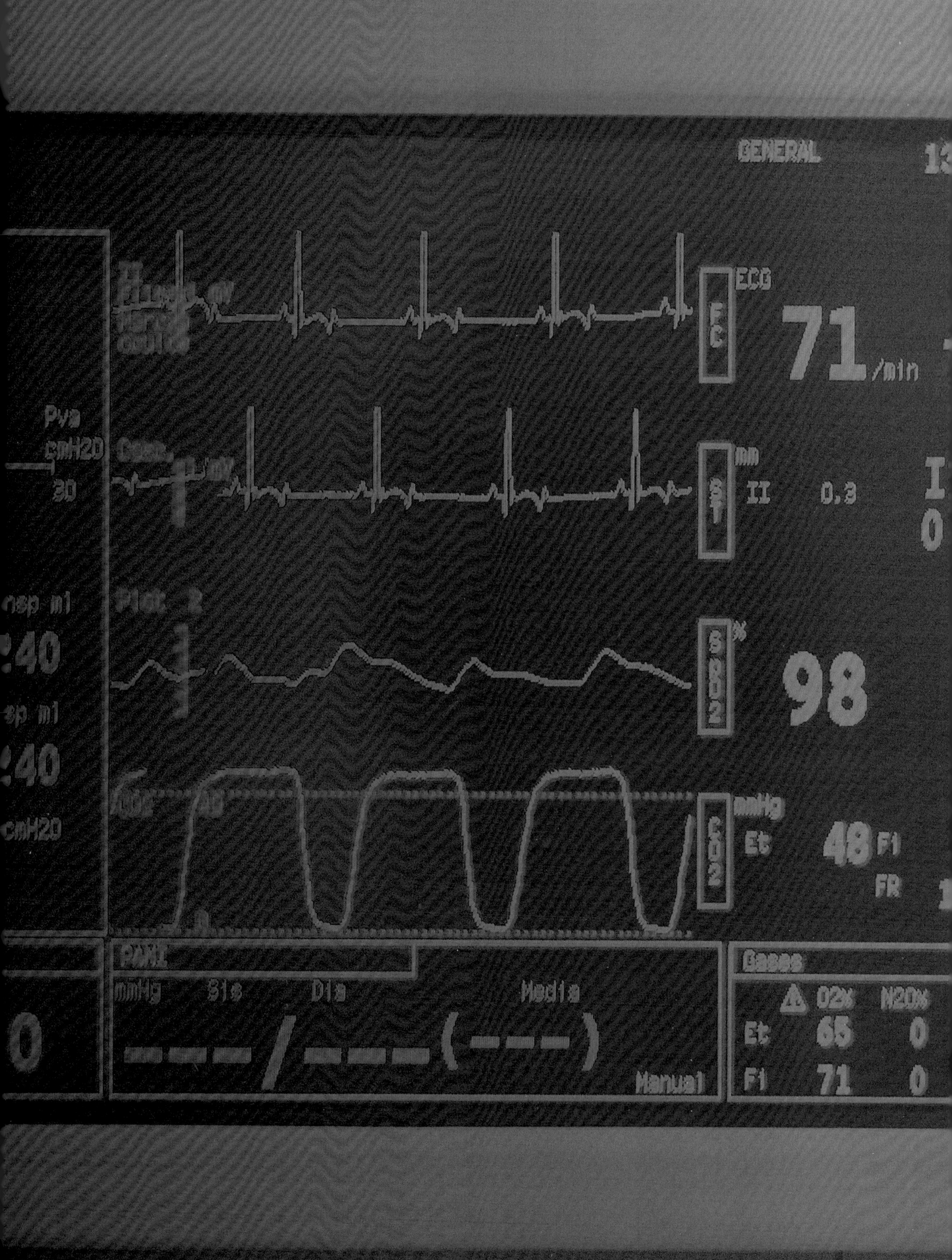
GENERAL
ECG
FC
71 /min
Pvs
cmH2O
30
mm
ST
II
0.3
SpO2
%
98
CO2
mmHg
Et
48
Fi
FR
cmH2O
PANI
mmHg
Sis
Dia
Media
----/----(---)
Manual
Gases
O2%
N2O%
Et
65
0
Fi
71
0

第4章　麻醉和围手术期出血

概述

影响因素

麻醉药物的影响

输液疗法

局部及区域麻醉

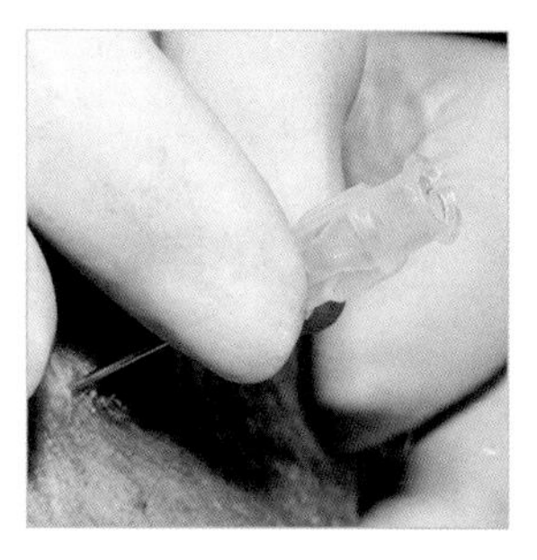

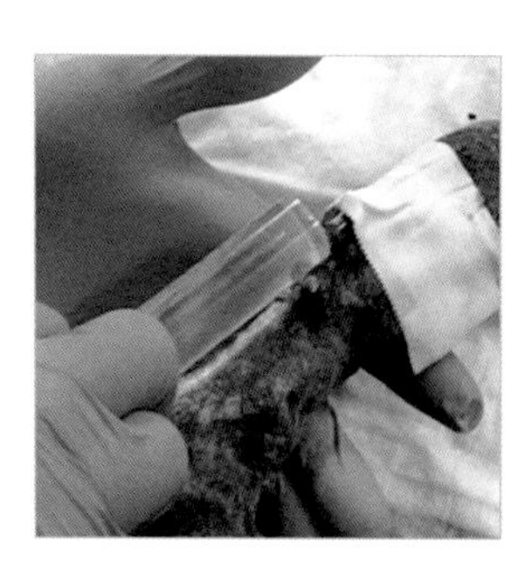

低体温

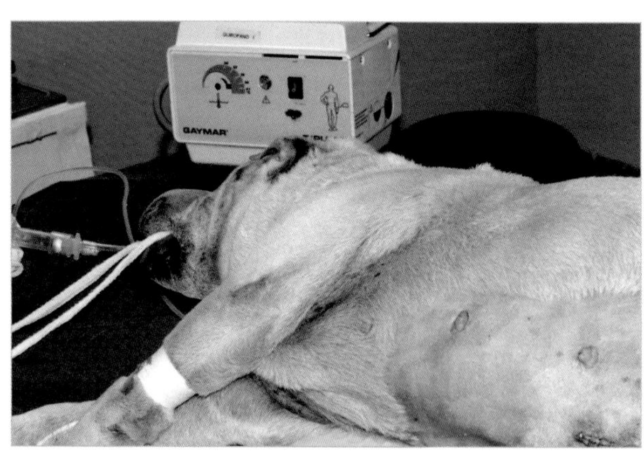

酸中毒

减少出血的麻醉技术

概　述

术中出血一直都是麻醉师和术者时常关心的问题。减少出血量能够使术野清晰，最终缩短麻醉与手术时间。

术中的出血量与多种因素有重要关系，如血压、低体温或酸中毒，麻醉师通过谨慎制定麻醉计划及合理监护，能够控制或至少减少出血量。

术中出血量取决于动物的血压（图4.1）。因此必须考虑以下因素：

■ 动脉的出血与平均压（MAP）有直接关系。动脉出血只能通过止血带或结扎止血，通过减少MAP或心率可以减少出血。

■ 毛细血管的出血取决于毛细血管床的血流。在这个水平的出血可以通过控制性低血压或输注肾上腺素溶液来选择性的收缩血管。

■ 静脉的出血取决于血管张力及静脉回流，因此会格外受动物的体位影响。硬膜外麻醉或脊髓阻滞，或者使用直接作用于血管的舒张血管药物（硝普钠、肼屈嗪）均可消除静脉张力。

术中的出血受到所使用的麻醉技术、会影响动脉血压的生理变化及所用药物的影响。生理方面，动脉静水压的变化与呼吸模式的改变、使用机械性通气的呼气末正压（PEEP）或动物的体位有关。这些动脉血压的变化也可由心肌收缩力和/或外周血管张力的变化引起。

其他情况，例如低血氧、高碳酸血症或硬膜外麻醉或脊髓麻醉对交感神经干的阻滞也会影响出血量，因为血管的直径会发生变化。

麻醉对术中的出血有着重要影响，无论是生理上和药理上的影响均存在，但主要是由于会对血压产生影响。

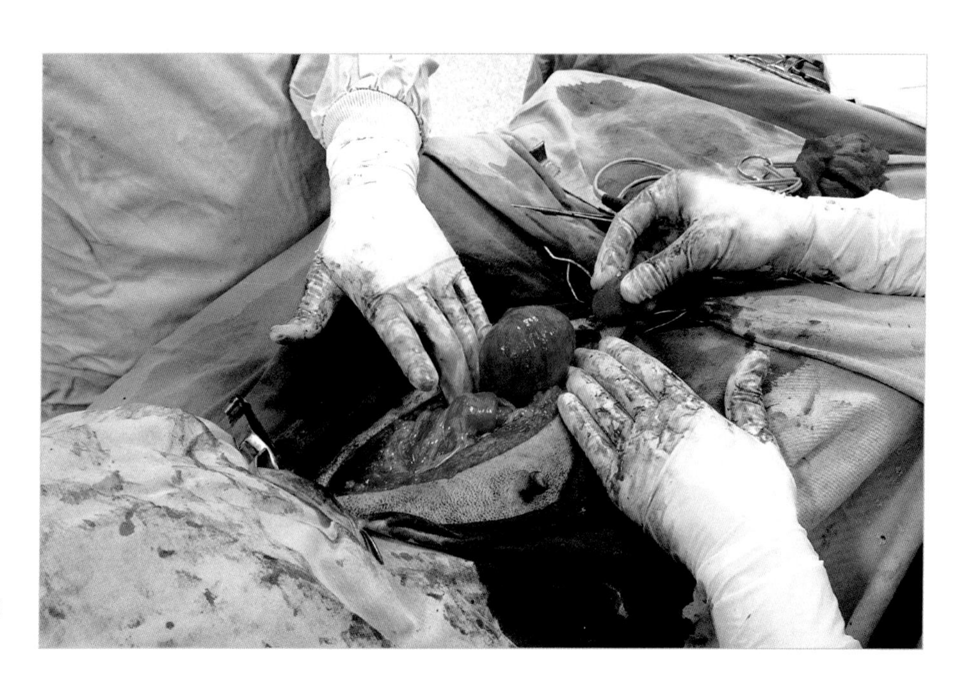

图4.1　母犬选择性子宫卵巢摘除术中的出血。

影响因素

动物体位

术中出血量会受到动脉及外周静脉压的影响，动物在术中的体位不同，体位性引流作用可能会使得出血减少。术部每高于心脏2.5 cm，该区域的动脉血压就下降2 mmHg*。

不正当的体位可引起肺部改变，例如功能余气量（functional residual capacity，FRC）下降，增加肺不张的可能性并导致气体交换改变（表4.1，图4.2）。

表4.1 动物的体位对中央静脉系统、呼吸系统及中枢神经系统的影响

体位	对中央静脉系统的影响	对呼吸系统的影响	对中枢神经系统的影响
仰卧位	■ ↑VR和↑CL （肥胖动物在压迫腔静脉时↓VR↓CL）	■ ↓FRC ■ ↓顺应性 ■ ↓V/Q	
俯卧位	■ ↓VR和↓CL ■ ↑硬膜静脉出血（在压迫腹腔时）	■ ↑FRC ■ 改善V/Q ■ 改善氧合	↑IOP
头低脚高位	■ ↑↑VR和↑↑CL	■ ↓↓FRC ■ ↓↓顺应性 ■ ↓↓V/Q ■ 喉部水肿风险	↑IOP和↑ICP
头高脚低位	■ ↓↓VR和↓↓CL ■ ↑头部静脉引流	■ ↑FRC ■ ↑顺应性 ■ ↓通气压力 ■ 改善氧合	↓IOP和↓ICP
侧卧位	■ ↑VR和↑CL	■ ↑V/Q（重力侧通气不足及高灌注；非重力侧肺过度通气及低灌注）	

VR，静脉回流；CL，心脏负荷；IOP，眼内压；ICP，颅内压；FRC，功能余气量；V/Q，通气/灌流比值（改编自MacDonald and Washington，2013）。

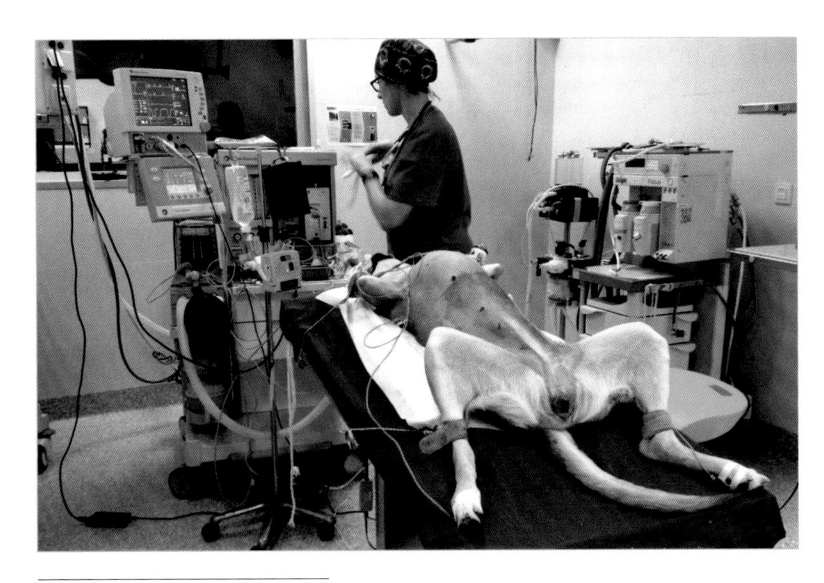

图4.2 动物呈头高脚低位。

✱ 动物呈不正确的体位会增加术野出血。

* mmHg是非法定计量单位，1 mmHg=1.013×10⁵ Pa。

机械通气

某些动物（开胸手术、治疗膈疝或膈破裂、使用肌松药物、腔镜手术、颅脑创伤、呼吸暂停及其他通气障碍）必须要使用机械通气或间断性正压通气（IPPV），某些动物（重症或虚弱动物、创伤手术或长时间麻醉）也强烈建议使用（图4.3）。

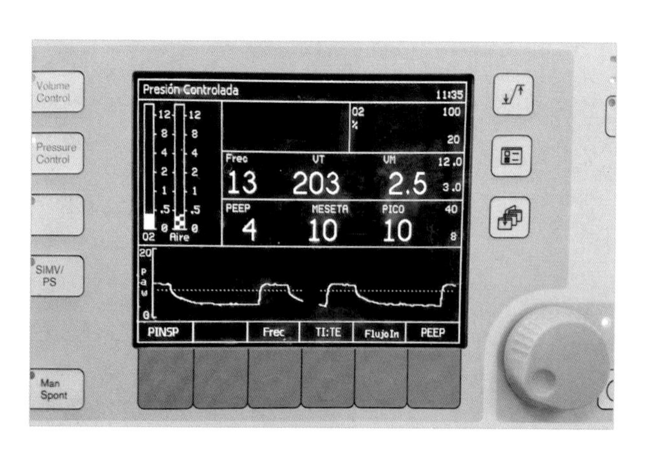

图4.3 间断性正压通气模式（峰压：0.98 kPa, PEEP-呼气末正压0.39 kPa）。

对于自主通气的动物，心脏的静脉回流在吸气阶段，并且由于胸腔内负压而有利于静脉回流。

而使用IPPV和机械通气的动物则不同，在吸气阶段由呼吸机所产生的气体会使胸腔内产生正压，并减少静脉回流。

■ 血压正常的动物，使用IPPV对心脏负荷的影响很小，胸腔内压增加导致血管反射性收缩，压力感受器也对低血压做出反应，代偿性出现反射性心动过速。

■ 另一方面，动物初期的低血压以及体位的影响对静脉回流的减少作用也应考虑在内。

使用IPPV也对控制低血压的有用，结合某些药物，能够减少所需药物剂量并缩短术后低血压的持续时间。

在间断正压通气中使用呼气末正压（PEEP）

在IPPV时使用PEEP（positive end-expiratory pressure）能够增加功能余气量，改善氧合，有助于预防肺泡塌陷。

使用PEEP意味着在呼气阶段肺泡内维持正压，帮助进一步减少静脉回流，从而降低心脏负荷。因此它是另外一种降低动脉血压的方式。

> 使用间断性正压通气（IPPV）会减少静脉回流及心脏负荷。同时使用PEEP可能会加强这种作用。

动物通气的改变

二氧化碳水平的影响

二氧化碳（CO_2）是细胞的代谢产物，由血液收集并传送至肺泡，由此从体内清除。小动物呼气末二氧化碳正常值（$EtCO_2$）为35 ~ 45 mmHg。

呼出气体中二氧化碳水平高（高碳酸血症）提示动物过度通气，通常与麻醉状态深、复吸二氧化碳及二氧化碳的产生增加有关。高水平的二氧化碳（$EtCO_2 > 60$ mmHg）会导致动物血管舒张。

另一方面，在低碳酸血症时（$EtCO_2 < 35$ mmHg，当动物通气过度或二氧化碳的产生量低（低体温和/或低血压）时，会发生血管收缩。当动物以头高位保定时应格外注意，因为这种由通气过度所诱导的血管收缩会限制到达大脑的血流。

低血氧/组织缺氧的影响

低血氧的定义是动脉血氧分压（PaO_2）下降至60 mmHg以下。低血氧和其他因素会导致组织缺氧，也就是对组织中的供氧量下降。这有可能是由于新鲜气体中供应的氧气不充分、通气不足、V/Q改变、气体扩散障碍所导致的。

在急性组织缺氧的情况下，动物为了增加PaO_2而呼吸频率增加，除此以外，心率及心肌收缩力增加，全身血管收缩，所有这些变化会增加全身及肺动脉血压。肺部血管也会收缩，肺部的血流重新分布至血管更加舒张的部位。

麻醉药物的影响

总体而言，麻醉规程中常用到的药物对血液稳态的影响微乎其微，但非甾体类抗炎药是个例外。它们对动脉血压的影响更加显著，而这种影响往往呈剂量依赖性。

这些药物对动脉血压及血液稳态的影响将会在下面讨论。

吩噻嗪类药物

马来酸乙酰丙嗪属于吩噻嗪类药物，常作为麻醉前用药或镇静药物用于犬、猫。它具有镇静及抗焦虑作用，有轻度的抗组胺性、抗痉挛性及止吐作用。剂量依赖性副作用包括由于直接阻滞了 α_1受体而导致的血管舒张，从而引起低血压。它也有可能导致脾增大，且至多可使动物的红细胞比容降低30%。

另外，乙酰丙嗪曾被观察到在健康动物可以抑制血小板的黏性，但对血液稳态不造成改变。

乙酰丙嗪禁止用于出血性休克或低血容量、低血压或低体温的动物。

苯二氮卓类药物

在小动物临床最常用到的苯二氮卓类药物是地西泮和咪达唑仑。在常用剂量下，并未观察到它们对血液稳态或动脉血压有影响。

α_2激动剂

α_2激动剂是常用于小动物临床的强效镇静药物。它们也被作为镇痛药物并且具有优秀的肌松作用。最常使用的该类药物是美托咪定及右美托咪定，赛拉嗪较少使用，因为它对 α_2受体的选择性较差。

这类药物的副作用呈剂量依赖性。对于心血管系统它们会引起外周血管收缩（图4.4），这会增加动脉血压，激发代偿性心动过缓反射，这种作用的强弱取决于所使用的剂量及使用的方式。其他副作用还包括可能会发生房室传导阻滞。

对于凝血的直接影响是刺激 α_2肾上腺素能受体而具有促凝血的效果，因为它可以促进血小板的黏附，同时它还具有抗凝作用，因为它会诱导血管内皮释放一氧化氮（NO），从而降低儿茶酚胺的释放。这种既抗凝又促凝的相互作用让动物处于一个轻度的低凝状态，但是并不超出正常范围。

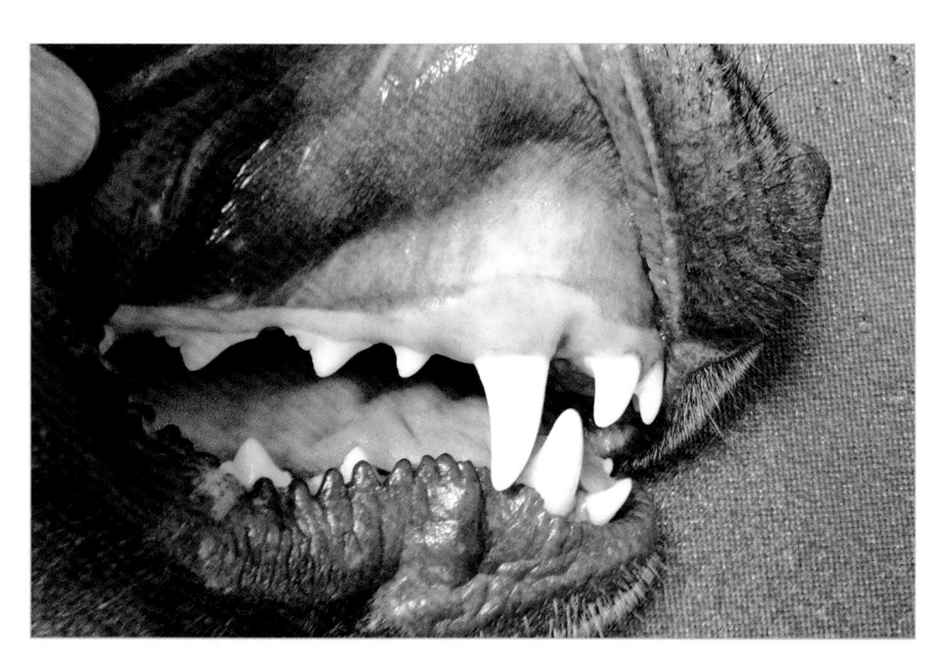

图4.4　使用 α_2激动剂作为麻醉前用药后，该犬出现外周血管收缩。

阿片类药物

总体而言，阿片类药物对心率和动脉血压的下降作用是剂量依赖性的。

吗啡或哌替啶是具有组胺能特性的药物，会引起急性过敏反应。这两种药物都偶尔出现过出血时间延长，这可能和肝素从肥大细胞颗粒中的释放速度改变有关。

氯胺酮

氯胺酮是分离麻醉剂及强效镇痛药物，它是NMDA受体抑制剂及镇静剂。

在麻醉剂量下或作为单一用药时，它会导致肌肉僵硬、呼吸抑制、心率增加及心肌收缩力增加，并升高动脉血压。

> ✱ 在麻醉剂量下，氯胺酮会增加IOP（眼内压）及ICP（颅内压），因此不推荐用于头部损伤的患病动物。

在低于麻醉剂量时，氯胺酮常用作恒速输注规程中的辅助镇痛药物，速度0.6 mg/（kg · h），负荷量0.1 ～ 1 mg/kg，静脉注射，增加镇静性镇痛。在低于麻醉剂量用药时（0.1 ～ 1 mg/kg），对ICP或IOP没有明显的作用。

丙泊酚

丙泊酚是被广泛使用的麻醉药物，用于麻醉诱导期做短暂的镇静或者用于恒速输注作为维持药物。丙泊酚对血液动力的影响是降低外周血管阻力，进一步降低心脏负荷量并引起一过性低血压（可最高减少30%的平均动脉压）以及直接的心肌抑制（负性肌力作用）。这两种作用都呈剂量依赖性。

要记住，丙泊酚在麻醉诱导期间及之后，IOP会增加，因此对于增加IOP会有危险的动物不要使用丙泊酚作诱导麻醉药。

对于人类的头面部手术，丙泊酚是最常用的麻醉药物之一，配合阿片类药物例如芬太尼或瑞芬太尼使用可以手术区减少出血，保持鼻旁窦内镜手术或中耳手术术野清晰。

阿法沙龙

阿法沙龙是孕酮衍生物麻醉剂，是广泛用于小动物临床的诱导麻醉剂，或静脉恒速输注作为维持麻醉剂。在诱导之后会有暂时的外周血管张力下降及心动过速，从而能够维持动脉血压。在推荐剂量下用药对心血管系统的影响不大，对于患有心脏疾病的动物来说是一种安全的药物。

硫喷妥钠

硫喷妥钠是一种常用于诱导麻醉的巴比妥类药物，甚至也可以通过静脉推注用作维持麻醉药物。随着其他药物如丙泊酚或阿法沙龙在兽医临床的出现，这个药物现如今较少使用了。

使用硫喷妥钠时所造成的心血管抑制与丙泊酚相似，在推荐剂量下有舒张血管及抑制心肌的作用。

> 与丙泊酚不同的是，使用硫喷妥钠诱导会降低IOP，在需要避免增加IOP的病例中可以考虑使用。

依托咪酯

这个麻醉药物主要用于诱导心血管系统不稳定的动物，因为在常用剂量下它对血液动力学的影响非常小。尽管它会引起外周血管阻力轻度下降，但是不论心率还是心肌收缩力都能维持不变，所以心脏负荷量通常不会受到影响。其对血管的影响是可能会造成低血容量动物出现低血压。

吸入性麻醉药

如今小动物最常用的吸入性麻醉药物是异氟烷和七氟烷（表4.2和表4.3）。近期的研究比较了用氟化剂和丙泊酚作为维持麻醉剂的差异，显示异氟烷及七氟烷通过改变活化αⅡbβ3的机制影响血小板，这是在血小板中发现的重要受体，对于黏附及凝血的稳定性有重要作用。

在一项对比人类病患在做小手术时使用异氟烷、七氟烷及地氟烷的研究中，三种药物均在诱导后15 min后表现出了有临床相关性抗血栓活性，但只有在七氟烷的病例中这种效果维持至手术结束后1 h以上。同一作者认为这种作用不会显著增加术中的出血。

表4.2　犬、猫麻醉常用药物的建议剂量（1）
（引自Rioja et al.,2013）

吸入性麻醉药	MAC（犬）	MAC（猫）
异氟烷	1.3%	1.6%
七氟烷	2.3%	2.6%

MAC：肺泡最低有效浓度。

抗胆碱能药物

这类药物包括阿托品及格隆溴铵，它们并不作为麻醉规程的常规用药，而是会被用于严重的心动过缓病例，例如在过量使用阿片类药物之后，或出现迷走反射时。用药后产生的心动过速的效果具有剂量依赖性，随着心率升高，动脉血压也会升高。应注意心肌耗氧量可能会增加，心律不齐的阈值可能会降低。

非去极化神经肌肉阻断剂

阿曲库铵、维库溴铵或罗库溴铵均是现代兽医临床常用的神经肌肉阻断剂。在需要达到完全的肌松效果时会使用此类药物，例如对精准度要求高的手术、眼科手术或骨科手术，以及患有呼吸系统病变、需要IPPV以便辅助机械通气的病例。

我们知道这些药物基本上都会造成一定程度的低血压，这是由于对交感神经节的阻滞所导致；且因为这些药物会引起组胺释放，还可能会导致急性过敏反应。相比维库溴铵及罗库溴铵，这种情况在阿曲库铵更常见，尽管在临床剂量下使用时出现问题的概率并不高。

非甾体类抗炎药

非甾体类抗炎药（NSAIDs）常被用于兽医临床治疗创伤或手术疼痛。使用这类药物可以降低疼痛的强度以及阿片类药物的剂量，尽管除了小手术外它们几乎无法提供充分的镇痛。它们除了具有镇痛作用，还具有抗炎及退热作用。目前，小动物临床最常用的NSAIDs包括美洛昔康、卡洛芬、酮洛芬及维达洛芬。它们可能会引起的副作用包括厌食、呕吐、腹泻、肾毒性导致的急性肾衰，以及血小板的黏附性下降，这可导致围手术期出血增加。

> NSAIDs减少血小板的黏附，可能会增加围手术期出血。

为了理解这些作用需要了解NSAIDs的作用机制：它会抑制环氧化酶（COX），该酶负责产生前列腺素（调节肾脏血流及保护胃黏膜）和凝血噁烷A2（TXA2）（参与血小板凝集的强效物质）。

最初人们发现了这种酶的两种亚型：COX-1，负责细胞稳态及胃和肾脏的保护；COX-2，负责合成炎性反应中的前列腺素。这种作用让我们认为选择性的COX-2抑制剂可以发挥我们期望的治疗效果而不导致副作用。但是现在人们了解到，COX-1也会负责参与炎性反应及痛觉过敏的前列腺素生成，COX-2也参与例如肾脏、大脑或生殖系统中的重要功能。

对于有凝血障碍、消化问题或肾脏问题的动物应禁用NSAIDs。不应给低血容量、脱水或低血压的动物使用，因为可能会引起肾脏损伤。也不应将其与皮质类固醇一同使用，因为这可能会有导致胃溃疡的风险。

> NSAIDs禁用于存在凝血障碍、消化问题或肾脏问题的动物。

表4.3 犬、猫麻醉常用药物的建议剂量（2）（引自Sández and Cabezas, 2014）

药物	剂量（犬）	剂量（猫）
乙酰丙嗪	0.005 ～ 0.05 mg/kg，IM、IV、SC	0.005 ～ 0.05 mg/kg，IM、IV、SC
地西泮	0.1 ～ 0.5 mg/kg，IV	0.1 ～ 0.5 mg/kg，IV
咪达唑仑	0.1 ～ 0.5 mg/kg，IV、IM	0.1 ～ 0.5 mg/kg，IV、IM
赛拉嗪	0.1 ～ 1 mg/kg，IV、IM	0.2 ～ 1 mg/kg，IV、IM
美托咪定	10 ～ 20 μg/kg，IM 5 ～ 10 μg/kg，IV CRI: 1 ～ 2 μg/kg	10 ～ 30 μg/kg，IM 5 ～ 10 μg/kg，IV CRI: 1 ～ 2 μg/kg
右美托咪定	2 ～ 10 μg/kg，IM 0.5 ～ 3 μg/kg，IV CRI: 0.5 ～ 1 μg/（kg · h）	5 ～ 20 μg/kg，IM 1 ～ 5 μg/kg，IV CRI: 0.5 ～ 1 μg/（kg · h）
氟马西尼	0.01 ～ 0.1 mg/kg，IM、IV、SC	0.01 ～ 0.1 mg/kg，IM、IV、SC
阿替美唑	美托咪定剂量的5倍，右美托咪定剂量的2.5倍，IM、SC	美托咪定剂量的5倍，右美托咪定剂量的2.5倍，IM、SC
育亨宾	赛拉嗪剂量的0.1 ～ 0.5倍，SC、IM	赛拉嗪剂量的0.1 ～ 0.5倍，SC、IM
吗啡	0.1 ～ 0.5 mg/kg，IV、IM、SC CRI: 0.1 ～ 0.2 mg/（kg · h）	0.1 ～ 0.5 mg/kg，IV、IM、SC
美沙酮	0.1 ～ 0.5 mg/kg，IM、IV、SC	0.1 ～ 0.3 mg/kg，IM、IV、SC
芬太尼	3 ～ 10 μg/kg，IV 负荷剂量：5 μg/kg CRI: 2 ～ 10 μg/（kg · h）	3 ～ 10 μg/kg，IV 负荷剂量：5 μg/kg CRI: 2 ～ 10 μg/（kg · h）
哌替啶	2 ～ 5 mg/kg，IM、SC	2 ～ 5 mg/kg，IM、SC
曲马多	2 ～ 5 mg/kg，IM、IV、SC	1 ～ 2 mg/kg，IM、IV、SC
丁丙诺啡	10 ～ 20 μg/kg，IV、IM、SC	10 ～ 20 μg/kg，IV、IM、SC
布托啡诺	0.1 ～ 0.3 mg/kg，IM、IV、SC	0.1 ～ 0.3 mg/kg，IM、IV、SC
纳洛酮	0.002 ～ 0.04 mg/kg，IV	0.002 ～ 0.04 mg/kg，IV
氯胺酮	2 ～ 6 mg/kg，IV; 5 ～ 20 mg/kg，IM 负荷量：0.5 ～ 1 mg/kg CRI: 0.1 ～ 1 mg/（kg · h）	2 ～ 6 mg/kg，IV; 5 ～ 20 mg/kg，IM 负荷量：0.5 ～ 1 mg/kg CRI: 0.1 ～ 1 mg/（kg · h）
丙泊酚	有麻醉前用药：1 ～ 4 mg/kg，IV 没有麻醉前用药:4 ～ 8 mg/kg，IV CRI: 0.1 ～ 0.4 mg/（kg · min）	有麻醉前用药：1 ～ 4 mg/kg，IV 没有麻醉前用药:4 ～ 8 mg/kg，IV
阿法沙龙	有麻醉前用药：0.5 ～ 3 mg/kg，IV CRI: 0.05 ～ 0.2 mg/（kg · min）	有麻醉前用药：0.5 ～ 3 mg/kg，IV 作为麻醉前用药：4 ～ 5 mg/kg，IM CRI: 0.05 ～ 0.2 mg/（kg · min）
硫喷妥钠	7 ～ 12 mg/kg，IV	7 ～ 12 mg/kg，IV
依托咪酯	0.5 ～ 2 mg/kg，IV	0.5 ～ 2 mg/kg，IV
阿曲库铵	0.1 ～ 0.2 mg/kg，IV	0.1 ～ 0.2 mg/kg，IV
维库溴铵	0.08 ～ 0.1 mg/kg，IV	0.08 ～ 0.1 mg/kg，IV
新斯的明	0.04 mg/kg，IV（建议与阿托品一起使用）	0.04 mg/kg，IV（建议与阿托品一起使用）
阿托品	0.02 ～ 0.04 mg/kg，IM、SC 0.01 ～ 0.02 mg/kg，IV	0.02 ～ 0.04 mg/kg，IM、SC 0.01 ～ 0.02 mg/kg，IV
格隆溴铵	0.01 ～ 0.02 mg/kg，IM、SC 0.005 ～ 0.01 mg/kg，IV	0.01 ～ 0.02 mg/kg，IM、SC 0.005 ～ 0.01 mg/kg，IV
美洛昔康	第一天0.2 mg/kg，之后0.1 mg/kg，SC、IV、O	0.3 mg/kg，单次用药，SC、IV、O
卡洛芬	4.4 mg/（kg · d），分成一次或两次使用，SC、O	1 ～ 4 mg/kg，单次用药，SC

CRI：恒速输注。

输液疗法

晶体液

一般来说，晶体液本质上并不影响凝血，而稀释血液可能会影响凝血。对于血液的稀释，有一部分研究认为静脉输注晶体液将血液稀释至40%能够促进凝血。这种影响似乎与凝血因子被稀释有关。只要钙离子水平还在正常范围内，用晶体液将血液稀释至40%～70%不会影响凝血。这是用晶体液进行液体复苏对于创伤病例的效果要比胶体液好的部分原因。对于高渗盐水(7.5%)，在使用量超过7.5%的血容量时，会影响凝血功能，这可能是由于氯离子参与凝血过程所导致的。

胶体液

合成胶体液，如右旋糖酐及羟乙基淀粉，会导致凝血变化，特别是在大剂量使用时。右旋糖酐在剂量高于20 mL/（kg·d）时，由于抗凝血酶的作用，会减少血小板的黏附，也会在一定程度上影响纤维蛋白原及其他凝血物质。淀粉类胶体液对凝血的影响比右旋糖酐小，特别是新型配方、分子质量更低的胶体液，但是它们仍可能出现副作用。输液治疗的目的见图4.5。

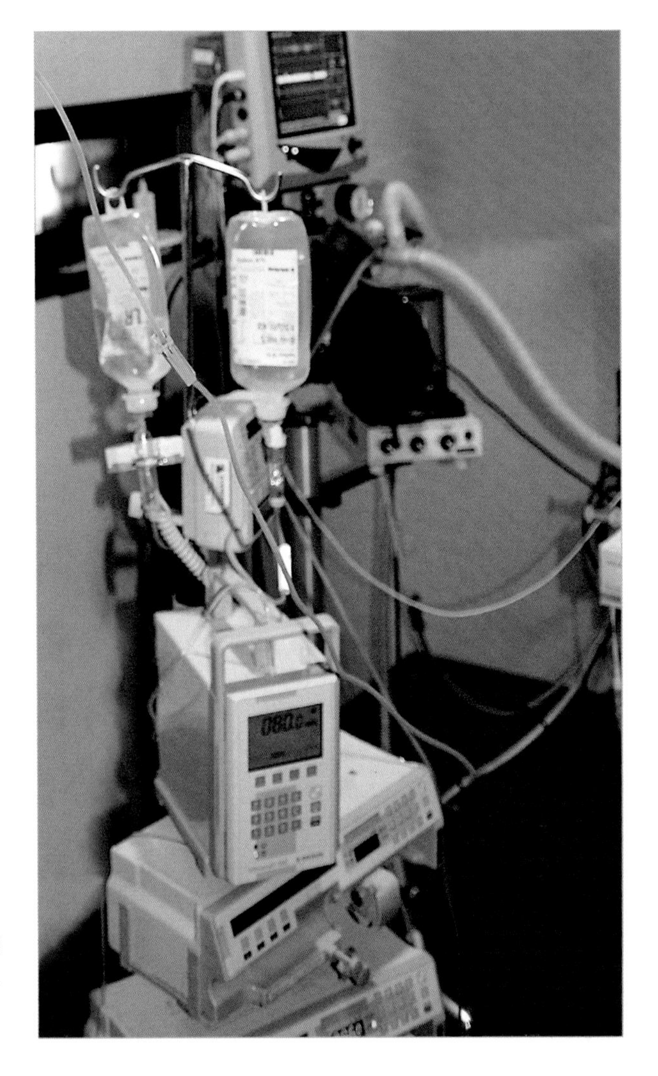

图4.5　输液治疗的目的是维持围手术期动物水和电解质的平衡，支持心血管系统，纠正容量不平衡及pH和电解质的改变。

局部及区域麻醉

在常用临床剂量下使用局部麻醉剂不会对血液稳态产生明显影响。它们的确有能力抑制血小板的功能，但只会发生在超过推荐剂量时。

在推荐剂量下，不管在局部还是静脉中使用，利多卡因抗血栓形成的作用均已被证实。

局部麻醉剂和/或肾上腺素局部浸润

肾上腺素是拟交感神经药物，作用之一是收缩血管。常单独或结合局部麻醉药物一同作为切口处的浸润药物，协助局部血管收缩，从而预防出血，维持术野清晰（图4.6）。

肾上腺素要达到足够的浓度才能引起血管收缩而又没有强烈的痉挛，因为后者会导致组织坏死。单独使用或与局部麻醉药联合使用时，1：(200 000 ~ 400 000）为适合的浓度。尽管所用剂量非常小，但是在注射前要注意回抽，确保药物没有意外地注射至血管内。

在单独使用或与局部麻醉药联合使用时，肾上腺素溶液的浓度应为1：(200 000 ~ 400 000)。

硬膜外麻醉

在做尾侧及前腹部手术、躯体的后1/3或腓骨区域的手术时，使用局部麻醉药和/或阿片类药物做硬膜外麻醉是越来越常见的麻醉技术（图4.7）。

根据使用的局部麻醉药的剂量、浓度及液量不同，脊髓阻滞可或多或少地向髓管方向延伸，并可达到不同的镇痛强度。相应的，根据所需节段不同，可能会阻滞交感神经干，导致小动脉血管扩张，静脉张力完全丧失，降低静脉回流及心脏负荷量，导致低血压。静脉张力的丧失也是减少术中出血非常有效的方式，特别是在骨盆静脉丛区域（图4.8）。

另一方面，完全不建议对有凝血问题的动物进行硬膜外麻醉或脊髓麻醉，因为在脊髓腔内被刺穿的血管有产生血肿的风险。在这类病患中使用局部及区域麻醉技术来阻断外周神经时也伴随风险，即可能导致比预期效果更深的阻滞作用。

* 患有凝血病的病患禁止使用硬膜外或脊髓麻醉。

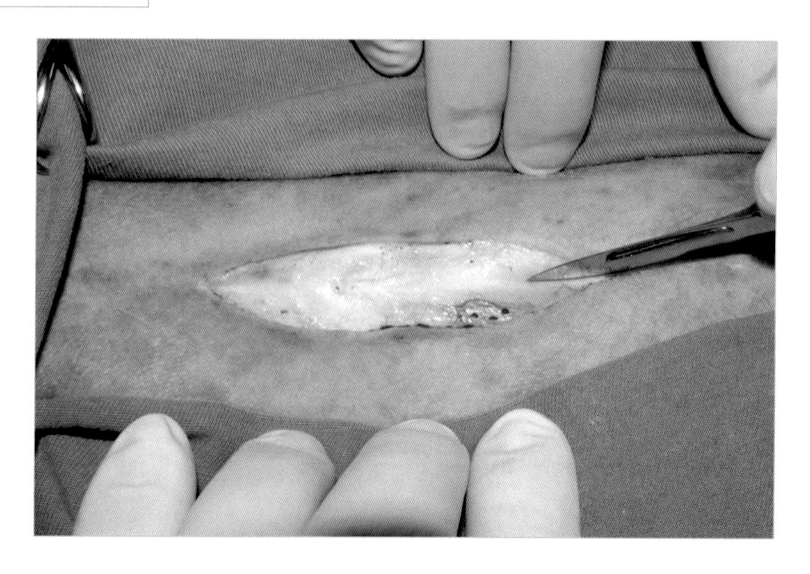

图4.6　在使用2%利多卡因及1：200 000肾上腺素局部浸润过的动物腹部体表进行皮肤切开。

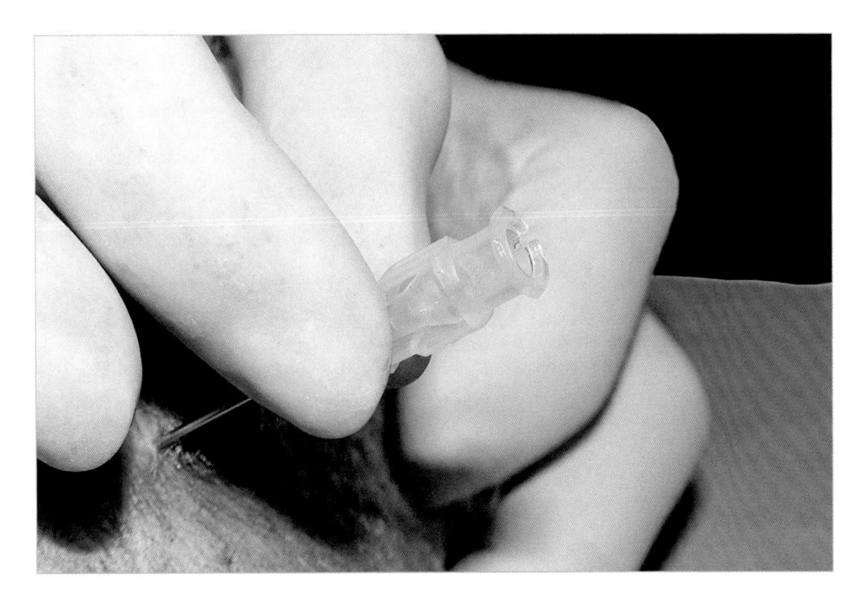

图4.7　使用Tuohy针头进行腰荐部穿刺进入硬膜外腔，并在注射药物前对针头位置进行检查。

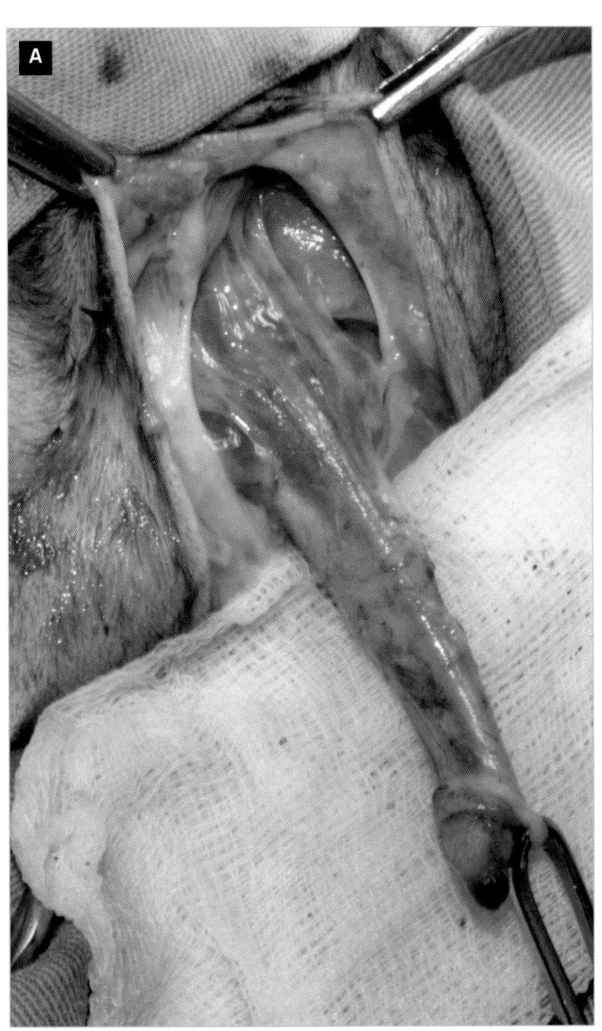

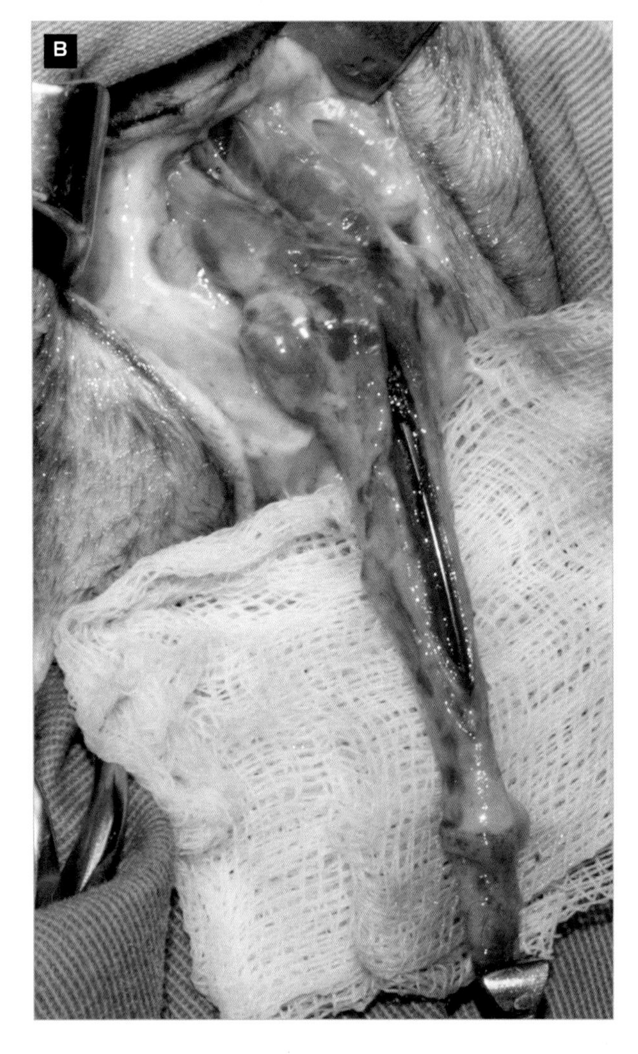

图4.8　这只猫接受了硬膜外麻醉。从图中可以看出，在分离阴茎及切开尿道后，出血量非常小。

静脉区域麻醉（比尔阻滞）

这种区域阻滞的方式适用于肢体远端的操作，主要是截趾手术。

在做截趾手术时，先系好止血带，通过静脉留置针将局部麻醉药（利多卡因）注射到止血带的远端。将肢体的血先排出，然后使用止血带压迫，阻止动脉血流，让术野不出血（图4.9）。

止血带压迫所导致的缺血以及静脉中的利多卡因会影响止血的机制。另外，在使用止血带阻断血流时，可能会有纤溶活性增强的表现，该作用不仅会影响到被阻断肢体，还会影响到全身其他部位。

缺血肢体血管内高浓度的利多卡因会增强纤溶反应，这是因为佩戴止血带而引起的变化，并不会改善血小板的功能障碍。

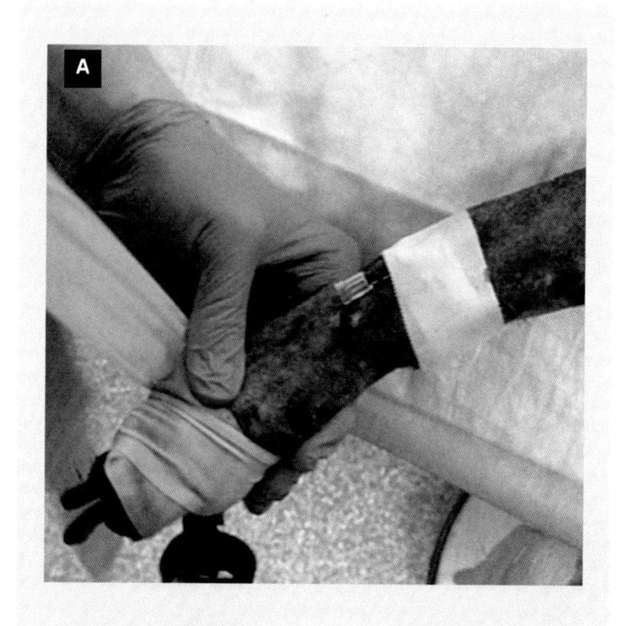

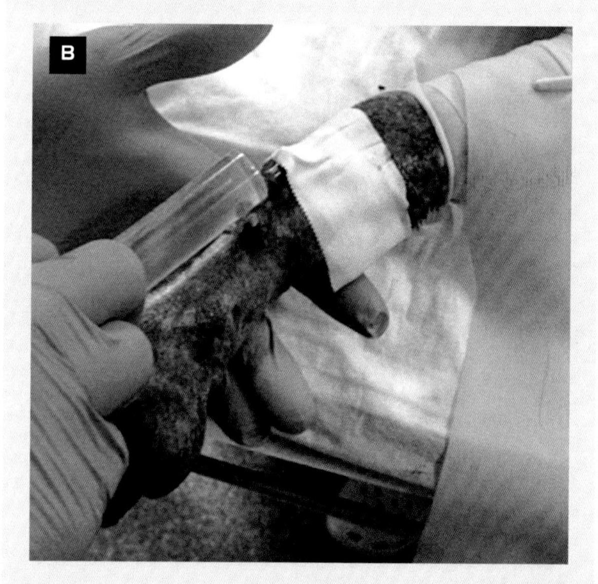

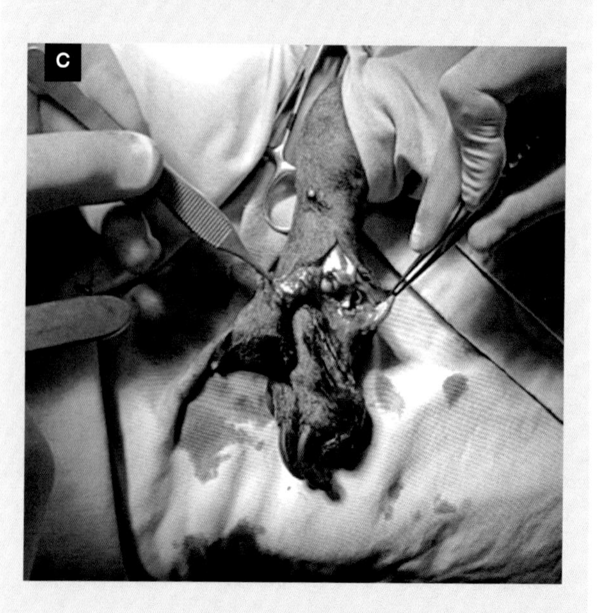

图4.9 比尔阻滞。
A，在放置静脉留置针后，用Smarch绷带对肢体进行排血。
B，用止血带在肢体近端阻止这个区域的血流，让注射至静脉的局部麻醉药能够起作用。
C，在实施比尔阻滞之后，术野内没有出血。

低体温

低体温是在全身麻醉及手术过程中最常见的并发症之一。长时间的手术操作、手术室内的低室温、从操作开始起机体热辐射所造成的体温流失、暴露器官浆膜所蒸发的热量或术中的冲洗都会导致低体温，对于很多病例来说可能会发生严重低体温，有时甚至会致命。

低体温会导致细胞代谢、心脏及呼吸功能、免疫功能发生改变，增加伤口感染的风险，影响伤口愈合。还要考虑到它会引起动物的麻醉药物需求量下降，以及苏醒时间延长。

低体温会导致血小板功能障碍，因为它会引起血小板黏附性下降、凝血时间延长。

动物在术中时，低体温会改变凝血状态，并引起更高的出血风险，增加手术的并发症/死亡率，有时即使仅有短暂的低体温也会如此。轻度及长时间的低体温会降低血小板功能，抑制凝血进程的触发，延长凝血时间并增加出血量。对于严重低体温的动物，血小板会被滞留在肝脏及脾脏内，血小板的黏附减少，凝血时间延长，纤溶活性增加。此外，低体温对血液循环也有不良影响，因为它会增加血液的黏稠度、降低毛细血管内血流的速度。

✱ 对于严重低体温的动物，一定要当心不要快速复温，因为这可能会引发致命的弥散性血管内凝血（DIC）。

对于人类，已观察到即便只有0.5℃的体温降低也会导致血液的大量流失。某些作者对轻度低体温病例的失血量进行了量化，数值为16%～30%。

对于纤溶作用，似乎在轻度低体温时仍能够维持正常，但在高体温时会显著增加。这提示低体温对凝血的改变可能更多在于血凝块的形成而不是分解。存在创伤的病患可能会出现一定程度的高凝状态，由于损伤组织释放大量的促凝血酶原激酶所致。在严重低体温的病例或者在激进复温的病例上，促凝血酶原激酶释放进入血液循环也会导致DIC进程出现。

使用积极的保温措施，如给动物预先加热、使用毛毯或隔热毯（图4.10）、使用温热的溶液灌洗术部，或者在操作开始时用加温后的液体给动物输注，均可以预防或减少术中的低体温（图4.11）。氨基酸溶液输注也可用于增强全身麻醉或脊髓麻醉动物的产热作用。

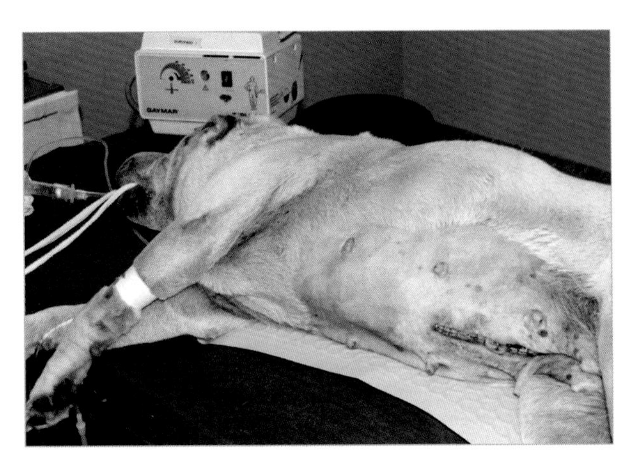

图4.10　使用加热垫是在术中及术后的一种有效减少动物低体温的方式。建议使用循环热水垫或热气垫，避免使用电热垫。

图4.11　几乎97%的猫在术中会出现低体温，在腹部手术及骨科手术时这个现象更为严重。这对于麻醉有重要影响，因为它会增加出血，在术后也会延缓苏醒。

低体温对麻醉药物的影响

低体温会减少静脉注射药物的代谢。还必须要考虑到丙泊酚和芬太尼等药物的血药浓度会随着体温的下降而升高（体温每下降1℃，血药浓度分别升高10%和5%）。肌松药，如维库溴铵、罗库溴铵或阿曲库铵，在低体温的情况下，会延长50%以上的作用时间。

对于吸入性麻醉药物，低体温时，血药浓度增加，体温每降低1℃，肺泡最低有效浓度（MAC）减少高达5%。低体温似乎不会影响药物的强度。

术中使用外用加热源以控制术中体温（图4.12）。

低体温减缓注射药物的代谢，减少吸入性麻醉药物的需求量，延长麻醉苏醒时间。

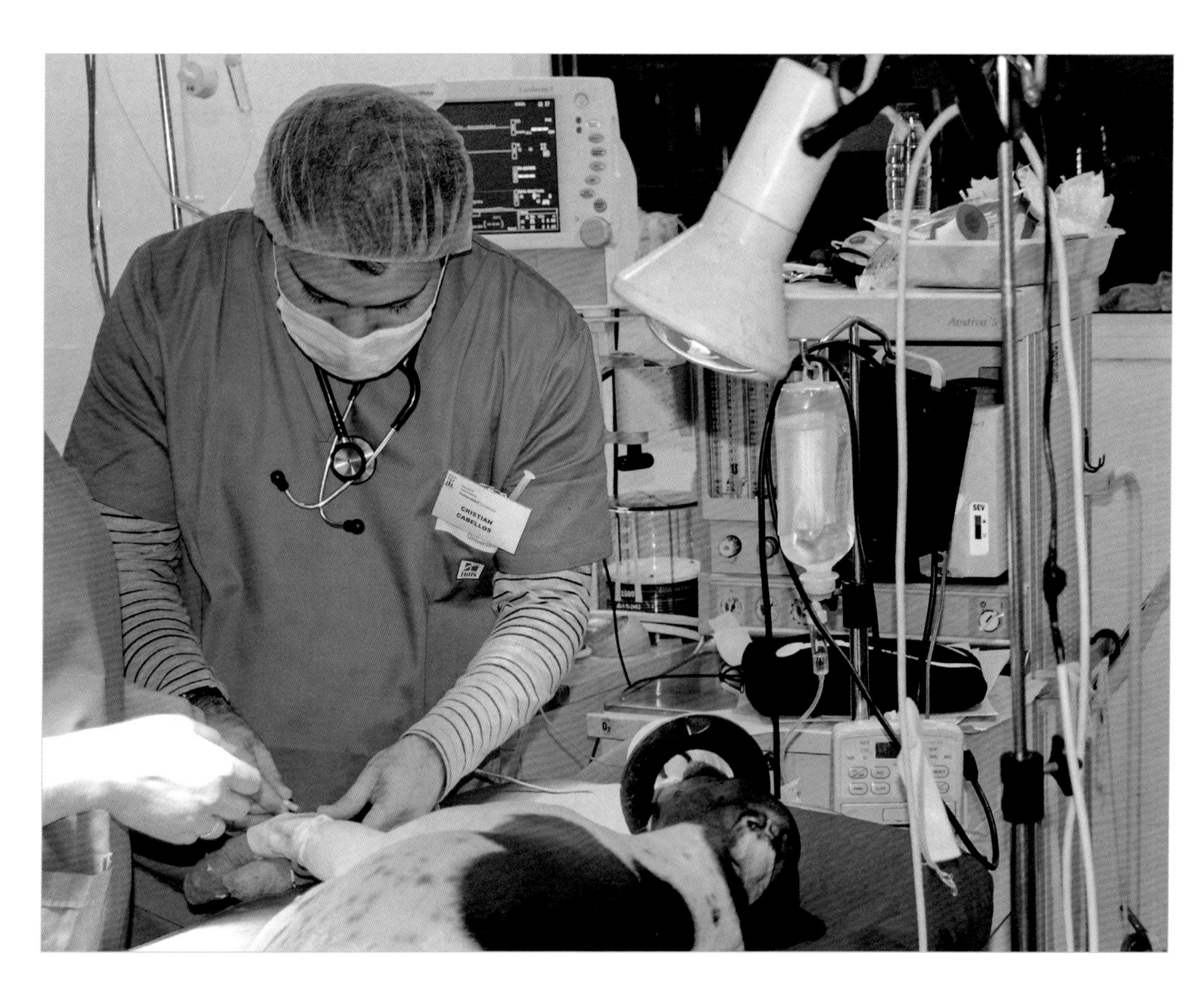

图4.12 使用外用加热源减少术中低体温，但要控制好体温以防体温过高。

酸中毒

在低体温时，酸中毒是心输出量下降、外周组织灌注不足、肾脏功能不全、代谢产生的酸性废物蓄积的结果。

酸中毒是一个严重影响血凝块的形成及其强度的负面因素，低体温也会造成相同的效果，但没有酸中毒那么严重。当二者同时发生时，酸中毒会放大低体温的影响并与之协同，延长凝血时间，降低血凝块的强度；此外，在低体温和/或酸中毒的情况下，血凝块的溶解减少。在体温正常的病患，有报道指出酸中毒本身不会对凝血产生显著影响。这些发现强调了纠正酸中毒及低体温在调节凝血方面的必要性（图4.13）。

在这一点上，最近几年人医对创伤后的失血性休克病例的管理方式已发生改变。对于这些病患，随着生理病理及疗法的改变，可能会发生诸如酸中毒、低体温、凝血疾病等并发症，它们也是我们所说的“死亡三元素”，极大地降低了动物的生存概率。

目前的策略集中在损伤控制复苏（damage control resuscitation，DCR）上，它包括其他概念，例如可允许的低血压（permissive arterial hypotension，PAH）、止血复苏及损伤控制手术。DCR的目标集中在控制伴随严重创伤的出血及凝血疾病，同时还重视纠正酸中毒与低体温，以重建动物的正常生理状态。

纠正酸中毒与低体温有助于止血。

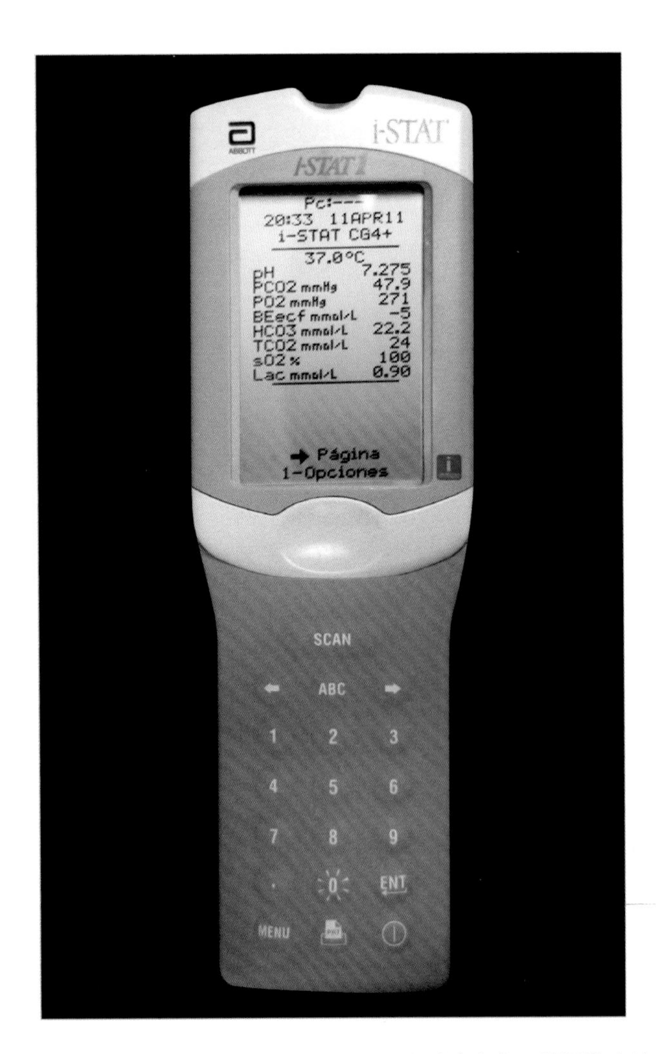

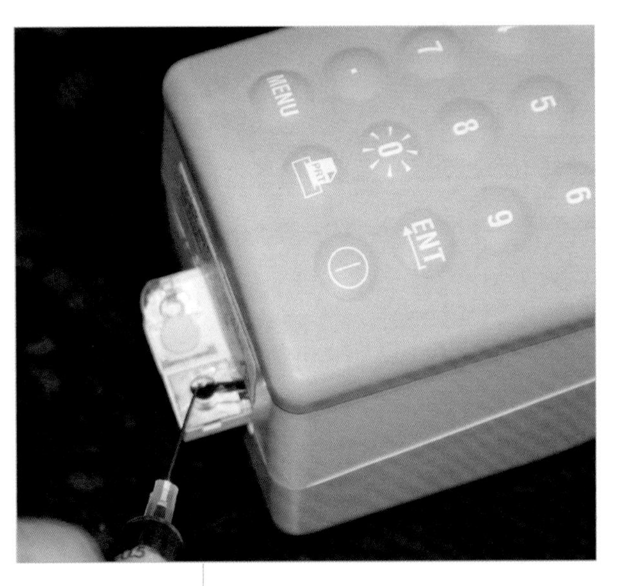

图4.13 通过血气及pH检测可以监测酸中毒，并评估血液中乳酸及各项气体分压的水平。

减少出血的麻醉技术

在手术操作期间及苏醒期，有一些麻醉技巧可以减少或控制出血。

控制性低血压

控制性低血压也称作诱导低血压或蓄意低血压，是人类医学中常用到的麻醉方式。该方式在1917年由Cushing提出，并在1946年由Gardner引入临床实践。这种方式已经存在了50多年，被用于减少术中的出血，保持术野清晰，降低输血的需求。

它的定义是选择性地将MAP降低至80 ~ 90 mmHg，对于非高血压病患，保持在一个较低的MAP（50 ~ 65 mmHg），对于高血压病患，应降低原有MAP的30%。

控制高血压的目的是减少术中出血，以便改善手术条件（术野更清晰、操作时间更短、输血需求更少）。

在控制性低血压期间，需要持续监测平均动脉压（MAP）。

适应证

主要用于需要严格无血术野的手术，例如耳鼻喉手术或者显微手术。没有控制性低血压时，无法进行某些手术，例如心血管手术或脑部血管手术。对于会大量出血的骨科手术也有帮助，例如髋关节置换。经某些作者评估，这种方式最多可减少50%出血量。

对于犬，将这种方式用于动脉导管未闭的纠正手术时，能够减少血管破裂的风险。

应用

总体而言，理想的用于术中控制性低血压的药物应该具备以下几个特征：方便使用、药效短、迅速排出、没有毒性代谢产物、对其他器官没有损伤或副作用、可预测的剂量依赖性效果、药效能在用药后迅速完全消失。目前还没有哪种药物能够满足所有的这些需求，能够诱导足够理想的控制性低血压。

有几种不同的用药方式可以达到这个目的，包括：硬膜外麻醉或脊髓麻醉（异氟烷、七氟烷）、静脉麻醉（丙泊酚、硫喷妥钠）、钙离子通道拮抗剂、血管扩张剂（硝酸甘油、硝普钠）、阿片类药物（芬太尼、瑞芬太尼）、α_2激动剂（可乐定、右美托咪定）、短效β阻滞剂（艾司洛尔）或前列腺素E_1。

IPPV也可以用于诱导控制性低血压。通过正压通气，呼出气体中的二氧化碳量下降，导致血管收缩、血流下降。而通气不足会引起高碳酸血症，导致血管舒张、血流增加。

预防措施

使用药物达到这个目的可能会引起不理想的效果，例如吸入麻醉苏醒时间延长、对血管舒张药物耐受、快速抗药反应、硝普盐所引起的氰化物中毒。

麻醉过程中控制性低血压对于诸如肝脏、肾脏、大脑或心脏等器官的功能没有显著的不利影响。使用这种方法时，低血压导致的器官低灌注并不常见，因为MAP的变化可维持这些器官的自动调节。

禁忌

应避免对大量失血（> 20 mL/kg）而低血容量的动物、贫血的动物或有心脏衰竭表现的动物使用这种方法。

准许性低血压或低血压复苏

人医的一些研究显示，和保持正常血压进行复苏的动物相比，对创伤病例进行准控制性（准许性）低血压并进行复苏时，病例的腹部出血量较低，同时还能维持重要器官的灌注。

对于创伤病例，重建血管内血容量试图达到正常血压时会增加出血风险及死亡率。

急性等容量性血液稀释法

急性等容量性血液稀释法是人医的一种保留病例红细胞、减少从血库中用血的措施。

这种方法通常是在麻醉诱导后，抽取一定量的血液（抽血量取决于动物情况），通常将红细胞压积降低至25%，某些病例需降低至20%。抽出的血液再用晶体溶液或胶体溶液置换。

这不仅是一种能够安全有效地减少红细胞丢失及减少所需输血量的方法，也是能够减少血液黏稠度、改善微循环的方法，对于整形或重建手术有利。

下例可以清楚的解释这种方式的关键：

一个红细胞比容为45%的动物，失血1 000 mL，意味着丢失了450 mL的红细胞。如果这个动物的红细胞比容为25%，丢失同等量的血时只会丢失250 mL的红细胞。相较而言保留下来的红细胞为200 mL。

急性高容量性血液稀释法

急性高容量性血液稀释法是另外一种方式，包含将胶体溶液（右旋糖酐或明胶）及晶体溶液1 ∶ 1混合，并在术前短时间内联合输注给病患。这种方式可以短时间增加病患血容量而不会对红细胞的结构产生任何影响，并可使血液黏稠度下降。在这种情况下，失去的循环血容量相同，但是红细胞的丢失量减少。

这种技术在人医常被应用于“耶和华见证人”(Jehovah’s Witnesses，一个不允许教众接受输血的宗教组织——译者注）的信徒。对于心血管系统健康的病患，它并不会引起并发症，但是并不建议对有心血管系统疾病的病患使用，因为此时可能出现射血量增加且肺动脉压升高的情况，这是由循环血量及静脉回流增加导致的。

第5章　术前止血技术

系统性预止血药物

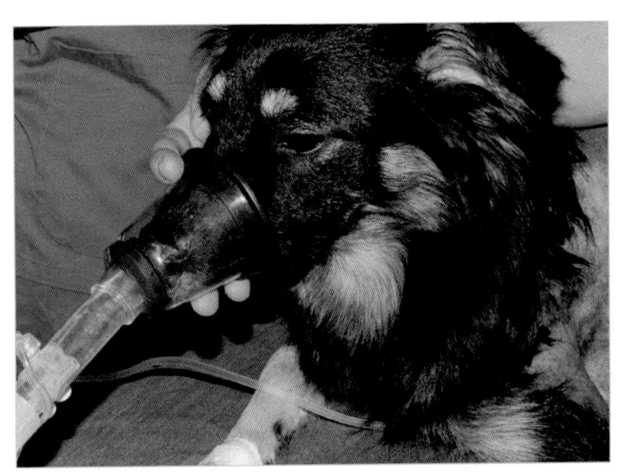

支持性止血治疗

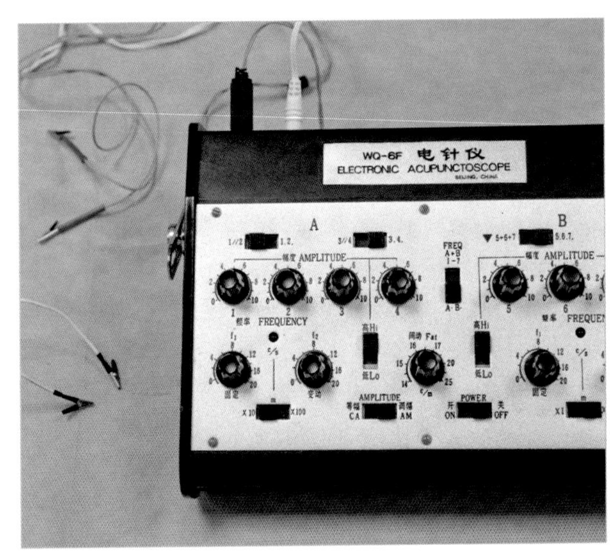

系统性预止血药物

在某些临床情景中（如当无血浆或血液制品可用时）使用预止血药物对于控制围手术期出血或促进病患凝血来说可能是必要的，这是因为组织受到影响或损伤而其他外科技术无法控制出血。这类药物大多数具有良好的治疗效果，并且在犬中可大剂量使用，具有明显的临床疗效。

赖氨酸类药物

赖氨酸类药物，如ε-氨基己酸（AEAC）和氨甲环酸（ATX）。理论上，抗纤溶药物可以减少纤溶酶原转化为纤溶酶，纤溶酶是一种可以降解凝血纤维蛋白的酶。然而在犬中，这类药物并没有被证明可以抑制纤溶反应。不过它们对患有多种凝血疾病的病患非常有效，包括血小板减少症。

AEAC的常用剂量为15 ～ 25 mg/kg，每隔8 h静脉或口服给药。此药物可几乎马上起效（2 ～ 3 h）并且必要时可以大剂量给药（表5.1，图5.1）。半数致死量（LD_{50}）为500 mg/kg。在一项给进行骨肉瘤切除的灵缇犬截肢术使用术后止血药物的回顾性研究中，使用AEAC的犬比使用血浆的犬需要的输血较少。在一项对100只去势灵缇犬的进一步的前瞻性双盲试验中，使用AEAC的犬有10%表现出术后出血的问题，而安慰剂组则为30%出现该问题。根据作者的经验，灵缇犬在围手术期使用AEAC时，实际上输血的概率已经降至0。

ε-氨基己酸作为手术前预防性给药时，可预防和减少术后出血。

ATX与AEAC具有类似的作用机制，但是在人类上它的强度是后者的10倍。ATX的推荐剂量为6 ～ 10 mg/kg（IV）或者每8 h 25 mg/kg（PO）（表5.1）。在之前提到的AEAC的研究中，ATX治疗的犬也比对照组更少需要输血。

表5.1 减少术后出血的药物

药物	剂量
ε-氨基己酸	100 mg/kg，PO或IV，单次给药，之后每小时给药，最多可给8 h
	每8 h 15 ～ 25 mg/kg，PO或IV
氨甲环酸	6 ～ 10 mg/kg，IV
	每8 h 25 mg/kg，PO

氨甲环酸也可以局部用药，比如在口腔外科操作时使用。

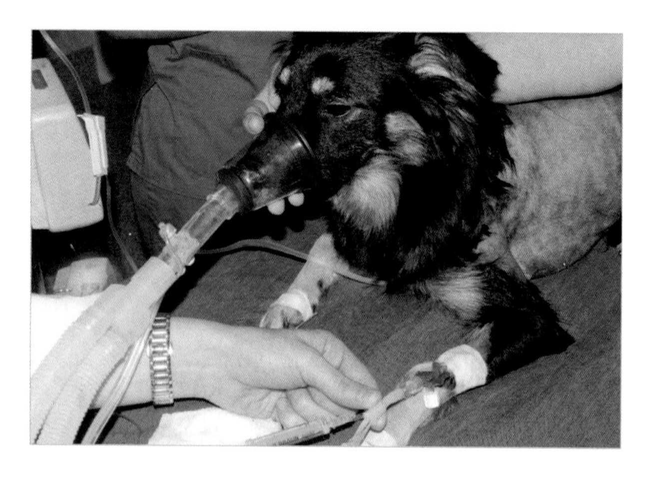

图5.1 在犬的侧胸廓切开术前预先给予AEAC，单次剂量100 mg/kg（IV），并预先给动物吸氧。

酚磺乙胺

酚磺乙胺是止血、抗炎和血管保护类药物，它可以刺激血小板黏附并稳定异常血管的脆性和渗透性。它的作用机制归因于抑制前列腺素（PGI_2）的合成，而PGI_2可以造成血小板脱落、血管舒张和毛细血管通透性增加，并且可以激活P-选择蛋白，促进血小板、白细胞和内皮细胞之间的相互作用。

酚磺乙胺在人医和兽医中均被许可用于控制不同类型的出血（创伤、外科、产科等）。

表5.2　推荐使用酚磺乙胺的操作

手术类型	操作
颌面手术	腭裂、腭成形术，涉及舌部、牙龈及黏膜的肿瘤
泌尿道手术	膀胱切开术、膀胱肿瘤和输尿管异位手术、尿道手术
耳道手术	耳道消融术
腹部手术	肝脏活检、肝切除术、肾切除术、胆囊切除术、胃切开术、脾切除术
鼻腔检查及手术	鼻镜检查、鼻切除术、鼻腔肿瘤手术
产科操作	剖宫产

> 酚磺乙胺促进血小板在血管受损部位聚集，且不会增加血栓形成的风险，能够影响初级凝血过程。它是一种能被良好耐受且不良反应及禁忌证很少的有效止血药物。

在人类医学中，它被作为有效的血管保护药物来减少各种临床出血状况以及外科干预措施已有超过30年时间了。然而关于在犬应用的临床信息还是十分有限。

酚磺乙胺的止血作用约在注射后10 min时开始起效，在20～240 min达到最大效果。给药9 h后效果降至一半，并在24 h后效果仅留存6%。根据实验室研究，它可以通过肌内注射或静脉注射给药，推荐剂量是6.25 ～ 12.5 mg/kg。作为减少出血的预防性药物，需要在外科操作前15 ～ 30 min给药。当作为治疗药物使用时，初始剂量给药后，需要每6 h按照半量给药。

作者习惯于在中等或高出血风险的操作时使用酚磺乙胺以减少出血（表5.2）。尽管作者使用的剂量并非实验室推荐剂量，但结果也是有效的。这一规程使用的给药方式为操作前1 h给药，将25 mg/kg的酚磺乙胺溶于20 mL生理盐水并静脉输注，速度为5 mL/（kg · h）。

酚磺乙胺的术后给药取决于操作的类型以及病患的病情，然而在大多数的病例上，可以每8 h使用相同剂量（25 mg/kg）连用5 d。住院期间可以静脉给药，而出院后可以皮下注射。

其他治疗方法

云南白药（YNB）是一种传统中药，局部使用时可以有效止血并且改善使用部位的血液循环。YNB由7种不同的草药组成，40%为三七提取物*。在人类医学口面部手术以及肿瘤手术中它是有效的术中止血药物。尽管它被经验性的用于犬，但尚未有相关的文章发表。

> 为了预防过量的血液丢失，可以直接将云南白药粉末用于局部出血的伤口处，或者作为手术前预防性给药或手术后的用药（中型犬和大型犬可以一天一粒胶囊，在有明显出血的病例中可使用两粒）。

*在原书中，作者列出了7种草药的名称，但为了避免翻译不准确，此处略去了中文名称。——译者注。

支持性止血治疗

针灸和顺势疗法可以作为之前描述的情况的支持治疗方法，并且可以有效控制术前、术中和术后的出血。这种疗法也可以控制术后疼痛、减少局部炎症以及屏蔽疼痛向大脑的传导。

针灸

针灸作为一项技术的历史可以追溯至数千年前，是传统中医学的一部分。它通过将非常细的针刺入皮肤的特定位置来预防或治疗疾病。针刺的位置被称为穴位或取穴，并且有各自独特的解剖位置，详情见下。

另外一种刺激这些穴位的方式是艾灸。这项技术是使用燃烧的艾卷或艾柱对身体的某些部位施加热量（图5.2）。

同样还可以在刺入针后经针发送微弱电流而进行电刺激。它可以用于某些疾病的治疗以及在外科干预时进行镇痛。

在犬中有进行过有关血液凝集时间、出血持续时间、血块收缩能力以及血小板数量的研究。将在麻醉状态下进行电针针灸的动物和在常规麻醉状态下的动物进行对比，可以观察到经电针针灸的犬的凝血时间和持续出血时间更短；在针灸状态下的犬血块收缩能力比药物麻醉状态下的犬更好，并且电针组的犬血小板数量更多。

针灸可以用自然的方式来控制手术出血，且没有不理想的副作用。

针灸、出血和手术

在手术中使用针灸来帮助控制出血有两种方式：一方面它可以帮助治疗凝血问题，另一方面它可以减少操作期间的出血。

在穴位1 B处进行直接艾灸已经被记录可以用于身体各部分的止血，特别是对于子宫，不过对于鼻部、胃部、膀胱或肠道的出血也同样有效。

在犬上，穴位17 V被记录可用于出血和血液恶病质的治疗，1 B可以用于子宫出血和其他类型的出血；7 VG可以用于绝育、鼻出血以及马的血尿。除此之外，穴位10 B也可以用于控制出血。

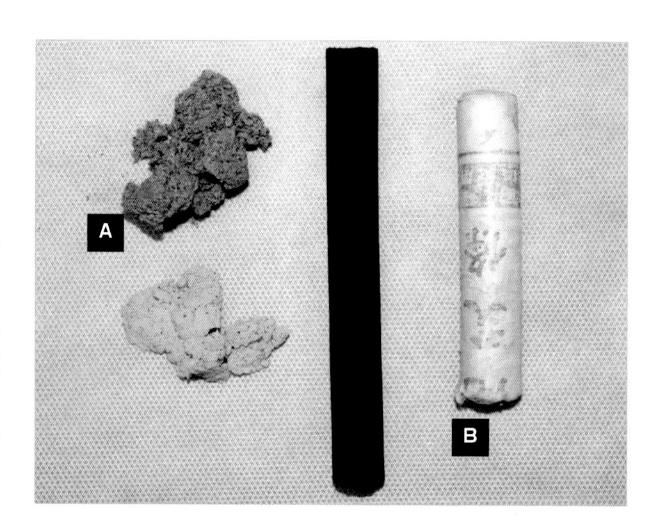

图5.2 艾绒（A）适用于直接艾灸的艾柱和间接艾灸的艾卷（B）的制作。这些艾柱和艾卷是由艾叶（艾草）磨成细软的粉而制成的。

针灸对控制不同身体部位的不同类型的出血有所帮助。

针灸治疗可以用于马运动性肺出血和血压变化时。在人类，穴位17 V、36 E、20 V、4 IG、11 IG、4 VC、14 VG、6 B、6 VC和10 B被记录用于存在凝血问题、失血和免疫抑制等疾病的病例。

临床经验显示针灸可以用于外科操作前的治疗。这种治疗包括选取一系列穴位来帮助预防持续性出血，相关穴位包括：10 B、4 VC、5 VC、3 R、36 E、20 V、17 V和在1 B上直接艾灸。

穴位位置

可以使用穴位相关的特定的骨骼和肌肉来定位穴位。有时会使用“寸”作为单位来衡量两点之间的相对距离。比如，如果膝关节关节间隙和胫骨外髁远端顶部间有16寸（16份距离），那么一个在8寸处的穴位就位于胫骨连线的一半处。

可以帮助减少手术出血的针灸穴位：

■ 17 V（膈俞）。在第7肋间背最长肌的侧缘。也可以使用T7-T8间隙定位，因为它位于T7棘突尾侧的侧面，或者也可以沿着背最长肌的侧缘寻找（图5.3）。

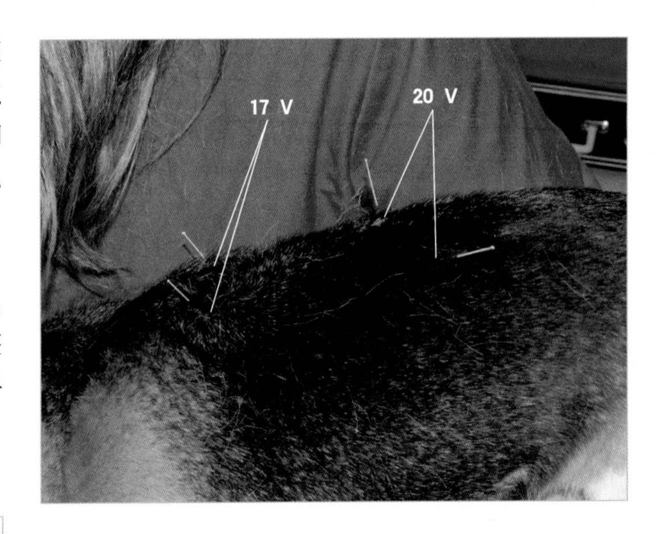

图5.3　17 V和20 V的位置。

> 定位椎骨时，从后方开始计数更容易，髂骨翼有两处骨性凸起，即便是肥胖或者肌肉发达的动物也容易触诊；将两个凸起连线，在连线后方的就是L7棘突，所以可以从此处开始向前计数（L6、L5、L4等），直到到达所讨论的椎骨或区域。

■ 20 V（脾俞）。在第12肋间背最长肌和腰肌侧缘（图5.3）。找到T12和T13之间的区域通常更容易定位20 C。这是通过从后方计数棘突完成的。该穴位位于T12的尾侧，位于背最长肌和腰肌的外侧。

■ 10 B（血海）。位于大腿内侧，靠近股骨的头侧和内侧上髁。需要记住的是，在耻骨联合上缘到股骨内侧上髁的距离为18寸，穴位在髌骨前内侧2寸的股四头肌凸起处（图5.4）。为了定位它的位置，可以弯曲膝盖找到髌骨的背侧缘。沿着股四头肌的背侧肌腱在距离髌骨2寸处可以定位一个凹陷区域。

■ 3 R（太溪）。位于胫骨内侧髁的尾侧，趾屈肌腱表面的头侧（图5.4）。建议用胫骨内侧髁的顶端和跟骨背侧缘定位。如果将这两点连线，那么3 R则在该线的中点。

■ 1 B（隐白）。位于第二趾骨基部的中间位置（图5.4）。

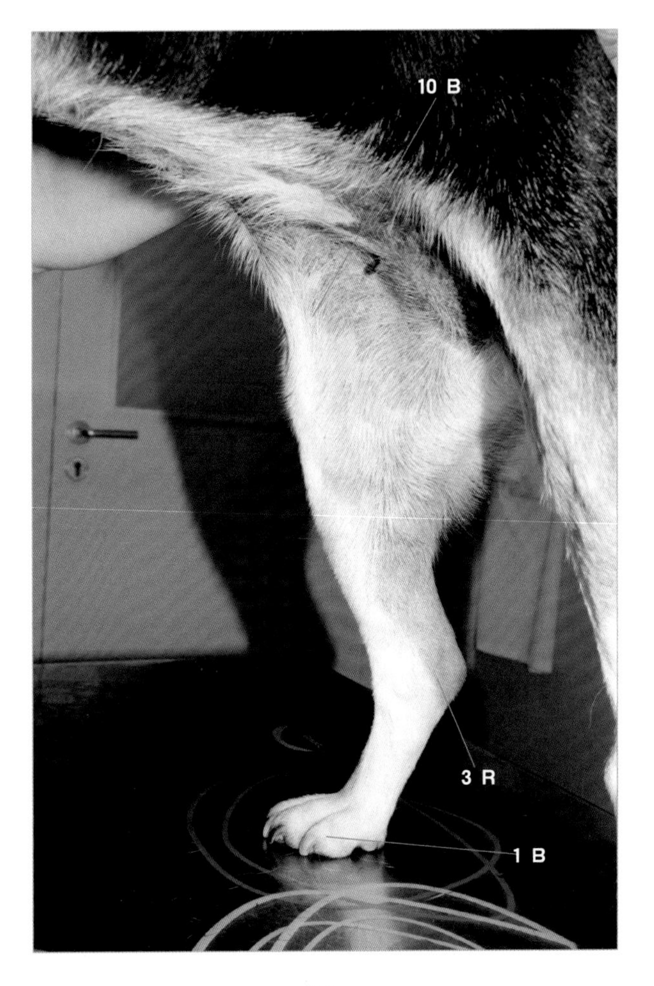

图5.4　10 B、3 R和1 B的位置。

■ 36 E（后三里）。位于胫骨嵴的远端侧面。需要记住的是在膝关节的关节间隙至胫骨外侧髁远端顶端之间有16寸，这个穴位位于关节内线下方3寸，侧方半寸的头侧胫骨肌肉上（图5.5）。为了定位这个穴位，推荐先找到胫骨头侧，屈曲或伸展膝关节有助于找到下方的胫骨结节。沿着胫骨嵴远端和末端的稍侧边处可在胫骨肌上找到一个轻微的凹陷，这是此穴位的位置。

■ 5 VC（石门）。假设肚脐和耻骨之间为5寸，那么肚脐上方腹中线尾侧2寸处即为5 C（图5.6）。当动物站在桌子上时也可以找到这个穴位。临床医生可以在动物下方找到肚脐和耻骨，将它们作为参考点来定位穴位。

■ 4 VC（关元）。假设肚脐和耻骨之间为5寸，那么肚脐上方腹中线尾侧3寸处即为4 VC（图5.6）。

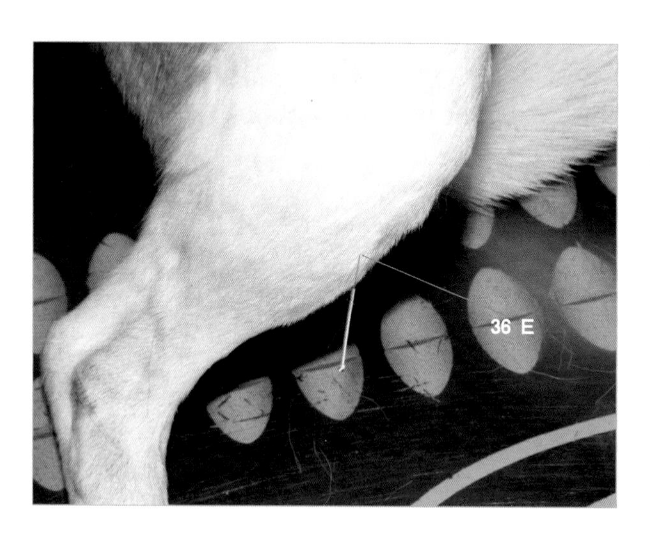

图5.5　36 E的位置。

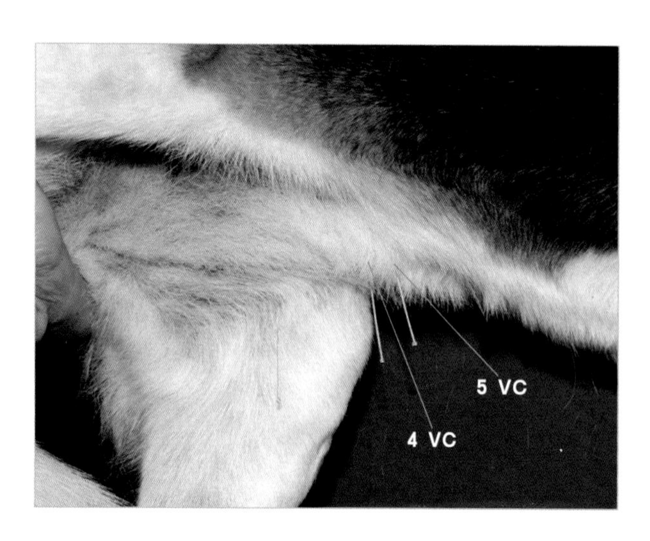

图5.6　4 VC和5 VC的位置。

当施针时动物应该是舒适的，不要勉强动物去适应它不喜欢的姿势。当猫拒绝待在治疗台上时，如果主人可以坐着让猫保持一个自然的姿势的话，是可以尝试进行针灸的。

针灸、镇痛和手术

针灸对于术中和术后的疼痛管理有一些有益作用。

在犬，在乳腺切除术中使用电针刺激36 E、34 VB和6 B穴位可以显示比预防性吗啡注射和对错误穴位针灸更好的疼痛缓解作用，这减少了动物术后对于阿片类药物的治疗需求。进行电针刺激的犬也可观察到相同的镇痛效果，甚至给施行卵巢子宫切除术的犬沿着切口的两侧纵向平行施针也可见类似效果。

> 当用针灸进行手术镇痛时，也可观察到手术出血比预期的要少。

为了达到使用电针镇痛和麻醉的目的，需要在尽可能高的强度（不引起病患不适）和高频率下进行约20 min的电刺激，使用后效果可长达15 h。这种治疗的穴位选择取决于需要治疗的身体部位。如为了缓解腹中线切开的疼痛，可以在36 E和34 VB，或36 E和6 B穴位施针，在切口的两侧纵向进针。

耗材选择

在动物中可以使用和人类相同的耗材。根据动物大小和进针位置有不同直径和长度的针（图5.7，表5.3至表5.5）可供选择。针盒上有关于针的直径（厚度）和长度的详细信息，分为中式和西式两种。

表5.3 犬推荐针灸针长度

	胸椎区	腰荐区、四肢的胫骨中段和桡骨	胫骨中段和桡骨以下的四肢
大型犬	1.0寸=25 mm	1.5寸=40 mm	1.0寸=25 mm
中型犬	1.0寸=25 mm（插入深度较浅）	1.0寸=25 mm	0.5寸=13 mm
小型犬	0.5寸=13 mm	1.0寸=25 mm	0.5寸=13 mm

表5.4 针灸针的直径

中式直径（#）	西式直径（mm）
28	0.35
30	0.32
32	0.26
34	0.22
36	0.20

表5.5 针灸针的长度

中式长度（寸）	西式长度（mm）
4.00	100.00
3.00	75.00
2.50	60.00
2.00	50.00
1.50	40.00
1.20	30.00
1.00	25.00
0.50	13.00
0.25	6.50

针不可在身体的某些部位插入太深，以免损伤重要器官。如当在胸部进针时必须注意不要损伤肺部或大血管。

针的最合适长度需要根据动物的大小和穴位的位置而变化。此外，如果病患肥胖，那么需要进针更深，而对于体重不足或者肌肉萎缩的动物必须使用较短的针。考虑到这些例外，表5.5总结了最常用的针的长度。

最常用的针径为32（0.26 mm）、34（0.22 mm）及36（0.2 mm）。32号针较粗且更易于操作，但如果动物非常敏感则需要使用更细的针。34号与36号针在使用技术正确的前提下并不会带来太多不适感，但其针径较细而容易弯折；不过随着经验的增加，这并不会引起太大的问题。

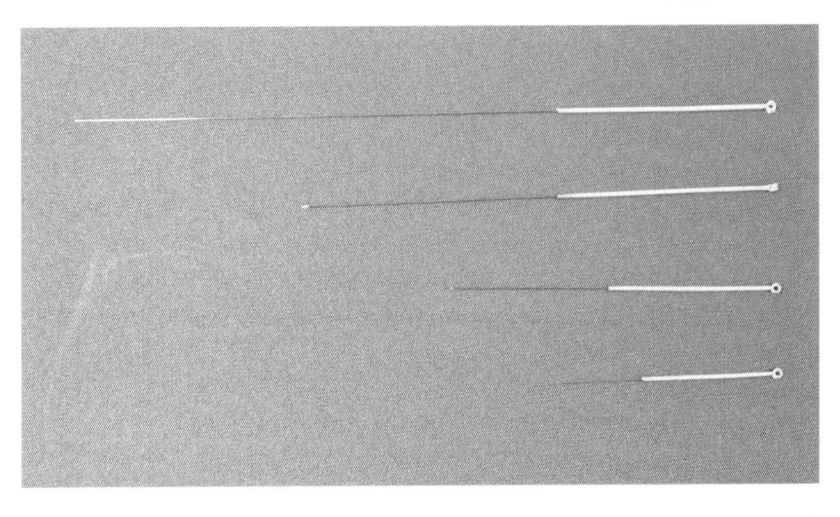

图5.7 犬、猫使用的不同长度的针灸针。

操作技术

进针必须果断、迅速而轻柔。在进针之前，必须使用解剖学参考点来定位穴位。如果认为必要，那么可以一只手持针，使用另一只手的拇指指甲标记（或者其他指甲）。

进针角度需要根据身体区域而变化。对于大多数穴位，针是以90° 刺入皮肤表面的。在靠近主要器官或肌肉覆盖很少的地方，应以近45° 的角度进针。在肌肉非常少的区域，比如颅骨、面部和胸部，应横向或以15° 的角度进针。

进针的深度取决于穴位的位置、组织的类型、症状甚至动物的感觉，这是因为针灸不应该引起不适。当进针达到一定深度，病患和专业人员都可以感受到一种特殊的感觉，这被称作“得气”(Qi sensation)，它是针灸起效的要点。如果观察到针是松动的，即针没有稳固的立于皮肤上，就必须重新确认该穴位的定位是正确的，如果是正确的，就应该稍微调整针的方向而不是将针移除。最常见的做法是将针交替向左和向右捻动，确保不要始终向同一个方向捻动它。另一个选择是通过轻轻地向上提针来“重新定位”针，而不是将针从皮肤上完全取出然后再刺的更深一些。调整针的方法有很多种，而这两种方法是最常用且最为人所知的。

一旦到位，针应该稳固在皮肤上，不会松动。

在整个过程中（近20 min）针应保持不动。为了增加针灸的效果，针可以向其他方向移动，这取决于传统中医师的诊断，即补法或泄法（tonification or sedation）。在没有足够的经验或者不确定要以何种手法操作的情况下不建议在得气后移动针灸针。

用针的另一种方式是电刺激（图5.8），这项技术在之前的针灸镇痛中已经提到过。根据不同的治疗目的，电针还可以使用不同的频率用于其他病因。为了防止疼痛或淤血，撤针时应轻柔的捻针。

如果没有进针、调整和撤针的经验，建议使用较短的粗针在软木或橘子上练习，这样更容易处理；之后可以使用更长更细的针练习。

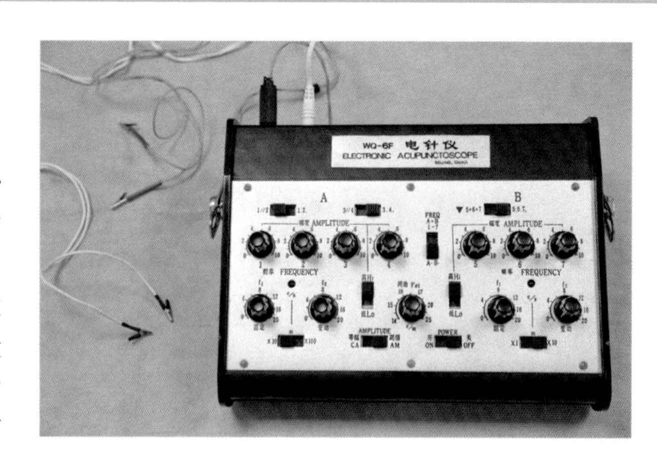

图5.8 进行电针治疗的电针仪。

在预防出血部分已经提到过在穴位1 B处进行艾灸。在这种情况下，需要采用直接灸（direct moxibustion）的方法，即需要剃光操作区域的被毛，将艾柱放在穴位上并点燃。可以用较大锥度的艾条，在灸烤到皮肤之前取下，或者可以用较细锥度的艾条，但烧光时会在皮肤上留下一个微小的烫痕。

对于非常紧张的动物，可以使用艾卷进行间接灸（indirect moxibustion）。采取这种方式时，艾卷可以靠近皮肤持续提供热量，但不会引起烧伤。这种形式的艾灸更容易被动物接受，因为它是无痛的，但对穴位1 B的刺激效果会降低。

针灸针放置技术

顺势疗法

术前和术后使用顺势疗法可以使手术创伤的病患更快更好地恢复。本章的目的是为了让读者了解Hahnemann（第一个将顺势疗法引入临床的医生）所描述的替代疗法的基础概念，以及提供一些作用机制的基础观念、手术适应证以及手术的“剂量”。

用Samuel Hahnemann（1755—1843）的话说：“首先顺势疗法是一种治疗方法，根据相似则相治的概念，使用极度稀释或无限小剂量的药物治疗病患”。

希波克拉底也曾经观察到相似的现象，他在

他那个时代曾用希伯来语说道："同样的东西可以导致疾病也可以治愈它"。实际上，已经观察到在物质的潜在毒力和潜在治疗作用之间经常存在平行作用。

经过观察，Hahnemann确认了希波克拉底的猜想："药物可以纠正它们引起的相似临床症状"（相似法则）。必须使用极少量的药物——极度稀释或无限小的剂量。因为这个原因，人们会使用不同的药力量表：十倍（DH，X）、百倍（CH）、克氏法（K，Korsakovian method）、五万倍（LM）等。

在兽医临床上，对于急性情况，通常建议百倍稀释，比如1 mL的药物稀释到99 mL的水中并摇晃数次（震荡）来获得第一个1 CH稀释液。再用这个稀释液的1 mL稀释至99 mL的水中将获得2 CH稀释液，以此类推。低度稀释（低于30 CH）可以用于急性情况。高度稀释仅用于特殊情况。

顺势疗法可用的剂型包括颗粒、药片、溶液、注射剂、软膏等。兽医临床通常使用颗粒剂，或将其用水稀释后经口给药。动物通常不会抗拒服用该药，因为该药为外包甜味剂的顺势疗法药物颗粒。如果药物能够接触黏膜，如口腔或直肠黏膜会更有效。

顺势疗法是个性化的，因为不根据疾病选择药物，而是根据病患决定，但两个具有相同病理情况的病患所表现和经历的临床症状可能非常不同。为了选择正确的治疗方式，所有临床症状都必须被考虑在内，除此以外还有在呈现的方式上不寻常的东西。比如在发热的病例上，一个病患可能表现出焦虑和躁动，然而在另外一个病例身上可能表现出无精打采；有的会寻求陪伴，而有的更愿意独处；有的黏膜看起来苍白，而有的看起来潮红；所有的这些都有一个共同点就是高热，这些病患应使用不同的药物来进行退热。

> 根据手术和病患的类型，除了顺势疗法外，病患也需要其他药物治疗。

在外科手术前，可以使用的治疗包括：

■ 通常，术前15 d，在慢性呼吸衰竭、哮喘、慢性支气管炎和气道堵塞的病例上可以每天5粒酒石酸锑铵5 CH给药。在术后呼吸衰竭的病例上，治疗应再持续15 d。

■ 术前8 d，所有病例都可以每天使用5粒。

- 金钩吻（*Gelsemium sempervirens*）9 CH。过度激动，恐惧，战栗。
- 吕宋果（*Ignatia amara*）9 CH。过度敏感，坐立不安。
- 硝酸银（Argentum nitricum）9 CH。焦虑症。

■ 术前1 d，每日5粒。

- 山金车（*Arnica montana*）9 CH。限制出血风险并且加速水肿和血肿的吸收。
- 磷7 CH。预防出血。
- 赤芍（*China rubra*）5 CH。控制手术或创伤后出血。
- 金丝桃（*Hypericum perforatum*）15 CH。可以用于预防和治疗神经损伤和手术创伤造成的疼痛。也可以和山金车联合作为术后的镇痛和止血药。
- 阿片（*Opium*）9 CH。它可以帮助身体从麻醉中恢复，具有镇静和镇痛的效果。对术中出血的病例，溶解5粒于水中，在伸到嘴外的舌头上滴几滴或通过直肠黏膜给药。
- 磷30 CH。红色血液的出血。
- 南美巨蝮蛇（*Lachesis mutus*）30 CH。深色血液的出血。

■ 术后：

- 马钱子（*Nux vomica*）：有助于麻醉药物的清除。
  - 7 CH。第一天单次用药（10粒）。
  - 9 CH。第三天用药一次。
  - 12 CH。第五天用药一次。
- 赤芍（*China rubra*）5 CH。5粒/h，随着病患恢复，间隔给药。如果病患大量失血会表现出疲惫、虚弱、肿胀或出现低血压。
- 聚合草（*Symphytum officinale*）7 CH+磷酸钙（Calcarea phosphorica）7 CH。对于骨折和肌腱损伤的病患，5粒/d，1个月。
- 铅（Plumbum metalicum）5 CH。5粒，每日3次。预防术后便秘。
- 蓖麻（*Ricinus communis*）5 CH。5粒，每日3次。预防消化道手术后的恶心。
- 山金车（*Arnica montana*）9 CH。5粒/次，每日3次。有强效抗炎和镇痛作用，同样可以帮助控制术后出血。本药应使用数天，根据病患恢复情况间隔使用。

第6章　术中止血技术

用于减少术中失血的技术

预防性止血

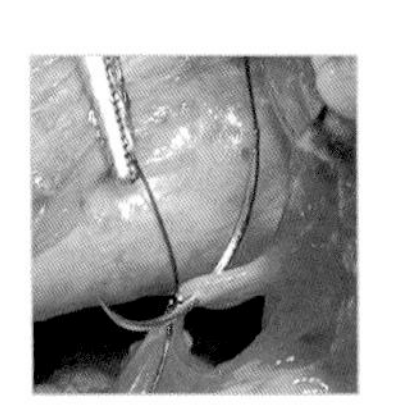

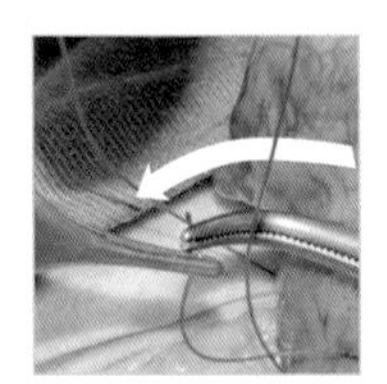

肝、脾、肺手术的临床应用

确切止血

外科止血技术

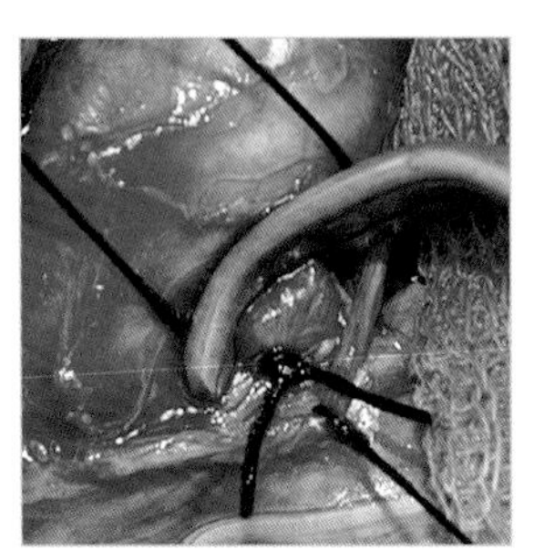

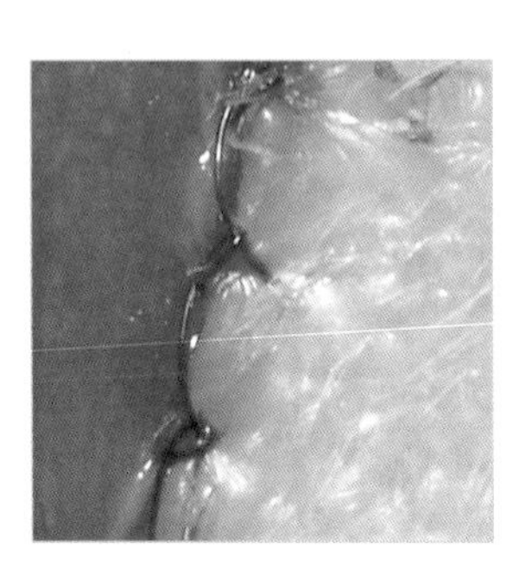

评估术中失血

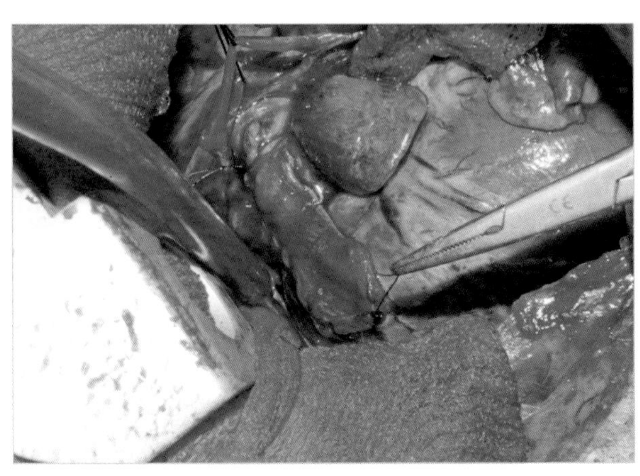

用于减少术中失血的技术

概述

无论哪种类型的手术，控制术中出血对于获得良好的结果都是至关重要的。

因此，我们提醒你采取以下步骤：

■ 仔细计划要使用的技术。研究该区域的解剖结构，辨别大血管以防止损伤。

■ 轻柔操作组织，遵守Halsted外科原则（表6.1）。

■ 用湿纱布保护组织并使其湿润，并定时在术野处洒温生理盐水溶液。

■ 切断前先阻断血管。预防性止血更有效。

■ 保持术野清洁，这有助于辨别解剖结构，预防术后并发症。使用外科吸引器对颌面部手术有很大帮助。

■ 通过稳定闭塞或重建受损血管，提供确切的止血作用。

■ 如果发生显著出血，重要的是不要惊慌（图6.1）。惊慌无助于解决问题，还会威胁到手术结果。用手指按压出血部位；深呼吸；让术野具有充足的光线；清除血液；评估情况；准备止血所需的材料；冷静的止血（图6.2）。

在本章和其他章节中，我们将介绍可用于减少出血的技术；血管切断时安全止血的方法；取决于血管问题及其位置的止血技术；高能止血技术，如电外科或激光，在不伤害患病动物或手术团队成员的情况下取得极佳的结果。

> 在手术中，预防胜于治疗

> 动脉干出血必须先对该区域进行人工压迫来止血。

表6.1 成功的手术遵守Halsted原则	
小心操作组织	必须保持最低限度的医源性组织损伤。必须在尽可能无损伤的情况下进行分离，尽最大可能保留解剖结构。
控制出血	必须防止出血并细致地对出血血管进行止血。
保留血液供应	正确的组织血管化对于防止组织坏死和感染以及迅速修复组织来说非常重要。
严格的无菌技术	术中任何时间都必须维持无菌条件以防感染。
组织张力最小	避免缝合过紧，这会导致组织局部缺血和坏死，引起缝合不完美和手术失败。
精确对合组织	为了适当愈合，必须正确缝合组织，不要重叠，或者两层之间不要有其他组织或异物。
消除死腔	这能够防止液体和异物在该区域积聚并加速愈合。

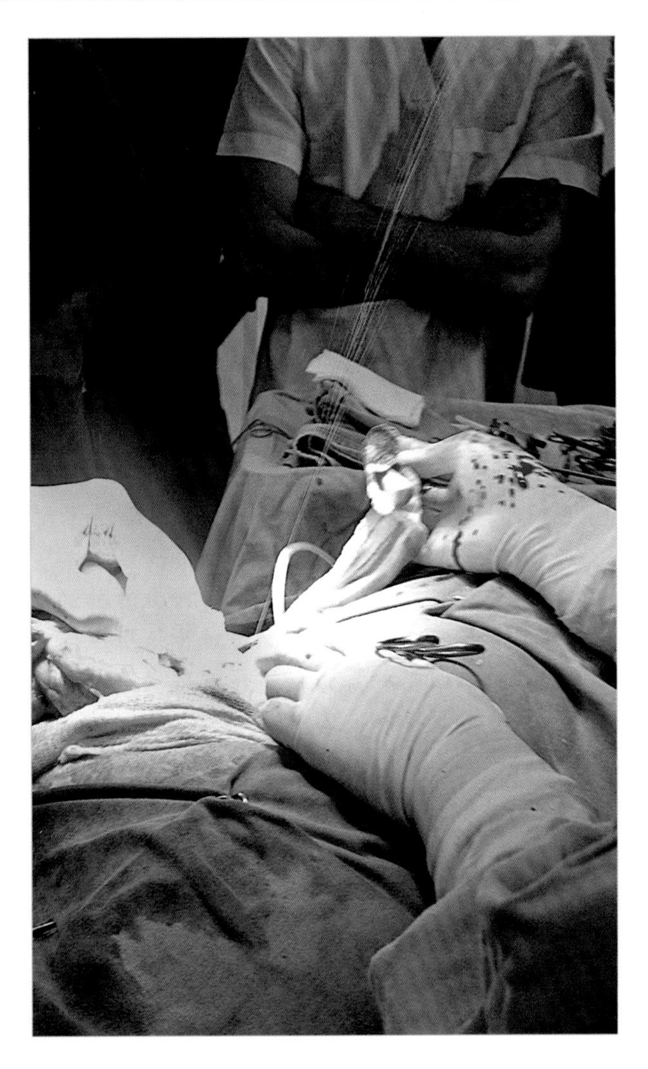

图6.1　像图中的那样，意外切断动脉可导致惊人的出血。在这种情况下，重要的是不要草率或仓促行事。保持镇静，安全地阻断血流。有时，最好让血管出一会儿血，以便正确定位和夹住血管。

图6.2　在术中出血较多的地方，首先采用的方式是人工压迫该部位，闭合血管，防止失血。其次，尽可能冷静地清理手术区域，以获得最好的视野，并采取必要的步骤（扩大切口、分离组织等）来定位和闭合出血的血管。

控制术中出血的黄金原则：不要惊慌。

术中止血有很多方面，但它一定要基于良好的麻醉规程和非常完美的手术技术。

预防性止血

预防性止血防止了组织受到影响以及术中分离时的出血。它可以是暂时的，以达到完全无血的手术术野，例如截指时；或者也可以是永久的，以防止将被截断或无法重建的血管出血，如卵巢切除术时的卵巢血管。

预防性止血缩短了手术时间。

这类止血方法可以通过化学、热和机械方法来实现，在后面的章节中我们会看到这些方法。

在四肢处，可在外部用充气带或Smarch带扎紧一段时间，但应防止组织发生不可逆的缺血。在机体内部，可以使用钳压法或无损伤钳（血管钳），同时使用Rummel止血带暂时中止血流（图6.3）。

用于组织和器官的预防性止血技术是以血管在被切断前，使用一系列工具和材料来防止血管出血为基础的（图6.4和图6.5）。这些技术包括使用钳子和血管钳、结扎和缝合、血管收缩药物和高能技术在切断组织前诱导凝血。

预防性止血可能会损害血管。在完成手术前，必须确保组织没有受到伤害，限制继发性出血。

图6.3　在后腔静脉上放置一个Satinsky血管钳，以防止手术中出血。

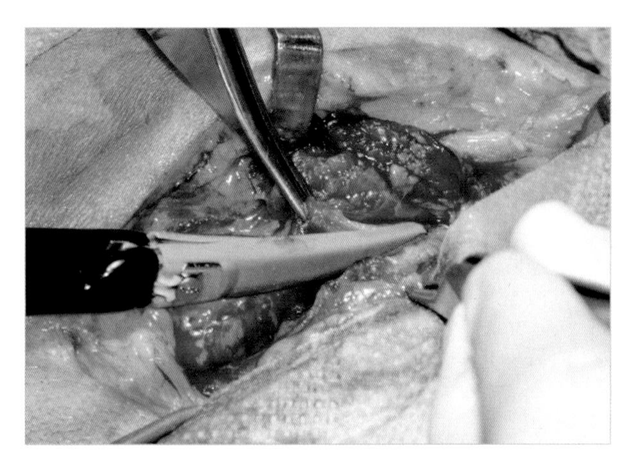

图6.4　在做外侧胸廓切开术时使用双极剪刀有助于在切开前使相关血管中的血液凝固，从而将手术过程中的失血减少到最低限度。

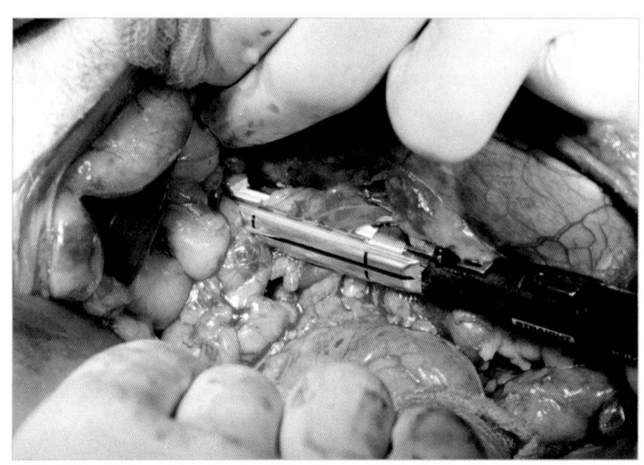

图6.5　外科缝合器可以在分离前安全、永久地闭合血管。本病例展示了在完成肾切除术前通过肾血管吻合器进行预防性止血。

水分离

作者使用的水分离技术是以将盐溶液注入有问题的组织内为基础的。这简化了分离过程，减少了手术创伤，改善了血管视野，允许选择性止血（图6.6）。

> 水分离用于分离不同弹性和质地的组织，最大限度地减少失血。

在精细而有弹性的组织中，低压水分离可通过用20 mL注射器在被分离的组织周围结构内注射生理盐水来实现。这在低阻力组织如皮下、脂肪组织和腹膜后间隙内非常有效（图6.7至图6.9）。多数情况下为了正确分离组织需要多次浸润注射（图6.10）。

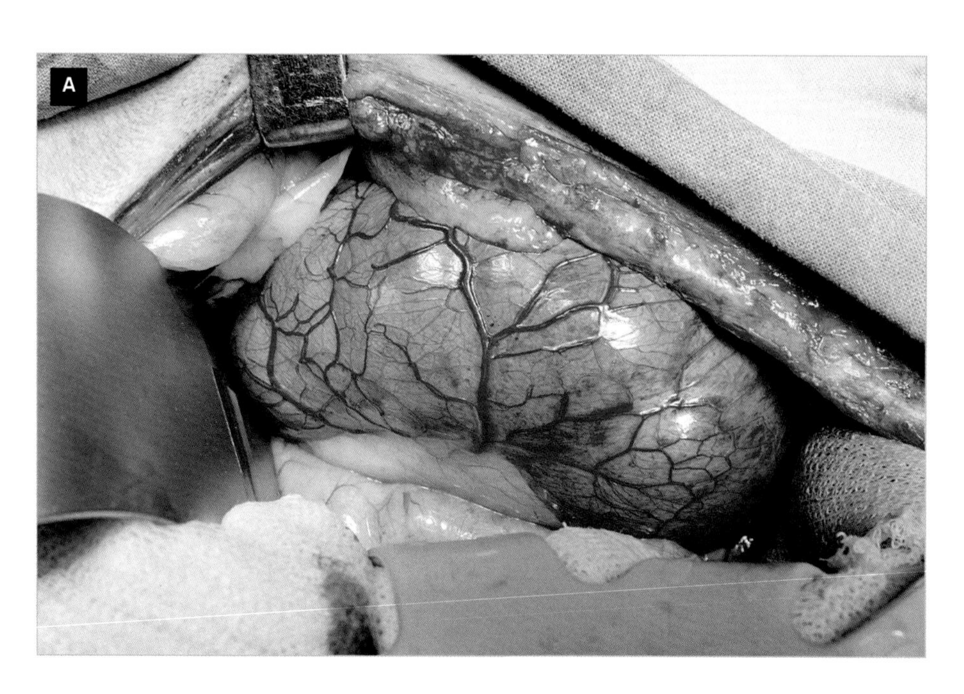

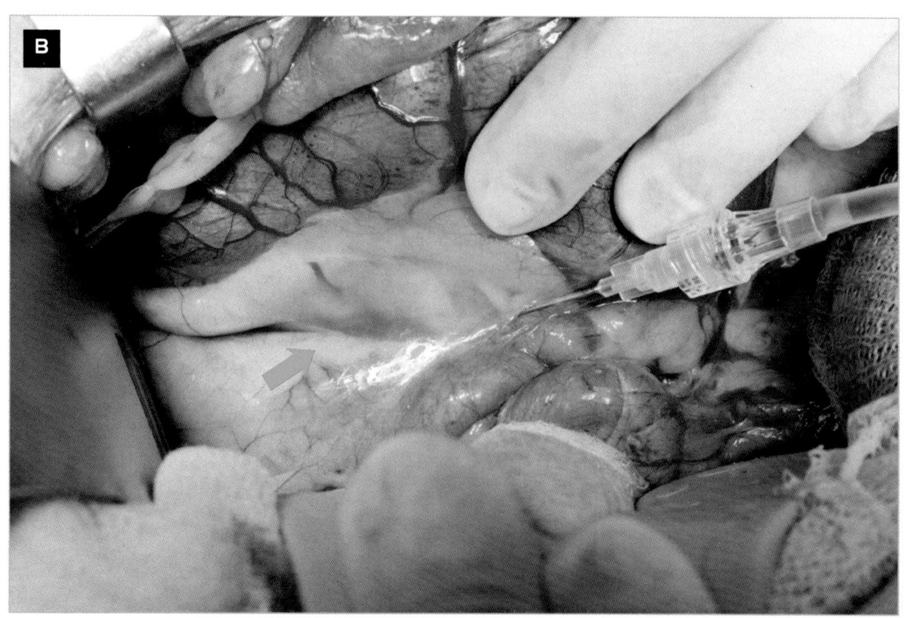

图6.6 该患病动物正在进行肾切除术。为了简化肾门的分离，更容易识别肾血管，将生理盐水注入肾门的脂肪组织中（A）。生理盐水有助于快速准确地识别血管（箭头标记了肾静脉）（B）。

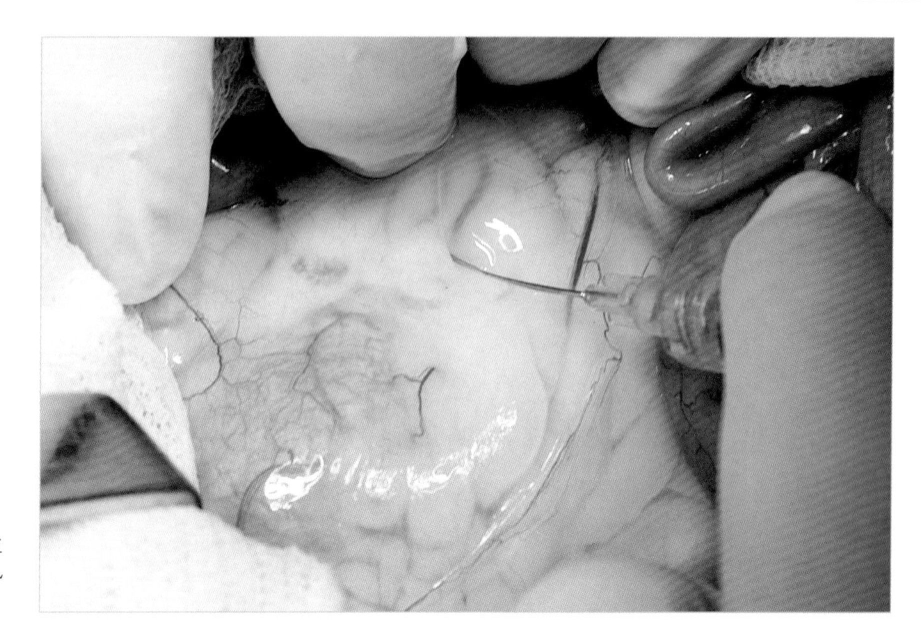

图6.7 在肾周组织中注射生理盐水很简单，可以通过10 mL或20 mL注射器进行。

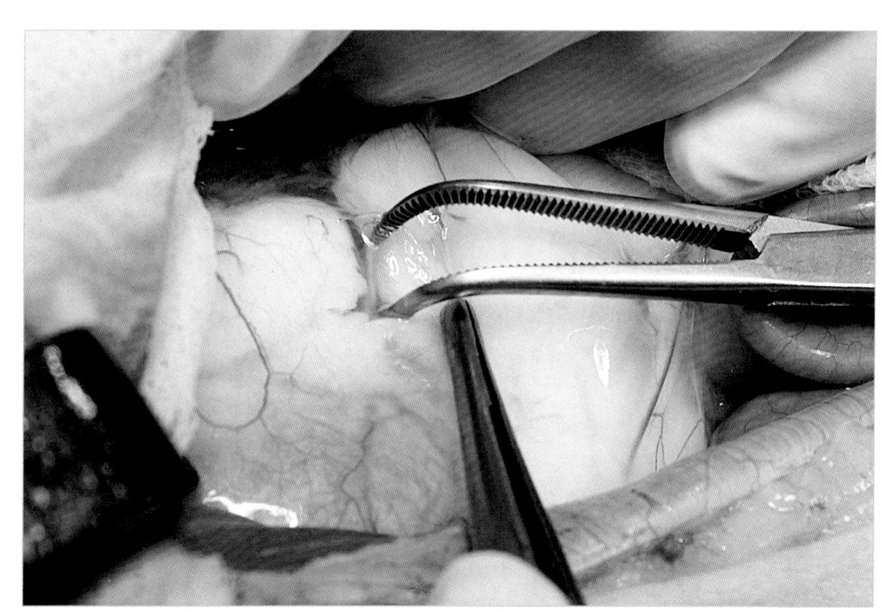

图6.8 肾门脂肪组织“水肿化”有助于外科医生看到并更安全地分离肾血管。

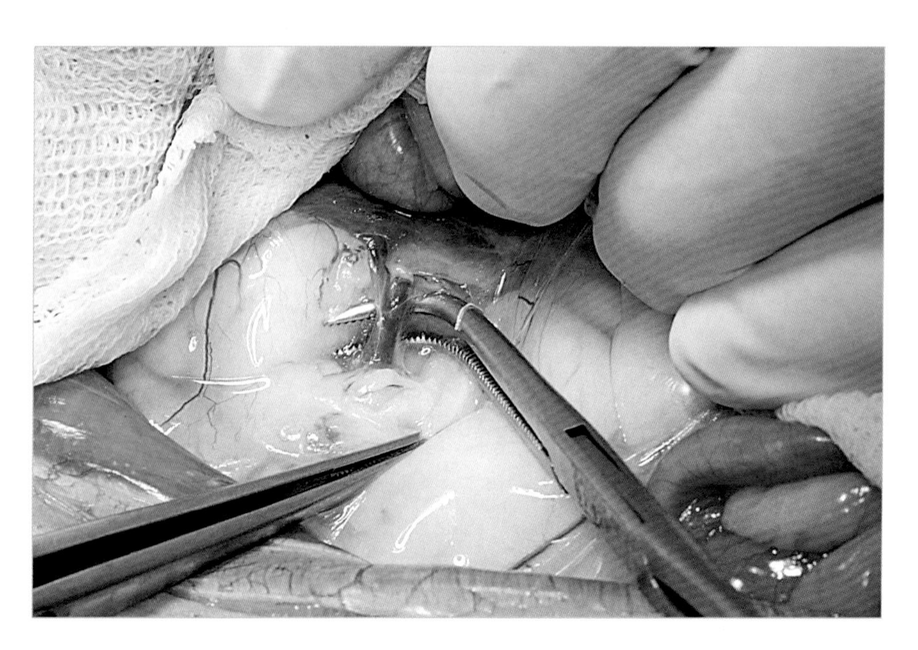

图6.9 水分离使得在切断前辨别、分离和阻断血管更容易。

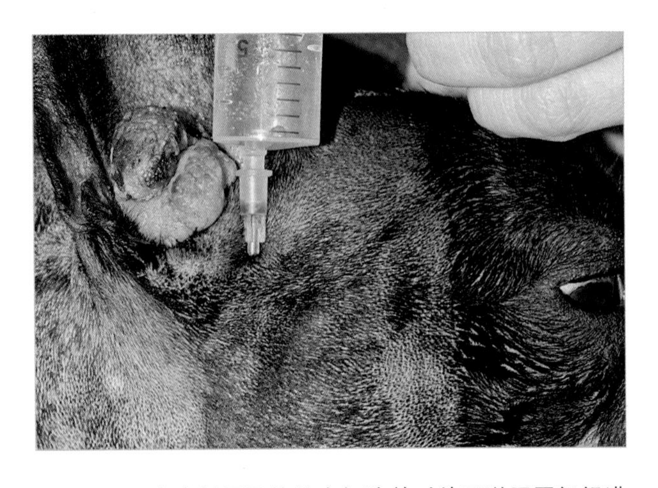

图6.10　本病例显示的是在切除前对外耳道周围组织进行水分离。为了使盐溶液均匀分布，需要在耳道周围注射很多次。

冷水血管收缩分离

如果使用1 ： 200 000或1 ： 400 000肾上腺素生理盐水溶液进行水分离，组织可以沿其自然位置分离，而肾上腺素产生的血管收缩作用可使出血显著减少，且没有任何心血管副作用（图6.11）。为了获得更好的血管收缩效果，应等待5 ~ 10 min再开始手术。

> 如果在生理盐水中加入肾上腺素和利多卡因，不仅可以实现水分离，还可以减少出血，缓解疼痛。

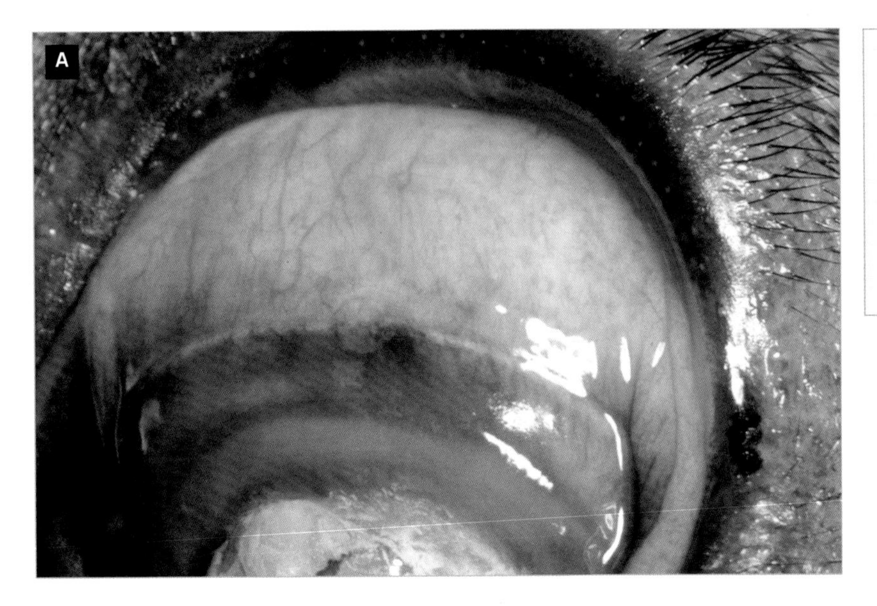

> 如果使用注射器进行水分离，用胰岛素注射器抽0.1 mL肾上腺素溶液（1 ： 1 000），加入预先装入生理盐水（1 ： 200 000稀释）的20 mL注射器中。

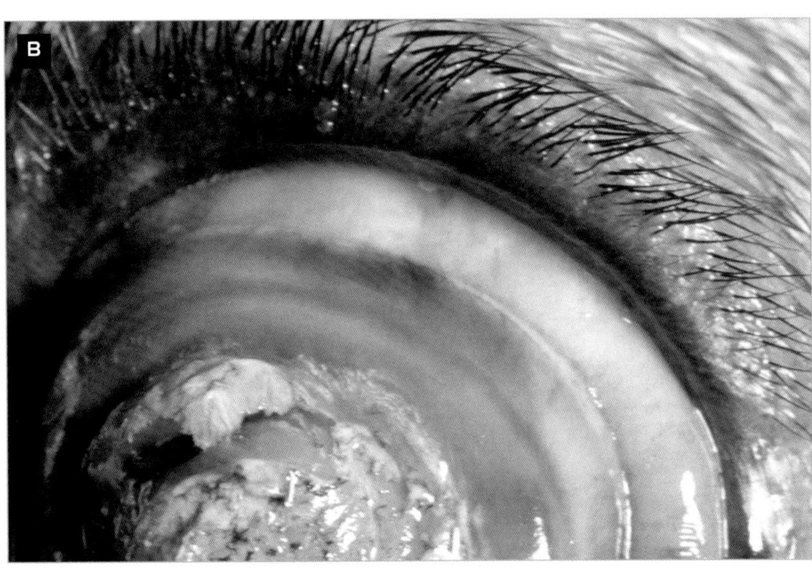

图6.11　眼周注射肾上腺素生理盐水溶液（1 ： 200 000）前（A）后（B）的照片。这减少了结膜下和球后间隙分离时的出血，并显著简化了附着在眼球上的肌肉和组织的分离。

在眼球摘除术中用1 ∶ 200 000稀释的肾上腺素生理盐水进行水分离。

1 ∶ 200 000肾上腺素生理盐水溶液也可以滴注在组织上，以减少浅表手术时的出血。这减少了其他止血技术的应用，并缩短了手术时间（图6.12）。

出血轻微，没有术后并发症并且能够正常愈合。

必须控制注射到患病动物体内的肾上腺素用量，必须观察任何可能的心脏变化（心动过速、心律失常）或高血压。

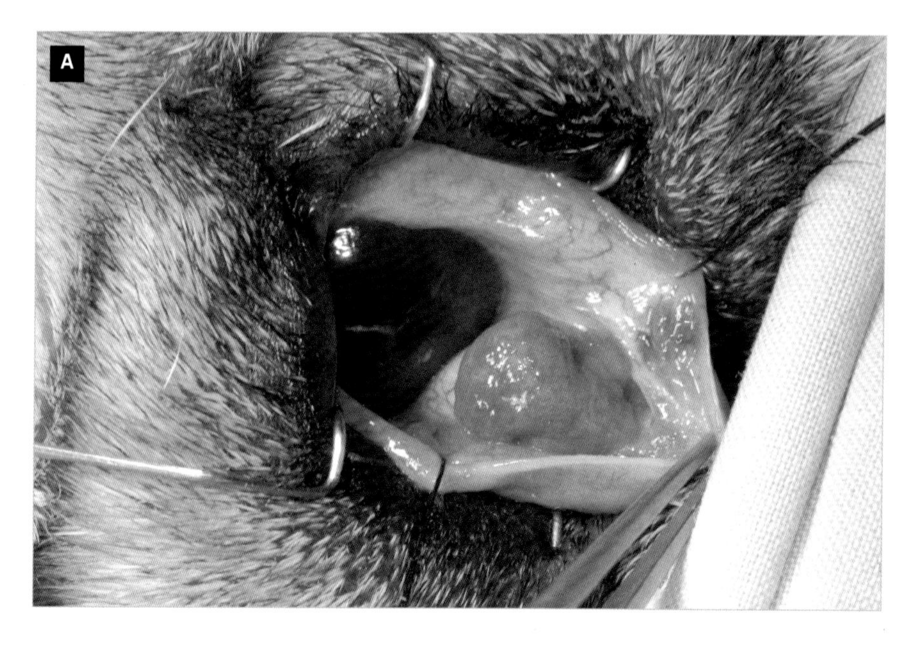

图6.12 在浅表手术中，可以使用含血管收缩剂的溶液来减少术中出血。

图中显示的是两只正在进行泪腺瞬膜固定术的动物。A是不使用血管收缩溶液的组织状况。B是在眼表面使用该溶液的效果；可见明显的血管收缩以及出血减少，因此手术更加容易也会更迅速。

加压水分离

当水分离被用于纤维性和致密组织时，必须在较大压力下注射盐水才能达到目的。在这种情况下，需要使用较小的2 mL注射器；已有证据证明比起较大的注射器，它能够提供更有力的注射效果。

当需要相当大的压力才能克服组织阻力时，注射器压力枪是一种非常好的、廉价的替代品（图6.13）。该系统是由一名印度颌面部外科医生设计的，用于促进分离牙龈组织。

当使用大量液体时，另一种选择是使用用于快速液体灌注的压力套管，将其包裹于一袋微温的生理盐水周围（图6.14）。该系统可以产生33 330.6 ~ 39 996.7 Pa（250 ~ 300 mmHg）的压力，足以在无损伤和不破坏血管的情况下分离组织。

水分离是一种安全的分离方法，尽管它也有缺点：

■ 如果术中计划使用高频设备，由于组织充满盐溶液，电凝或激光的止血效果会降低。

■ 如果使用大量的生理盐水，由于这种液体的冷却效果，患病动物可能会出现体温过低。如果没有提前温热生理盐水，情况可能会更严重。

■ 如果使用肾上腺素溶液进行水分离，若它进入血液循环并且使用的是浓缩溶液时，可能会发生心血管变化，甚至周围组织可能由于强烈的血管收缩造成的局部缺血进而出现坏死。

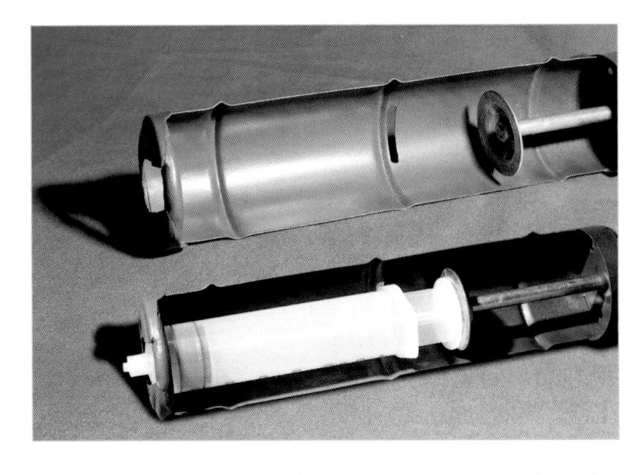

图6.13　专业硅胶注射枪，适用于10 ~ 50 mL注射器。使用该注射枪可以产生5 880 000 Pa的压力，用于紧密粘连和纤维组织的水分离。

外部水分离

利用高压生理盐水水流进行水分离，作为一种达到不同弹性和质地组织的无创分离，从而能够在失血最少的情况下选择性分离组织的方式，在人体外科手术中得到了广泛应用。

市场上有可以产生294 000 ~ 5 880 000 Pa压力的盐水水流的专用设备，但是这对于兽医外科医生来说可能太贵了。

通过这种类型的分离，可以更容易地确认组织表面，并且可以更精确地分离解剖结构。

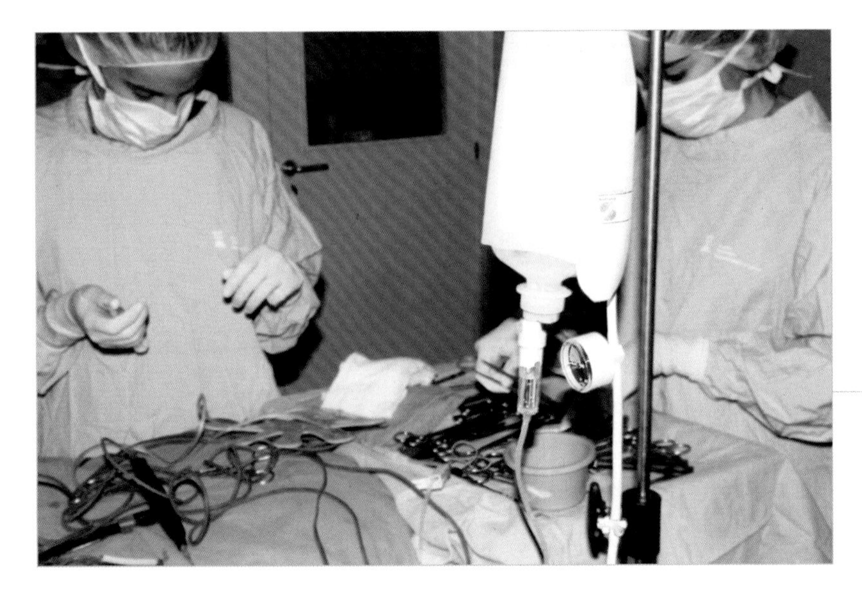

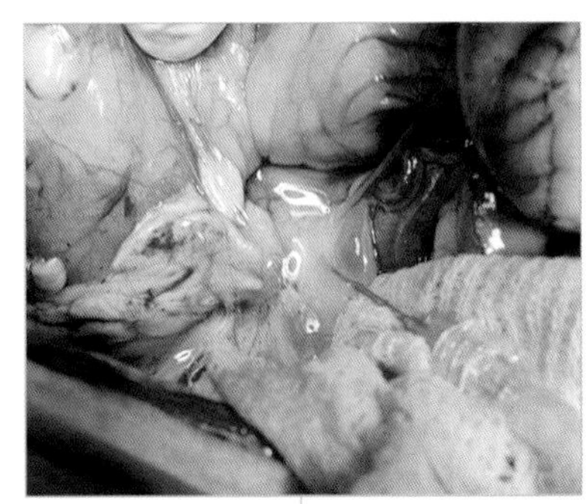

图6.14　用于在压力下将生理盐水注入组织的气动灌注系统。这个病例中，它被用来分离胰腺周围的粘连，该病是数月前进行的卵巢切除术后的结果。

结扎

概述

被切断而无法修复的血管可以通过缝合和外科打结的方法安全、永久地阻断。血管结扎是兽医学中最常用的止血方法，被用于阻断静脉和高压血管，如肾动脉，或含有多条血管的大血管蒂，如子宫系膜（图6.15和图6.16）。

最好使用可吸收材料进行结扎。首先可以使用单股缝线，因为它在血管周围滑动更安全，避免了编织线可能产生的“锯齿效应”。然而应该记住，这种线的结稳定性没有那么好，因此必须准确和安全地打结。

良好的打结技术能确保安全的结扎。

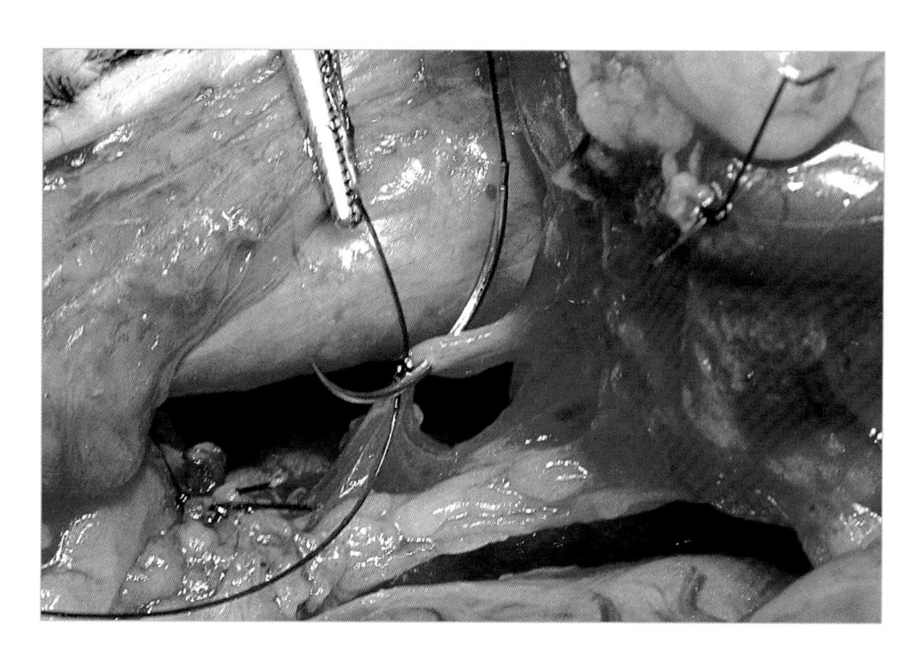

图6.15 通过简单结扎和贯穿缝合阻断肾动脉。这项技术可以防止结扎线因血压而滑脱。

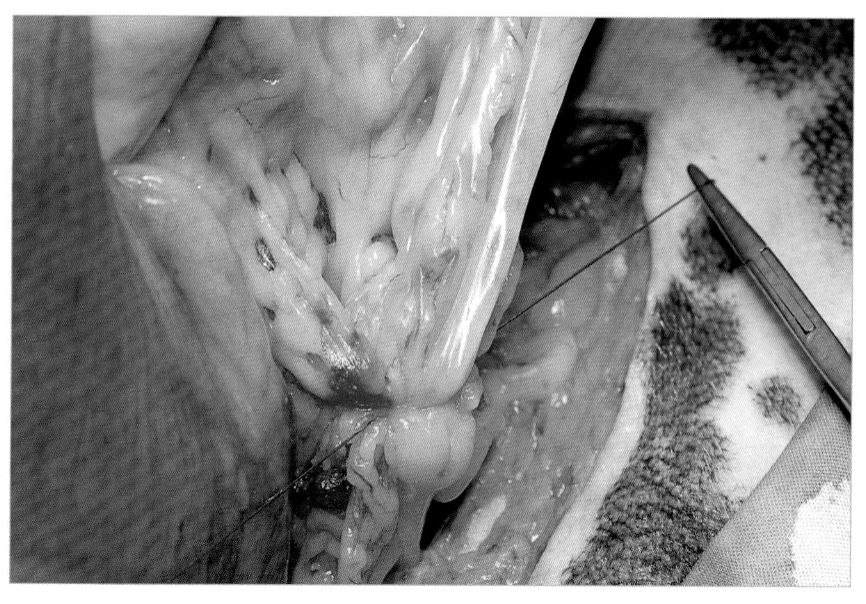

图6.16 为了闭合会使结扎线承受较大张力的血管蒂，可使用米勒结或改良米勒结。

打结的安全性取决于以下几个方面：

■ 结的类型或结构。

■ 所用缝线的摩擦系数。

■ 剪短的结末端的长度。

结的分解过程见表6.2。

表6.2　结的分解过程

单次缠绕	缝线两端彼此交叉一次。

双次缠绕	缝线一端缠绕另一端两次而形成。

结	两个或两个以上重叠并收紧的缠绕形成一个结。

推荐的打结类型

在做结扎时，需要根据材料的厚度和结扎点的压力，为每种情况选择最合适的结。

方结

标准结扎用的是方结。一个方结至少是由两个平行的单次缠绕形成的。当结形成时，每条线的起点和终点都在结的同一侧（图6.17 A）。应该总是多做几个额外的单次缠绕，每次缠绕的方向应该与前一次相反，或者在第一个结上重复与其相同的结（至少一次或两次，使其牢固，并确保稳定）。这可以用来结束和固定任何结扎或打结。如果在第二次缠绕完成时两端交叉，就会形成祖母结（granny knot），这种结不是很安全（图6.17 B）。如果结扎处没有张力，打方结很快并且很容易（图6.18）。

图6.17 A　方结，由两个单次缠绕形成一个稳定和安全的结。观察每根线的起点和终点是如何位于结的同一侧的。

图6.17 B　祖母结。必须正确进行缠绕，这样线就不会以错误的方向交叉。

图6.18 A　右侧（绿色）的线被移动到左侧，左侧（红色）的线绕着绿色的线形成第一次缠绕。

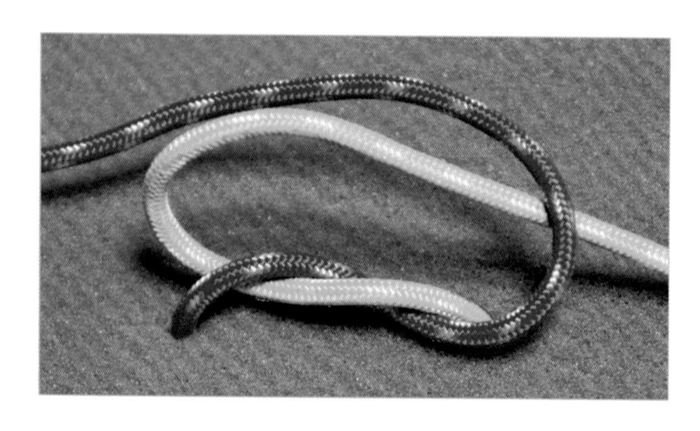

图6.18 B　绿色的线回到右侧的初始位置，红色的线穿过绿色的线，形成第二次缠绕。

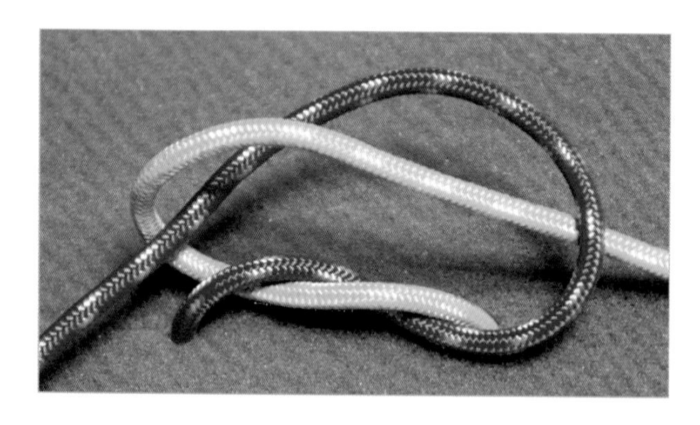

图6.18 C　为了完成第二次缠绕，红色的线从绿色的线下穿过。当以反方向拉线时，便形成了一个正确的方结，如图6.17 A所示。

方结是一种安全、稳定的结扎方法，如果在较小张力下正确地在组织上打结，能够提供良好的结果。

✱ 如果第一次缠绕因结扎处的内部张力而松动，不建议让助手用器械夹住。缝线可能在取下器械时受损，并可能立即或在术后断裂。

如何打方结

如何打方结来结扎脾静脉

滑结

滑结使外科医生能够在难以接近的深部术野处进行结扎，当结扎处存在压力时，这是一种非常好的方结替代品，因为结非常稳定，当它被收紧时不会滑脱。

在打滑结时，首先需要做一个两次缠绕没有收紧的方结（图6.19）。接下来，拉动缝线较长的一端，随后我们可以看到缠绕处如何变化，从而在线滑动时形成两个线圈（图6.20），结扎已经完成。当张力达到要求时，拉动缝线较短的一端使线结收紧（图6.21）。最后，在滑结上打一个方结，以保证稳定性。

✱ 使用单股缝线进行这类结扎，以免在打结时“锯断”组织。

为了正确地打滑结，缝线较短的一端应保持垂直，在被拉动时，与长的那端相比应当没有张力，直到结扎到位。

图6.19　如何用一个松的方结打滑结。拉动线较长的那一端（白色）。

如何打滑结

皮肤肿瘤切除后如何打滑结

当拉动线结较短的那一端时，较长的那一端被锁定在线结中，结扎就固定好了。

图6.20 A　拉动较长的那端，把方结变成滑结。

图6.20 B　在此阶段，必须确保缠绕变成两个圈。

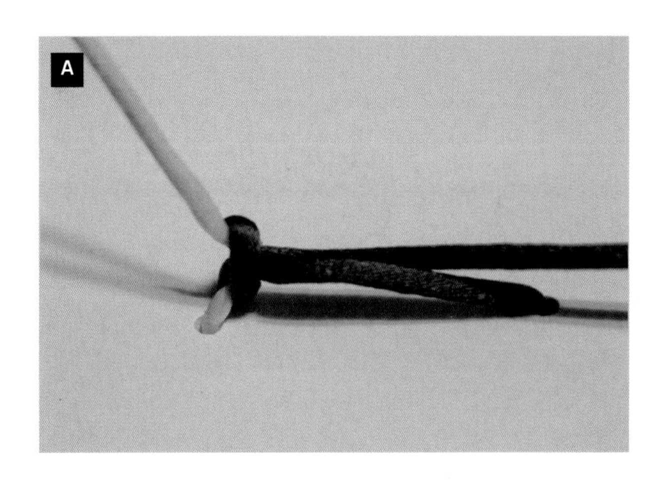

图6.21 A　为了收紧血管蒂的结扎，在较短那端（蓝色缝线）施加张力。

图6.21 B　这样它穿过较长的那端，结就不会滑动了。

外科结

当组织处于张力下，结的第一次缠绕可能会松动。在这种情况下，可以使用外科结来增加摩擦力并防止反向滑动。使用该技术时，将线绕另一端缠2～3次作为第一次缠绕来增加摩擦力，防止它在第二次缠绕时松动（图6.22和图6.23）。

与方结相比，该技术可能存在的缺点是：

- 由于摩擦力增加，环绕需要阻断组织的第一次缠绕难以收紧，特别是使用较粗缝线时。
- 缝线断裂的原因相同，主要因为缝线较细。
- 增加异物反应。
- 不美观。

图6.22　对于外科结，将线绕另一端两圈做第一次缠绕。其目的是增加两条线间的摩擦力，防止第一次缠绕在做第二次缠绕时滑脱。

> ✱ 如果缝线在缠绕过程中断裂，外科医生不应将其归咎于材料或其失效日期，最可能的原因是没有做正确的缠绕或摩擦力过大。

图6.23　为了完成外科结，做一个方结来确保结扎所必需的稳定性。

米勒结或“扎口结”

水手们用扎口结来捆紧船帆袋或麻袋。这是一种非常稳固的结，当其被牢牢的收紧后很难解开，米勒将其改良后用于手术中。采用米勒结或改良米勒结时，可获得非常牢固且稳定的结扎来阻断血管蒂。打米勒结的过程如图6.24所示。

如何打外科结

脾切除术中应用米勒结结扎脾血管

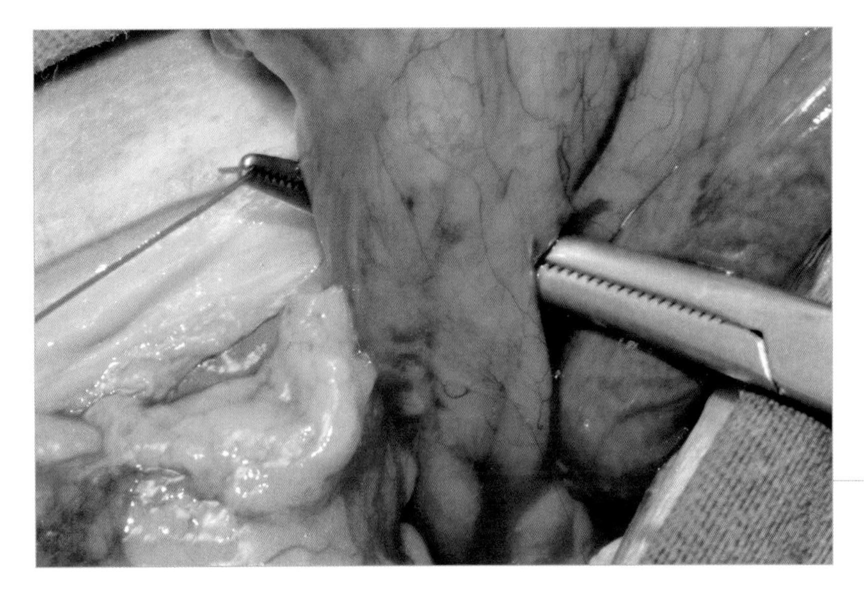

图6.24 A　缝线环绕血管蒂，形成一个大的环。

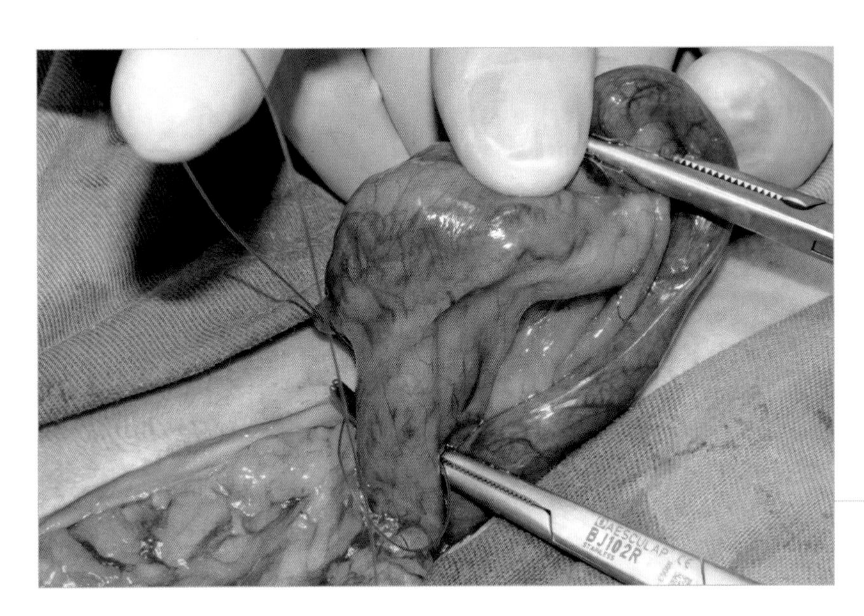

图6.24 B　缝线较短的那端与较长的那端交叉，再次环绕血管蒂。

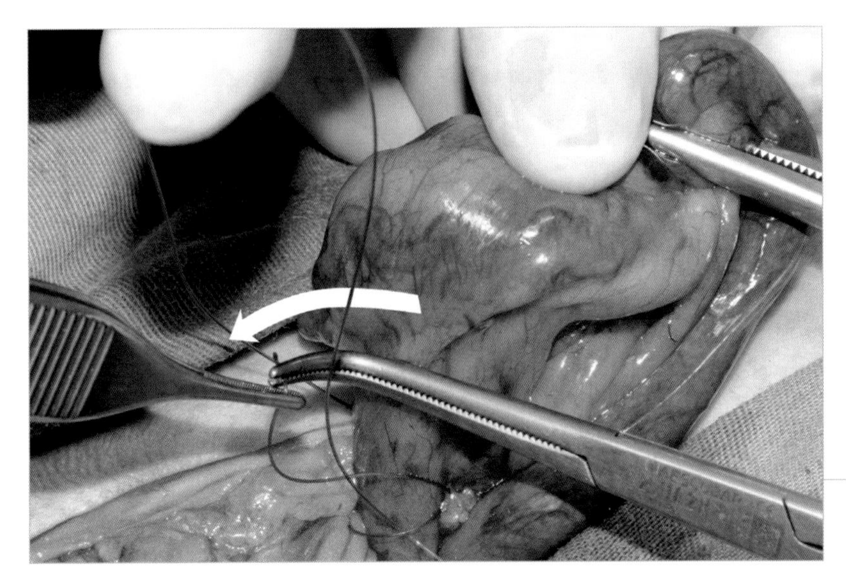

图6.24 C　较短的那端插入第一个环和血管蒂之间。

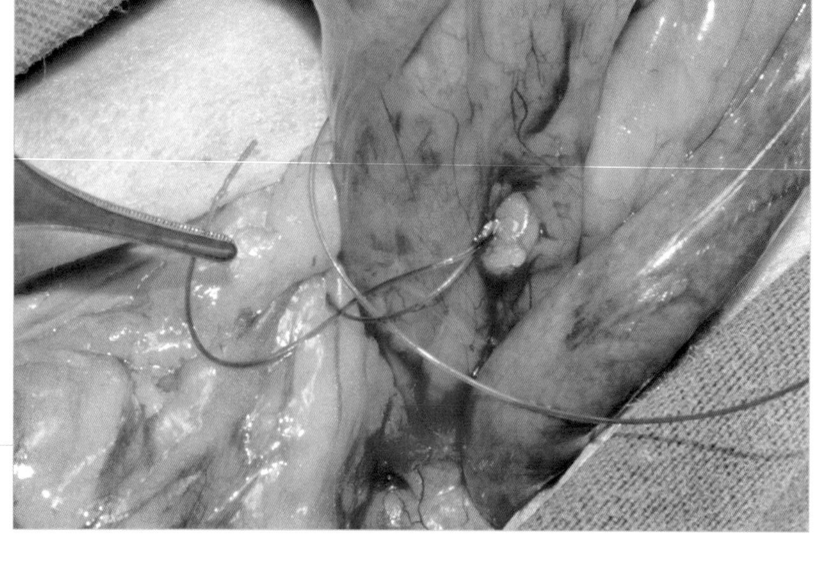

图6.24 D 两端被拉紧，闭合结扎。

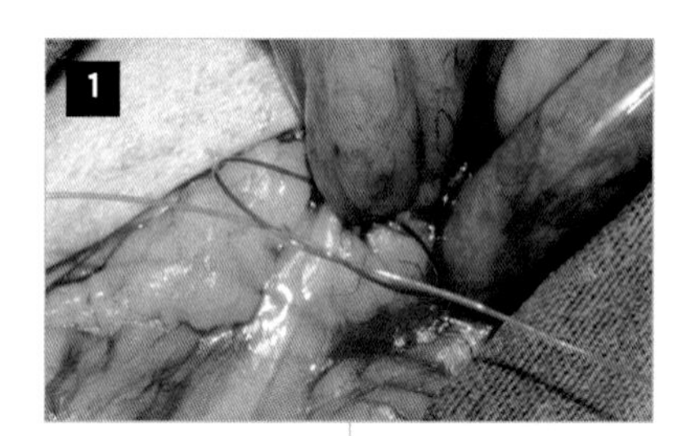

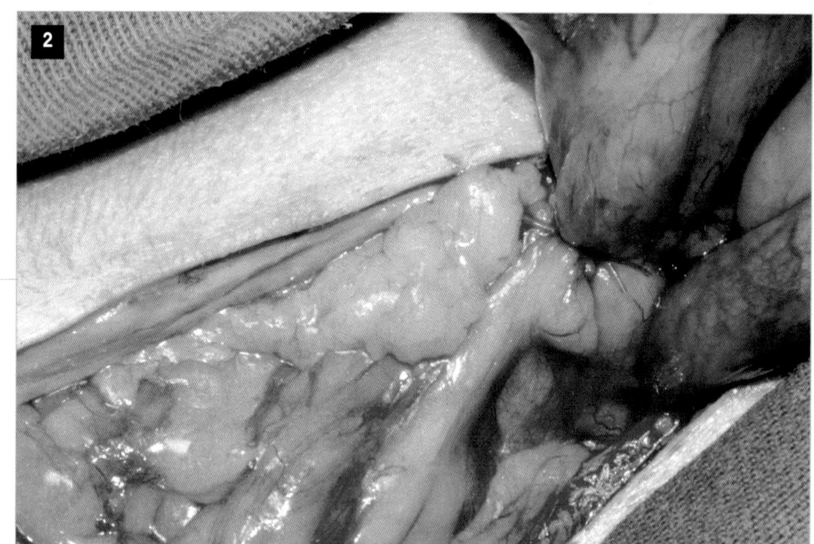

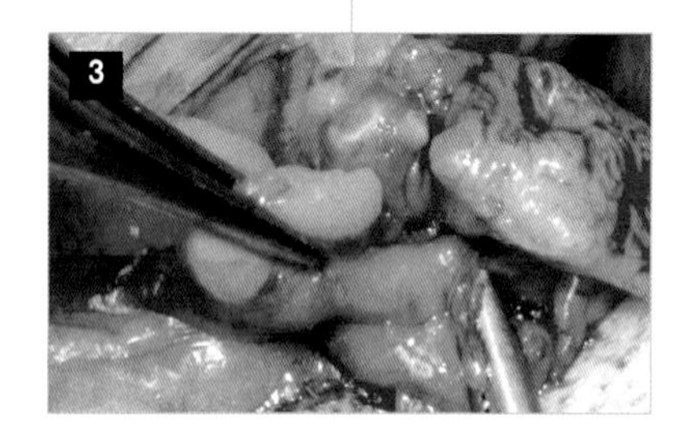

图6.24 E 最后，打一个方结使结扎更牢固。

改良式米勒结见图6.25。

> 米勒结可以在大组织蒂和高压血管（如卵巢或肺血管）上做非常牢固的结扎。

如何打一个改良式米勒结来结扎卵巢蒂

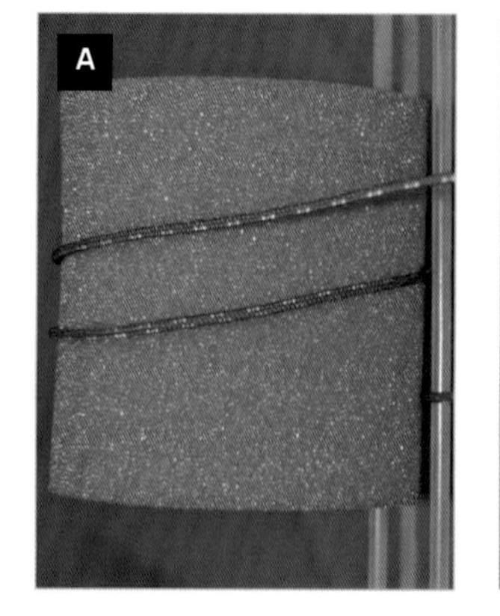

图6.25 缝线绕血管蒂两圈（A），之后将较短的那端置于两圈之下（B）。

改良贯穿结扎

如果用贯穿结结扎高压血管会更安全。有两种选择来留置这种结扎：

■ 当血管附近有坚韧组织时，用一个简单缝合将血管连接到组织上，如结扎子宫尾动脉（图6.26和图6.27）。

■ 当血管被分离后，结扎血管，在远端做一针穿过血管壁的简单缝合，以锚定血管并防止其滑动（图6.15）。

* 在做贯穿结扎时，必须用连接在无损伤钝头缝针上的缝线；不应使用棱针。

如何做贯穿结扎来防止肾切除术后的继发出血

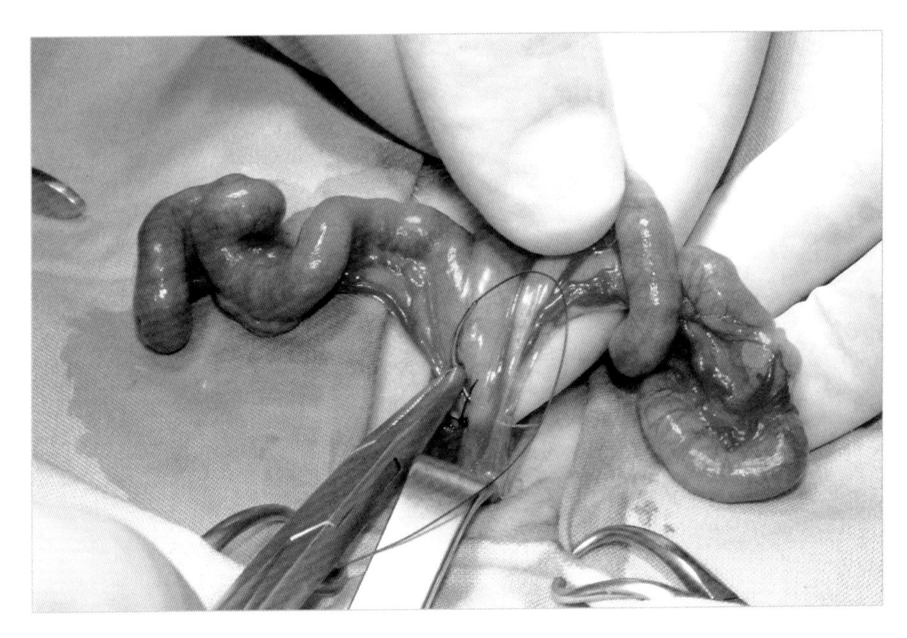

图6.26　子宫切除术时结扎子宫尾动脉。为了确实结扎，做贯穿缝合使其附着在子宫颈上。

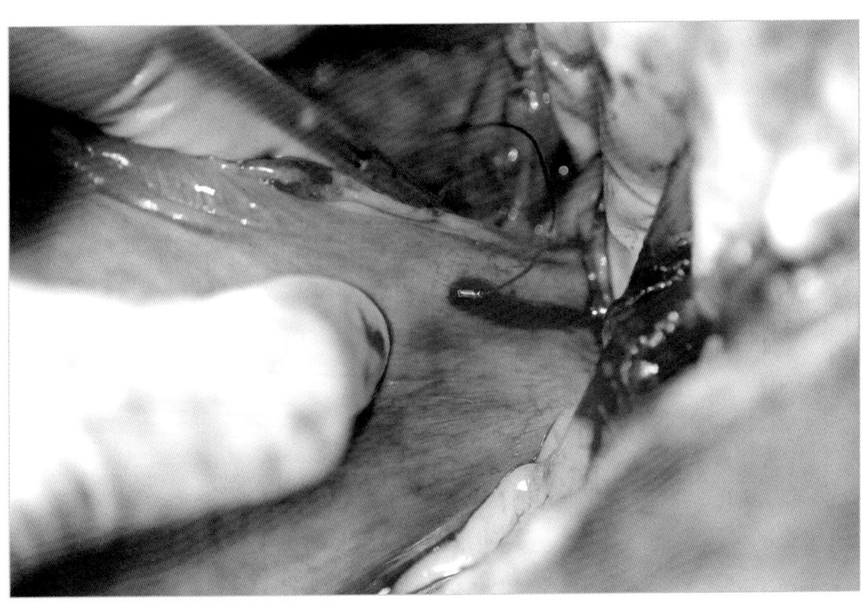

图6.27　贯穿结扎非常安全，因为它们不会因血压或组织质地而滑动。此处可以看到在大型母犬的卵巢子宫切除术中结扎子宫尾部血管。

集束结扎

当难以分离血管或在部分切除器官（如肝或肺）时为了预防性止血，可使用集束结扎（图6.28和图6.29）。

做几个重叠缝合来完全阻断缝合处的实质。

✱ 需要记住的是，在脾脏扭转的情况下，脾脏切除必须在不解除脾脏扭转的情况下进行。

脾扭转时，在脾和网膜血管上做大量集束结扎

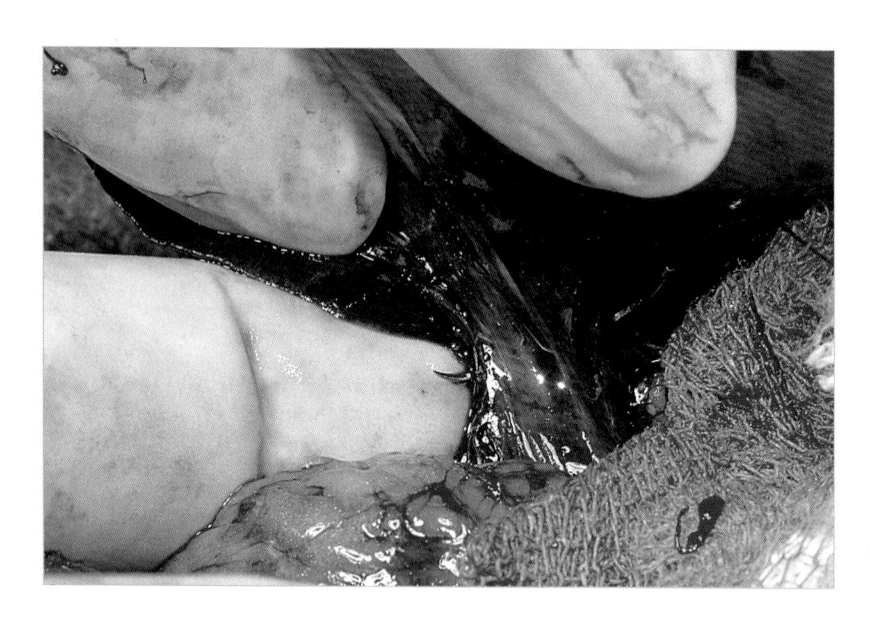

图6.28　在肝门处做的集束缝合之一，用于避免进行左外叶肝脏切除术时的出血。

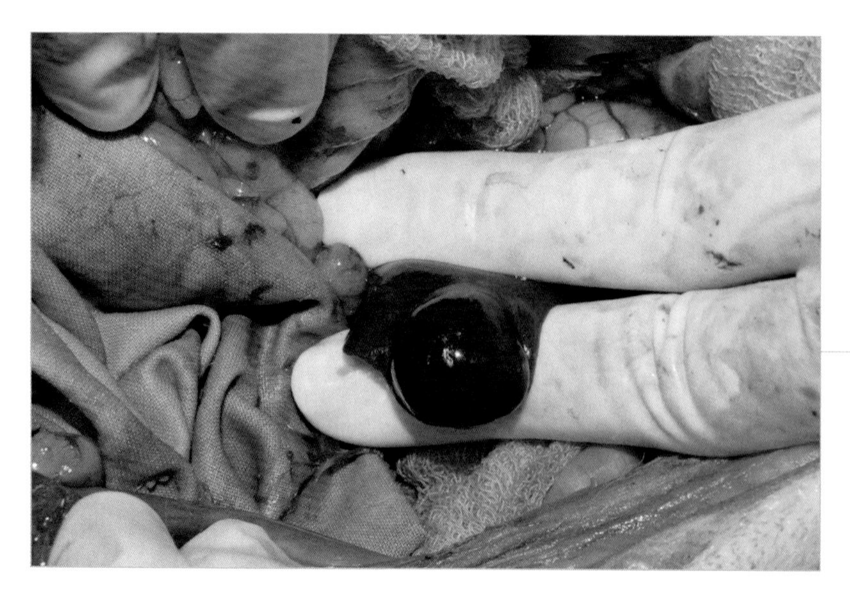

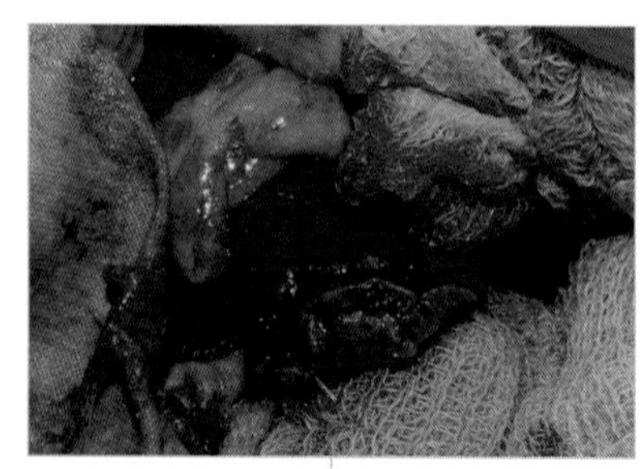

图6.29　在进行活组织检查之前，经肝实质做重叠的集束结扎，以防止肝切除后出血。

进行结扎时的一般建议：

- 结的牢固性与所使用的缝线尺寸成反比。对于已分离的血管，应使用3-0或4-0缝线，大血管蒂使用2-0或0-0缝线。
- 应按正确的方向进行缠绕和收紧（图6.30 A）。
- 如果末端交叉（图6.30 B），那么会形成一个圈，这将允许缝线滑动，缠绕变松（图6.30 C）。线圈可能导致缝线另一端断裂（图6.30 D）。
- 结扎缝合材料不能用持针器或镊子夹持，尤其是打结时。
- 打结完成后，应在3 ~ 5 mm的距离处剪断线尾，防止由于单股缝线的刚性导致线结滑脱（图6.24 E）。
- 应在离结扎一定距离处切断血管蒂，防止结扎处向远端滑动，避免迟发性出血（图6.24 E）。

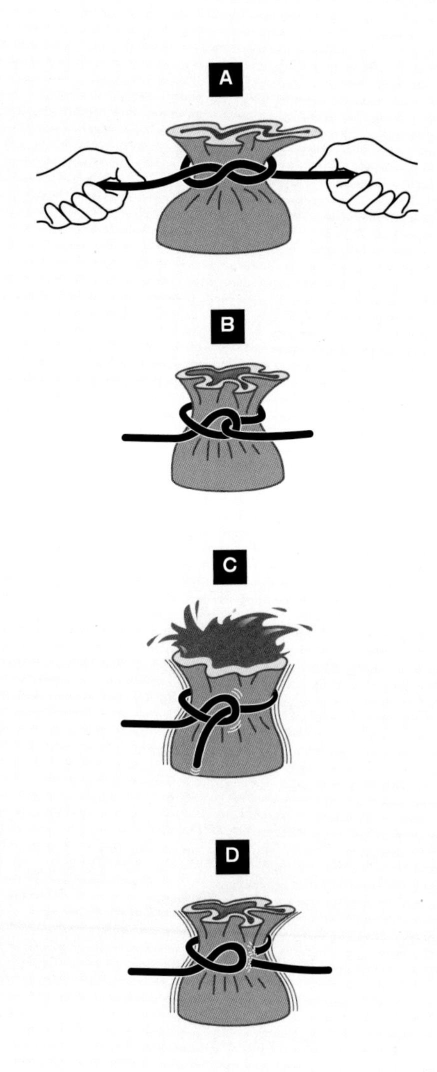

图6.30 正确的结扎位置。
A，正确缠绕并收紧；B，缝线末端已经交叉，缠绕不稳定；C，结的摩擦力很小，缠绕变松；D，缠绕收紧时缝线断裂。

血管钳和Rummel止血带

无创预防性止血技术能够暂时阻断血管以防止术中出血。为了在体腔内达到止血效果，可使用血管钳和Rummel止血带，不会造成任何血管损伤；手术完成后将其去除，正常的血流通过阻断的血管恢复流通。

血管钳

血管钳是具有不同形状和大小的无创钳，有直型、成角、弯曲或倾斜的尖端等类型（图6.31），即使血管位于较深的位置，血管钳也可以很容易地接近并夹紧血管。这些血管钳头部的特殊结构允许部分或完全阻断血管，对组织造成最小的损伤。选择器械的尺寸应尽可能小，但要与应用处的结构相适应。

它们轻便且实用，广泛应用于胸部手术中，这是由于因心脏和肺在持续运动，小血管和邻近结构具有损伤的风险。

图6.31 A　不同类型的血管钳。

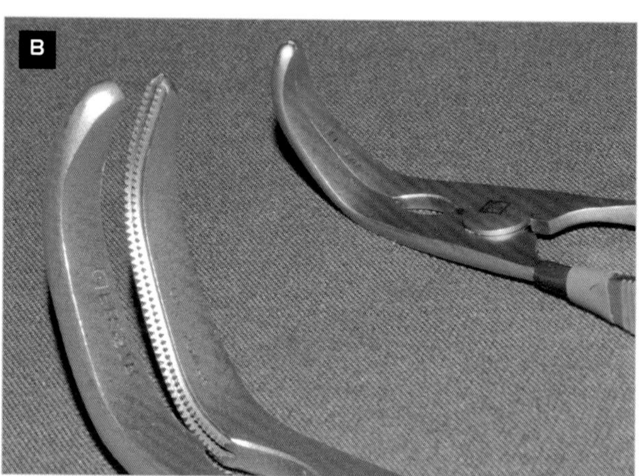

图6.31 B　牛头犬血管钳。

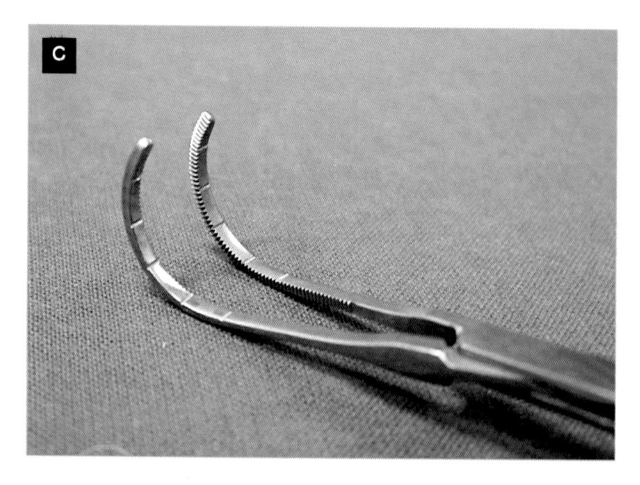

图6.31 C　Potts钳。

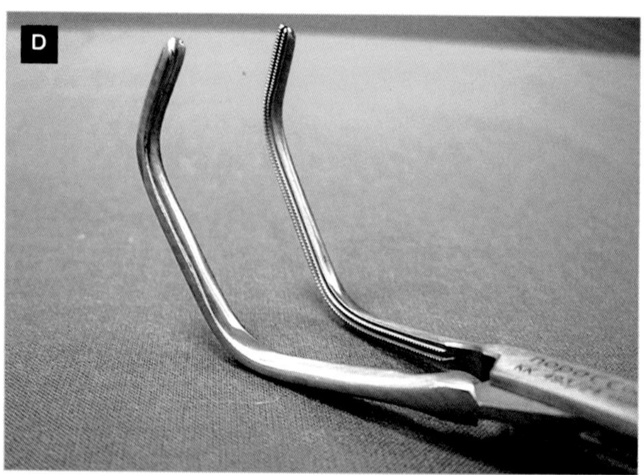

图6.31 D　Satinsky钳。

为了防止外科医生的手指被困在器械中，在使用时应该只插入指尖或第一个指关节。

✱ 血管钳的凹面必须向上，注意不要夹紧任何相邻结构，以免造成损坏。

尖端倾斜的弯血管钳在心血管和胸部手术有重要的应用价值。下面是一些在心脏跳动状态下进行手术时使用血管钳的实际例子（图6.32至图6.38）。

■ 用线将血管钳固定在合适位置，来限制因心脏收缩造成的血管钳移动很有用（图6.37，黄色箭头）。但是，这条线必须以允许在必要时快速释放的方式放置。

■ 在完全松开血管钳之前，可以稍微打开尖部，检查缝合处是否存在失血（图6.38）。

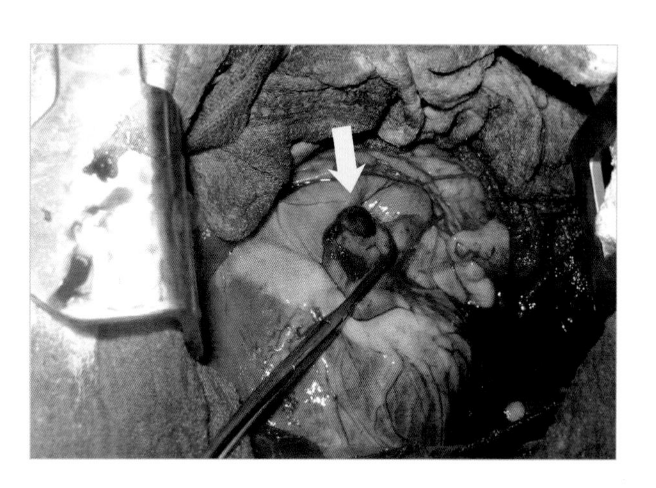

图6.32　钳夹右心房以摘除血管肉瘤（黄色箭头）。

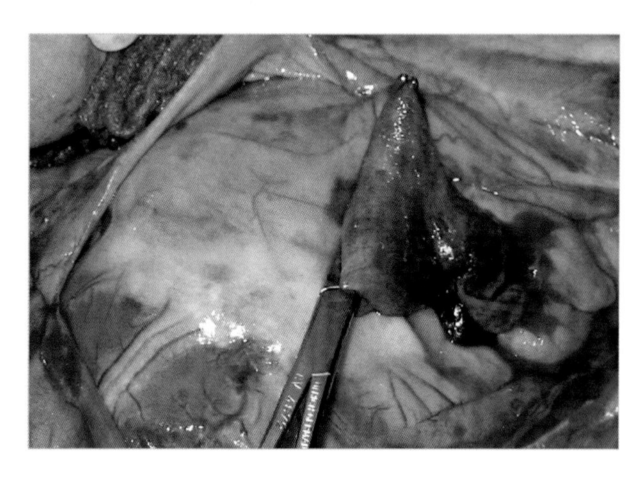

图6.33　心房切除前的血管钳位置。

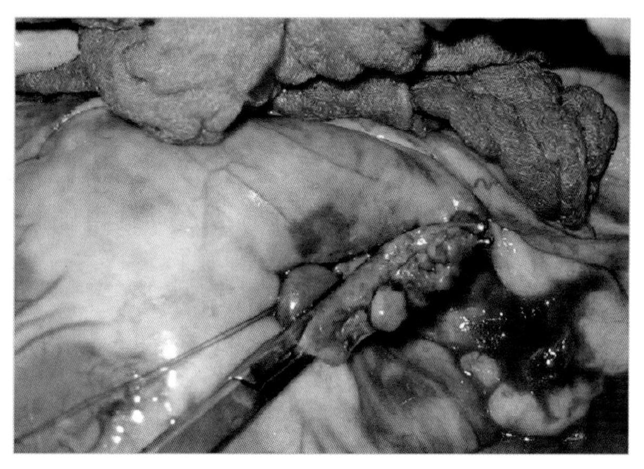

图6.34　切除肿瘤后用血管钳固定缝线。

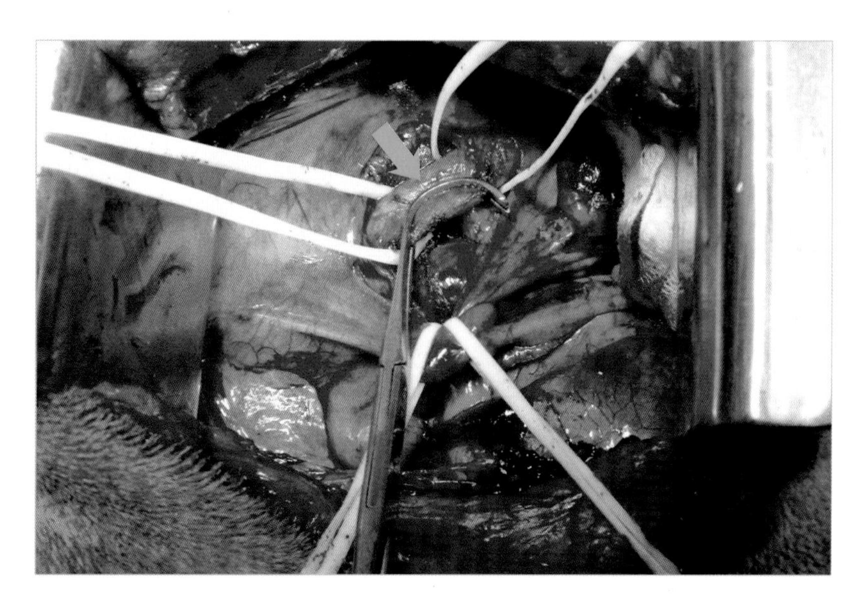

图6.35　使用Potts血管钳部分钳夹主动脉（蓝色箭头）。在进行犬的法洛四联症主动脉肺动脉分流术时，这样做可以使血流维持在血管内。

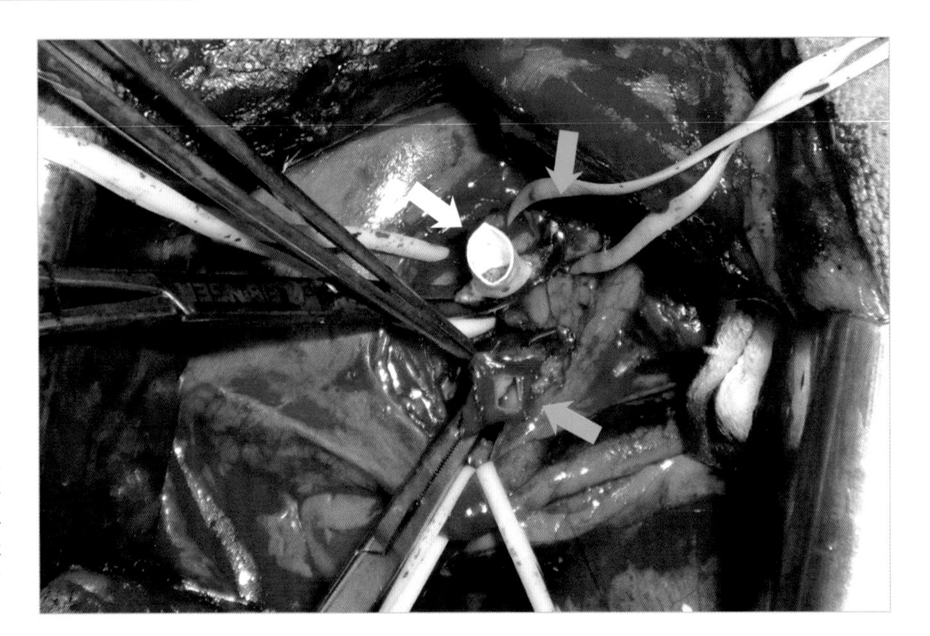

图6.36 主动脉和肺动脉干之间的第一阶段血管分流。假体（白色箭头）已经缝合到主动脉（蓝色箭头）上。肺动脉干已经用另一个Potts钳部分夹住，并作了纵向切口（绿色箭头）。

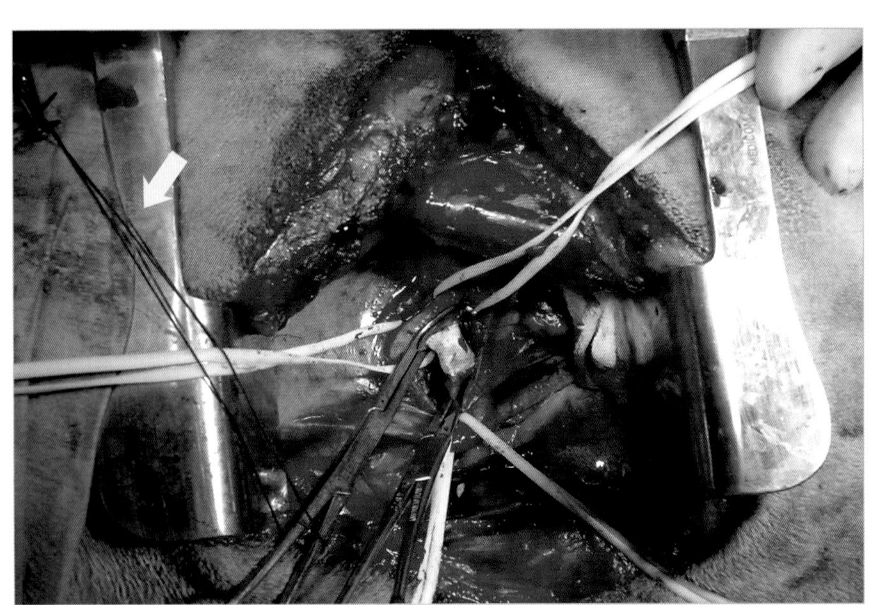

图6.37 完成主动、脉肺动脉分流的缝合。

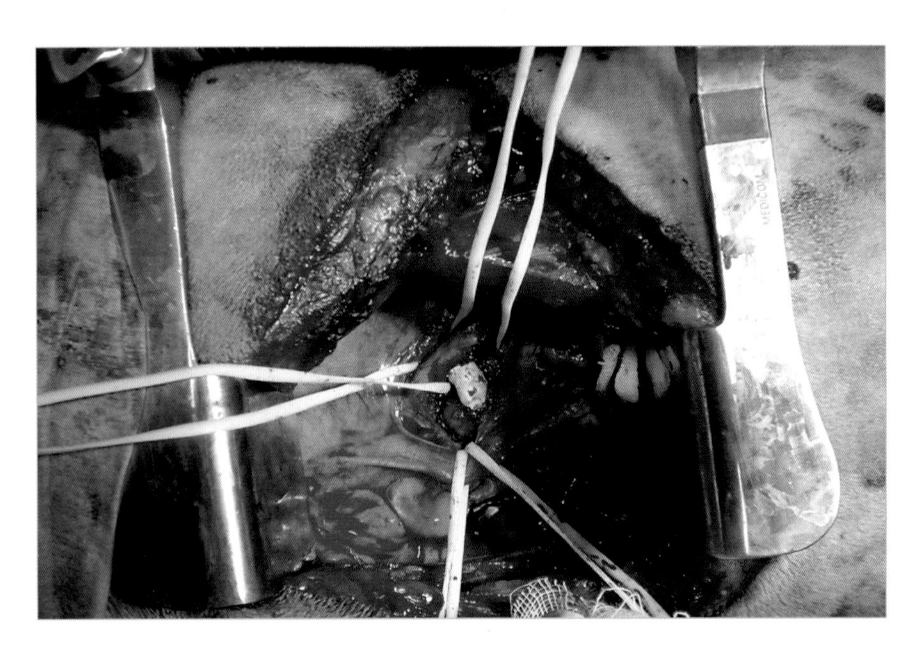

图6.38 注意缝线已收紧且没有出血。

Rummel止血带

Rummel止血带能够暂时性完全阻断血管。可在心脏手术中用于阻断流向心脏的静脉血流；或在切除肿瘤（侵犯腔静脉的肾上腺肿瘤）、肝脏手术（Pringle手法）和肾脏手术时阻断来自后腔静脉的血流。Rummel止血带已经有可供购买的商品。这套设备由一条棉质或硅胶带、一个穿线器和一根橡胶管组成。在某些情况下，它还包括一个制动器来固定止血带（图6.39）。

使用Rummel止血带非常简单：

■ 将血管带用无菌生理盐水浸湿，使其在缠绕血管时使用起来比较平滑，防止锯齿效应。

■ 用成角钳（分离器）使血管带环绕血管滑过。血管带的两端用穿线器固定在导管内（图6.40 A），拉动血管带直到它出现在导管的另一端（图6.40 B）。

■ 将血管带收紧，导管滑向血管，直到完全阻断血管。然后用制动器或压力钳将血管带固定在导管上（图6.40 C）。

■ 如果没有Rummel止血带可用，另一种方法是使用血管带绕血管缠绕两圈，拉紧末端阻断血管，并用压力钳固定（图6.41、图6.42和图6.43）。

■ 止血带可以预先放置在相应位置并用夹子固定，在需要阻断血管时拉紧止血带末端（图6.44和图6.45）。

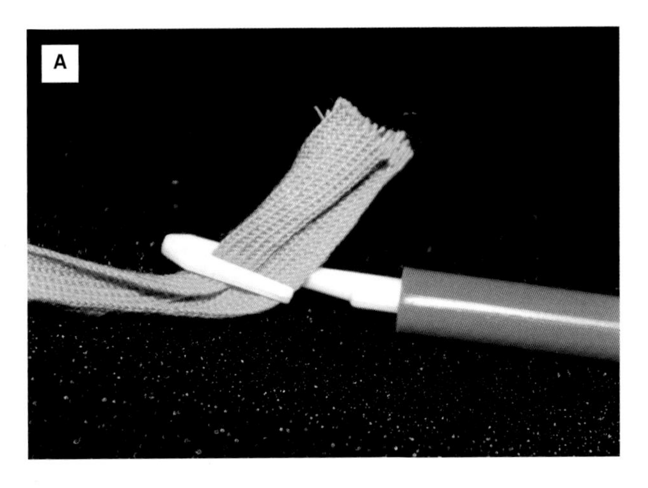

图6.40 A　用穿线器固定止血带。

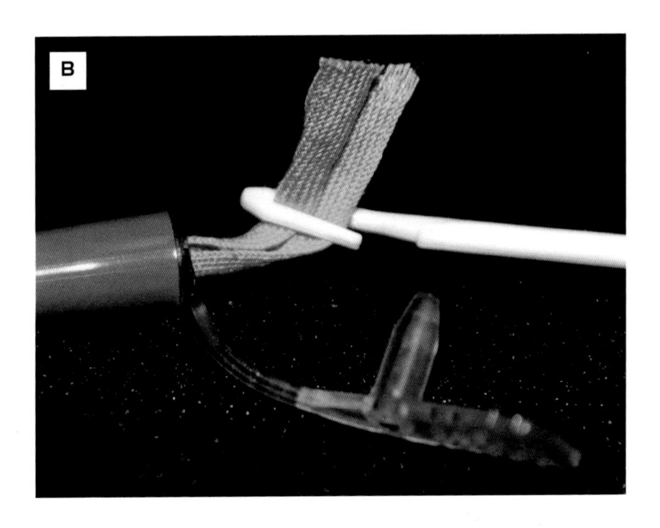

图6.40 B　拉穿线器，直到止血带出现在另一端。

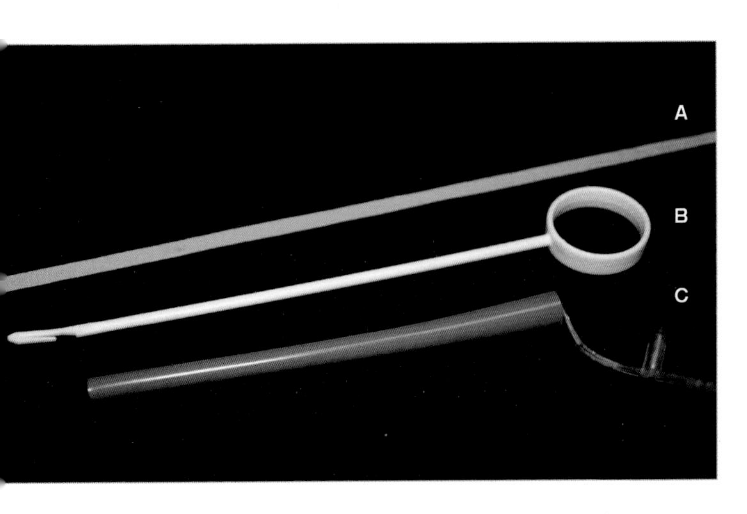

图6.39　Rummel止血带。
A，血管带；B，穿线器；C，橡胶管。

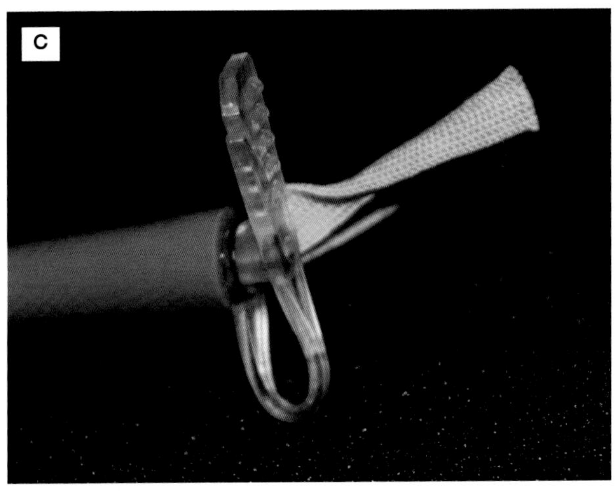

图6.40 C　调整止血带阻断血管后，闭合橡胶管上的制动器将其固定。

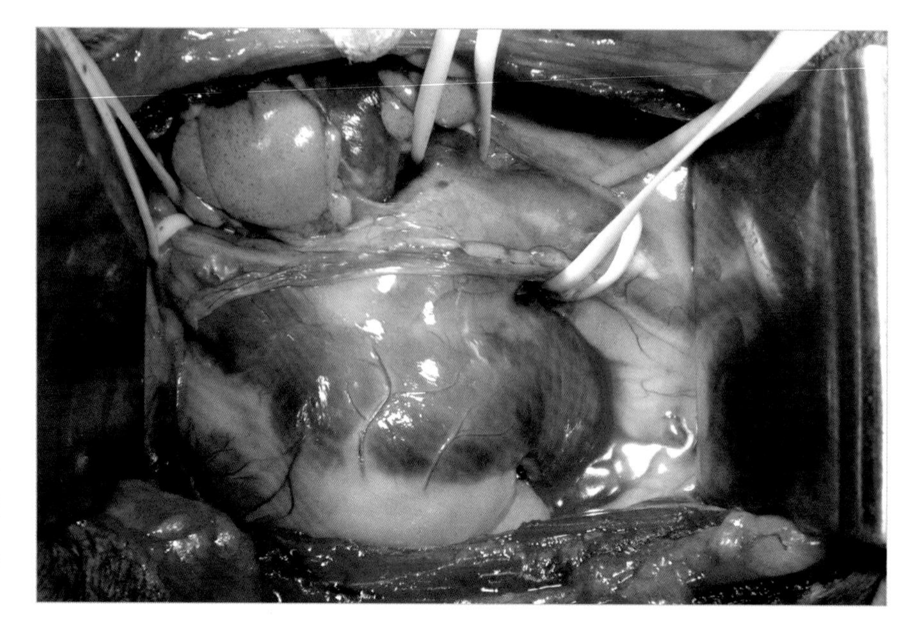

图6.41　患病动物进行了右侧开胸术，为了切除心房黏液瘤，用5条止血带环绕奇静脉、前后腔静脉阻断流向心脏的静脉血流。

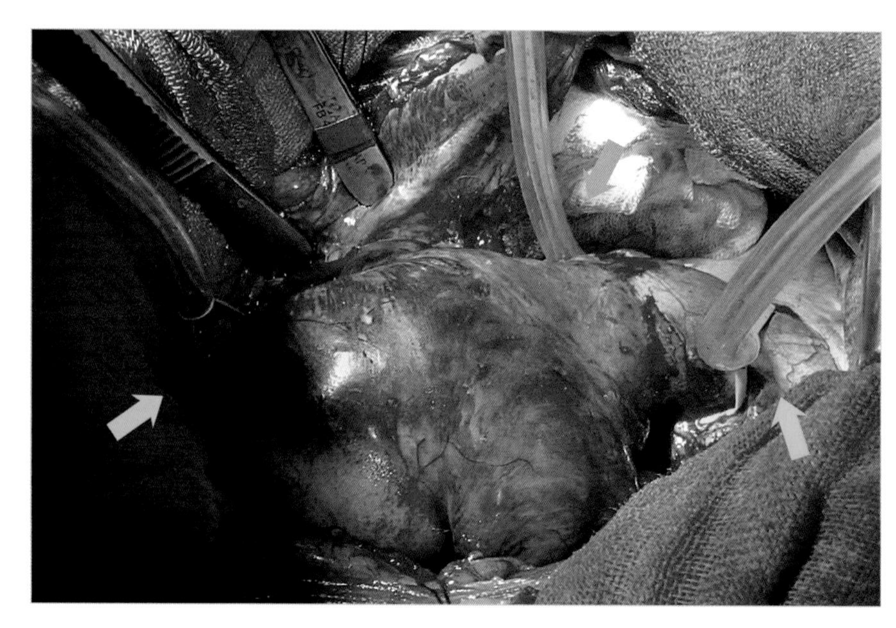

图6.42　环绕奇静脉（橙色箭头）、前腔静脉（蓝色箭头）和后腔静脉（绿色箭头）放置Rummel止血带，阻断静脉血流入心脏。

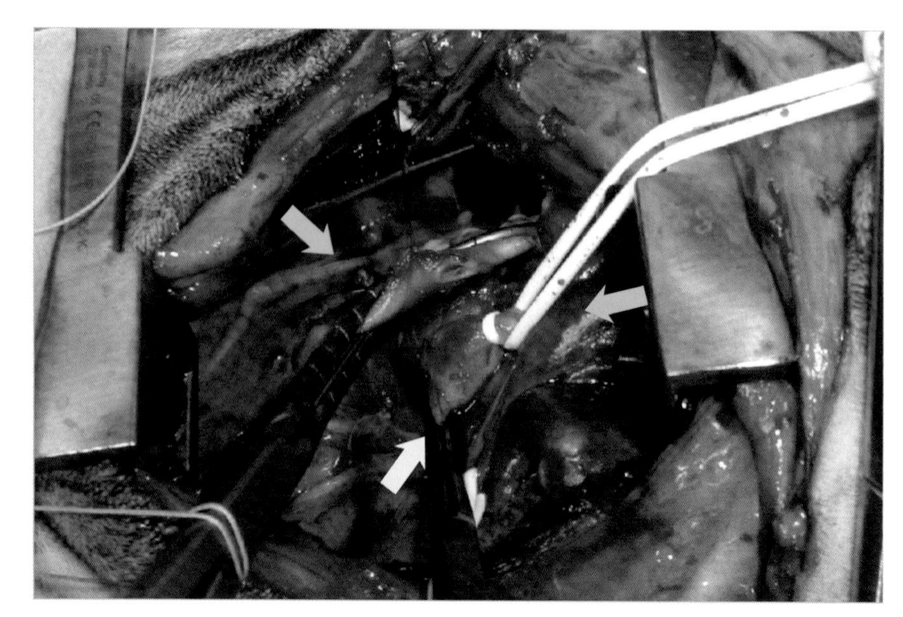

图6.43　环绕左肺动脉（绿色箭头）放置止血带，借助血管钳（黄色箭头）完全阻断心脏血流。主动脉也用Satinsky钳部分阻断（蓝色箭头）。

为了进行“心脏”手术，必须阻断流向心脏的静脉血流。这并不需要高度专业化的设备，但可用的时间非常有限。

> 为了阻断血流，可以使用Rummel止血带或血管钳。

在正常体温的患病动物上进行心脏手术的持续时间不应超过2 min，虽然如有必要可延长至4 min。如果患病动物的体温降至32 ~ 34℃，缺血时间可以延长到8 min。

> 不建议将患病动物的体温降到32℃以下，这可能导致心室纤颤。

血管钳和Rummel止血带在腹部手术中有极大的用途。肝脏大面积创伤或在大型、复杂的切除术时，失血可能导致严重的并发症。在这种情况下，采用的手术技术最好包括简单的操作，如人工或机械阻断整个血管胆管蒂（Pringle操作），或更复杂的操作，如完全阻断主动脉、腔静脉和门静脉，以便在完全缺血的肝脏上操作。

Pringle操作的方法是使用血管钳或止血带钳夹整个肝蒂（肝动脉、门静脉和胆管）（图6.46）。不要分离周围的淋巴、脂肪组织，以避免阻断期间损伤血管和胆管结构。

为了防止长时间缺血造成的长期损害，阻断时可连续或间歇性缺血15 ~ 20 min，放松5 min。

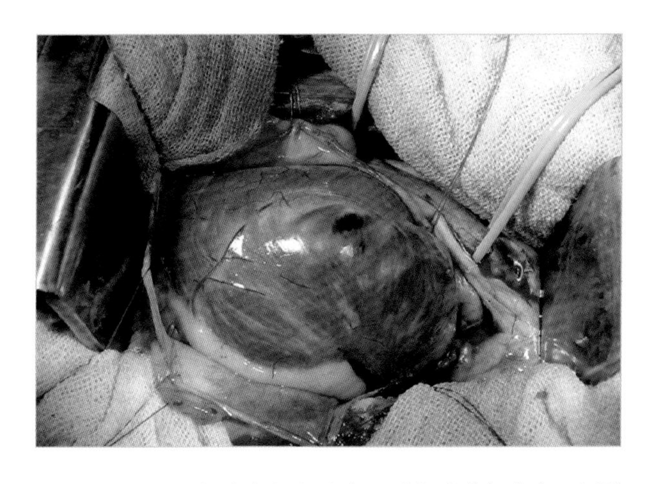

图6.44　为了切除右心室肿瘤，对心脏进行准备，以防止血液流入心脏。

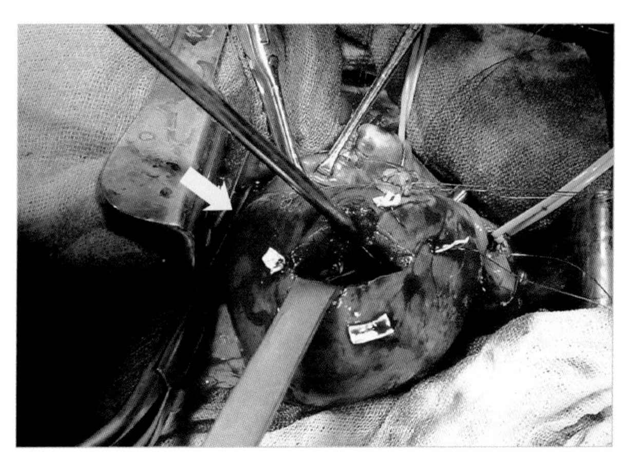

图6.45　用止血带阻断前腔静脉和奇静脉，用Satinsky钳（箭头）阻断后腔静脉。

图6.46　Pringle操作可以同时阻断肝动脉、门静脉和胆管。在这个病例中，将Penrose引流条作为止血带使用。

止血夹、外科缝合器

止血夹

止血夹可以很容易地快速放置在血管上，以永久阻断血管（图6.47）。其有多种不同宽度可选，因此可以为每个血管选择最合适的尺寸。

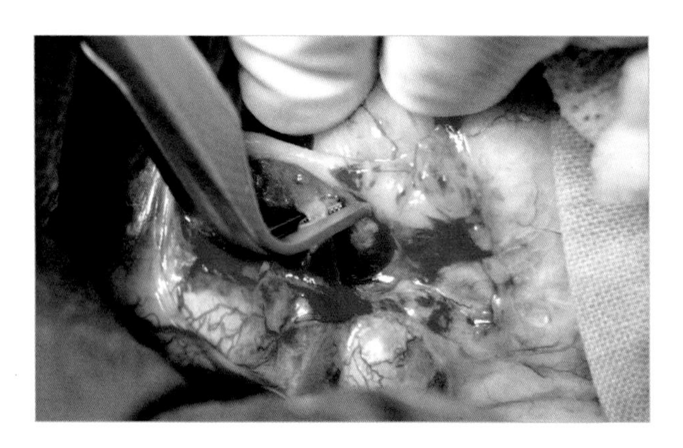

图6.47 在进行肾上腺切除术前先用止血夹阻断膈腹静脉。

与结扎相比，止血夹有优点也有缺点：

- 它们可用于不易接近的区域。
- 放置速度更快。
- 如果操作或放置错误，可能会移动或脱落。
- 它们可能会干扰X线检查的判读。
- 它们不能被吸收，因此可能出现异物反应。

止血夹在阻断难以接近的血管上非常有用。

用血管钳夹持和安装血管夹时必须非常小心地操作，因为环上任何轻微的压力都会使其弯曲，并可能因此脱落（图6.48）。

✱ 如果从一开始手指就插入血管钳的两个环，可能会使其非自主地闭合。如果出现这种情况，血管夹会轻微弯曲，并会脱落。

在将血管夹用在血管上时，将手指插入另一个环，并施加压力将其闭合（图6.49）。在使用止血夹时，首先闭合的是尖端，以防组织滑脱（图6.50）。

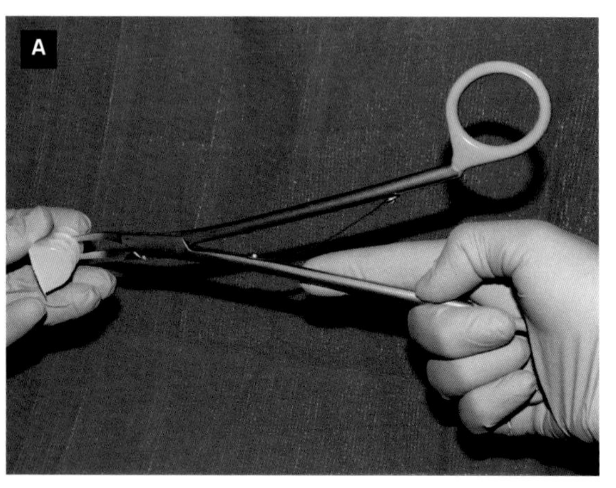

图6.48 A 手持血管钳时握住一个环，钳口位于止血夹上。

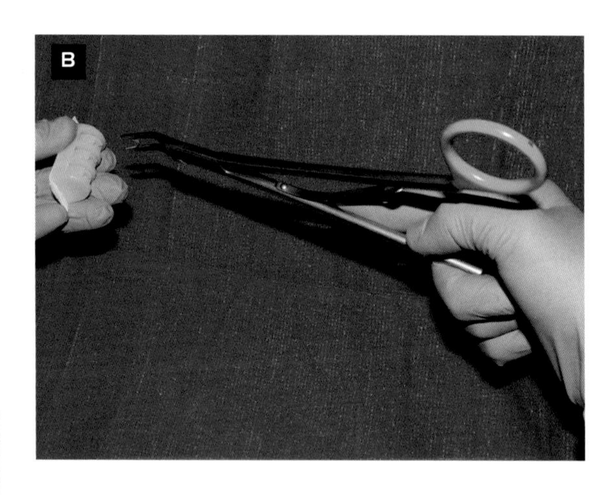

图6.48 B 轻轻挤压安装止血夹。

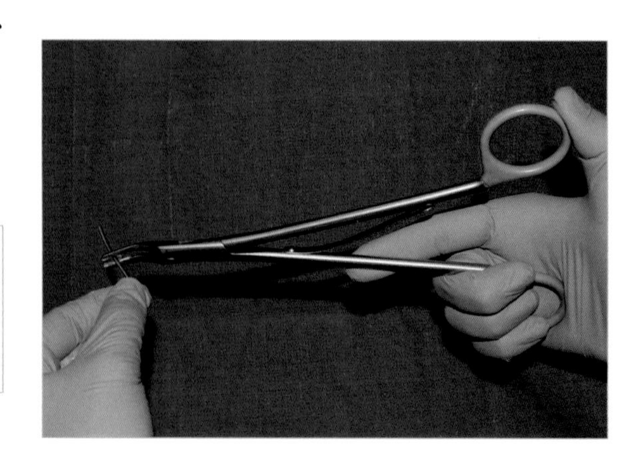

图6.49 为了闭合血管夹，抓住游离的环并压紧。

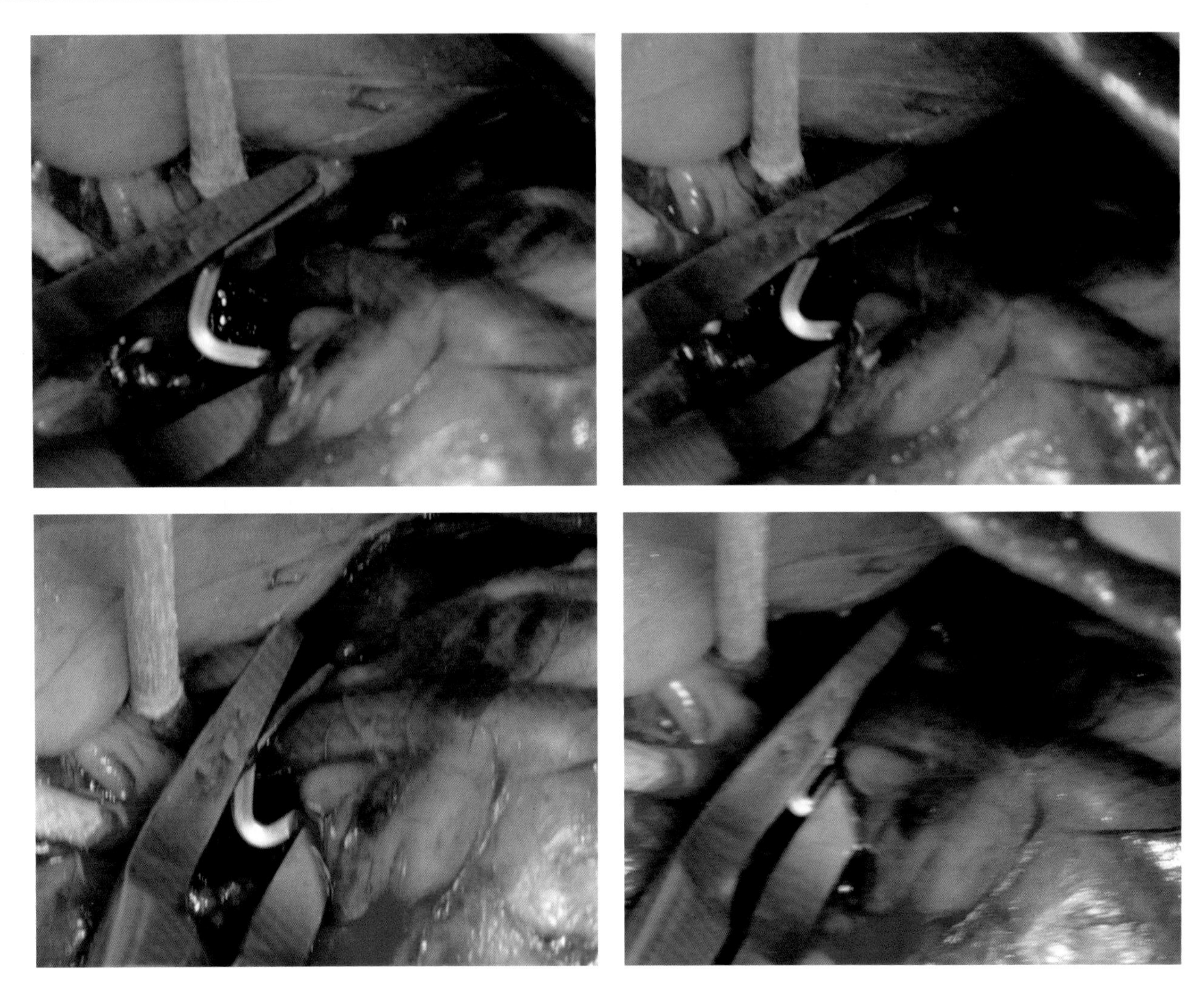

图6.50　这一系列的图片显示了止血夹是如何闭合以防止血管滑脱的。

当闭合止血夹时，与血管夹接触的血管表面变成椭圆形并拉长，这意味着血管的一部分可能会留在外面。因此，血管夹的大小应该比要阻断的血管直径大1/3～2/3。

为了确保使用止血夹正确阻断血管，作者建议：

■ 根据血管直径选择合适大小的止血夹。较小的血管夹可能无法完全闭合血管，过大的血管夹可能会撕裂血管（图6.51和图6.52）。

用可重复使用的血管钳夹持和放置血管夹

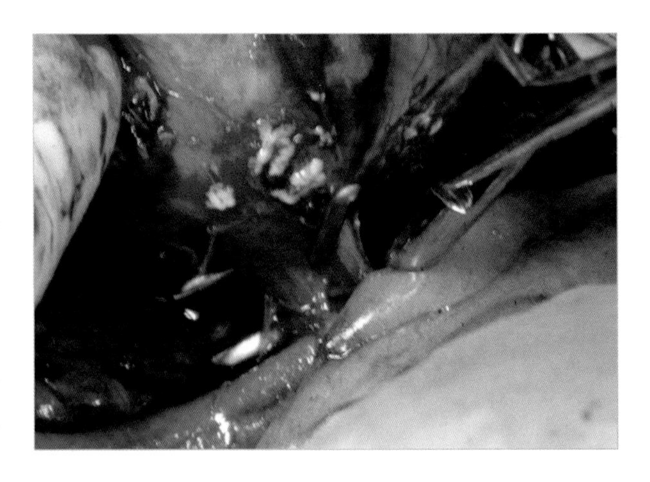

图6.51　选择用来阻断这个血管带的止血夹过小，需要更大的血管夹。

过小或过大的血管夹在使用时可能会撕裂血管。

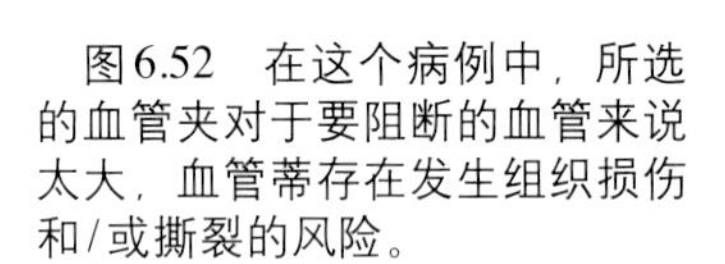

图6.52 在这个病例中，所选的血管夹对于要阻断的血管来说太大，血管蒂存在发生组织损伤和/或撕裂的风险。

■ 从周围组织分离血管。放置止血夹时，它至少应该超过血管直径的1/3，以最大限度减少滑动的可能性（图6.53）。

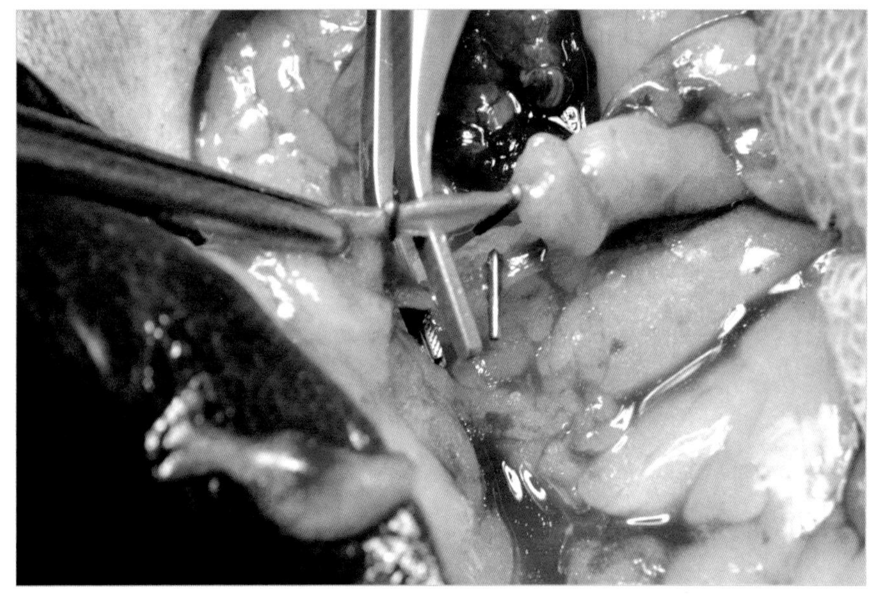

图6.53 为了确保止血夹在手术期间和术后能保持固定在原位，应该仔细选择止血夹的大小，这样一旦闭合止血夹，它会超过血管直径几毫米。

■ 为确保血管正确止血，应在血管要保留的一侧放置两个血管夹（图6.54）。

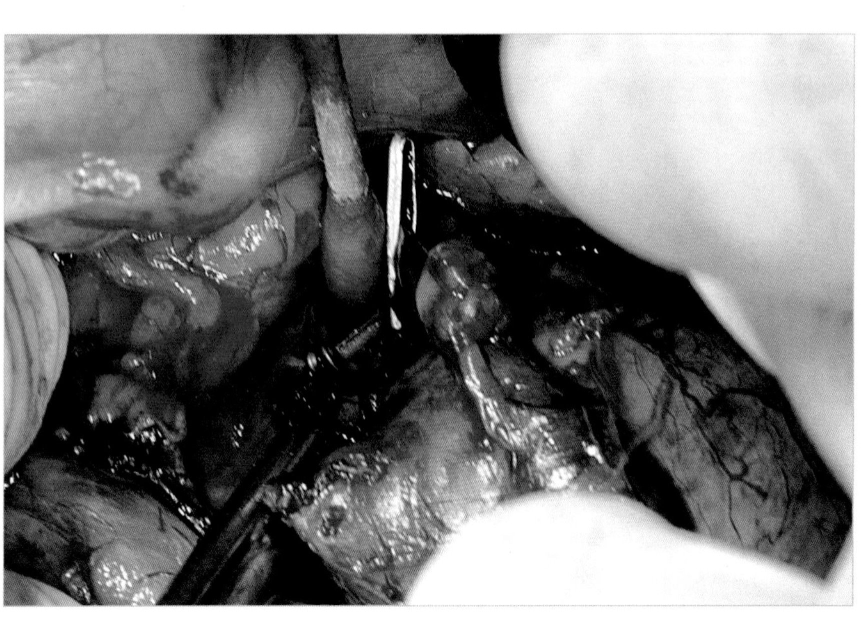

图6.54 在这个病例中，在血管要保留的一侧放置了两个止血夹。这能将放置止血夹时由于技术错误导致继发出血的可能性降到最低。

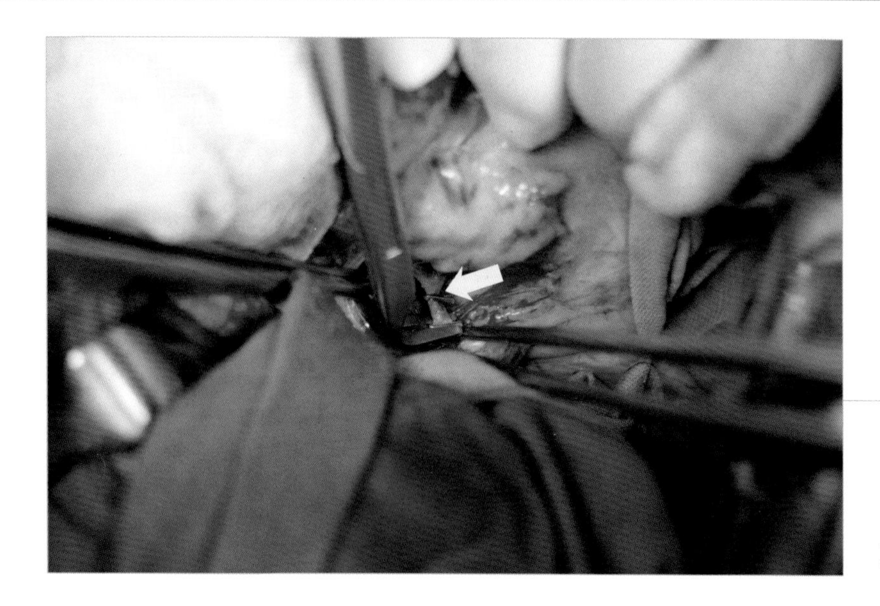

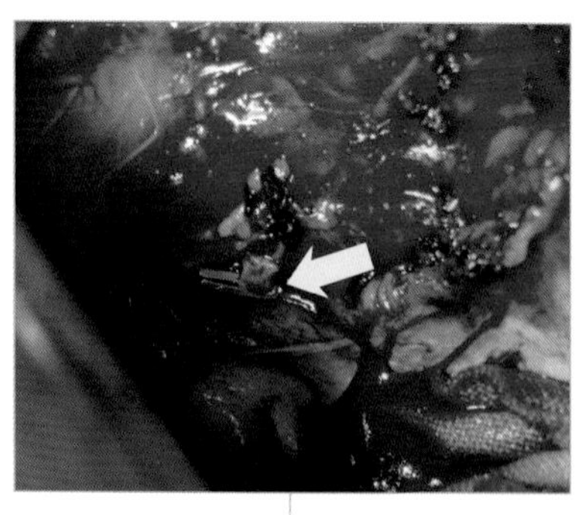

图6.55　切断血管的位置必须与止血夹相距几毫米（箭头），以确保它不会在手术期间或手术后移位。

■ 在距离血管夹2 ~ 3 mm处切断血管，以防止其在手术时滑动或脱落（图6.55）。

> 要放置止血夹的组织必须小心处理，因止血夹可能脱落或损坏脆弱的相邻结构。

外科缝合器

当使用正确时，外科缝合器是一种快速、精确和安全闭合组织的工具（图6.56）。

> 当使用正确时，外科缝合器非常安全。应根据考虑放置的组织特性选择缝合钉的种类和大小。

兽医外科中最常用的缝合器类型是：

■ 结扎分离器（LDS）：在血管蒂上放置两个c形血管夹，并同时将其切断（图6.57）。最常被用于脾切除术，可以结扎和快速切断多根血管。

■ 胸腹部缝合器（TA）：它会放置2 ~ 3排重叠的B型缝钉。这种缝钉的设计目的是在不妨碍血液循环到达切割处表面的情况下，对组织进行正确的止血，并避免钉合组织坏死（图6.58）。

图6.56　在进行肝叶切除术时使用外科缝合器可以节省时间，并在切割表面达到极佳的止血效果。

■ 缝钉有不同的长度和高度，通过不同颜色辨别（表6.3）。它有多种适应证，如肺叶切除、肝切除或肾切除术。

■ 胃肠道吻合缝合器（GIA）：该缝合器的技术特点与TA缝合器类似，但这种缝合器会放置2排或3排缝钉，并在它们之间切开组织（图6.59）。它主要用于肠道吻合和内镜手术。

外科缝合器比传统缝合更贵，但其更安全、更快，并显著缩短了手术时间。

表6.3　胸腹部缝合器（TA）缝钉的类型

钉盒颜色	钉盒长度（mm）	缝钉行数	缝钉大小（宽×高）（mm）	闭合后的缝钉高度（mm）
白色	30/45	3	3.0 ×2.5	1.0
蓝色	30/55/90	2	4.0×3.5	1.5
绿色	30/55/90	2	4.0×4.8	2.0

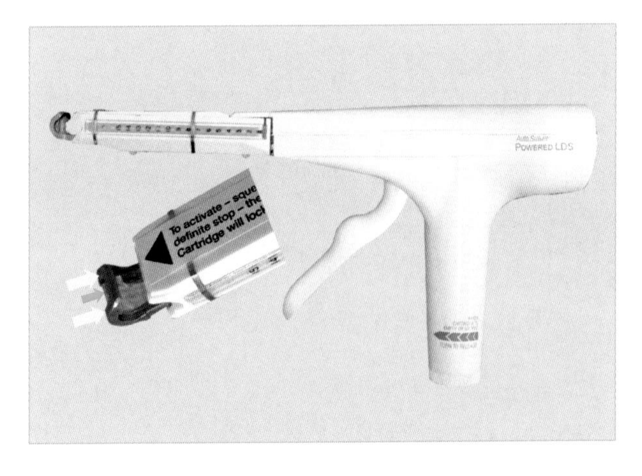

图6.57　LDS缝合器留置两枚缝钉（黄色箭头），同时自动切断血管蒂（蓝色箭头）。这种机制减少了组织操作和手术时间。

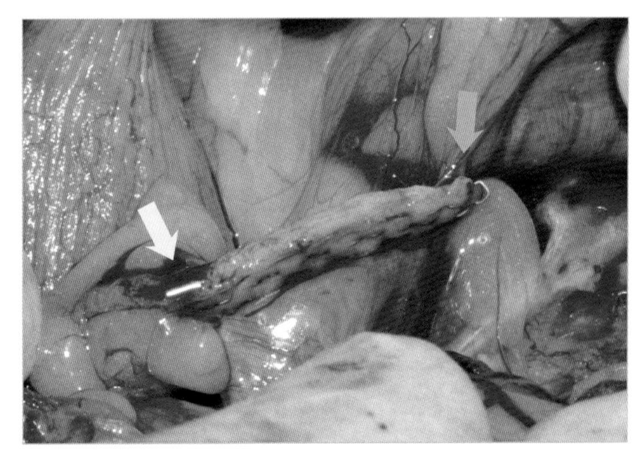

图6.58　TA和GIA缝合器放置几排交错缝钉，以确保完全闭合组织；尽管如此，外科医生必须对切口表面进行检查以确认是否出血。请注意橙色箭头标记处血管的完全阻断效果，而用黄色箭头标记的血管仍还在出血。

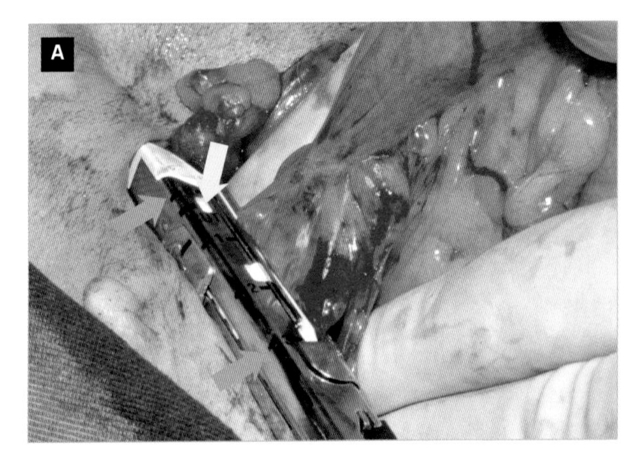

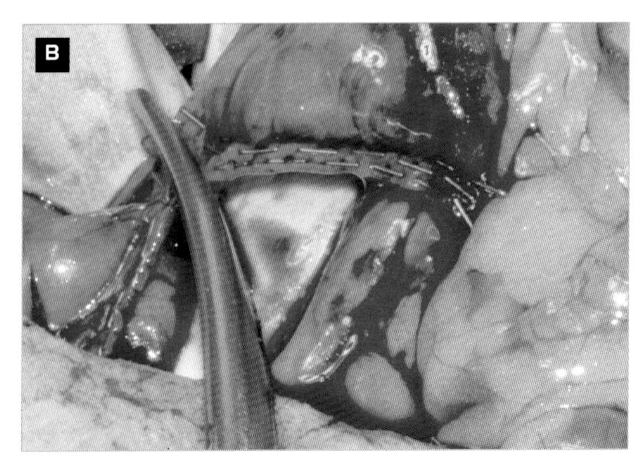

图6.59　图片中的GIA缝合器在外侧边缘之间放置了6排缝钉（橙色箭头）。在缝钉之间同时有一个刀片切断组织，但出于安全考虑，它只能在切割标记上方切割（黄色箭头）（A）。有时切割需要用剪刀完成（B）。

肝、脾、肺手术的临床应用

肝叶切除术

与传统分离和结扎技术相比，钉合和切断肝实质是一种出血较少并仅产生较少坏死和炎症的技术。在这种情况下，应在肝门处辨别血管和胆管，并分别分离和结扎。然后根据有问题的实质组织厚度选择钉舱的类型，随后在组织上闭合缝合器（图6.60和图6.61）。如果移开缝合器时切面处有出血，必须用棉签压迫几分钟，之后使用止血材料、电凝或缝合。

> ✱ 如果组织太厚而不能压缩到1.5 mm或2.0 mm，使用缝合器可能会失败，因为缝钉无法正确闭合。

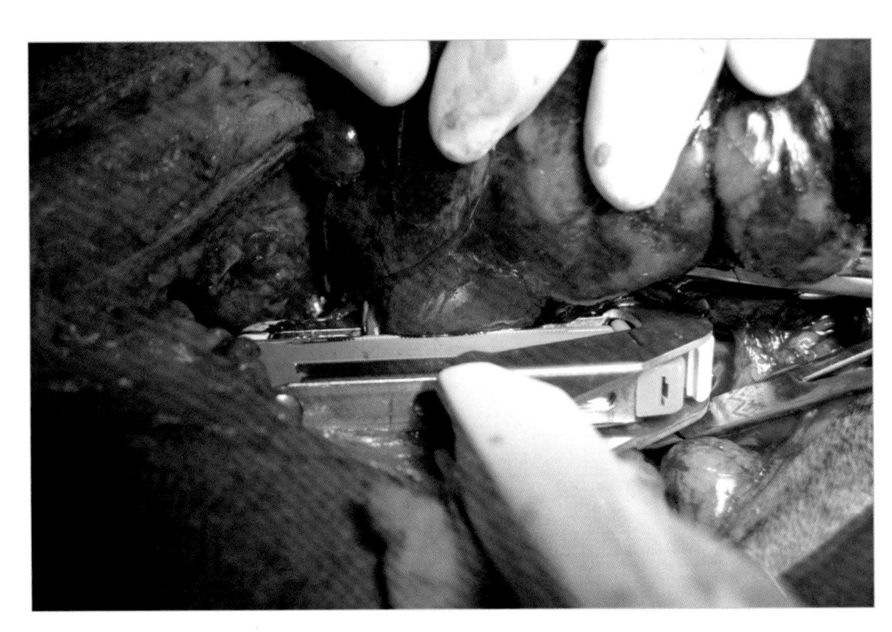

图6.60　在该病例进行肝切除前，选择TA 55（3.5）缝合器闭合肝实质。

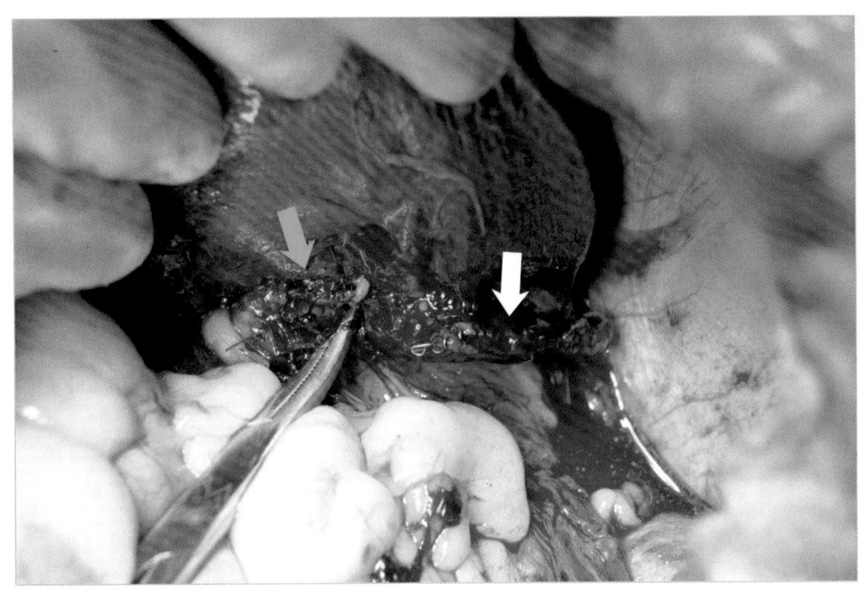

图6.61　肝切除术后，有必要沿切面检查出血（白色箭头）。这张图片还显示了之前该肝叶的肝门和动脉分支以及胆管处所做的结扎（蓝色箭头）。

部分脾切除术

在进行部分脾切除术时，使用TA缝合器能够显著缩短手术时间。然而，必须注意不要将脾门静脉卡在缝合器中。如果发生这种情况，它们会破裂和出血。

肺叶切除术

可使用TA缝合器进行部分或全部肺叶切除术。根据要闭合的组织厚度使用2.5 mm或3.5 mm缝钉（图6.62）。当闭合组织中包含血管及支气管时，必须确保切面没有出血或气体泄漏（图6.63）。这可能是因为吻合器相对于要压缩的血管来说高度太高，或由于太短而不能正确闭合两侧的支气管。

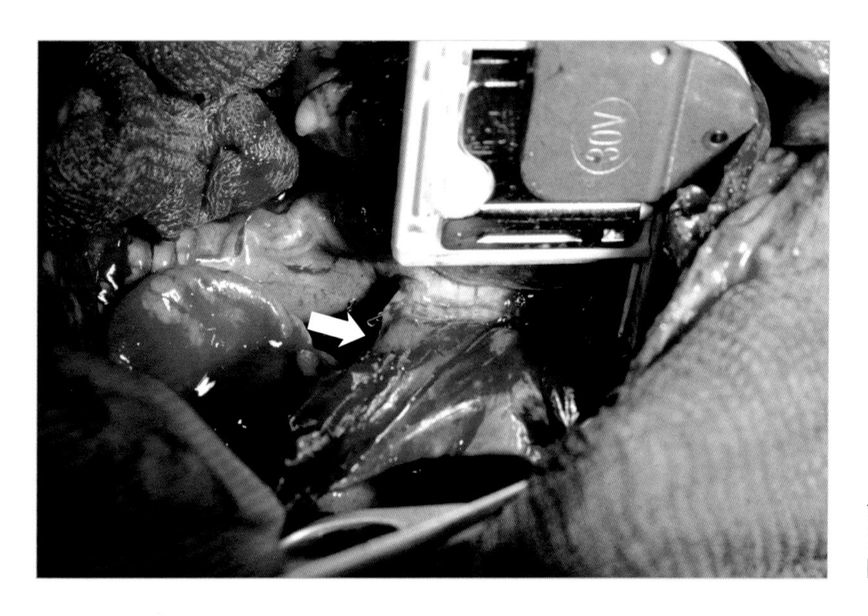

图6.62　该病例正在进行全部肺叶切除术。用一个TA 30 V（V3）缝合器同时闭合血管和支气管。箭头显示了随后做切面的位置。

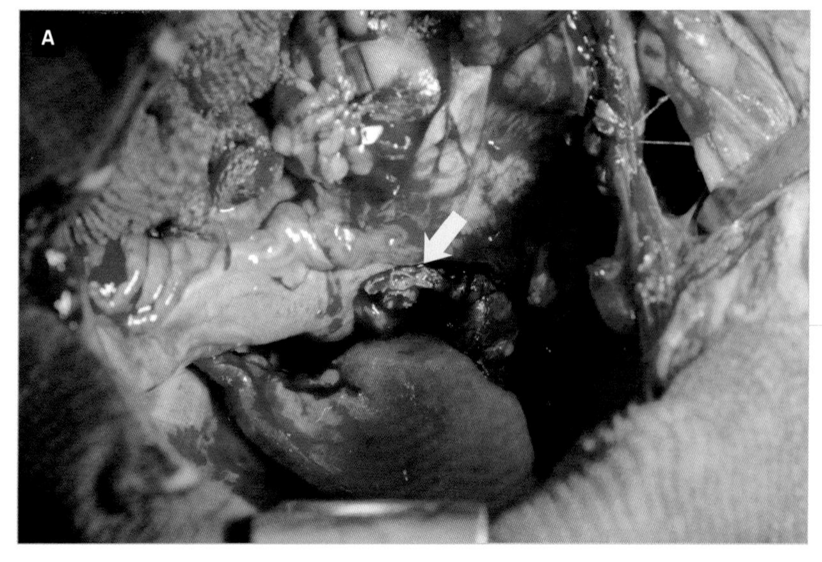

图6.63　肺切除后，必须确保钉合线上没有出血（黄色箭头）（A）或气体泄漏（B）。

确切止血

当患病动物的出血超过预期时，这对任何外科医生来说都是一个警报。如果外科医生没有为这种并发症做好准备，可能会因为担心和一时冲动而犯错，这将对手术产生直接影响，并可能影响患病动物恢复。

> 如果控制不当，预期外的术中出血可导致以下某些并发症：
> - 延迟愈合。
> - 增加感染、缝线松脱和组织坏死的风险。
> - 增加术后疼痛。
> - 主人投诉。

> 确切止血是通过永久性封闭出血血管或重建血管壁来实现的。

如果手术过程中发生了任何形式的出血，并且医生匆忙地试图止血，出血的血管可能会因撕裂而更难控制，并增加出血和血管周围组织的损伤。这种情况必须冷静而准确地处理，然后考虑是否可以避免（图6.64）。

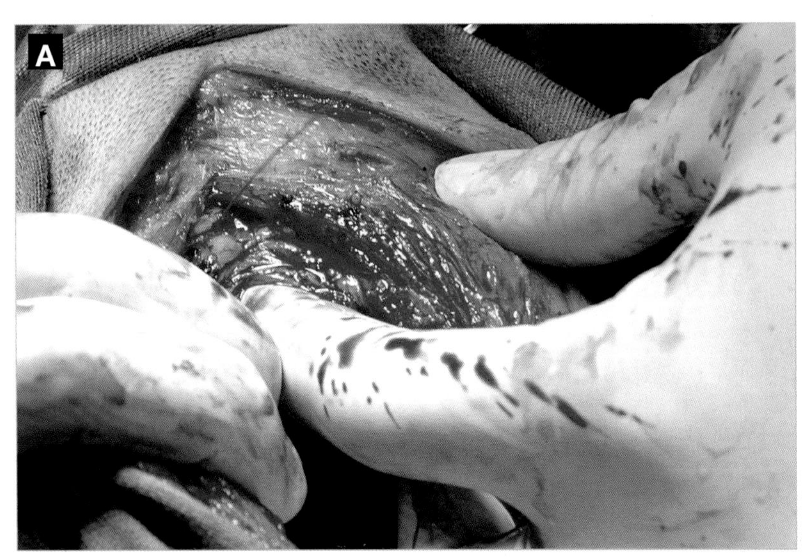

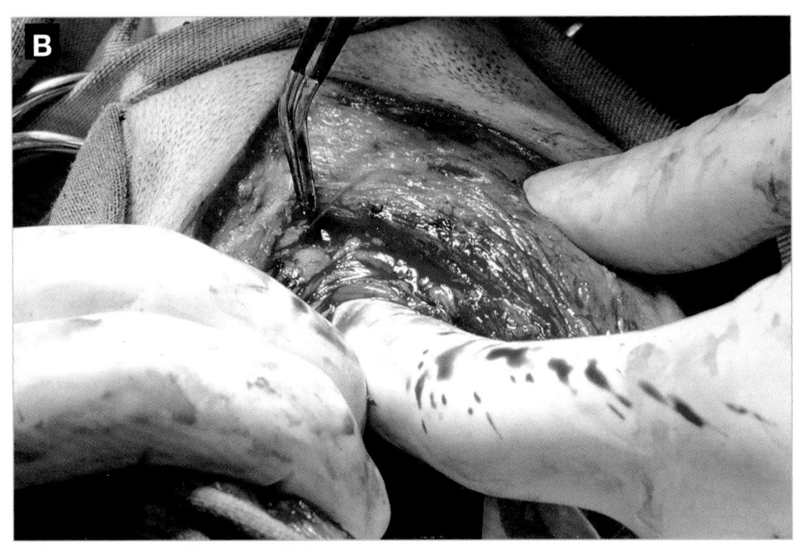

图6.64　意外切断动脉会导致大量出血（A）。外科医生必须冷静行事，准确定位出血血管并安全止血，就像这个病例中使用了双极电凝止血（B）。

术中出血最初可使用人工或器械压迫控制。这样做的目的是暂时止血，并获得足够的时间辨别受影响的血管，然后使用对于每个病例来说最合适的技术闭合血管（表6.4，图6.65）。下面的章节讨论了可用于控制术中出血的技术。外科医生必须熟悉这些技术，以便正确地使用它们并尽可能获得最佳结果。

正确的手术技术和有效的止血能确保有良好的视野、缩短手术时间、降低发病率和死亡率。

表6.4　控制术中出血的技术

机械性	直接人工压迫 纱布和压迫 止血钳 结扎 血管夹 缝合
热量	电外科 激光
化学性	肾上腺素 鱼精蛋白 去氨加压素 氨基己酸 氨甲环酸
止血剂	胶原蛋白 纤维素 明胶 蜡
密封剂和黏合剂	纤维蛋白 组织胶

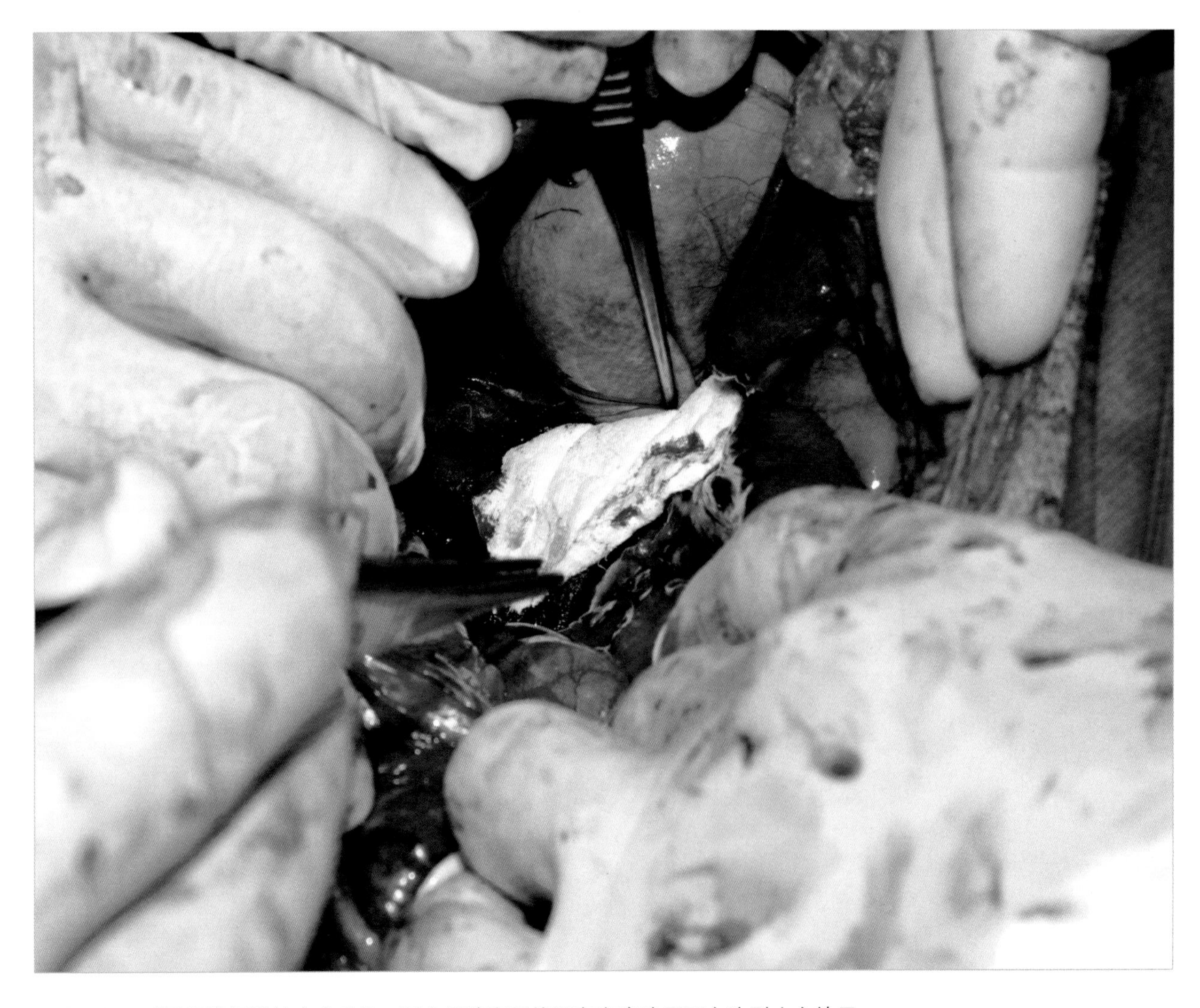

图6.65　对于肝脏极脆的患病动物，可在肝脏表面使用高密度胶原蛋白达到止血效果。

压迫止血

外科医生控制术中出血的第一种选择是用手指或纱布压迫组织。直接压迫低压力血管是达到确切止血的有效方法，例如在皮下组织。它也可以用于难以达到的术野，或当涉及的组织非常精细时防止医源性损伤。压迫可以防止失血，并促进凝血过程的开始（图6.66和图6.67）。在确定这种止血技术无效并选择另一种止血方法之前，应持续压迫5 ~ 10 min，以有利于血小板黏附和血栓形成。

直接压迫在出血点上是控制失血最快、最简单的方法。

为了通过直接压迫使破裂的血管止血，压迫必须保持至少5 min。使用秒表是明智的选择，因为手术中的5 min似乎“像一辈子”。

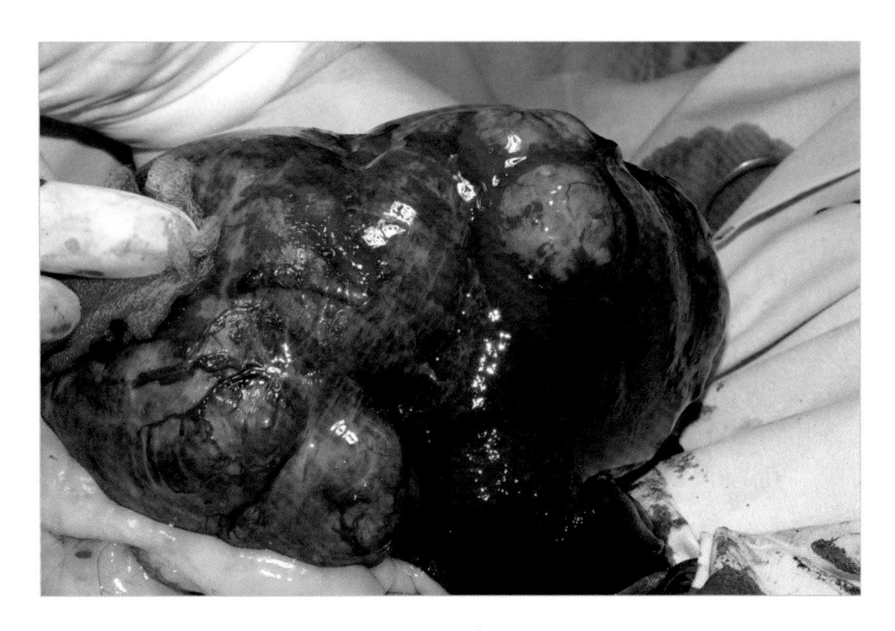

图6.66　该患病动物正在进行部分肾切除术。在操作肝脏时，肝包膜破裂，用纱布直接压迫对出血进行控制。

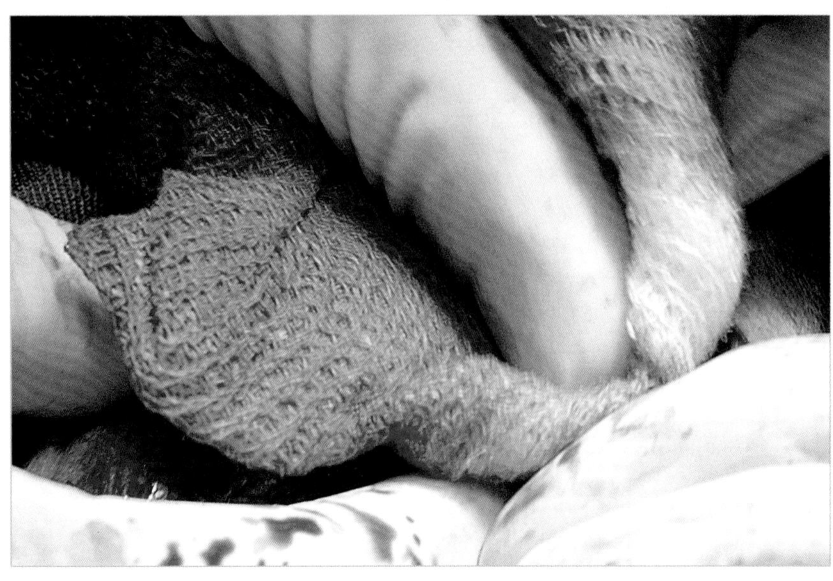

图6.67　来自于浅层小血管，包括静脉和动脉的出血，都可以用纱布进行人工压迫来有效控制。

施加在组织上的力必须足以防止失血，但也不能大到阻止血小板和凝血剂到达出血源头。当高压血管发生破裂时，这种技术非常有效。这种情况的出血量非常丰富，必须迅速止血，防止失血。清洁手术区域后，可以比较容易地看到出血来源，即可进行确切止血（图6.68和图6.69）。

> 经验不足或处于应激状态的外科医生常犯的错误是对出血组织施加过大的压力。施加的压力必须足以防止出血，但必须允许凝血发生。控制的水平来自经验。

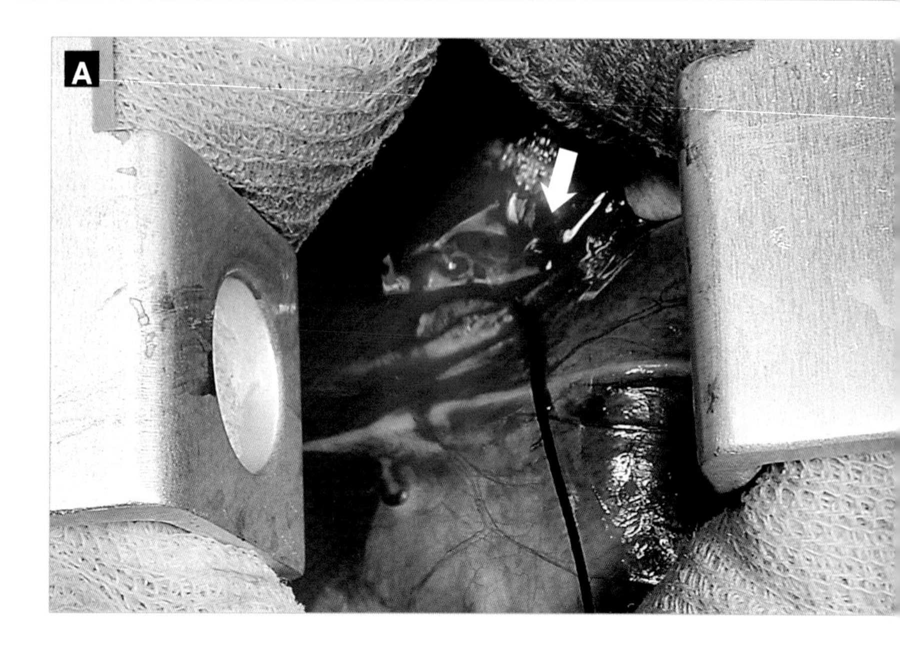

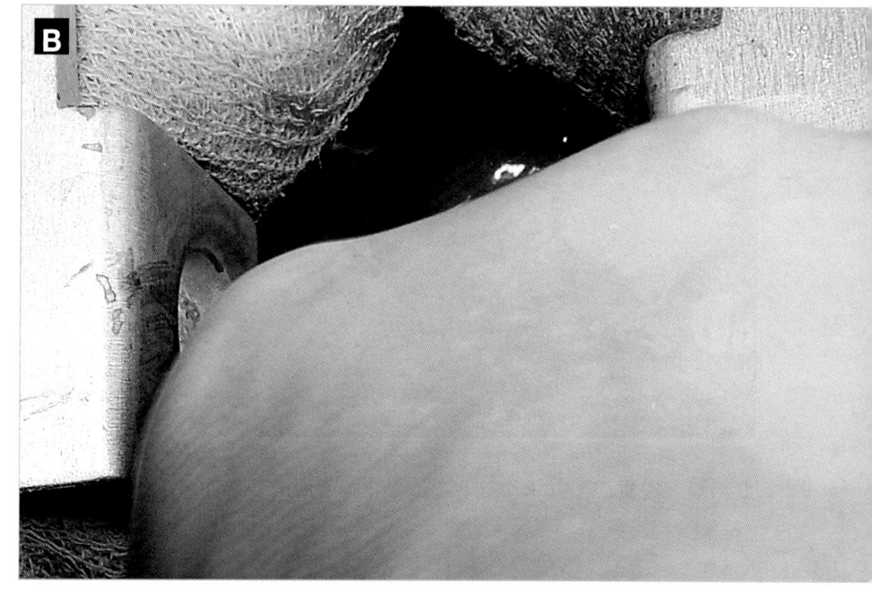

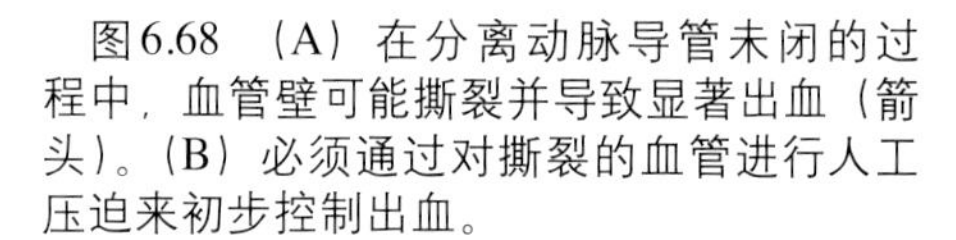

图6.68 （A）在分离动脉导管未闭的过程中，血管壁可能撕裂并导致显著出血（箭头）。（B）必须通过对撕裂的血管进行人工压迫来初步控制出血。

分离动脉导管未闭时初步控制术中出血

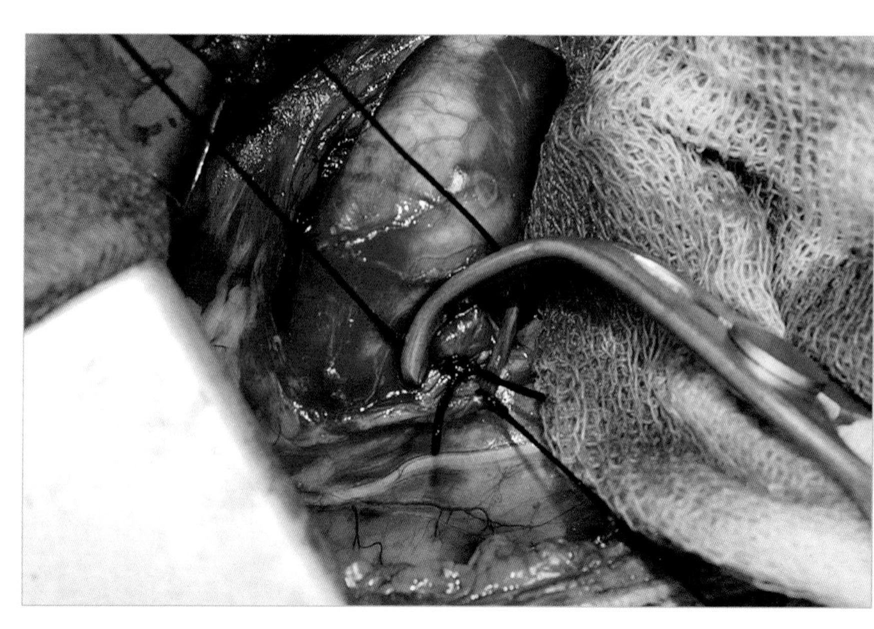

图6.69 在该病例中，通过人工压迫初步控制出血后，使用牛头犬式血管钳暂时止血。最后通过结扎确保确切止血。

局部止血剂

概述

当术中出血无法通过人工压迫、血管结扎或电凝来控制时，局部止血剂是非常有效的。有很多种化合物可用于止血：明胶、胶原蛋白、氧化纤维素、凝血酶、纤维蛋白或合成组织胶等。它们的效果在很大程度上取决于外科医生的经验和偏好。

以下几部分讨论的是作者常用的止血剂，例如：

■ 胶原蛋白产品的作用是激发和刺激血小板黏附。它们可以作成粉末、膏体或海绵使用（图6.70）。

■ 再生氧化纤维素通过直接接触激活凝血。它被制作成块状，能够切割成适合伤口大小，易于操作、不粘器械、便于放置（图6.71）。

■ 盐溶液冰块通过引起血管痉挛和血小板黏附来减少失血。

局部止血剂对术中出血的控制非常有用。

图6.70　用胶原蛋白海绵对肝脏旁的门静脉小型撕裂进行止血。

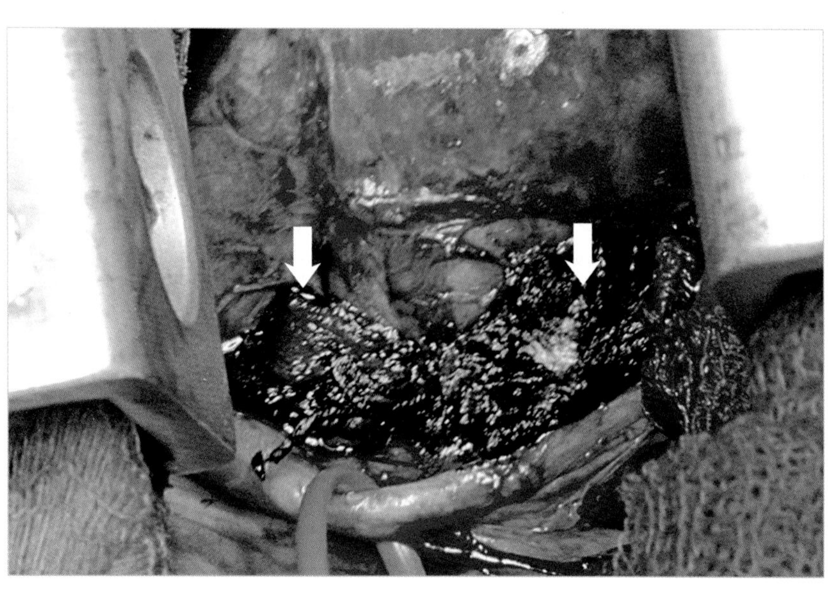

图6.71　在分离过程中轻微撕裂的动脉导管两侧放置两块纤维素。

局部止血剂

局部止血剂可直接应用于出血区域，是无创的；当术中出血无法用人工压迫、血管结扎、电外科或激光控制时，它们非常有效。

有很多种化合物可用于此目的。它们可以分为被动止血剂、主动止血剂或组织密封剂（表6.5）。被动局部或机械性止血剂为血小板开始黏附并形成血栓提供了结构。主动止血剂在凝血过程中起生物作用。组织密封剂会使出血血管发生物理性闭合。这些止血剂中很多都有许多作用途径。

> 被动止血剂是手术中最常用的止血剂，因为它们很容易获得，不需要特殊的储存条件或准备，而且相对便宜。

表6.5 局部止血剂的类型

被动	主动	组织密封剂
■ 胶原蛋白 ■ 纤维素 ■ 明胶 ■ 多聚糖 ■ 无机物	■ 凝血酶 ■ 含氧水 ■ 硝酸银	■ 纤维蛋白 ■ 白蛋白 ■ 骨蜡 ■ 合成组织胶
化合物		

当存在显著出血时，被动止血剂非常有用，因为它们可以吸收大量液体，形成稳定的“栓子”来止血（图6.72和图6.73）。然而，当它们膨胀时，可能会压迫和损坏附近的脆弱组织，尤其是当其靠近骨骼或硬组织时。因此，建议使用能够起到止血效果的最少数量的止血剂，并去除所有多余的产品。

> 被动止血剂不能牢固地黏附在潮湿的组织上，对于单独的动脉出血不是很有效。然而，由于它们具有吸收性，以及为血小板黏附提供物理结构，在大出血的情况下是有效的。

局部止血剂可能会在机体内作为异物，导致感染并形成脓肿。外科医生应尽可能使用最少的用量，去除所有多余的产品，并在闭合伤口前仔细冲洗和抽吸该区域。手术类型、出血的类型和规模、止血剂是否可应用到出血部位以及组织特性都会影响外科医生对止血剂的选择。

> 局部止血剂不能代替血管结扎或缝合。

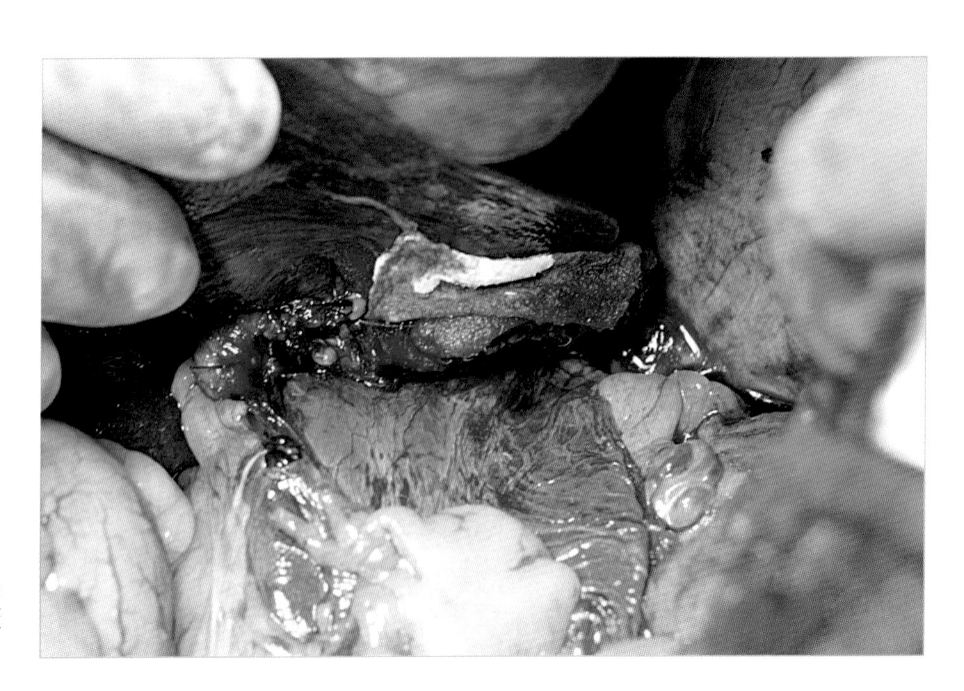

图6.72 肝切除术后，为了控制出血，在缝合线上覆盖了一层胶原蛋白。

胶原蛋白

与其他机械性止血剂一样，胶原蛋白为血凝块的形成提供了稳定的结构，但也会刺激血小板黏附和脱颗粒，同时释放凝血因子。止血胶原蛋白来自于真皮胶原和牛肌腱，可制成海绵、薄层或粉末。应在出血来源处使用精细镊放置；在可能的情况下最好先使接触面干燥（图6.72）。出现牢固黏附在组织上的血凝块表明胶原蛋白使用正确。由于胶原蛋白的高吸水性优势，胶原压迫对控制大量出血非常有用，因为它们形成了阻止血液流动的物理屏障（图6.73）。

> 基于胶原蛋白的止血产品对静脉和动脉出血有效。

胶原蛋白止血产品不能用于皮下组织，因为它们会干扰疤痕形成，使得美观度变差。它们也不能用于污染或感染的区域。

> 胶原蛋白止血产品对于控制静脉和动脉出血很有效，会在3周内完全被重新吸收。

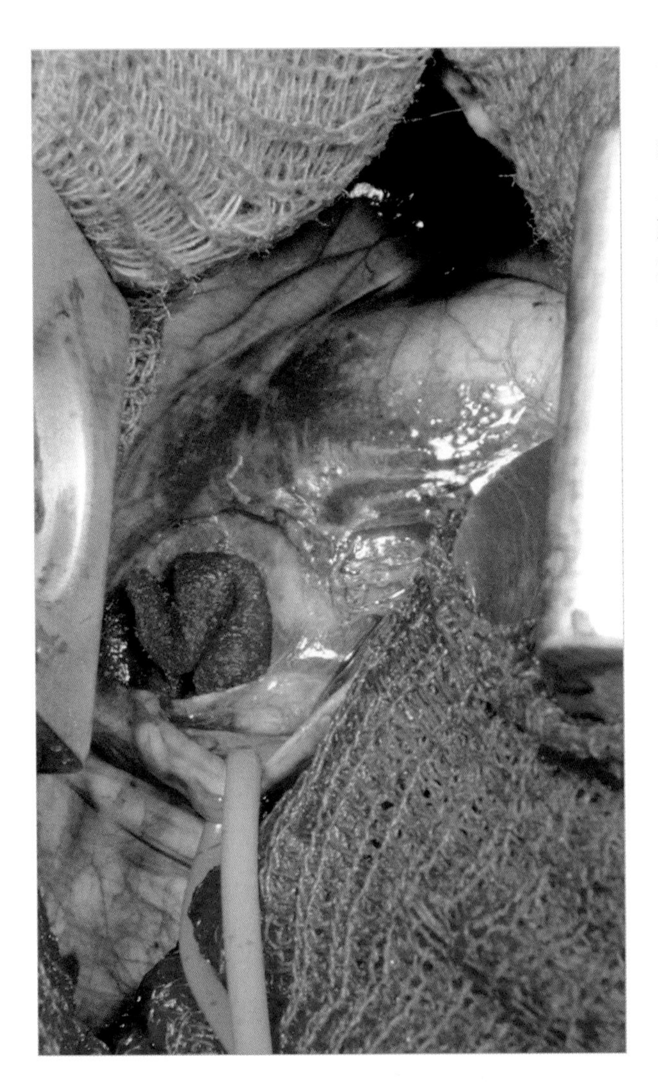

图6.73 在分离该动脉导管的头侧时，产生了一个小的撕裂，用胶原蛋白压迫对其进行了控制。由于它的吸水性以及出血区域空间狭小，该区域被成功进行了压迫和止血，止血效果理想。

再生氧化纤维素

再生氧化纤维素（ROC）是一种来自植物的纤维性止血剂，可吸收，易于使用，容易黏附在出血表面，形成暂时性密封，堵塞受损的血管。ROC可以吸收7～10倍于自身重量的血液，形成凝胶状的团块，充当血小板黏附的结构，激活凝血过程。它的pH也很低，具有局部抑菌作用。

ROC有三种可用形式：

- 致密海绵（图6.74）。
- 纤维素网（图6.75和图6.76）。
- 粉剂。

它适用于不平整的表面，控制片状出血或结扎、缝合或其他保守方法无效或不能使用的小静脉和动脉出血（图6.74至图6.76）。胶原网可以缝合于该处，因为它不会粘连或解体。ROC会在1～2周内被完全重吸收。

> 再生氧化纤维素必须在干燥区域使用。

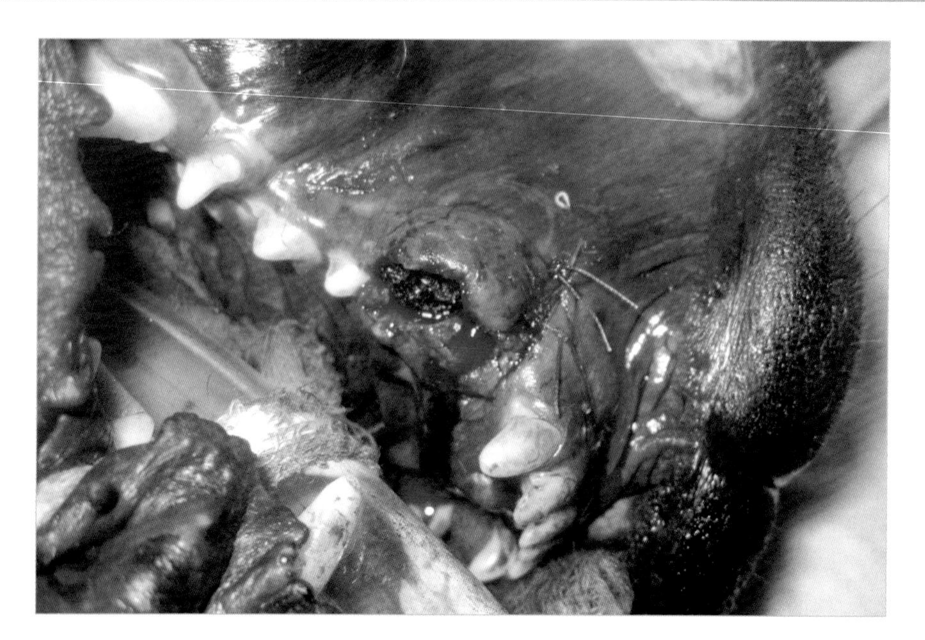

图6.74　拔除该患病动物的犬齿后，用再生氧化纤维素海绵填充齿槽来控制出血。

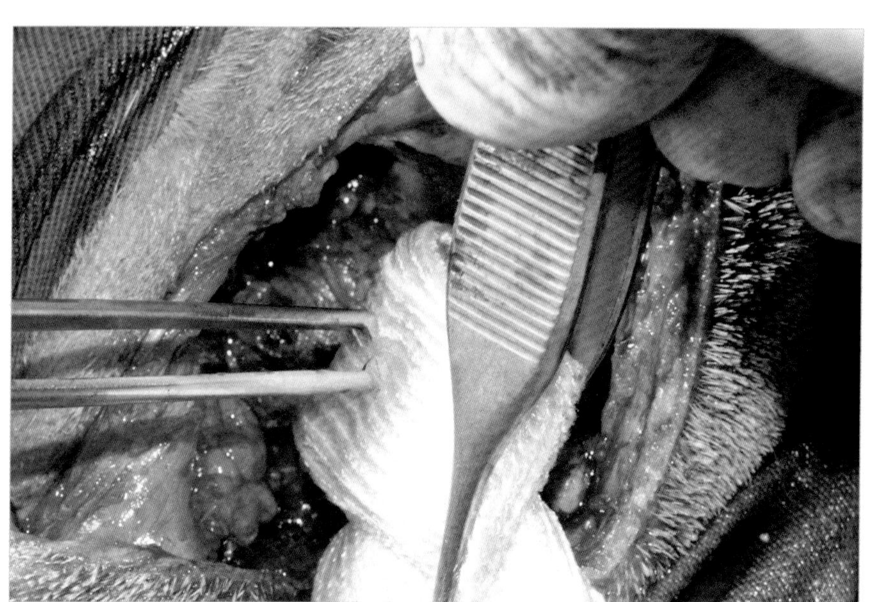

图6.75　钳夹和结扎未能控制眼球后出血，在局部放置纤维素网以控制出血。

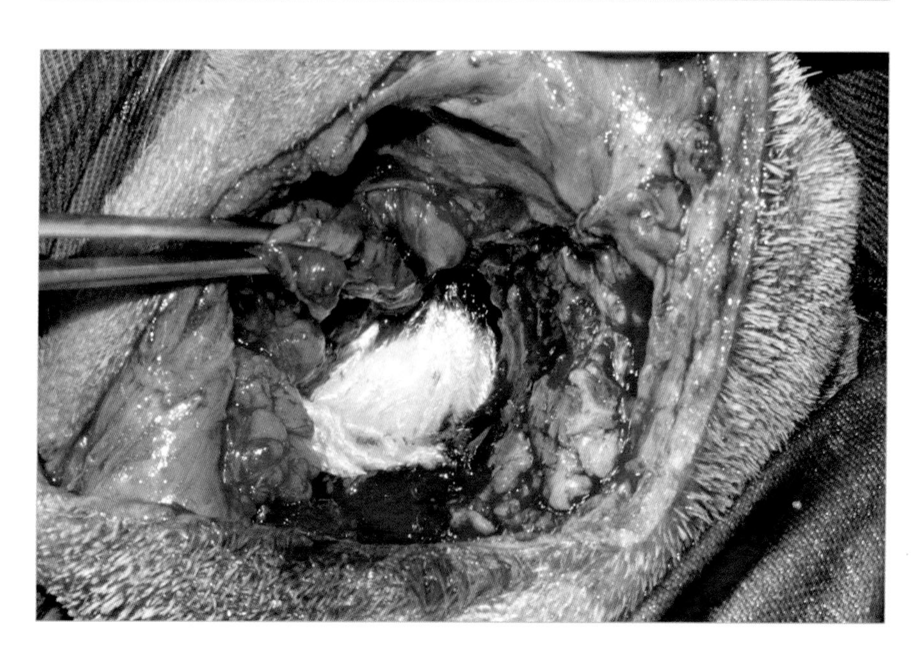

图6.76　在眼球后间隙内使用纤维素网控制眼窝内出血的效果。

明胶

明胶产品是用猪皮制成的。它们能够增强血小板黏附，具有很强的可塑性，不具有抑菌作用，作用方式基本上为机械性填充。它们被制成海绵、膏状或粉末的形式，可用于普外科、神经外科、耳鼻喉科的大面积出血（图6.77和图6.78）。止血时间2 ~ 5 min。它们会吸收大量血液或液体，并且与其他局部止血剂不同，明胶可以使用生理盐水浸湿。

与氧化纤维素不同，明胶海绵具有中性pH，因此可以与凝血酶及其他中性生物制剂一起使用，以增加止血作用。明胶在2 ~ 5 d后液化，4 ~ 6周内被完全吸收。

> 明胶海绵可以浸泡在肾上腺素溶液中，增加止血效果。

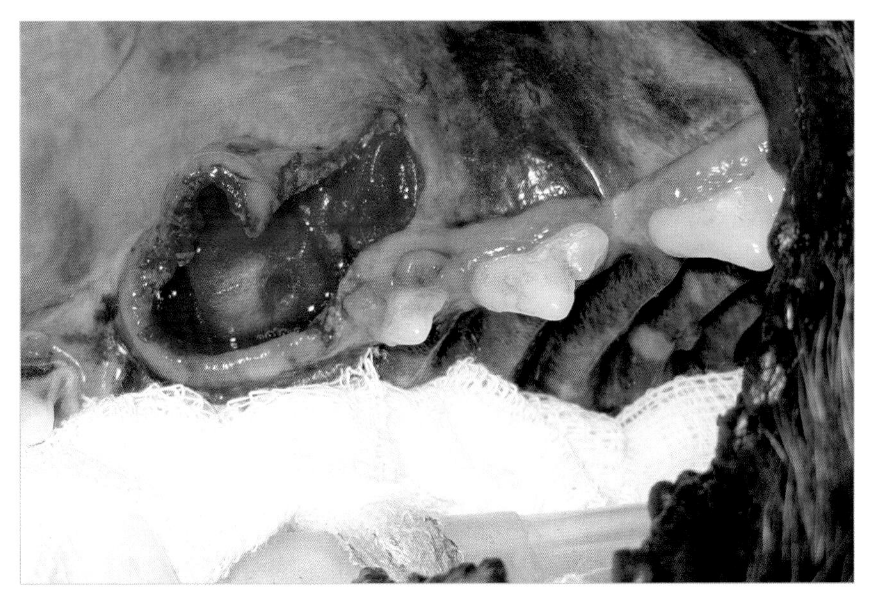

图6.77　拔除撕脱的犬齿后留下的齿槽空隙。

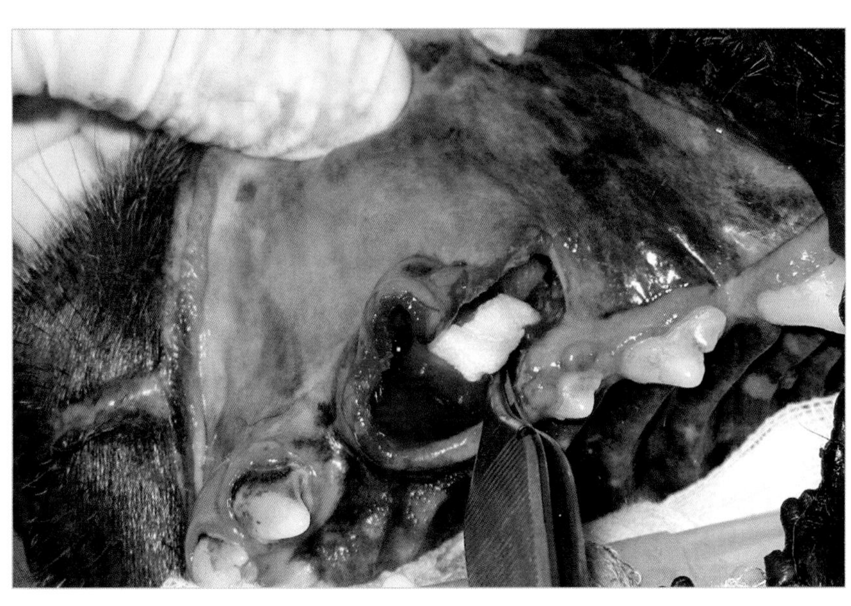

图6.78　在伤口内放置明胶海绵以控制出血。

多聚糖

多聚糖止血剂是植物性产品，主要用于控制毛细血管和静脉出血（图6.79）。目前有两种可用类型：

- N-乙酰葡萄糖胺和糖胺聚糖，来自于海洋（海藻、甲壳动物的贝壳）。
- 微孔多聚糖血球，由马铃薯淀粉制成。

它们具有亲水性，因此使血液脱水并浓缩成固体颗粒，在促进血管收缩和凝血的同时创建出防止出血的屏障。这种止血剂有海绵、粉状或敷料形式，直接应用在出血的伤口上，并压迫该区域数分钟（图6.79）。它不需要止血或预先清洁术野。

无机止血剂

无机止血剂最近才开始用于外科手术。它们由矿物质如沸石组成。沸石是一种微孔铝硅酸盐矿物，具有很强的液体吸收能力。应用在伤口上可以吸收液体，增加凝血因子、血小板和红细胞的局部浓度。它们最初被批准用于控制外部出血，但现在也可以用于内部手术，尽管在这种情况下身体更倾向于将它们视为异物排斥。

> 沸石对低压力出血非常有效，但是对高压力出血的效果较差。

凝血酶

凝血酶是一种动物性酶，在止血、炎症和细胞通信中发挥作用。外源性和内源性凝血途径的激活，使凝血酶原转化为凝血酶。凝血酶是纤维蛋白凝块的基础，并能激活纤维蛋白原转化为纤维蛋白。它能够在5 s内停止动脉出血，在3 s内停止静脉出血，达到立即止血的效果，而且在存在抗凝血剂时也有效。

凝血酶可作为干粉、液体（将粉剂溶解在盐水中）或喷雾形式使用。液体形式与明胶海绵结合使用，可以增加止血效果。牛凝血酶溶液应在重悬后3 h内使用完毕，而重组凝血酶可延长至24 h。

> ✱ 凝血酶不能用于开放的血管，因为它可能引起广泛性的血管内凝血。

化学制剂

碱式没食子酸铋

碱式没食子酸铋能够激活凝血因子Ⅻ，还具有止血和杀菌作用。然而在一项研究中，在10 mL盐水中加入10 g碱式没食子酸铋，用纱布浸泡后覆盖在出血区域3 min，没有观察到出血减少。

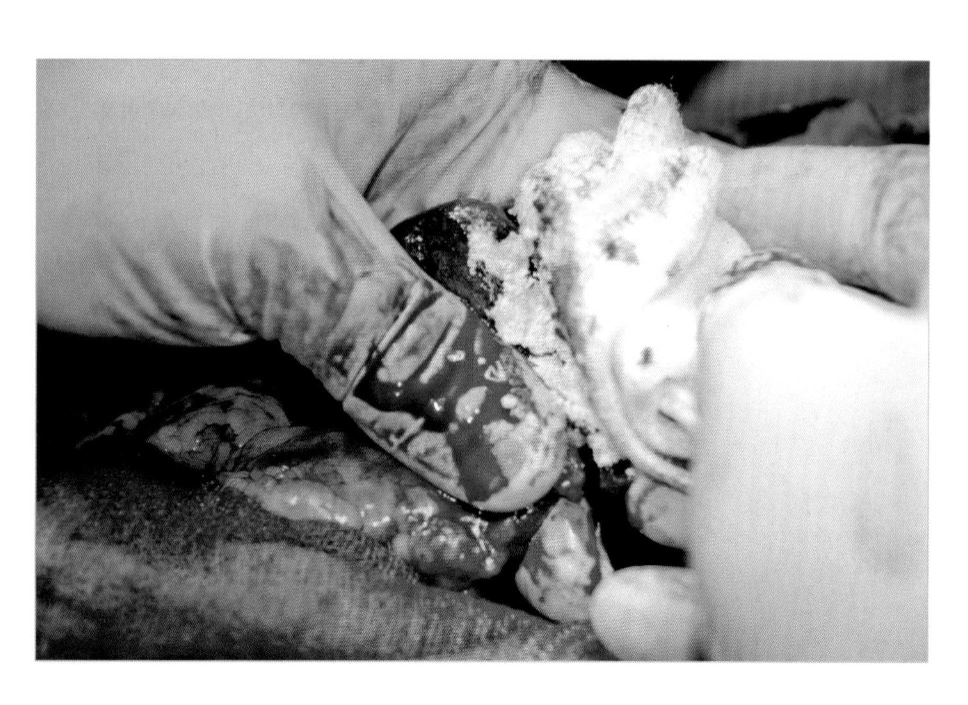

图6.79 使用多聚糖止血粉阻止受损脾脏的出血。

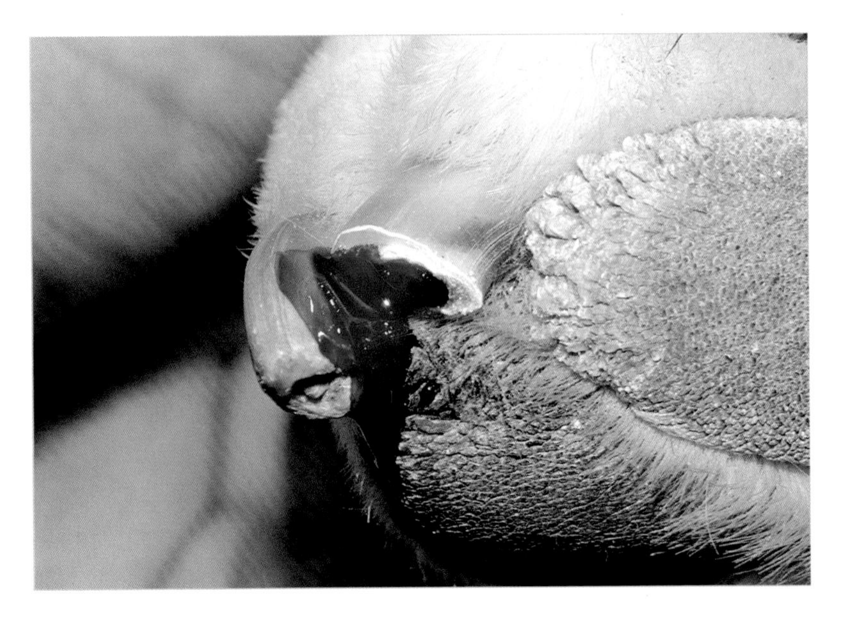

硝酸银

硝酸银可用于烧灼浅表出血，还具有抗菌作用。其产品是顶端浸渍着硝酸银的小棒，使用时轻轻地把硝酸银压在伤口上，直到出血停止。阻止黑色结痂形成——这是产品和血液的混合物。图6.80至图6.82显示了使用过程。它的使用很有限，因为健康组织可能会因硝酸银的腐蚀作用而被破坏。

图6.80　爪部血管在开始时出血很丰富。

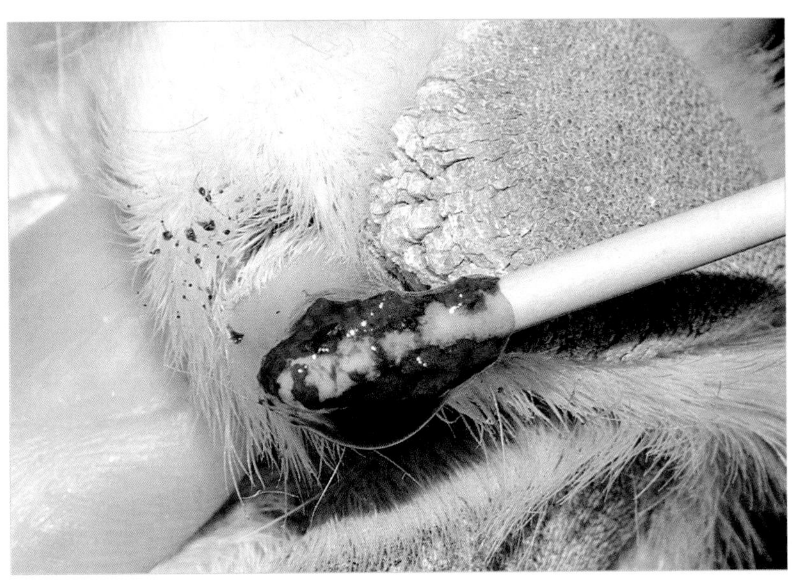

> 硝酸银具有腐蚀性，因此使用时应谨慎和适度。

图6.81　使用硝酸银后，出血在几分钟内就得到了令人满意的控制。

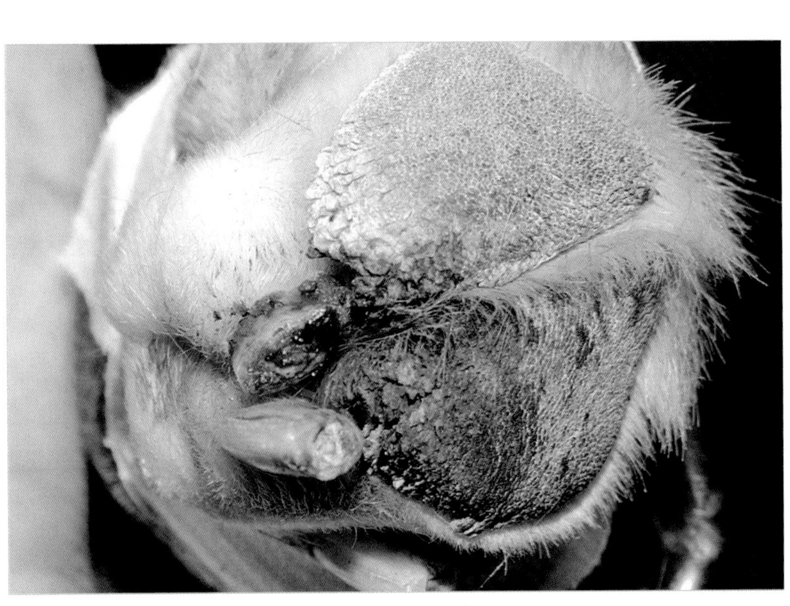

图6.82　最终结果。

含氧水

含氧水是稀释为3%的过氧化氢。当与组织过氧化氢酶接触时，其通过快速释放氧气泡来清洁、消毒和止血。它多被用于污染伤口，特别是厌氧菌感染的伤口，发挥清洁和抗感染作用，还可通过敷料或棉签直接应用于出血组织，进行轻度压迫而产生止血作用。根据外科医生选择的比例，使用时用温生理盐水稀释后使用（图6.83）。

> 含氧水按体积定量，医用为10体积。这意味着在正常情况下，每单位过氧化氢溶液产生10个单位的氧气。

> * 含氧水在封闭的腔内使用时不能存在压力，以避免氧气进入血液并引起栓塞的风险。

纤维蛋白密封剂

纤维蛋白密封剂由人纤维蛋白原和牛凝血酶组成，使用时将两者结合在一起。当它们与氯化钙接触时，就会形成一个柔性的覆盖物，黏附在组织上，阻止血液或其他液体流动。它可被用于局部出血（不活跃的）和广泛性出血，密封消化道或泌尿生殖系统的缝合点及血管吻合处的出血。纤维蛋白密封剂在手术后13周内可被吸收。

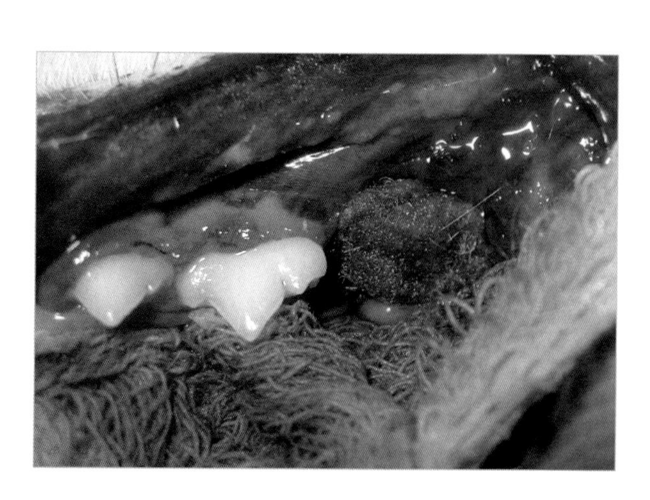

图6.83 用含氧水控制拔牙后的出血。

> 外科医生可以制造自己的纤维蛋白密封剂：单独购买组成成分，有需要时将其结合在一起（冷沉淀，来自血库；牛凝血酶和氯化钙）。

白蛋白和戊二醛

该产品由10%戊二醛溶液和45%牛血清白蛋白溶液组成，两者被分开放在容器中。当使用时，戊二醛使牛白蛋白与伤口内的细胞蛋白结合，在血凝块形成处形成栓塞。该过程完全独立于患病动物的凝血机制。它会迅速黏附到组织和任何合成植入物（网、缝线等）上，并在2 min内达到最大阻力。

> 局部止血密封剂对于封堵沿着缝线或吻合处的开口，以及非常精细或易碎的组织非常有用。

骨蜡

根据制造商的说明，骨蜡由88%的蜂蜡和12%的可收缩组分，或70%的蜂蜡和30%的凡士林制成。它具有机械性止血作用，通过阻塞骨内的出血通道和对出血源的填塞作用来达到止血效果（图6.84和图6.85）。骨蜡使用方便，几乎可以立即止血。需要记住它可能存在的缺点是抑制骨生成，增加感染的可能性，并作为异物持续存在数年。

骨蜡可以做成片状，取一片在手上加热，然后用压舌板将其放置在骨骼上；或者做成棒状（像一支口红），方便将其放置在出血部位。

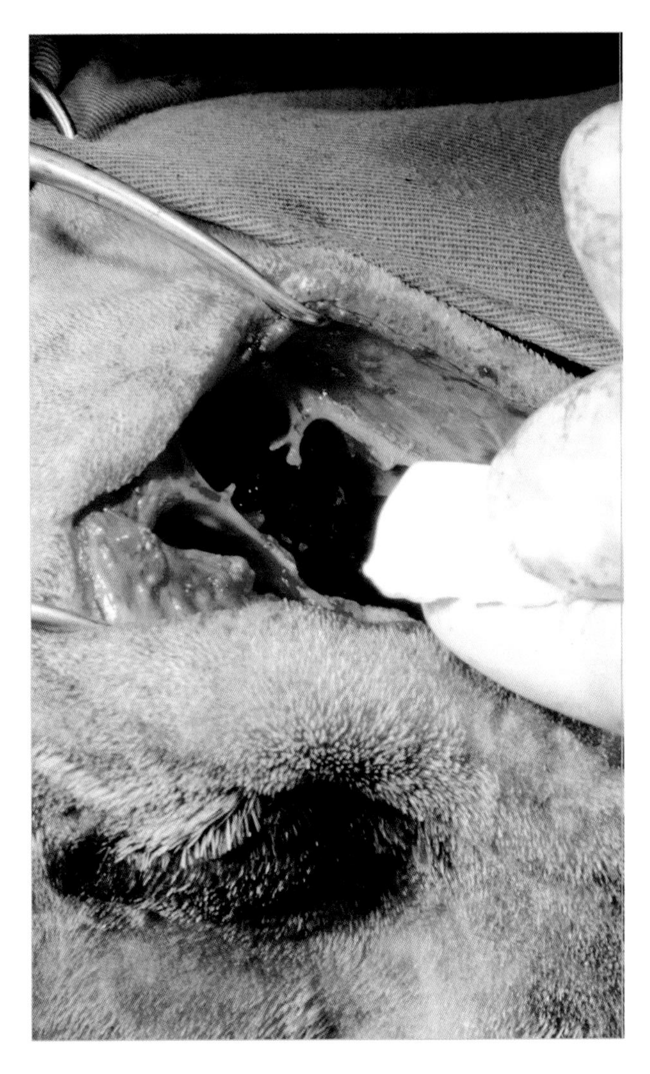

图6.84 为了进行鼻甲切除术而在额骨上钻孔后引起出血。

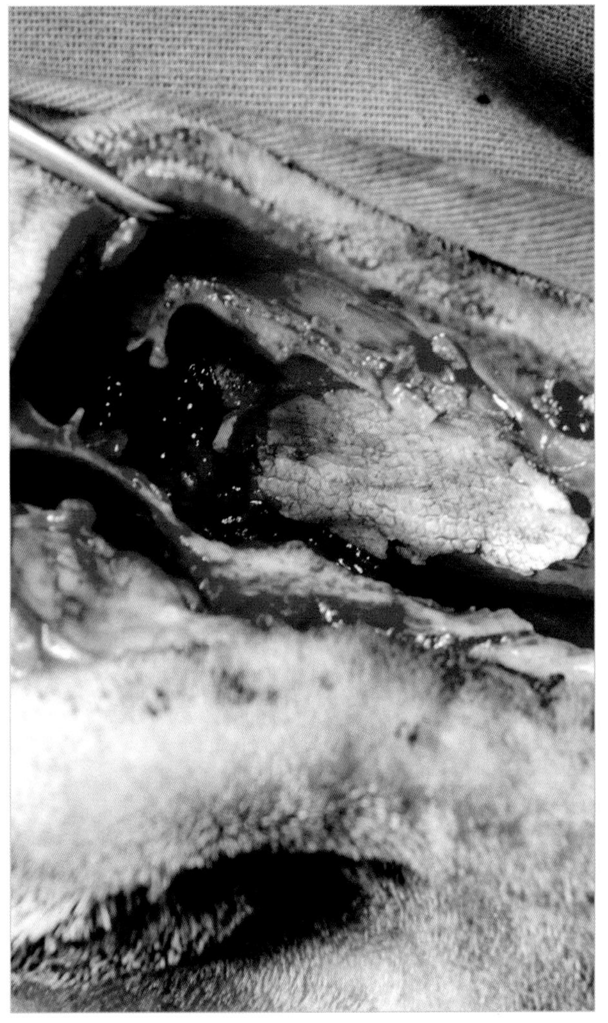

图6.85 用骨蜡控制出血。

合成组织胶

氰基丙烯酸酯已在手术中被作为止血密封剂，用于致密的腹部器官（图6.86）。合成组织胶只能用于干燥的术野。这些胶几乎能牢固地粘在所有表面上，因此不应与手套或手术器械等物品接触。

发生聚合作用后，正丁基氰基丙烯酸酯会激发放热反应，引起组织的轻度热损伤和异物性炎症，可能导致肉芽肿，用于腹腔内时可粘连在网膜或其他腹腔器官上。

> ✱ 如果胶粘在其他组织上，操作者试图将它们分开时，组织很可能会被撕裂和受损。

> 使用氰基丙烯酸酯后，必须等待至少2 min，使胶水聚合和变稳定。

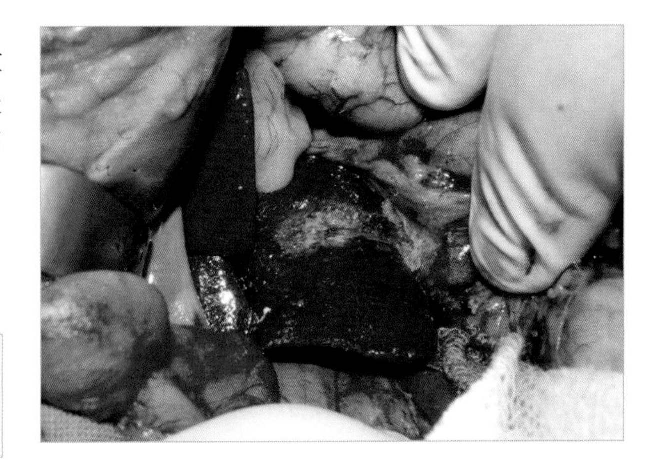

图6.86 氰基丙烯酸酯组织胶用于肝脏损伤的止血和闭合。

外科止血技术

外科止血技术是指外科医生在手术过程中使用特定的器械和材料，如钳压式钳、血管钳或外科缝线进行结扎或缝合血管来防止出血的技术。

> 建议使用弯止血钳，以便更容易地看到它们是如何放置的，这些止血钳只能用于止血。如果用于其他目的，它们可能会变形，丧失精度和有效性。

> 外科止血覆盖了手术期间外科医生可能用到的所有控制出血的技术性操作。

在浅层血管上使用止血钳并通过扭转形成确切止血

止血钳

止血钳使用了两种互补的机制：一方面，它们阻断血管防止失血；另一方面，它们破坏血管壁以促进凝血。根据血管的直径和血压，达到的止血效果可能为确定性或暂时性。如果血管直径小，几分钟就可以止血，并且可以安全地取下止血钳。如果血管更大，血流排出了形成的血栓，就必须通过结扎或电凝进行止血。止血钳的种类很多，作者更喜欢Halsted蚊式止血钳和Rochester-Pean止血钳（图6.87）。

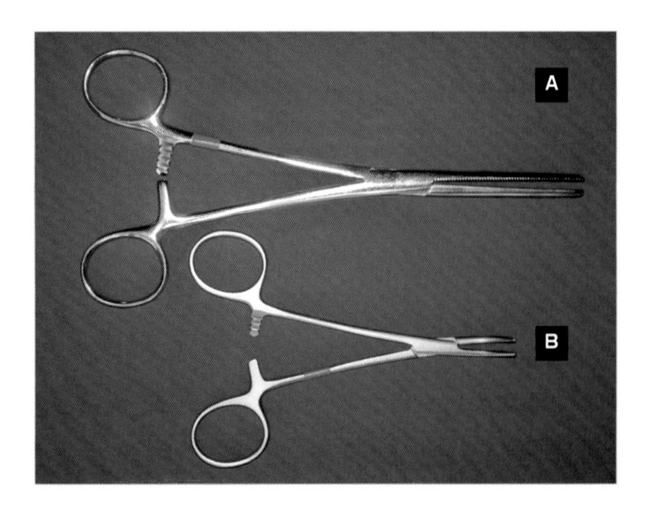

图6.87 止血钳。
A, Rochester-Pean止血钳；B, Halsted蚊式止血钳。

正确使用止血钳的建议：

■ 在可能的情况下使用最小的止血钳。

■ 弯钳比直钳更好，这样外科医生的手就不会干扰出血血管处的视野。

■ 用惯用手握住止血钳，确保操作正确（图6.88）。

■ 止血钳应该只夹住受损的血管，或最少的周围组织。

■ 用于阻断浅层血管：

● 如果能够清楚辨别血管，直接用器械尖端将其夹住（图6.89）。

● 如果可以看到出血源但没有看到血管，止血钳尖端的凸面尽可能夹住最少的相邻组织（图6.90）。

■ 为了阻断重要且较深的血管和血管蒂：

● 凸面向内垂直于血管放置止血钳。这可以促进顺利缝合，并有助于随后的结扎（图6.91）。

● 使用止血钳的钳嘴而不是尖端。

● 必须确保没有夹住相邻结构。

钳夹低压力血管止血只需等待几分钟。为了使小血管确实止血，也可以使用扭转技术。这包括钳夹血管，拧几次止血钳，直到它断裂。该方法的优点是不会在体内留下任何缝线，对于直径小于0.5 mm的血管很有效。

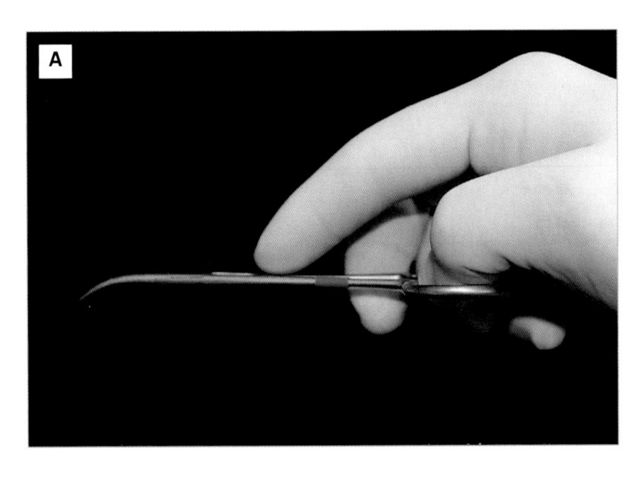

图6.88 A 止血钳应握在惯用手里，顺着它的弧度，确认出血的血管，并尽可能精确地放置止血钳。

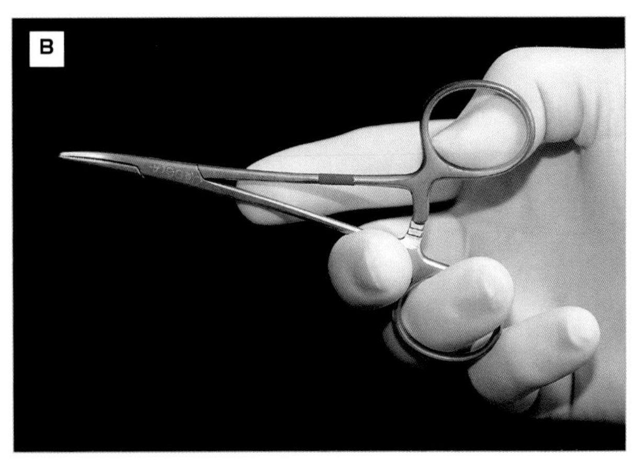

图6.88 B 用拇指和无名指张开和闭合止血钳，不要把手指插到环里。食指和中指放在止血钳的头部，保持稳定和准确使用。

图6.89 应当用止血钳的尖端闭合浅层血管。

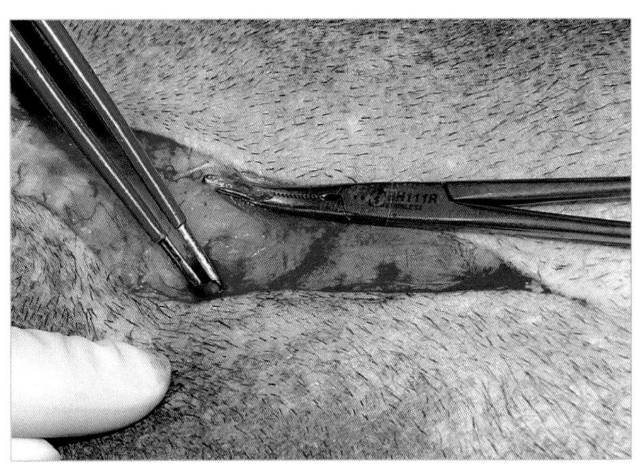

图6.90 如果不能清楚地看到出血点，可以用钳嘴夹住血管周围的组织，但应尽可能少钳夹组织，以尽可能减少损伤。

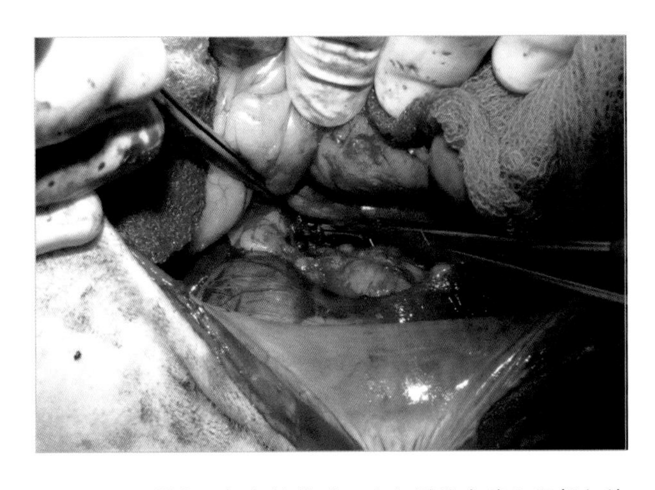

图6.91 钳夹深部血管蒂时，止血钳的尖端必须朝向外科医生。这样缝线能够沿着凸出部分滑向患病动物的血管，完成结扎更为简单。

结扎

本书前面已经叙述了如何将结扎作为预防性技术来防止术中出血。在本章，我们将讨论如何环绕止血钳进行结扎。不管血管如何被钳夹，止血钳都应放置在有助于顺利完成相关结扎的位置。

止血钳应将凸面朝内放置，以便顺利进行缝合。

技术

为了环绕止血钳完成结扎，应根据所持血管蒂的类型，采取以下步骤：

狭窄的血管蒂

- 正确放置止血钳以便完成结扎。
- 环绕止血钳缠绕缝线。
- 完成结的第一部分。
- 将结扎线的线圈滑过止血钳，环绕血管。
- 收紧第一个结，打更多结使结扎更稳固。
- 剪断结扎线的末端，留足够的长度，防止线结松脱。
- 取下止血钳并检查出血，以及结扎线是否牢固。

图6.92至图6.95 显示了环绕止血钳完成结扎的过程。

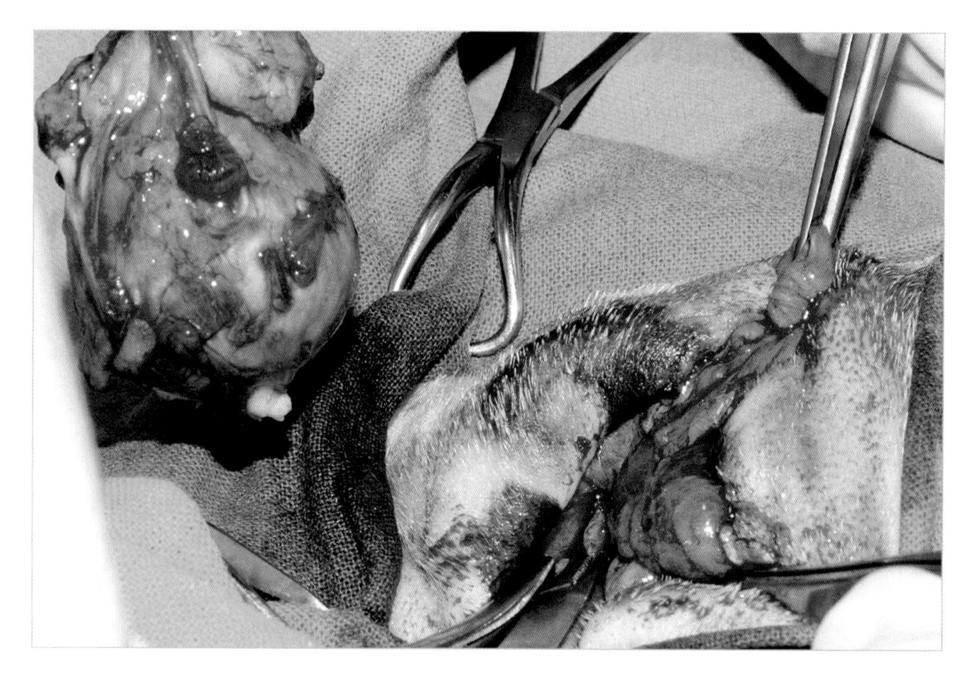

图6.92 放置止血钳，凸面与患病动物接触。

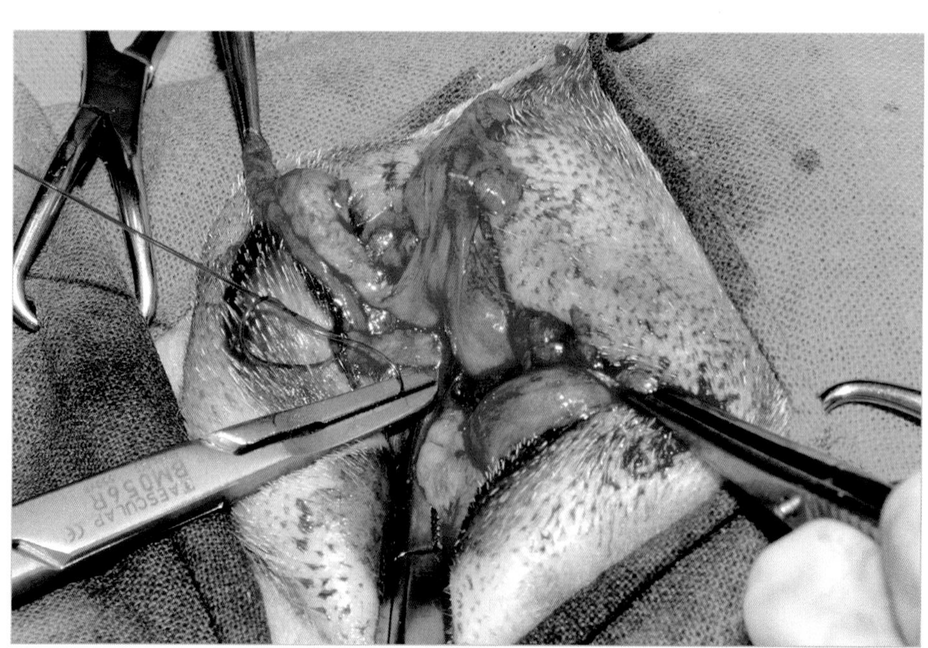

图6.93 在止血钳下方环绕血管蒂穿过缝线。完成第一个结，将结沿着钳嘴滑动，越过尖端，使结正确地放置在血管周围。

✱ 不要用止血钳进行结扎，因为它可能会松开或滑脱，血管将再次开始出血。

必须记住，为了在高压力血管蒂上打结，必须做牢固的结扎，如贯穿结扎或Miller结扎。

图6.94 为了保证结扎的稳定性，要打多个结。

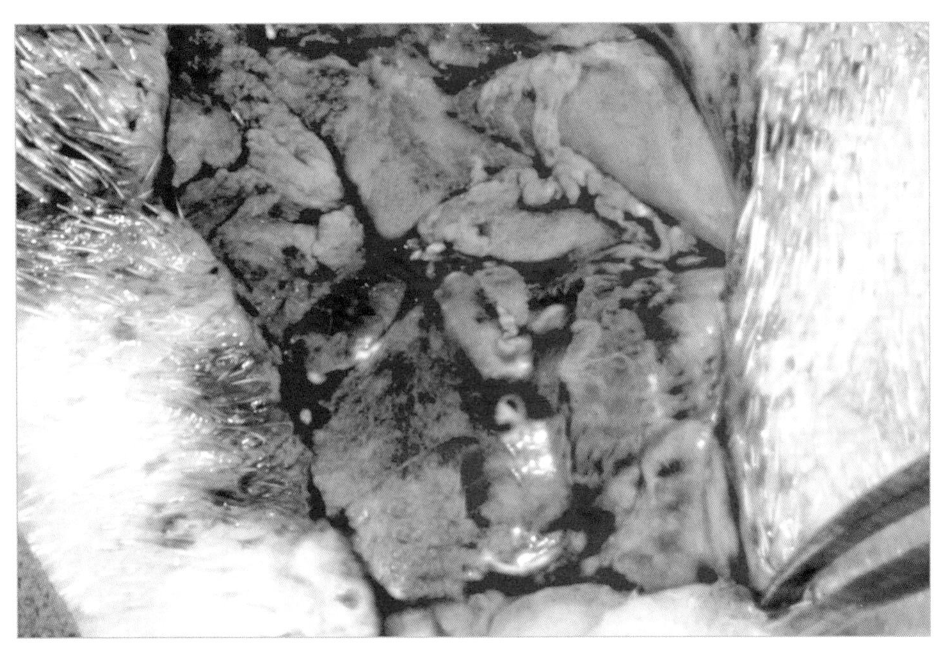

图6.95 缓慢轻柔地取下止血钳，检查血管确定是否成功止血。如果在张开止血钳时发生出血，再次闭合止血钳并再做一次结扎或选择另一种止血技术。

较宽的血管蒂

较宽的血管蒂具有扩张力，因此很难完成牢固的结扎。

■ 缝线环绕血管蒂做第一个结。此时做2～3次缠绕来增加缝线上的摩擦力，防止其向后滑动（图6.96）。

■ 外科医生收紧第一个结的同时，一名助手在不移除止血钳的情况下轻轻张开止血钳，使组织仍处于压缩状态（图6.97）。

■ 然后助手再次闭合止血钳，以便完成后续的结，如果结扎不正确，则继续控制任何出现的出血。

释放止血钳上的压力，使组织仍处于压缩状态，同时收紧结扎的第一个结。在结扎完成之前，不要完全取下止血钳。

结扎较宽的血管蒂时建议使用米勒结。

完成一个改良式米勒结，用于结扎较宽的血管蒂

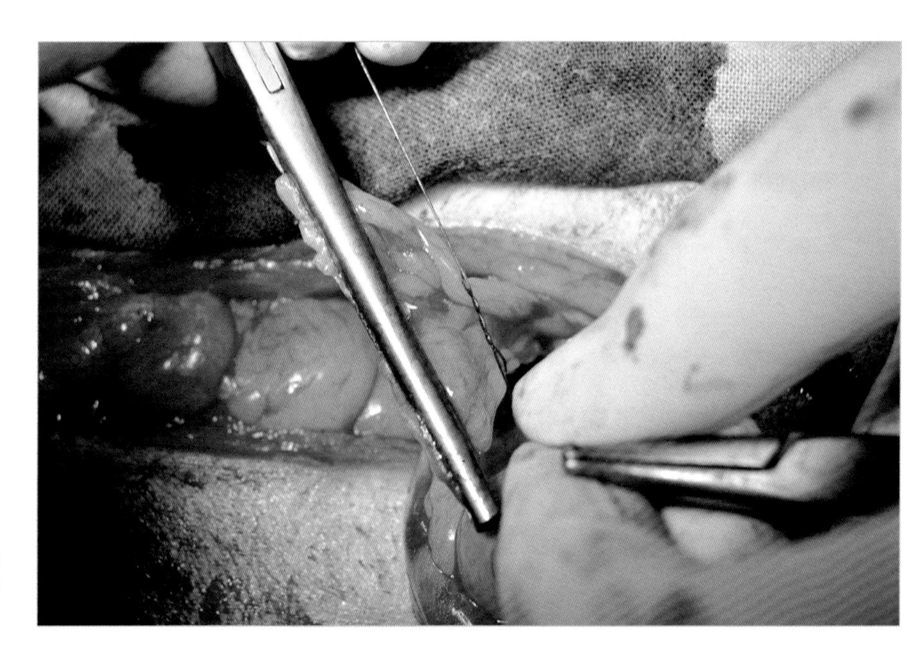

图6.96　与止血钳相距一定距离环绕血管蒂缠绕缝线，防止其滑脱。

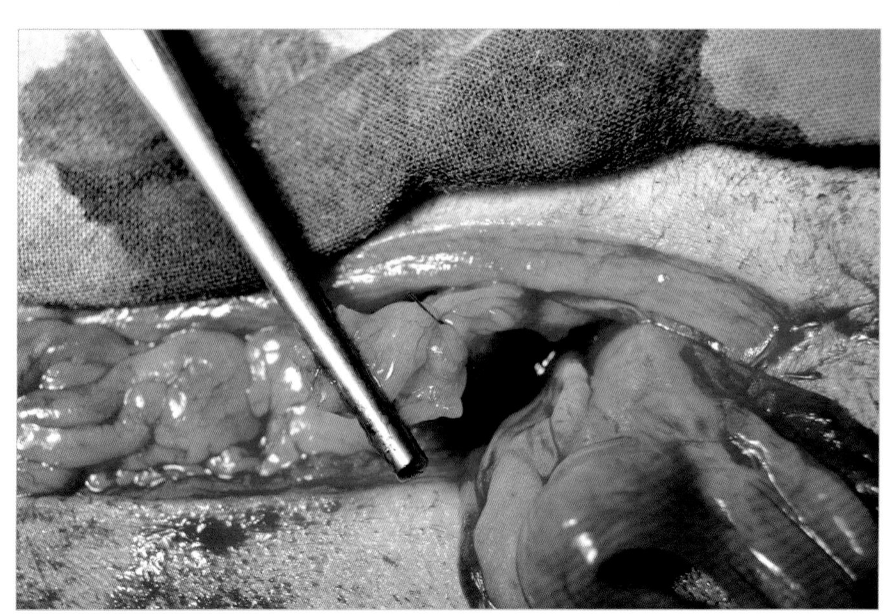

图6.97　收紧第一个结时，轻轻松开止血钳，使结扎在没有张力的情况下闭合。

隐藏的血管带

如果没有发现出血血管，且无法将其夹住，则可以环绕出血来源使用一个大范围集束缝合以阻止出血（图6.98）。

缝合

一般来说，缝合能将组织边缘对合到一起并促进止血，也有些缝合模式可以更进一步阻止被缝合组织的出血。与简单连续缝合相比，Reverdin连续缝合或福特锁边缝合能够使伤口边缘更紧密地对合到一起，止血效果更好（图6.99）。

> 福特锁边缝合使伤口边缘对合更紧密，止血效果更好。

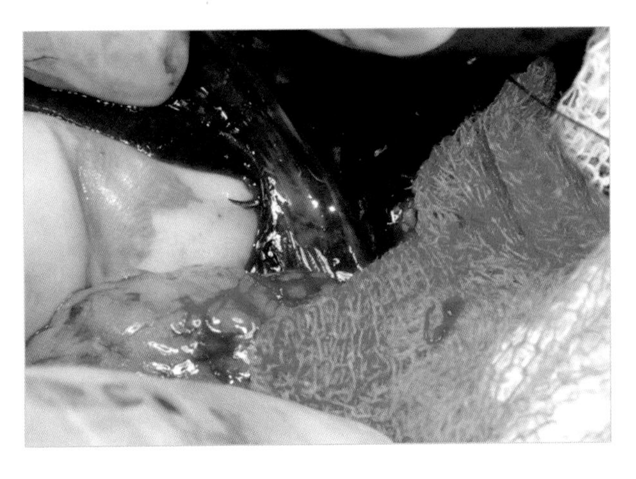

图6.98　完成一个简单集束缝合。这种技术可以用来闭合无法辨认的血管或使用止血钳难以阻断的血管，如这个病例。

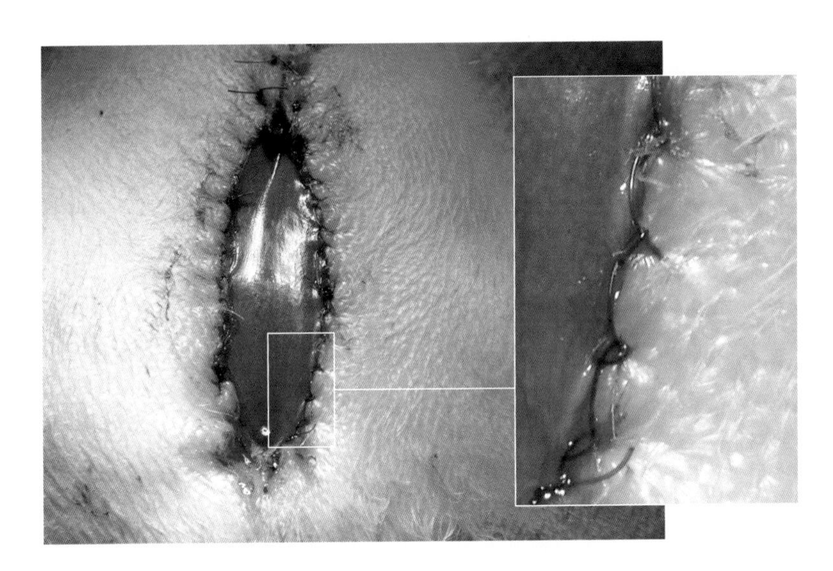

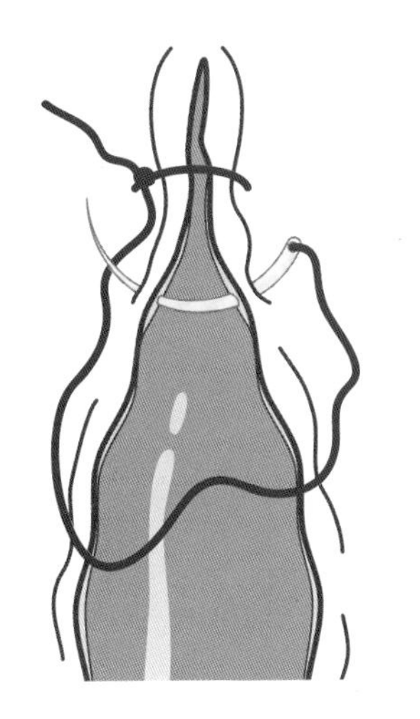

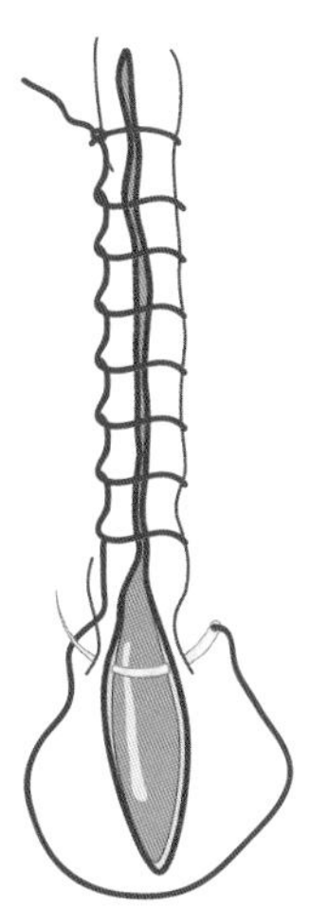

图6.99　福特锁边缝合是一种改良后的简单连续缝合。在每一针完成后，用针使缝线穿过前一个线圈，使伤口边缘对合的更好，止血效果更好。如进行了阴囊部尿道造口术后，用该技术将尿道黏膜缝合到皮肤上。

评估术中失血

尽管有适当的术前计划和正确的手术技术，仍有可能发生大量出血。无论是剧烈出血还是术中总出血量超标，在控制出血后，外科医生应该能够回答以下问题：

患病动物在手术中丢失了多少血？

为了在术中或术后立即进行适当的测量，不管是哪种手术都必须计算失血量，特别是复杂和长时间手术，以便决定是否需要纠正失血。

为了评估手术期间的失血，有许多不同的方法：主观法、容量法、重量法、稀释法、辐射法和比色法等。这些方法大多缓慢、冗长或昂贵，因此这一章提到的是兽医临床中最实用的方法。

术前阶段评估应包括因患病动物凝血系统发生变化导致的术中出血风险。

主观法

眼观评估术中失血，观察术野并不精确，可能低估或高估出血量（图6.100）。它可以用于出血有限的小手术。一个更精确的近似方法是计算纱布垫的数量，并从纱布中挤出在术野内浸泡吸取的血液，将其放到特定容器中。

不管是哪种手术技术，评估术中失血都是非常重要的。

图6.100　该患病动物因严重腹内出血正在进行再次手术。仅仅通过观察术野不可能评估患病动物的失血量。

在这种情况下可进行估算，每30 cm × 30 cm的外科纱布吸收60 mL的液体；浸在血中的10 cm × 10 cm棉纱布约含8 mL血液；使用合成纱布时可能增加到13 ~ 15 mL；小棉签（大小如“花生”）达到最大饱和度为1 mL血液（图6.101，表6.6）。这种方法不考虑其他材料如手术创巾和器械上保留的血液。

虽然纱布在止血上非常有效，但由于摩擦的刺激极易引发浆膜层（胸膜、腹膜）炎症，因此在清洗术野及从术野中清除血液和液体时不应过度使用。当必须清除大量血液或液体时，可使用外科吸引器（图6.102）。

表6.6　根据吸水饱和度提示的纱布吸收的液体体积

材料	25%饱和度	50%饱和度	100%饱和度
30 cm × 30 cm纱布	12.5 mL	23.0 mL	60.0 mL
10 cm × 10 cm棉纱布	2.0 mL	3.5 mL	8.0 mL
10 cm × 10 cm合成纱布	3.5 mL	6.0 mL	13.0 mL
小棉签	—	—	1.0 mL

用于冲洗术野的生理盐水的数量也要计算，并从吸出的液体数量中将其减去。

从腹腔或胸腔清除液体或血液时，建议使用外科吸引器。

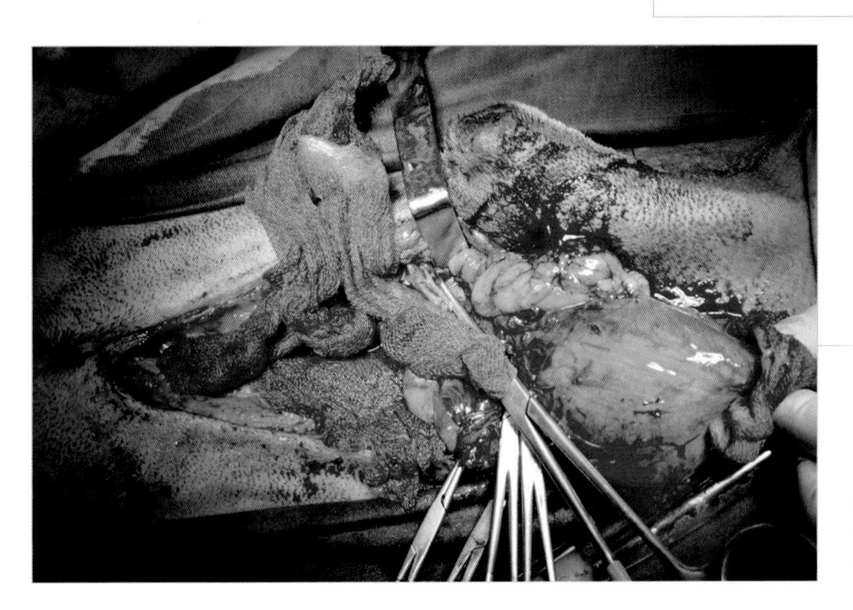

图6.101　根据大小和制作材料，用于术野的纱布垫和纱布会保留一定量的血液。如果它们没有被处理并且进行定期计算，就可以评估从患病动物上移除的液体（血液和生理盐水）体积。

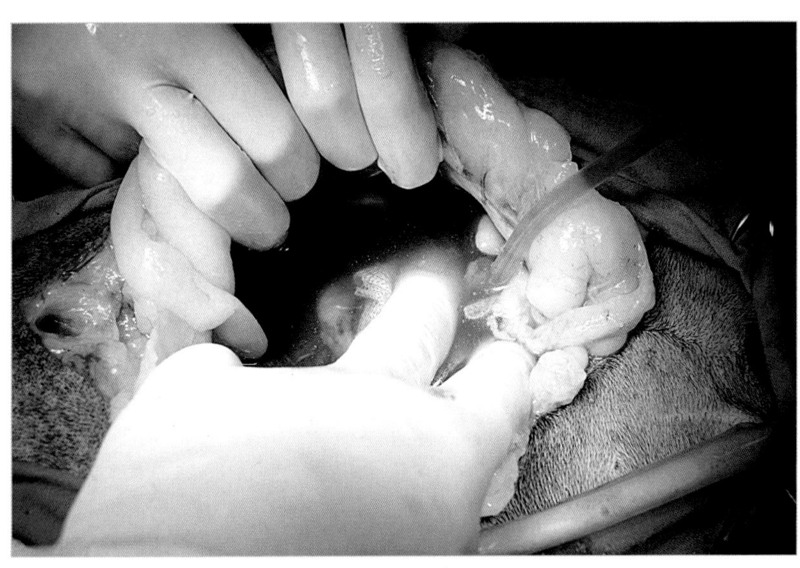

图6.102　在进行部分肝叶切除术前从患肝肿瘤的动物体内移除腹水。

重量法

如果需要更精确的术中失血量的信息，重量法最简单也最推荐用于兽医临床。该方法用于计算手术前后手术创巾、所有纱布，以及手术过程中用于组织冲洗的生理盐水和抽吸出的液体重量。

在评估术中失血量时，重量法在兽医手术中非常准确和实用。

用重量法测定失血量的步骤：

■ 确定手术过程中预计使用的手术创巾、所有纱布和纱布垫的重量（图6.103）。

■ 列出手术中用于冲洗和湿润组织的生理盐水量。

■ 手术期间，取出用过的纱布和纱布垫并放到特定容器中，不管它们吸收了多少血液（图6.104）。

这种方法假设1 g血液体积为1 mL，蒸发减轻的重量忽略不计。

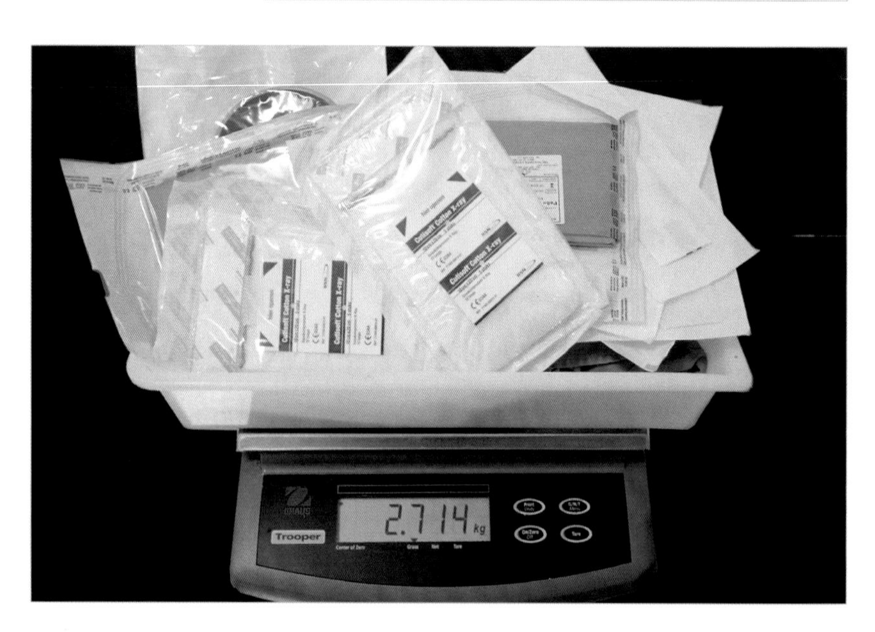

图6.103　在手术开始前，要对需要用的手术创巾、纱布和纱布垫进行称重。

图6.104　在手术过程中，助手将外科医生从术野中取出的纱布放入特定容器中。对其进行常规称重，减去用于冲洗的生理盐水量，计算术中出血量。

■ 将纱布和纱布垫从术野中取出后进行称重，尽量减少蒸发的可能性。

■ 手术结束时，重新对手术创巾进行称重，并测量抽吸的液体量（图6.105）。

■ 术中出血量等于材料（纱布垫、纱布和生理盐水）在手术前后的重量差（图6.106）。

> 纱布和纱布垫可能意外留在术野内，引起严重并发症。必须采取一切可能的措施，确保不会发生这种情况。

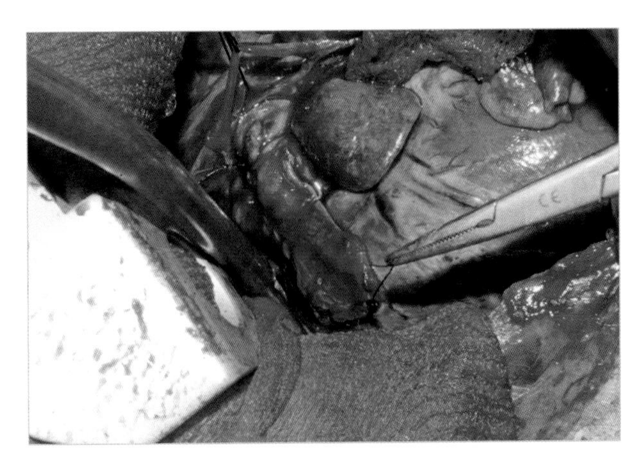

图6.105　建议使用手术吸引器来清除大量的血液和液体，并在高度血管化的器官，如需要分流的肺动脉瓣狭窄处进行手术时改善术野的可视程度。

图6.106　为了评估术中出血量，计算抽出的血液量，减去用于冲洗的盐水量。

其他方法

目前已经发展出数学方法，如改良Gross公式，以根据一系列因素评估失血量。最近，已经开发出iPad和智能手机的应用程序，这可能有助于实时追踪术中失血情况。

用于评估手术失血的改良Gross公式：

ABL = BV [Hct（i）- *Hct*（f）*]/ Hct*（m）

式中，*ABL*为实际失血量。*BV*（血容量）= 体重（kg）×80 mg/kg（犬），或×50 ~ 60 mL/kg（猫）；*Hct*（i）为术前最初的红细胞比容；*Hct*（f）为计算时的最终红细胞比容；*Hct*（m）为最初和最终红细胞比容的平均值。

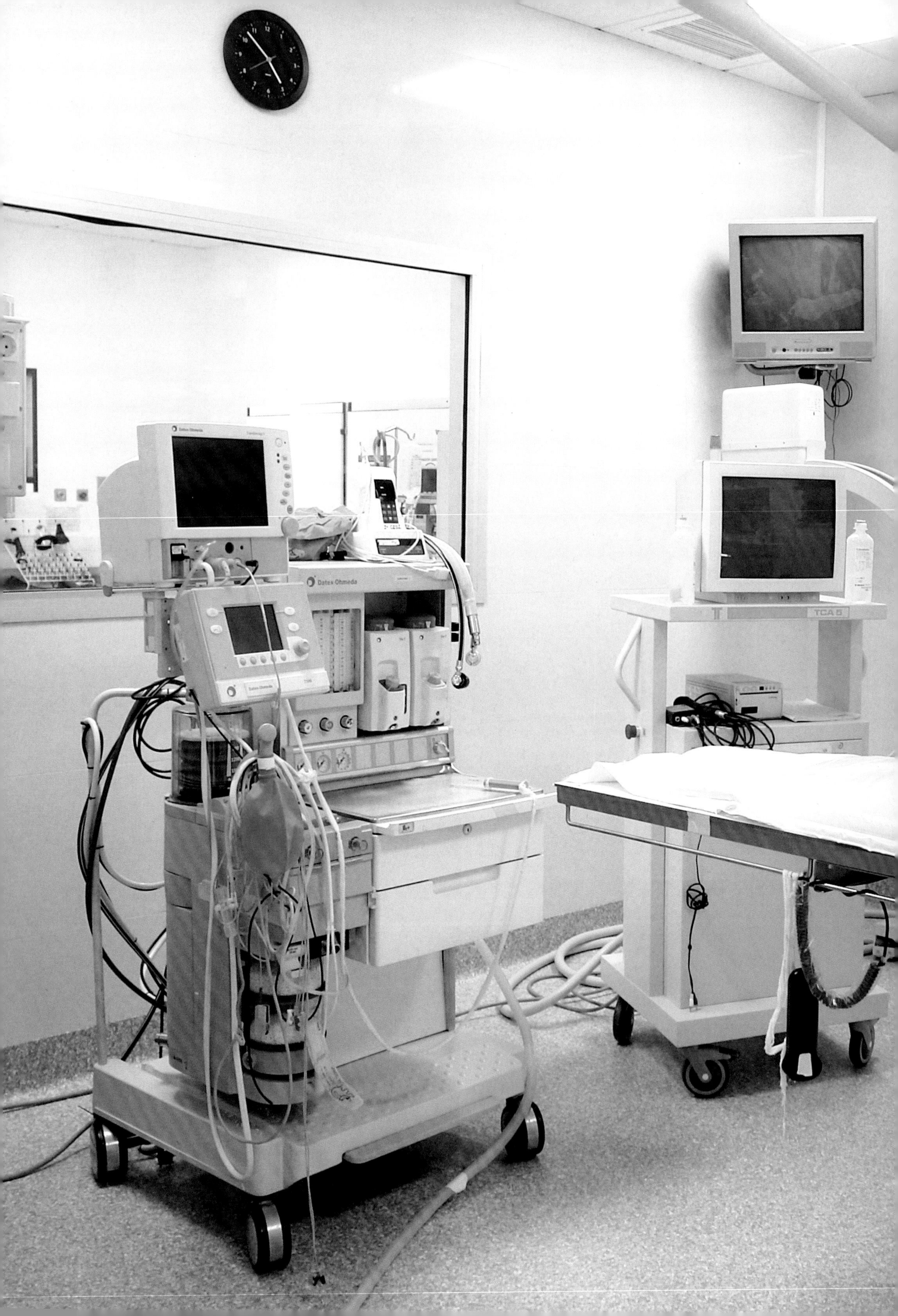
Datex Ohmeda
Datex Ohmeda
TCA 5

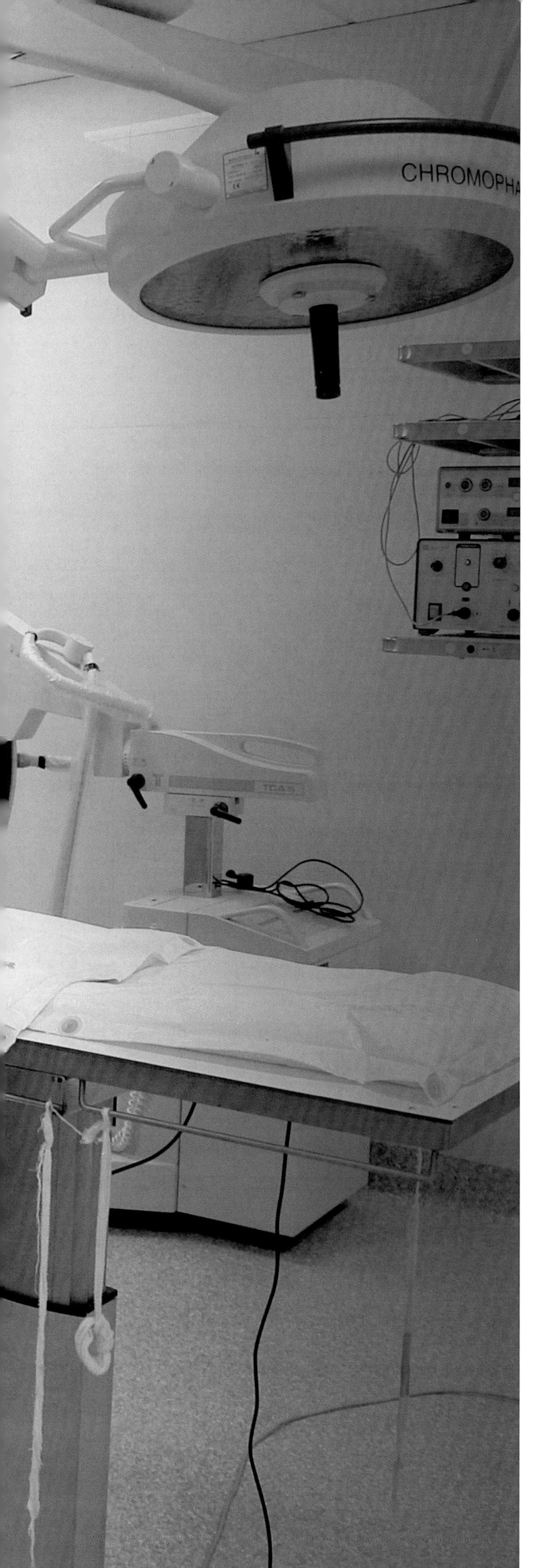

第7章 高能手术设备

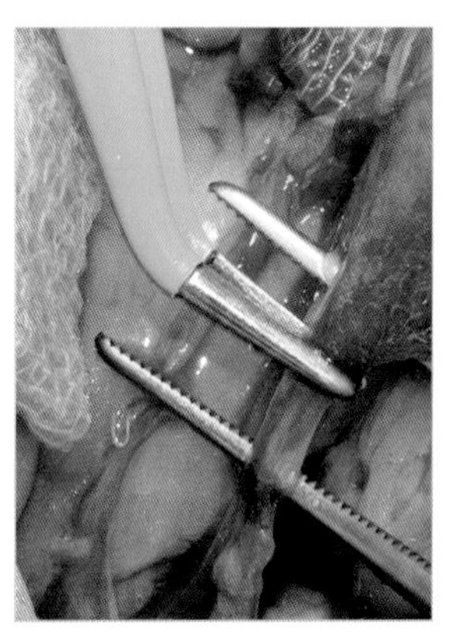

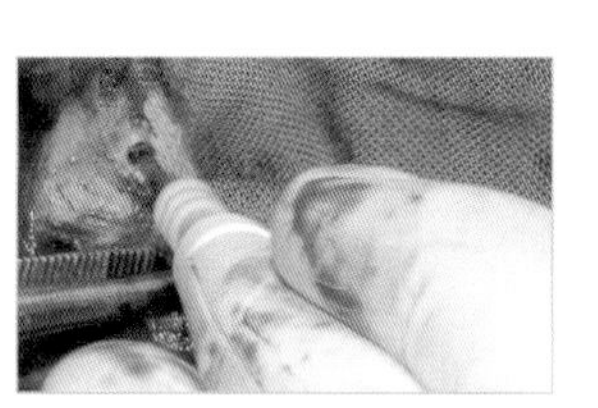

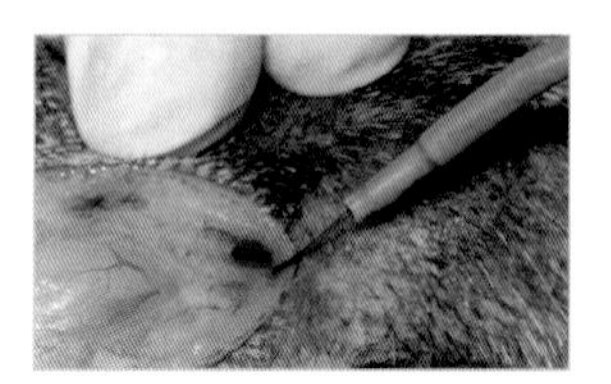

概 述

目前有许多不同的高能仪器被用于手术中的切开和止血，例如电外科设备、超声吸引器、harmonic 超声刀、血管闭合器和不同类型的激光。这些系统与其他系统相比并无优劣。根据情况、组织类型和外科医生的偏好、培训和经验，每种仪器都有一定的优势。然而，它们也可能有不良的副作用，这意味着在用于患病动物之前，医生必须了解该系统的工作原理，并接受相关培训。

回想一下希波克拉底的话很重要：Primun non nocer（“首先不要伤害”）。外科医生必须考虑其行为对病患的益处和可能造成的损伤。

能量化止血系统的工作原理基于能量源与组织相互作用在细胞内产生的热量。根据所使用的能量类型、效力和作用持续时间，细胞发生分解或脱水，蛋白质变性，并通过辐照加热对周围组织造成或大或小的损伤。

在兽医外科学的所有这些系统中，电外科手术和激光手术变得越来越重要。

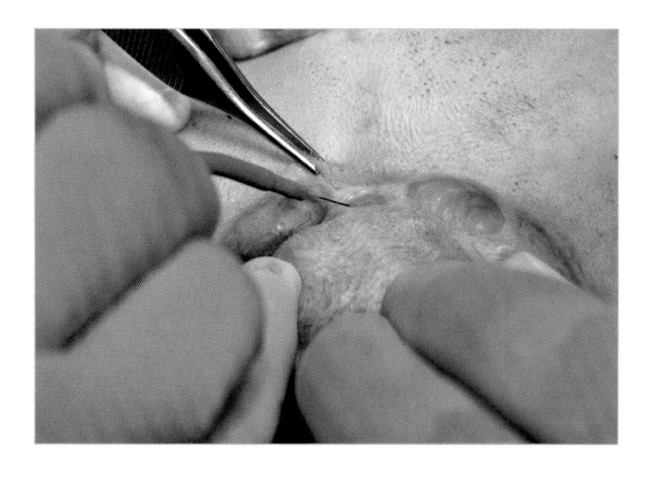

图7.1 使用单极电刀切除腹部肿瘤周围的皮肤。

当使用能源产生设备时，所有工作人员在使用过程中必须熟悉其操作和安全规则。

电外科技术在组织止血切割和控制术中出血方面是最常用的技术。它利用组织在高频电流（0.3 ~ 1.6 MHz）下产生的电阻而产生热量。可使用单极或双极系统（图7.1和图7.2）。

激光是一种放大的光，其光子束有一定的波长，相位随时间和空间变化。不同类型的激光器发射不同波长的激光。根据波长的不同，能量被细胞内水分（CO_2激光）或黑色素（二极管激光）吸收，组织也将或多或少的吸收能量（图7.3）。

在放射外科治疗中，使用 3.8 MHz 以上的高频波，在水和盐含量较高的组织中引起分子激动，产生电磁场，导致电流穿过组织。这些电流通过时产生的热量导致蛋白质凝固和止血。近年来，有更复杂的放射外科系统被开发出来。该设备具有诸多优点，并逐渐被引入兽医外科手术中。

还有一种带有控制设备的高级双极系统。该设备测量组织阻抗，并向组织施加所需能量，以便在最低温度下封闭血管。除了大的血管蒂，该系统还利用压力和能量来封闭直径最大为 7 mm 的血管（图7.4）。

氩发射器是一种单极电流发生器，其产生的强大火花仅轻微穿透组织，对大面积的中度出血非常有效。该设备使用的氩气，是一种比空气更好的电导体。

超声手术设备将电能转换为机械能，每秒振动 55 500 次，实现直径高达 5 mm 血管的切开、剥离和凝固。该系统的最大优点是不会向病患体内输送任何电力，且产生的热量较少，从而将组织的热损伤降到最低。

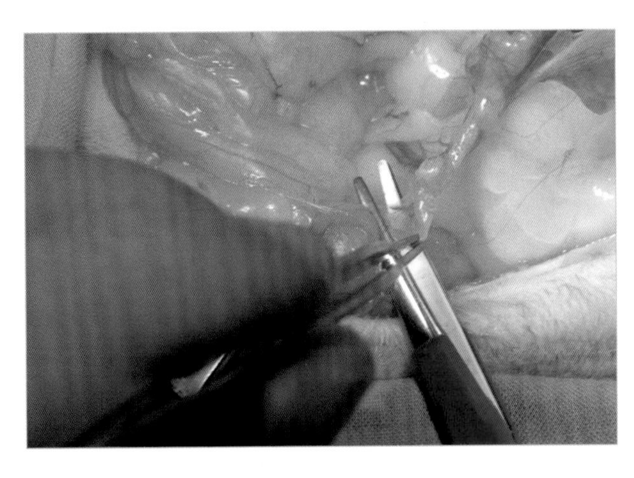

图7.2　使用双极剪可使流经刀片之间组织的血液在刀片切割前凝固。这样能最大限度地减少出血并缩短手术时间。

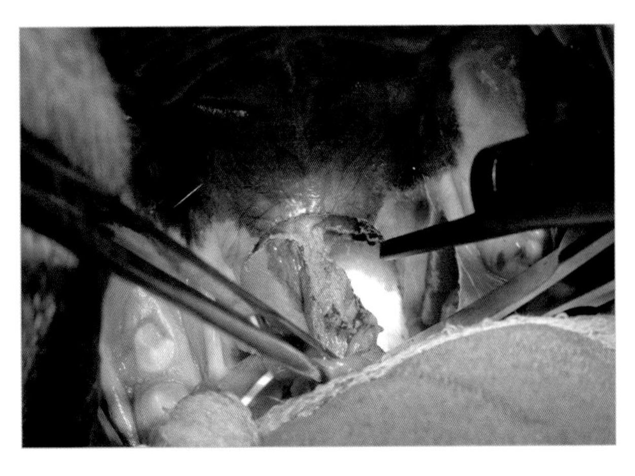

图7.3　CO_2激光用于切除英国斗牛犬的软腭。

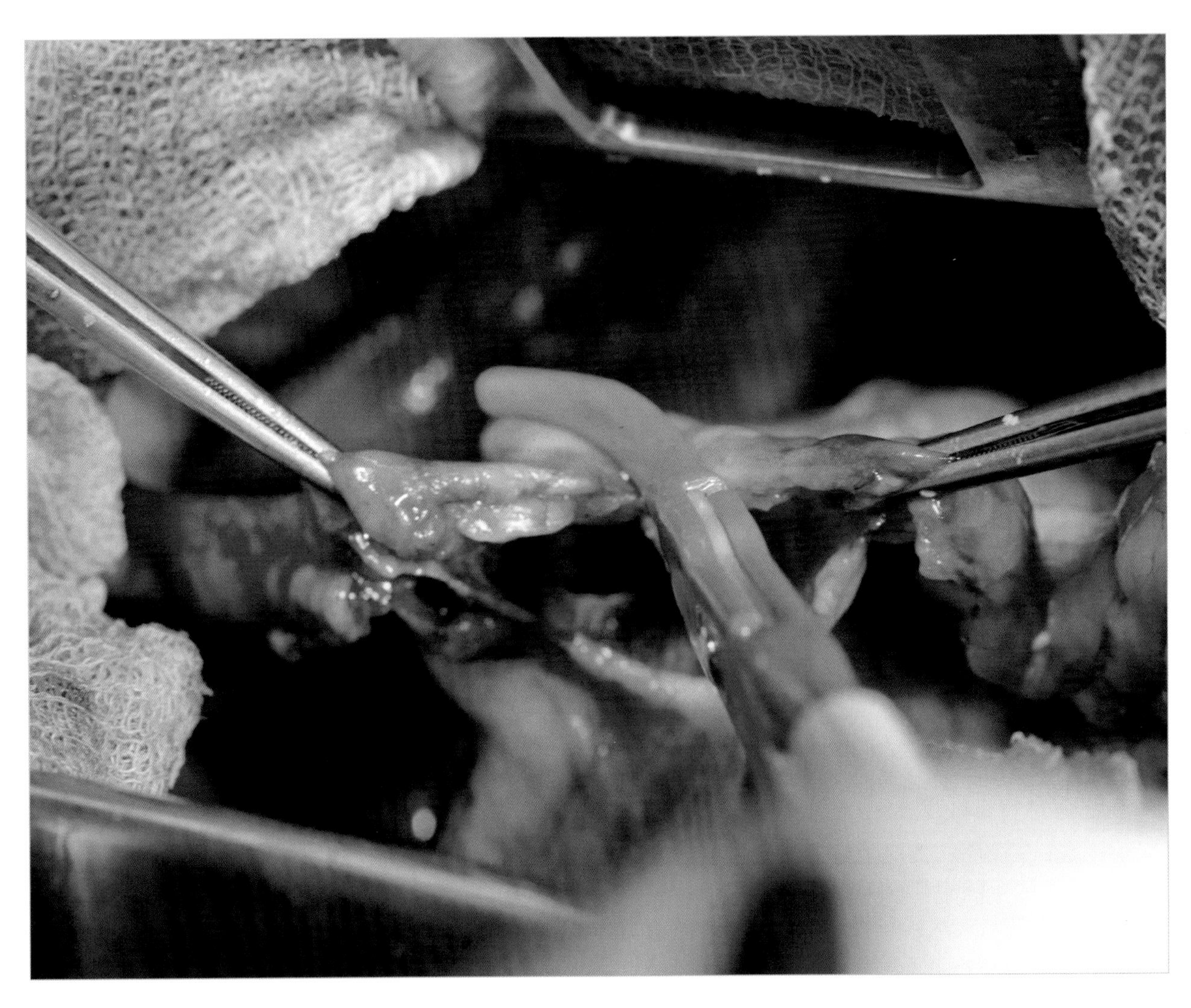

图7.4　应用于胸腔内肿块粘连的血管密封系统。

电外科手术

高频电流被用于电外科手术中的组织切割或电凝。

对于外科医生来说，熟悉电能的基本原理非常重要，唯有如此才能了解该技术的临床应用，并将潜在的并发症降到最低。

电外科手术有诸多优势，例如：

- 可缩短手术时间。
- 无出血。
- 良好无菌操作。
- 易于对组织进行操作。
- 愈合时间与手术刀切口相同。

术语“电烙术”和“电外科手术”通常被混用，尽管它们是实现止血的两种不同方法。电烙器使用电来加热导线头端，使出血血管凝固和凝闭（图7.5），而在电外科中热能由电流通过组织提供的电阻产生。

电烙笔不是电刀。

在各种情况下，电外科设备使用的安全性取决于外科医生对组织电传导的了解以及在使用过程中如何改进。

以下是使用电外科设备前外科医生必须了解的基本电能概念的简单总结。

电的主要概念

两极之间的电子流动产生电。电流有两种：直流电和交流电。在直流电中，电子单向流动，从正极（+）到负极（－），例如在极性不变的手电筒中。在交流电的情况下，极性变化很快。例如，在家里的电路中，这种极性的变化每秒发生60次（60 Hz）。

当电通过活体时，由于组织电阻，组织温度会升高并可能导致灼伤。当使用直流电时，也可能发生电解效应，导致烧伤。在低频交流电的情况下，可能发生法拉第效应（神经-肌肉刺激），伴随肌肉收缩、疼痛、休克甚至心脏骤停。

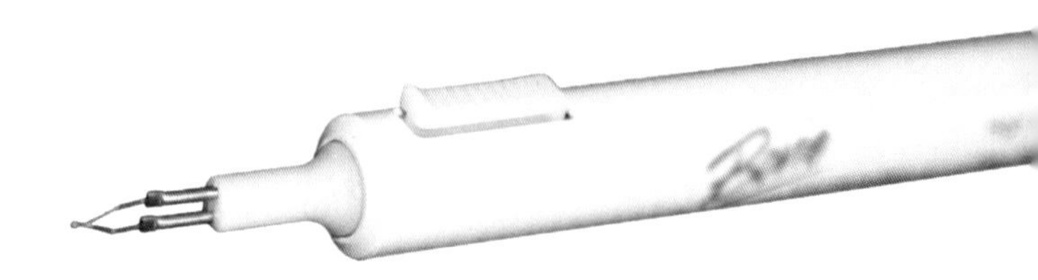

图7.5 电烙笔的金属尖端被加热至“红热”，以进行组织凝固。

在这些情况下，电流不会通过病患。

电外科设备使用350 000 ~ 500 000 Hz高频交流电，有的甚至达到3 ~ 4 MHz，对组织造成热效应，但不会干扰正常生理过程或引起法拉第效应。

在某些情况下，当器械应用于病患组织时可观察到肌肉收缩。这是由于组织将电流整流，然后流向同一个方向，而不是正反相互交替。这时单位频率将会降至350 kHz以下。设备和技术并无异常，这只是对局部产生的变化。

交流电的特性

交流电流经电路，产生以下特征：

电压：电流流经电路所需的电力，测量单位为伏特（V）。

- 强度：流过电路的电子数，测量单位为安培（A）。
- 功率：电压和电流的乘积（安培），测量单位为瓦特（W）。
- 电阻（阻抗）：电子在流经电路时遇到的困难，会产生热量（焦耳效应），测量单位为欧姆（Ω）。

当电流通过组织时，随着这些数值的不同，获得的效应不同，如下所述。

> 当对组织施加电压时，由于组织电阻的存在，不论是增大或维持电压，组织中产生的热量都会随着时间累加。如果组织电阻增加，那么需要更高的电压才能产生相同的热量。

一个关键概念：电流密度

电流密度或电势密度是一个基本概念，为确保电外科技术正确，必须理解并加以控制。

电流密度定义为到达手术电极区域组织间的总电位（图7.6）。这意味着在一定电位下，与病患接触的电极越小，产生的电流密度和热量越大（图7.7）。因此，激活电极与病患之间的接触面积越小，加热组织所需的电位越低。也就是说，当我们要做切口时，应使用精细电极（图7.8）。

> 尖头电极集中电流，增加电流密度并使产生的温度迅速升高，而可保持较低电流。

但是，返回电极要大，以便使其表面的电流分散，降低电流密度并防止组织在返回点过热。当电流通过小的组织蒂时，也会出现高电流密度。如果此时将其从组织中拉远，接触点可以变窄。通过向组织施加电流来烧灼出血源，电流将通过血管蒂的狭窄基部。此时，电流密度会增加，可能会造成意外伤害。

> 较大的电极会降低电流密度，降低温度，并导致细胞脱水，从而达到凝固（而不是蒸发）的目的。

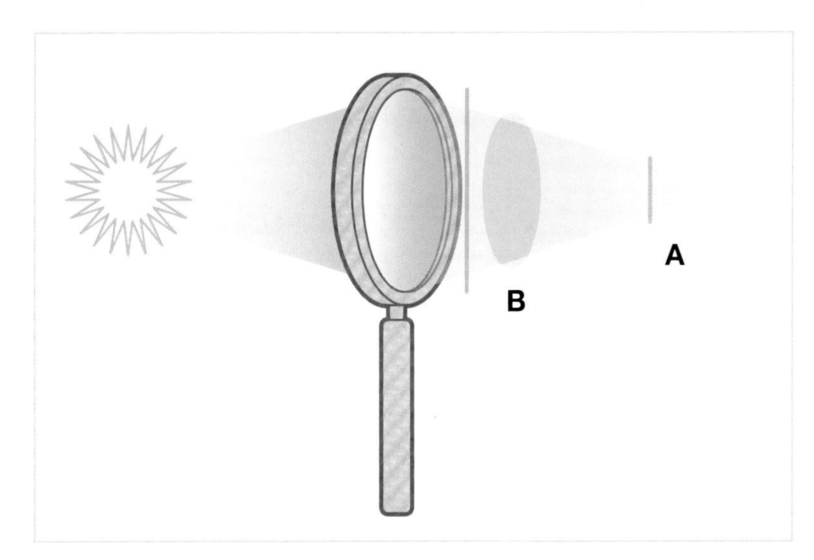

图7.6　放大镜会聚太阳光。通过改变表面积，改变电流的密度。
A.小的表面积代表更大的电流密度，因而产生更多的热量。
B.更大的接触面积意味着更低的电流密度和更少的热量产生。

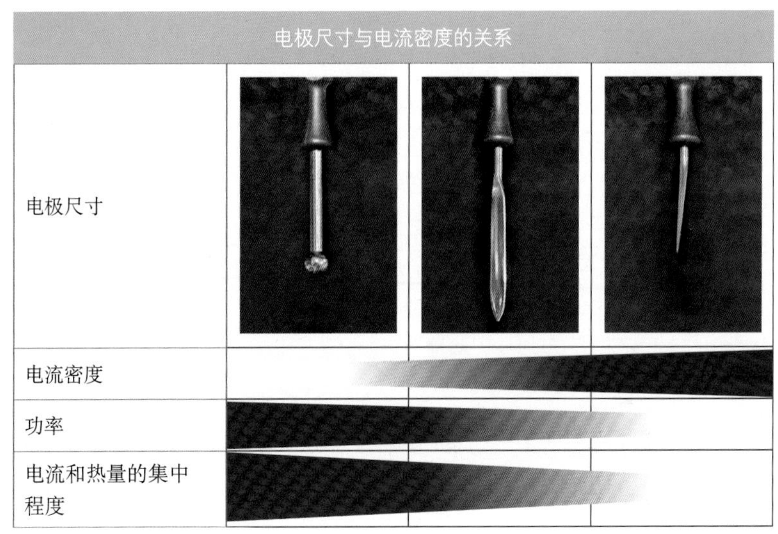

图7.7　电流密度与病患接触的电极的尺寸有关。如果使用精细的电极，所需的电能会更少，并且通过病患身体的能量也会更少。

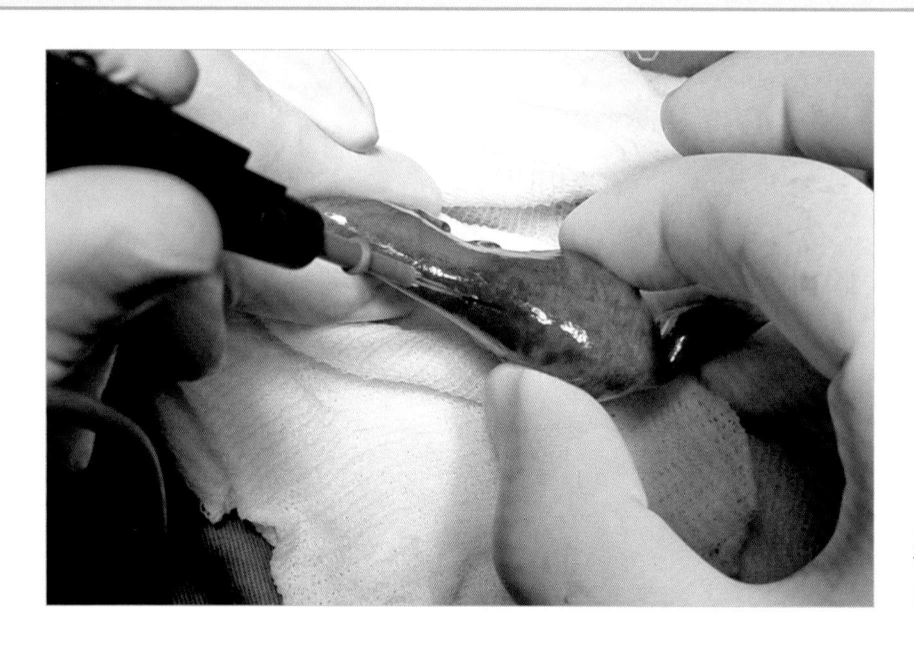

图7.8 使用末端极细的单极电刀对动物进行肠切开术。这意味着可以减少器械使用的功率，并且伤口边缘周围的热损伤最小。

电外科装置产生的电流特征

电外科设备有两种操作模式：切割和电凝（凝固）以及特定功率的选择（图7.9）。

牢记一点：设备上选择的功率取决于机器产生的强度和电压。这意味着可以通过分别增加或减少这些参数来获得相同的功率。

选择切割（cut）模式或电凝（coagulation）模式仅表示设备产生的电流类型。不应该仅为了组织的切开或血管的凝固而做出选择。在切割模式下，电子流量（安培）增加，导致细胞内的水快速蒸发。在凝固模式下，功率（电压）增加，能量深入组织，从而使蛋白质变性（图7.10）。

通过选择切割或电凝模式，可以选择特定类型的电波，这会对病患产生不同的影响。但这并不一定意味着切割模式仅用于切割，电凝模式仅用于凝血；例如，双极电凝可使用切割模式。

在切割模式下，因降低了电压，由此对组织穿透较少，并沿着切口边缘减少了热损伤。

此外，在切割模式下产生的波是连续的，没有间歇周期（未调制）。而在电凝模式下，波是间歇性的（经过调制），活跃阶段持续不到10%，活跃期的电流穿过组织并迅速加热，之后是一段不活跃期，这期间热量被传递到邻近组织。

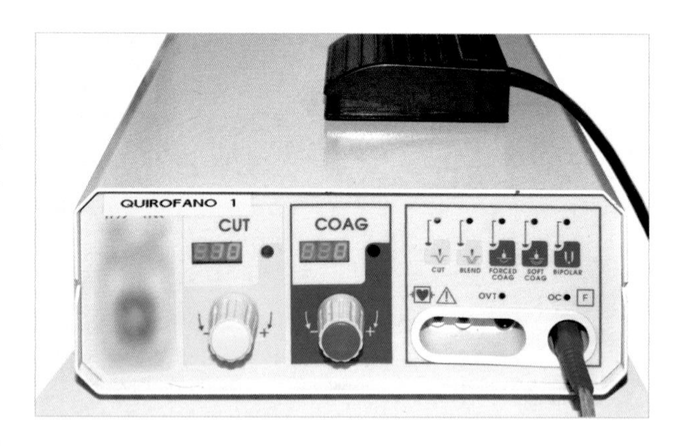

图7.9 电外科设备可设置为某个特定功率值，但也有切割和电凝模式可供选择。

切割与凝固				
电压（功率）			安培（强度）	
高		凝结		低
低		切割		高

图7.10 切割模式与电凝模式相比的影响（强度与电压相比）。

组织对电流的反应

当电流通过病患身体时，会遇到组织的固有电阻，且每种组织的电阻都不相同。例如，脂肪组织的电阻为 2 000 Ω，而肌肉组织的电阻仅为 400 Ω。组织中的电阻率与其含水量成反比（图7.11）。因此，当组织脱水时，电阻也会增加。必须记住，病患年龄越大，电流必须通过的组织阻抗就越大，所需的功率输出就更高。

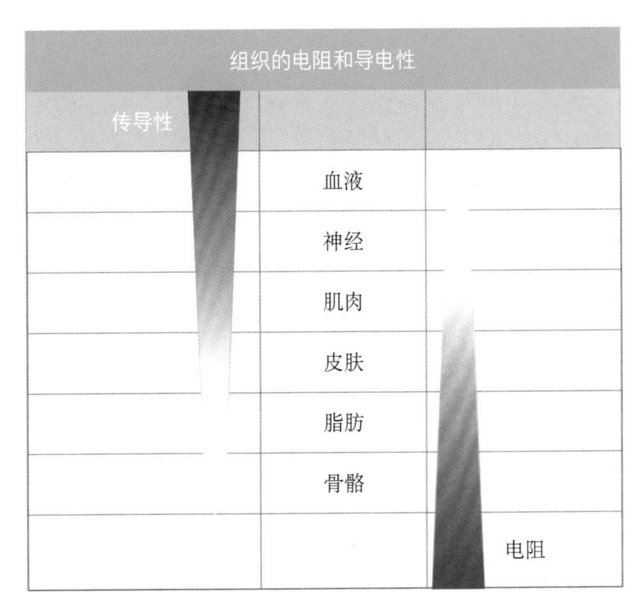

图7.11 组织的电阻和导电性。

组织中达到的温度与以下因素成正比：

- 组织电阻。
- 能量密度。
- 发生器的输出功率。
- 电流作用于组织的时间（图7.12）。

根据选择切割或电凝模式产生的电流类型以及有源电极如何应用于组织，将获得不同的效果。即使在降低发生器的功率输出选择时，通过增加暴露时间，转移到组织的能量也会大大增加。

> 电流更容易流过富含水的组织。

> 低含水量的组织（如脂肪、骨骼）对电流的阻力更大，必须增大功率才能获得与高含水量组织相同的效果。

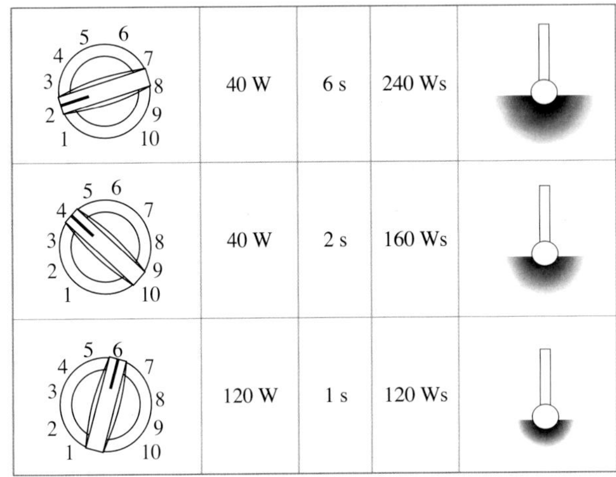

	40 W	6 s	240 Ws	
	40 W	2 s	160 Ws	
	120 W	1 s	120 Ws	

图7.12 该表列出了功率（W）和应用于组织的持续时间（s）。可以看出，即使在降低发生器的功率输出选择时，通过增加暴露时间，转移到组织的能量也会大大增加。

> 切割脂肪组织时，选择电凝模式会比切割模式更容易。同样功率的条件下，电子的作用力增加，有利进行切割。

引起组织热效应变化的因素：

- 电流模式：切割或电凝。
- 波形类型。
- 输出功率。
- 电极形状。
- 电极的状况和洁净度。
- 使用速度和应用于组织的方式。
- 组织特性和电阻。

汽化

切割模式下会产生高电流和低电压的连续波，这会导致水分子高速震动并产生强大的热能（超过100℃），电极不应与组织直接接触，应保留一个产生火花的空间。这会使得细胞爆发性蒸发，并产生类似于使用“冷”手术刀（手术刀片）获得的切口（图7.13）。

如果电极与组织紧密接触，那么电极不会产生火花，组织会脱水或炭化，并且需要更多的电能才能进行切割。在这种情况下，切割过程会变得不流畅，而且会导致更严重的热损伤。

为了优化切口，必须注意组织操作。需将伤口边缘分离，在组织和电极之间创建一个产生火花的空间，这样做会使横向热扩散程度最小，并使电流集中到下一个点（图7.13）。

如果伤口边缘未分离和/或电极与组织紧密接触，那么不会有火花形成，也不会发生汽化，只会导致组织脱水。

必须将设备的输出功率调节至能够实现平滑和清洁切口的水平。这取决于病患的体型、组织类型及其水合程度，在大体型动物、高电阻组织及脱水组织的情况下应增加输出功率。

正确操作时的切口边缘应是干净的，并且只有轻微的组织损伤。切口表面应为淡黄色，而不是深棕色或黑色（图7.14）。

在单纯切割模式下，切割组织效率很高。然而由于热辐射量最小，止血效果也较差。

在手术过程中，电极应尽可能接近组织，但不完全与组织接触。这是由于为了引起组织汽化，需要在电极周围形成一层蒸汽，但如果直接接触，就无法汽化。

单极电外科手术器械可有效用于水合组织，但不适用于水合过度的组织。在过度冲洗或持续性大量出血的区域，电流是无效的，因为电流仅通过液体而不会通过组织。

使用单极电刀进行正确切割

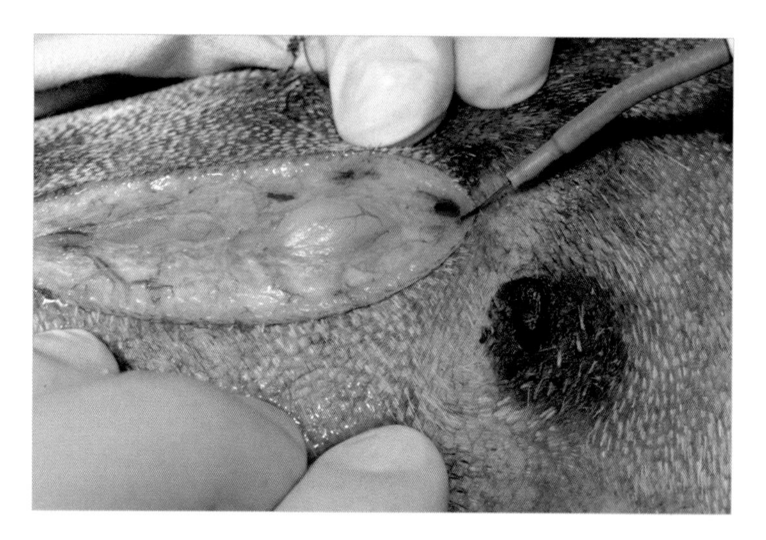

图7.13 为了获得理想的组织切口，皮肤的紧张度至关重要，如图所示动物在接受乳腺切除术。

如果切口干净但有出血，这是由于使用的电极过于精细，具有较高的电流密度。此时应降低电极移动速度或换为铲型电极。

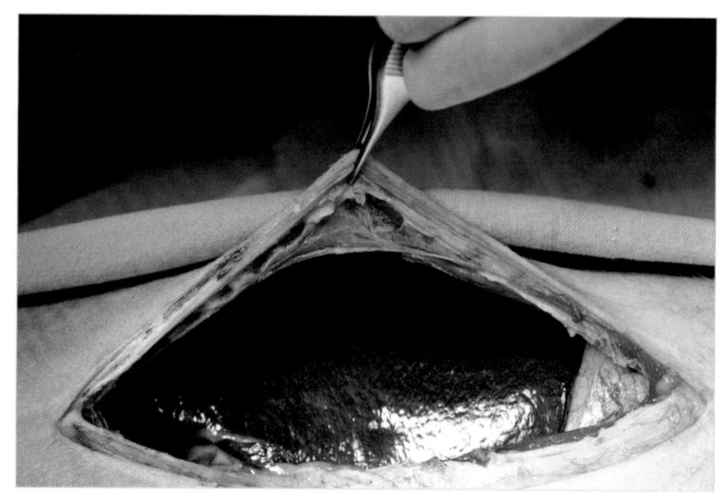

图7.14 该动物正在接受使用极细尖端（针）的单极电刀进行的剖腹手术。可观察到对切口边缘造成的损伤最小。

如果在切开过程中有出血，可将选用电极更换为更宽的类型（铲型或刀刃型），并降低移动速度，使更大量的电流沿切口边缘流动；或调整模式，以形成混合波，或改为电凝模式。

电凝模式也适用于高电阻的组织切开，如下所示。

> 如果在电凝模式下做切口，切口的精致度会降低，但止血效果会得到改善。

电灼疗法

通过将电极与组织保持一定距离来实现喷射电灼（spray fulguration）或电凝。在电凝模式下，电压升高，在电极和组织之间的薄层空气中产生高能量火花，以最小的渗透量对浅表进行止血。

此时对组织造成的损伤非常浅表，除非长时间将电极与组织保持接触。

使用该技术时，应该选择球形电极以提供更大的表面积（图7.15），但也可以使用铲式电极。

电灼疗法适用于小血管的止血和控制不易定位的浅表出血。

一些外科医生还在切除肿瘤后使用电灼术破坏组织表层，以减少复发的可能性，或当感染源被移除后，避免细菌的扩散。

> 电灼疗法需要高电压，以产生火花引起组织凝固，而不是使用切割的动作。

防止组织炭化的诀窍是保持电极持续运动。通常在相关区域滑动足够的时间，以使表面组织刚好脱水，形成一个均匀且有弹性的创面（flexible sore）。理想情况下，电凝时不会形成发黑的伤口。

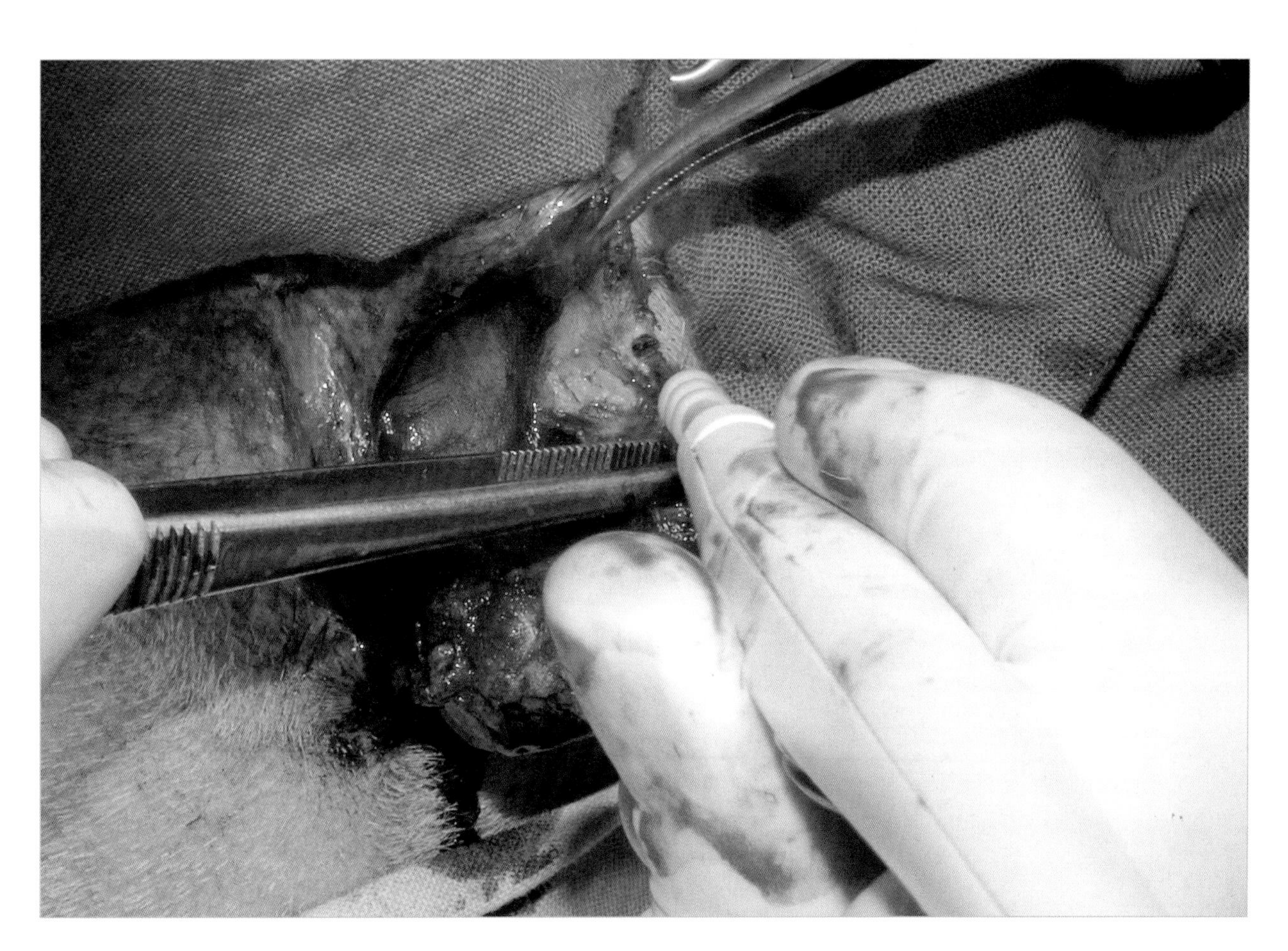

图7.15　为了实现表面凝血，使用球形电极，与组织保持较近距离，并选择电凝模式。

干燥作用（脱水）

电极与组织紧密接触时，接触的部位发生组织脱水，不产生火花，组织中的电阻产生的热量导致细胞内水被蒸发并使蛋白质凝固（图7.16 和图7.17）。

这种情况下，采用切割模式，热效应更深，表面损伤减少。如果选择电凝模式，组织边缘的热损伤将更大，扩散至组织内部的热量会更少。

> 电凝模式使用较高的电压，在接触点造成更大的组织损伤。阻抗增加使得电流流动和深度凝固更加困难。

影响组织干燥的因素包括电流密度、应用持续时间和所用手术技术。一个关键因素是电极与组织接触的时间长短，接触时间应尽可能的短暂，以便将坏死限制在组织表面。

如果在做切口时，组织与活性电极接触，则会发生干燥作用而非组织汽化。由于热量在组织内扩散，切口出血较少，但热损伤会更大（图7.17）。

在将电极靠近于另一器械上时，为了凝固滞留在该器械中的组织，务必确保其不与病患身体的任何其他部位接触，以防止意外的二次损伤（图7.16）。

在应用该技术的过程中，由于产生了电弧，可能导致外科医生的手套穿孔。为了避免这种风险，应先将电极与器械接触，然后再激活发生器。

> 干燥作用是使用电外科设备来止血的最优且安全性最高的方法。应选择切割模式。

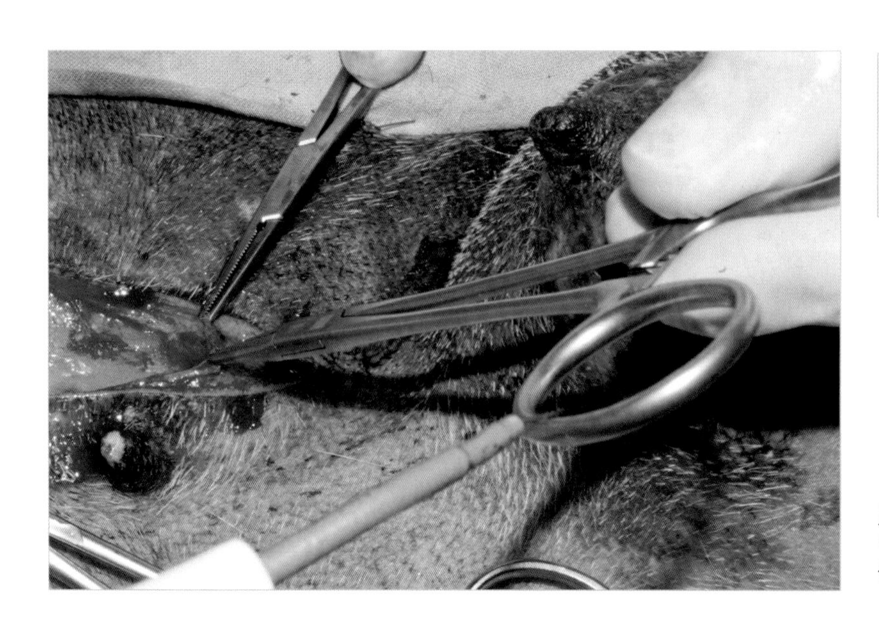

图7.16 在干燥作用中，没有火花产生，切割模式是首选。应握住携带电流的器械（图示为蚊式止血钳），仅使其尖端接触动物。

使用电灼及干燥技术对组织进行电凝

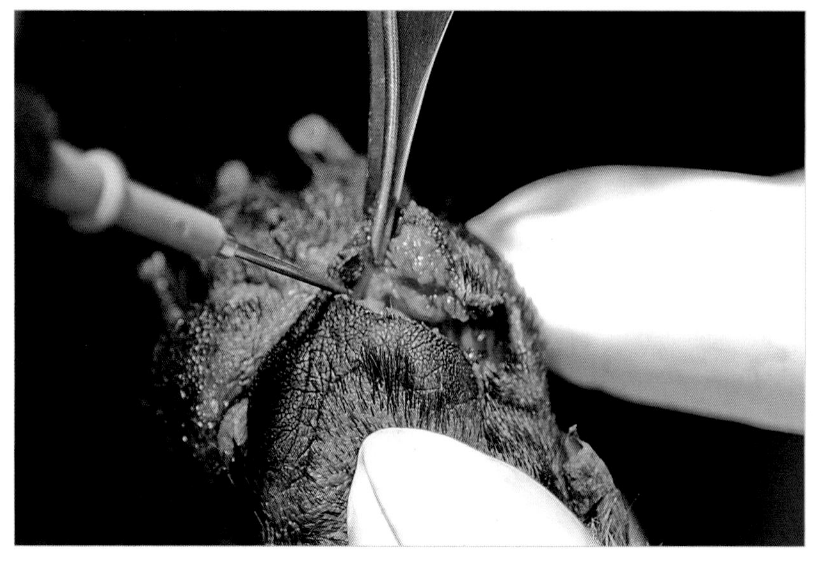

图7.17 使用干燥技术对手术区域进行良好的止血，如本例所示。该病患正在接受爪垫部分切除术。

电外科手术的安全性

电外科手术安全措施的重点是在使用高频能量器械的手术前、手术过程中和手术后最大限度地减少电和其他风险造成的潜在损伤。

与电外科手术相关的最严重损坏是爆炸或着火和烧伤。

电外科设备的缺点及可能造成的损伤：

- 如果产生的火花接触到易燃物质（如酒精消毒剂或麻醉气体），则可能发生燃烧甚至爆炸。
- 若没有正确放置回路板，导致电流密度增加，可能造成皮肤严重灼伤。如果技术未正确实施，也可能发生这种情况。
- 产生的烟雾可能会刺激眼睛和呼吸系统，甚至传播或导致疾病。建议使用口罩过滤烟雾和特定的吸引器。获得的样本由于热损伤导致的伤口边缘破坏，可能不适于病理学研究。
- 无意中激活发生器可能导致有源电极导致中空骨穿孔或实质性器官或大血管明显出血。使用双极器械的情况下风险较低，但并非不存在。
- 如果未正确使用设备，工作人员可能被灼伤。
- 与起搏器的相互作用。对心脏装置的影响可能是并发症的一种，因为电流可能干扰手术。

对于这些动物，电外科手术并不是禁忌，但必须采取适当的预防措施。最好使用双极器械；单极电极至少应距起搏器15 cm，并尽可能使用最低功率。

风险低于电外科手术的固有风险，但均可控制。为了防止或最小化这些风险，必须遵守所有操作规程，且所有手术人员必须接受关于电外科原理、所用技术以及设备操作、清洁和灭菌的全面培训。

电外科设备和电极

电外科系统的完整电路包括：

- 电外科设备，它利用电源提供的低频电流产生电外科用高频交流电。
- 一个电极刀头，将电流传递到与动物体的接触点。
- 病患，或电流将通过的组织。
- 一只中性电极，电流将通过它返回到发生器。

高频电刀的类型

有两种类型的电外科发生器：

- 常规发生器。
- 绝缘发生器。

各家公司会决定生产哪种类型的发生器以及它们形成的波调制程度，例如电切割的程度或凝固效应的深度。因此，在某一设备上获得的经验或许不适用于另一台设备。

设备显示屏上出现的数字不代表实际施加的功率。不能假定不同设备的数字效果相同。

在使用不同的电外科发生器时，也要将经验与设置相结合。

常规发生器

在任何类型的发生器中，电流通过动物后，必须返回接地的发生器。

当使用传统发生器时，必须特别注意动物身上使用的其他设备或仪器的连接和接触点，如手术台、ECG 电极或滴瓶支架，因为电子可能通过它们返回地线，而不是通过将其返回发生器的电极返回地线。如果回路电极没有正确放置、未与病患接触或未正确绝缘，电流可能会找到电外科回路的替代路径，在电流密度增加的点引起灼伤(图7.18)。

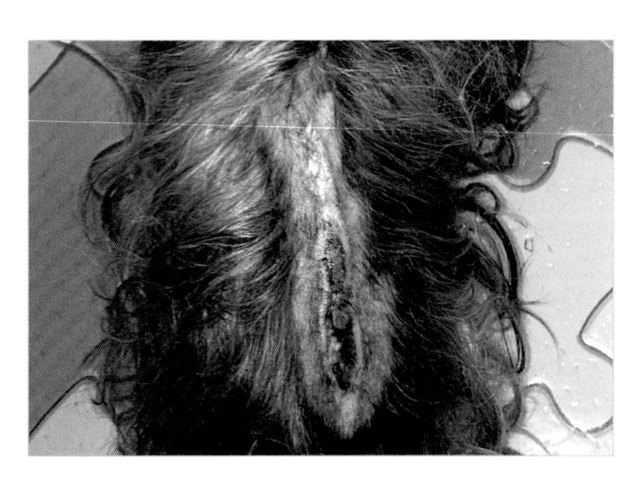

图7.18 在使用传统电外科发生器时，由于回路电极放置不正确而导致动物出现背部灼伤。直到术后数天灼伤才被发现。

> 电子会沿着电阻最小的路线移动，找到地线。因此，必须保持动物的身体干燥，并与手术台或其他金属物品隔离。

绝缘发生器

绝缘电外科设备有助于电子通过中性电极返回到发生器，从而防止电流通过其他路径。

若由于回路板放置不正确或故障而导致电外科电路存在故障，发生器将下调功率甚至停止发出电磁脉冲，以免灼伤动物。

端子或电极的类型

如前所述，电子必须绕着闭合回路流动，才能回到地线。当在手术室中使用电外科设备时，动物及其组织将构成该电路的一部分，电流必须从术者手持电极流到中性电极，然后返回发生器。根据电极的相对位置，我们谈论双极或单极电外科手术。

单极电外科手术

在单极电外科手术中，电流从较小的手持电极流向与动物匹配的具有较大表面积的被动、中性或返回电极。

> 在电流密度增加的位置附近，将会产生更高的温度和更大的热损伤，这是在接触点所需要的，但必须在中性电极区域予以避免。

手持电极

手持电极负责向动物施加电流。为了防止对工作人员或动物造成意外损伤，必须定期检查可重复使用器械上的绝缘层和电线。电外科器械不使用时，电极应远离手术区域和人员，以防发生器被错误激活（图7.19)。可以像握铅笔一样操作

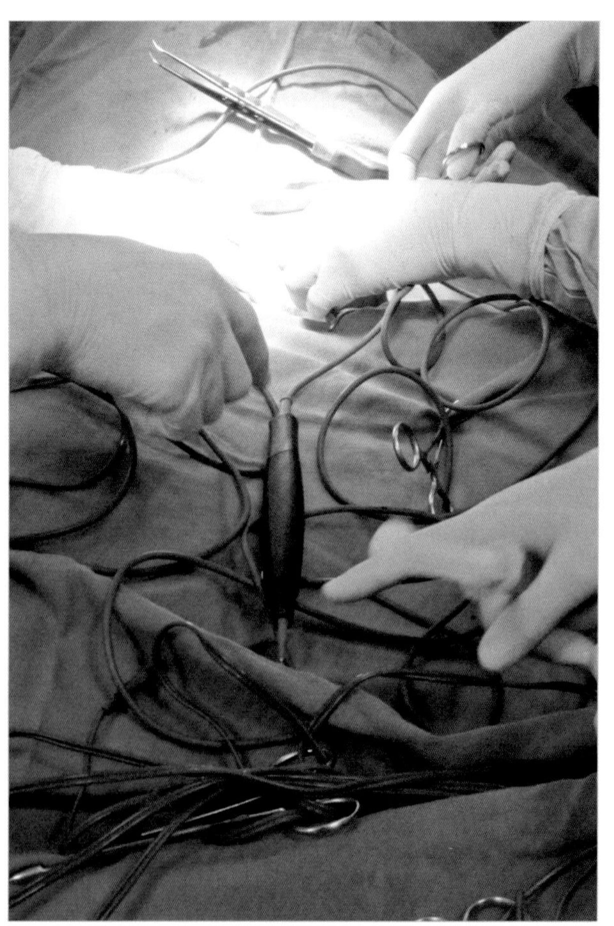

图7.19 如果不使用单极电凝，则必须将其放置在远离手术区域和手术人员的地方，以防止意外激活时受伤。从本图中，可以看到操作员是如何放置暂时不用的电极的。

有源电极，并使用手柄上的按钮或安装在发生器上的踏板控制电流（图 7.20）。

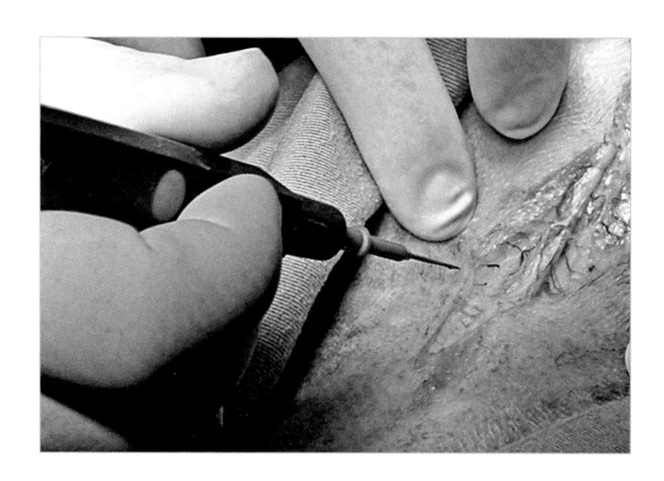

图7.20　像铅笔一样握住手持电极。按下黄色按钮进入切割模式，蓝色按钮用于切换到电凝模式。图示为剖腹手术中使用针尖电极做皮肤切口，发生器处于切割模式。

手持电极终端

手持电极的尺寸和形状有很多种，施加于组织上的方法也会影响切口和止血效果，它们之间的组合选择非常多样，甚至超过了两种作用模式的选择（表 7.1）。

> 手持电极的选择决定了功率的大小，也就是说较大或较小的能量需求（图 7.7）

表 7.1　手术中最常用的手术电极终端类型

针型	刀型	球型	环型
精准切口	切开或凝血	电凝	精确切开（切除）

> 通过增加电流密度，可减少所需的功率，并将组织的热损伤降至最低。

细针型和环形电极由于电流密度增加可形成干净的切口，但能量由于分散而较低，无法有效电凝（图7.21）。

刀片型电极可以利用窄边精准切割切口，利用宽边充分凝固。此时暴露面积更大，因此需要升高发生器的功率（图7.22）。

球形电极适用于通过电灼或干燥实现组织止血（图7.23）。

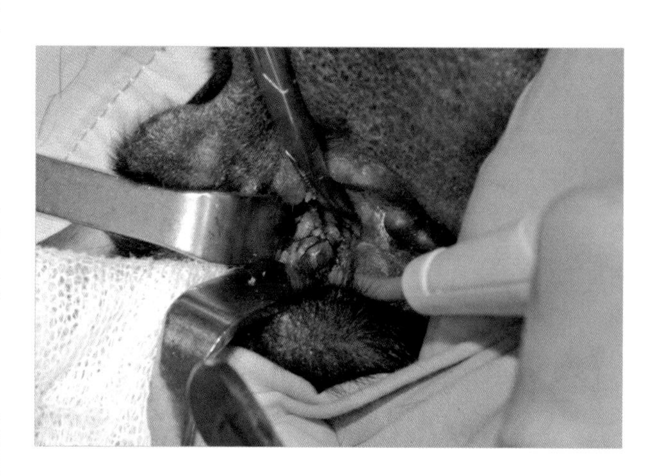

图7.21　在低功率下条件下，使用息肉切除钩和切割模式切除位于外耳道的带蒂肿瘤。

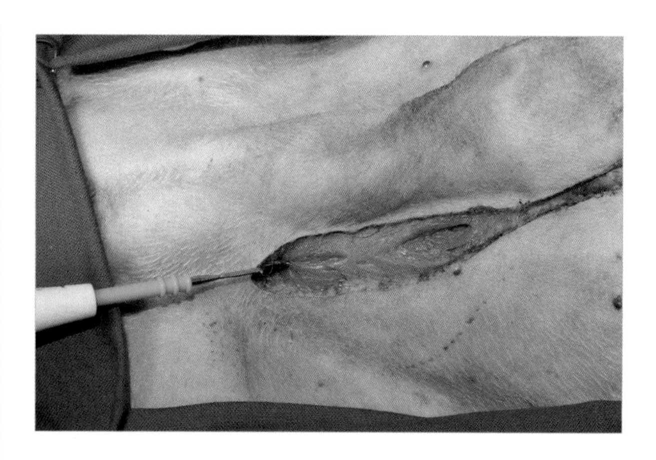

图7.22　使用刀片电极时，应使用窄边做切口，以便从较宽的边分散更多的能量，并沿着切口边缘实现更好的凝固。

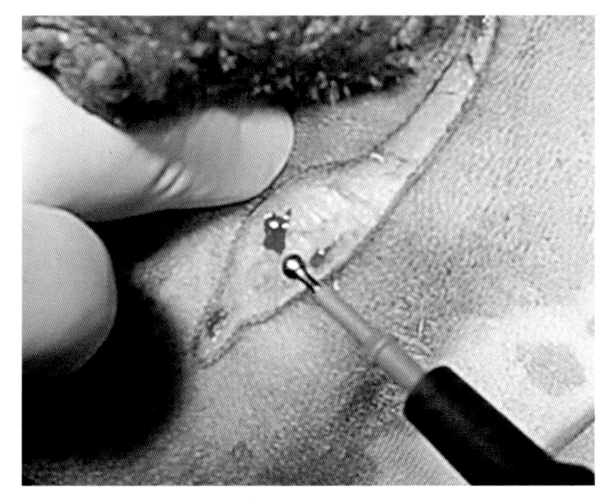

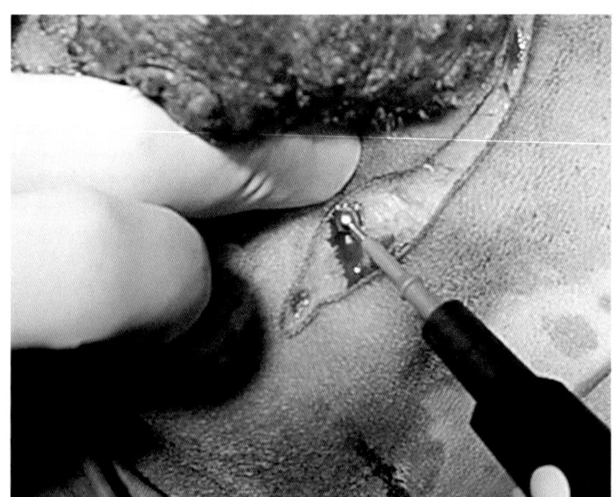

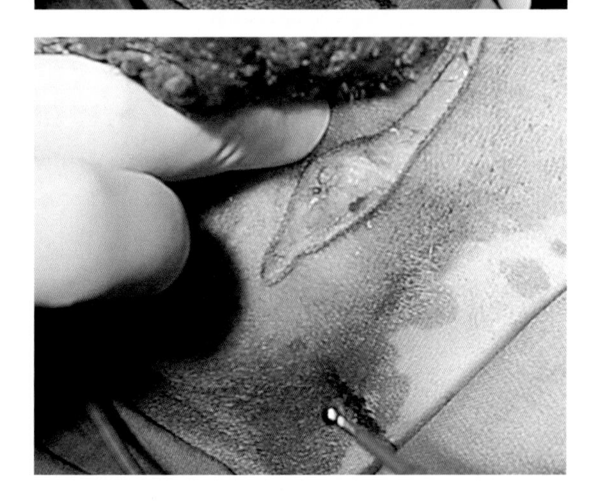

图7.23 球形电极允许更有效的电分散，当在电凝模式下使用时，通过电灼疗法实现表面止血的效率更高。图示为使用电灼疗法对浅表血管进行凝血。在使用此种技术时，电极不应接触组织。

细针型电极与刀片型电极相比需要更大的功率，因为电流会集中在一个较小的区域。

在使用过程中，手持电极周围会形成一层炭化组织，增加了电阻。这种电阻降低了设备的效能；电极切割或凝固效率较低，就需要增加功率。对于这种情况，必须定期清洁电极头端，以去除“涂层”。也可以使用手术刀刀片的钝边或打磨器去除（图7.24、图7.25和图7.26）。

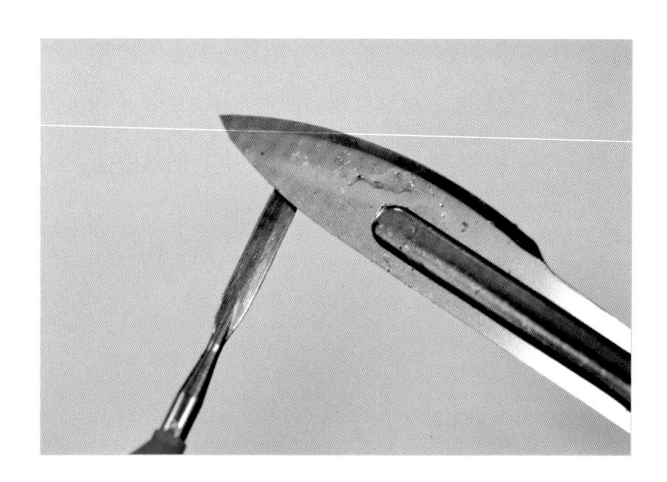

图7.24 手术刀片的钝边可用于刮擦手持电极，以便清除已形成的覆盖层。

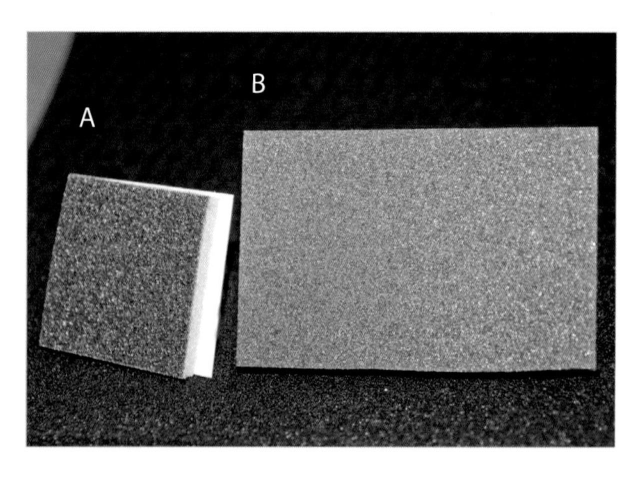

图7.25 （A）市场上销售的用于清洁单极和双极电极的海绵垫。（B）其中一侧有黏性，可以附着在外科医生的袖子或手术垫上。另一种方法是在DIY商店购买中等粗糙度的研磨垫，在使用前可将其进行高压灭菌。

图7.26 术中使用研磨器清洁手持电极。

工作电极必须保持清洁，以免电阻增加。

必须在远离术野的地方进行清洁，以防止废弃物掉入伤口。

单极电外科设备内镜下使用时的注意事项

当将单极电外科器械用于内镜检查时，可能因绝缘故障或直接或电容性接触而出现问题。

当手持电极接触另一金属器械或绝缘涂层损坏时，将发生直接接触。此时电流将改变路径并导致意外灼伤。为防止这种情况发生，必须始终将仪器放在视野内，并且不得接触其他金属设备或物体，例如血管夹。

内镜手术中最常受到直接接触损伤的器官是肠道。

电容性接触被定义为通过金属套管插入单极电极激活后产生的电场。如果通过腹壁扩散到返回电极，这种现象并不危险；但是，如果使用塑料部件将金属套管连接到腹部，电流将不会通过腹壁分散，而是会通过其他邻近结构，如肠道分散。消除这种潜在危害的最佳方法是避免使用同时含有金属和塑料两种成分的套管。

为了使潜在的电容性接触最小化，应使用最低功率。

如果手术器械未正确绝缘，能量将泄漏并可能导致组织灼伤。因此，必须在术前、术中和术后检查器械绝缘性。

绝缘性损坏主要是在灭菌过程中造成的。

中性电极或负极板

返回电极的作用是将流经动物的电流安全地流回到电外科发生器。因此，该电极面积必须较大，并且具有良好的导电性，还要正确放置在动物身体上，以确保产生最小的电流密度和热量。为了促进负极板的正确运行，其与动物接触的区域必须剃毛，并使用一种利于电传输的材料，例如用于心电图电极或超声扫描的耦合剂（图7.27和图7.28）。

图7.27 负极板必须具有较大的表面积，并与动物保持密切接触，以便将该区域的电流密度降至最低，从而促进电子返回发生器。为了使动物与负极板的接触面积尽可能大，接触的区域必须是无毛的。为了促进电流流动，必须在动物和电极之间放置导电凝胶。

手持电极和返回电极之间的唯一差异是尺寸和导电性。中性电极的主要用途是尽可能分散大电流，以使该区域的电流密度和组织热量最小化。

图7.28 返回电极放置在大腿内侧。如图所示，该平板由硅胶制成，可以轻松适应特定区域，从而提供与动物最大可能的接触面积。

返回电极必须很大，并且非常贴合身体，以便将离开动物身体的电流密度降至最低。

为防止返回电极区域的热损伤，应遵循的建议

- 应将其放置在靠近手术区域的位置，以确保流经动物的电流路径尽可能短。它放置得越远，需要增加的功率和电压就越多。
- 平板应放置在肌肉区域，避免靠近脂肪组织，因为脂肪是电的不良导体。
- 返回电极不应与骨边缘接触，因为在这些点电流密度会增加。
- 返回电极应尽可能与动物身体接触（图7.29）。
- 必须正确放置返回电极，以便分散最大电量（图7.30）。

如果回路电极没有被正确放置，或与动物身体接触的不够紧密，则可能会造成不同类型的热损伤（图7.31和图7.32）。

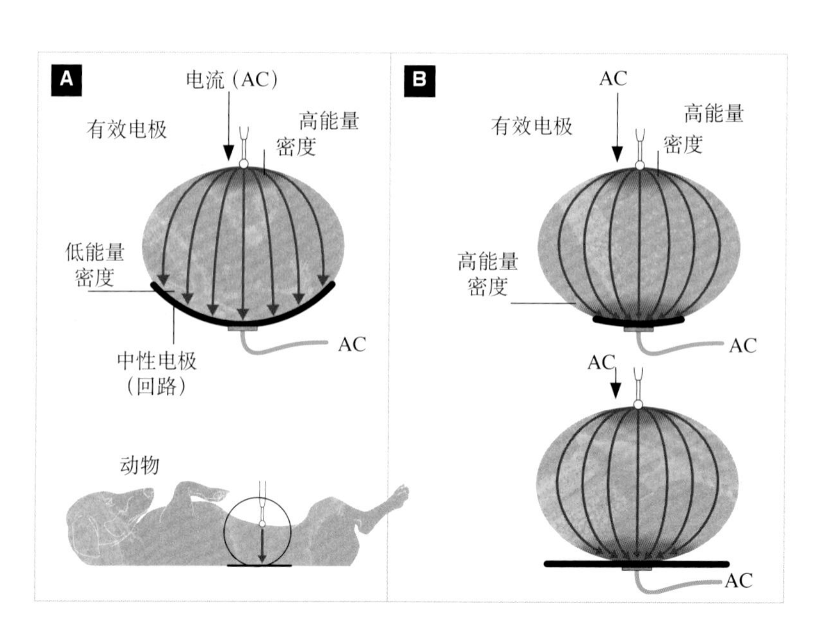

图7.29 中性电极必须尽可能多的与动物接触，以便将电流密度降至最低。
A.位置正确；B.位置不正确。

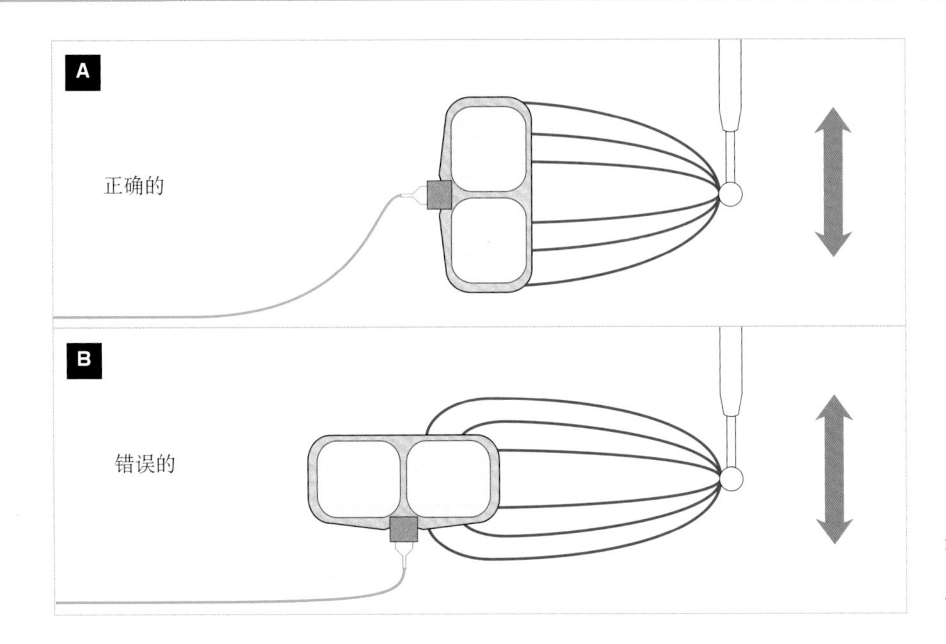

图7.30　中性电极的位置对于增加返回发生器的电流表面积（并以此减少组织的热损伤）来说非常重要。

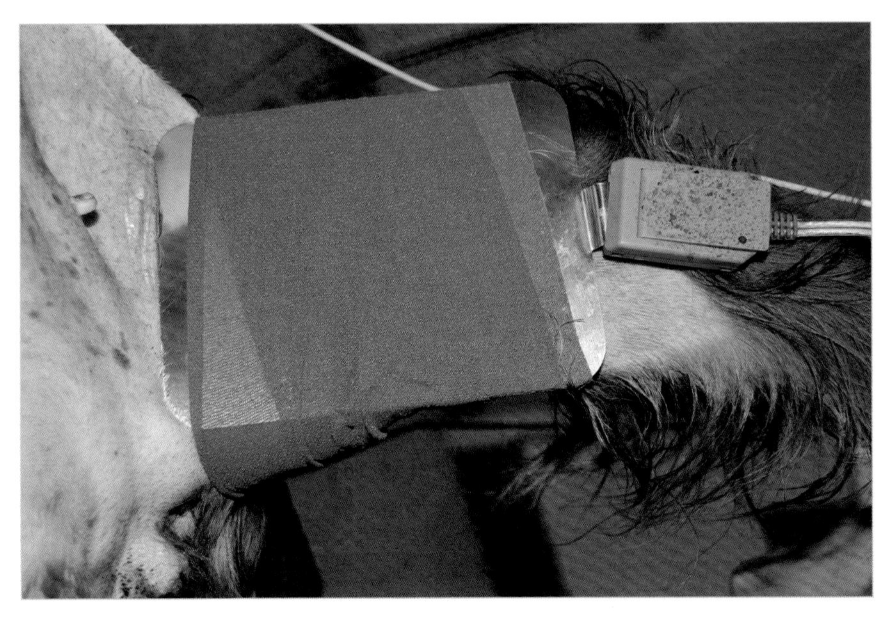

图7.31　错误地选择金属返回电极定位在大腿内侧，电极的位置不正确，没有与动物紧密贴合。

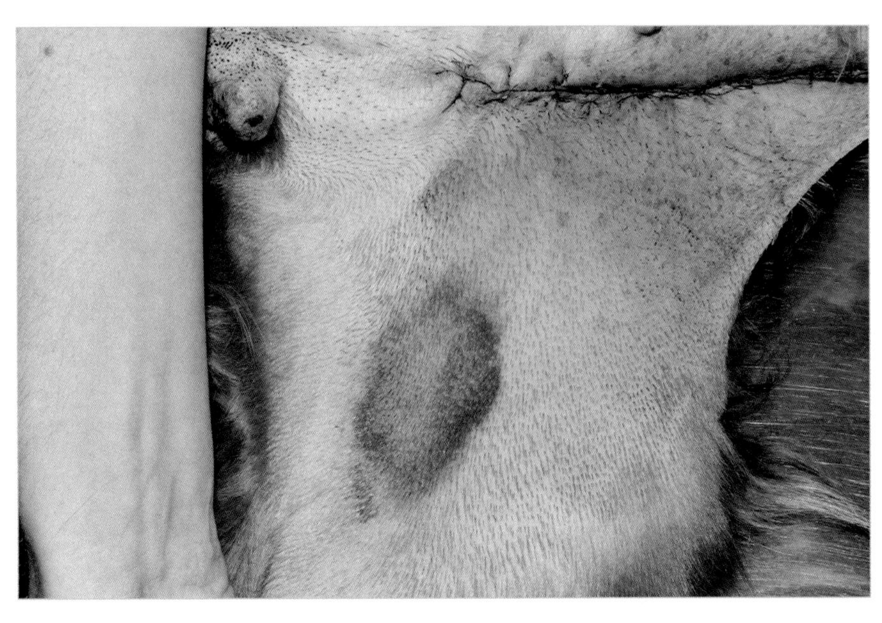

图7.32　由于没有正确的分散能量，与负极板接触的组织区域发生了灼伤。

动物必须被放置在干燥、吸水和防水的表面，与手术台隔离。

与人类不同，将患病动物与负极板接触区域的毛发全部除去是很困难的，甚至不可能实现。这（没有完全除去的毛发与负极板之间）形成了一个气囊，阻碍了电流流动并降低了设备的功效。此外，如果将负极板放置在动物背部，由于能量密度增加，突出的脊柱椎体可能导致更大的热损伤。为了便于电子流入负极板并降低该部位的电流密度和温度，可用生理盐水（或食盐水溶液）浸湿手术垫或棉絮，并在负极板和动物之间涂上导电凝胶（图7.33）。

图7.33　当将返回电极以仰卧位放置在动物背部时，用盐溶液浸湿的纱布或棉絮能够更好地贴合动物身体。

在盐溶液中浸湿的纱布和导电凝胶改善了流向回流板的电流，并分散了产生的热量。

双极电外科手术

在双极电外科手术中，电流在彼此靠得很近的电极之间流动。在这种情况下，不需要使用返回电极，电路在器械内部即可形成闭环（图7.34）。

与单极电外科设备相比，双极器械更安全、更精确，对组织的热损伤更小。

在双极电外科手术中，两个电极均与组织接触。电不需要通过动物返回发生器，因此需要较少的能量就能达到与单极系统相同的效果，同时也就意味着热损伤减少。

与单极系统相比，双极电外科系统具有以下优势：

- 仅夹头之间夹持的组织受到影响。
- 热损伤极小。
- 产生的烟雾极少。
- 用生理盐水润湿的湿润术野有效。

需要凝固的组织必须保持在器械尖端之间（图7.34）。如果仪器的两个尖端直接接触，电流将在它们之间直接流动，而不是通过组织，因此，若两个尖端直接接触不会达到组织电凝的预期效果，可能会被误认为机器不工作。

为确保双极电外科系统正常工作，两个尖端必须分开，它们之间必须有组织或者盐溶液，以使电流正常流动。

在接通电流之前，仪器的尖端需在视野范围内，以防止损伤其他组织（图7.35）。

这类器械的一个潜在并发症是蘑菇状电凝，这是指电传导过程中形成的电磁场在头端周围发挥作用。这种损伤非常小，仅在靠近输尿管等精细结构进行双极凝固时才会考虑。

不论是单极还是双极系统，都必须确保电极仅与需要电凝的组织接触，以防止意外损伤。

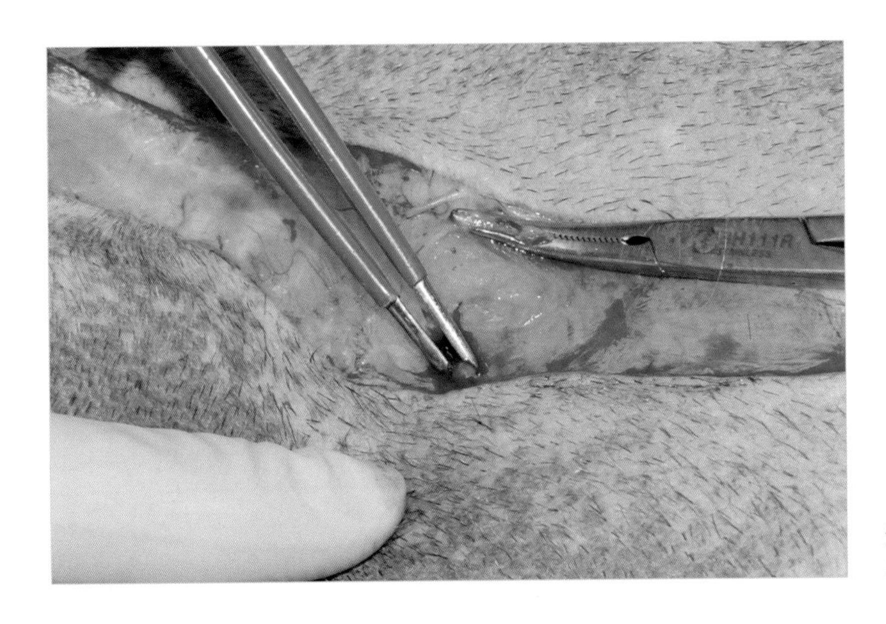

图7.34　在双极电外科手术中，电流从器械的一端流向另一端，仅夹头之间夹持的组织受到影响。

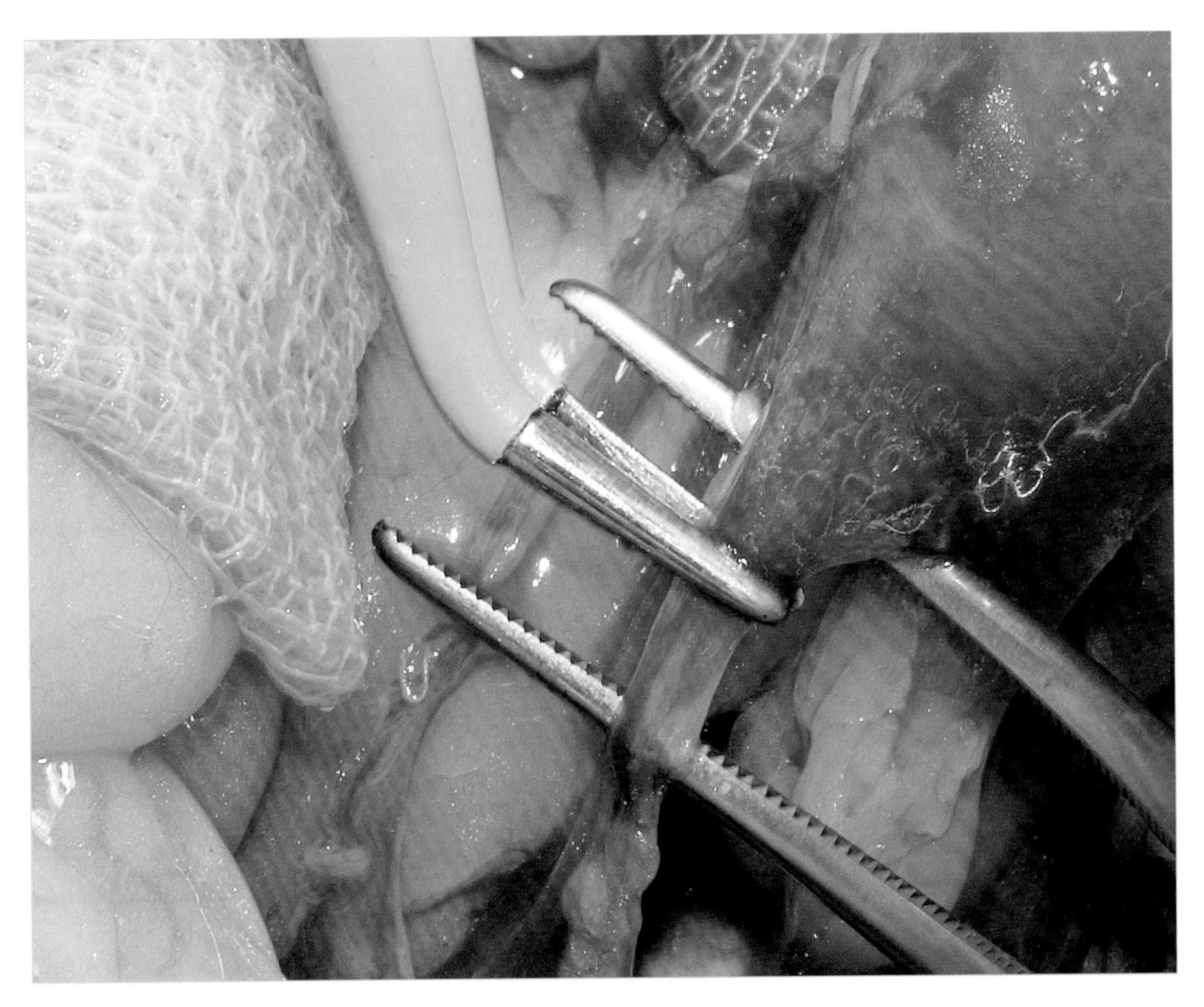

图7.35　双极电外科器械允许在难以进入的精细手术区域内对血管进行高精度凝固。为防止损伤邻近结构，在启动发生器之前，器械尖端应清晰可见。

使用双极器械时，可在切割和凝固模式下实现止血。然而，由于组织加热较慢且较深，最常采用切割模式。如果选择凝固模式，那么电压峰值较大，会导致组织表面呈现干燥作用，阻止深层区域凝固。

双极器械

应使用特定连接器和电缆将双极器械连接至发生器上的相关插座。如果发生器仅有一个双极出口，我们建议在手术区域使用通用电缆，并根据需要交替连接器械电缆。这是在保持无菌性的情况下更换器械连接的最简单方法（图7.36）。

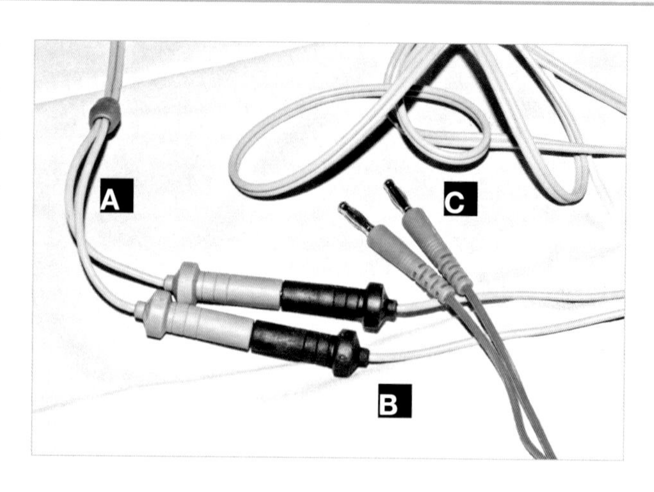

图7.36　用于连接单出口发生器的多台双极手术器械系统。A.无菌电缆连接至发生器。B.连接双极剪电缆。C双极镊电缆。

与单极电极的情况一样，双极镊和双极剪的尖端必须保持清洁，以防止积存的炭化物造成电阻（图7.37）。

双极镊

双极镊用于固定、操作和电凝所采集的组织。根据需凝固组织的类型和深度不同，有不同的尺寸和设计可供选择（图7.38）。

双极夹通常由外科钢制成，使用过程中会在尖端上方形成一层物质，从而降低疗效（图7.36）。该层电阻增加以及发生器功率增加可能导致血管炭化并黏附在夹子上，当移除器械时血管被撕裂。

图7.37　在使用过程中，这层物质会降低双极器械的功效。必须小心地清洁尖端，以防损坏仪器的绝缘涂层。

双极镊在不同情况下的应用

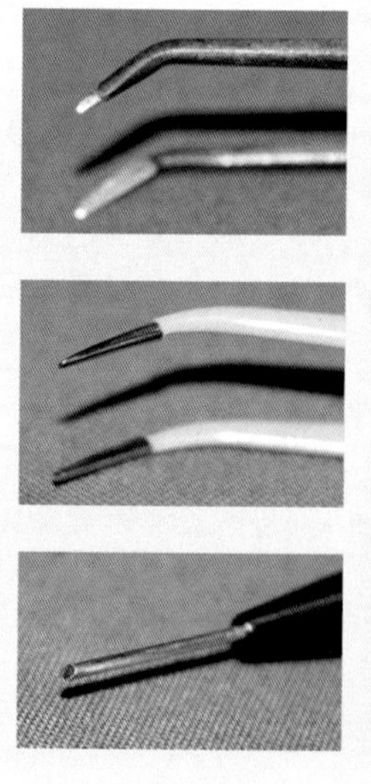
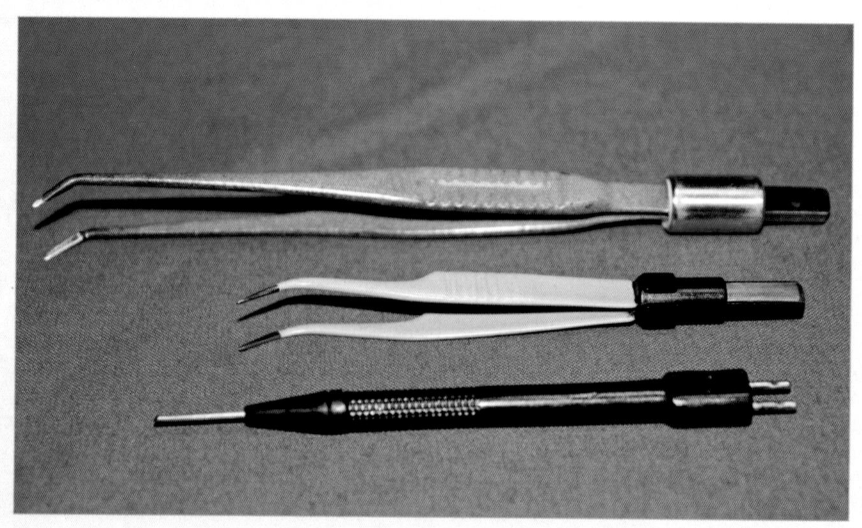

图7.38　不同类型的双极电凝器。最长的工具用于深部手术领域。器械尖端的外部绝缘可减少热扩散和周围组织的“蘑菇化”。为精确电凝精细结构，可使用双极“笔”（位于图片底部），它的电凝作用发生位置仅限于器械尖端。

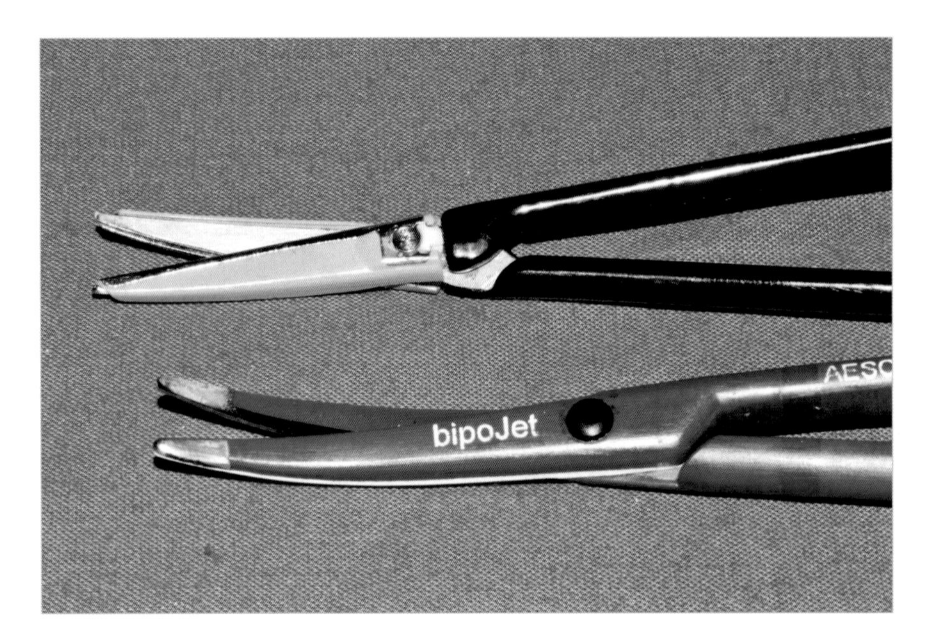

图7.39　双极剪能够剥离和切割组织的同时实现凝固。通过尽可能减少术野出血，简化了手术技术。

双极剪（刀）

双极剪（图7.39）将双极电外科器械的有效性与凝固、剥离和组织切割的可能性结合在一起，从而节省了手术时间。图7.40至图7.43显示了双极剪在外科手术中的应用优势。

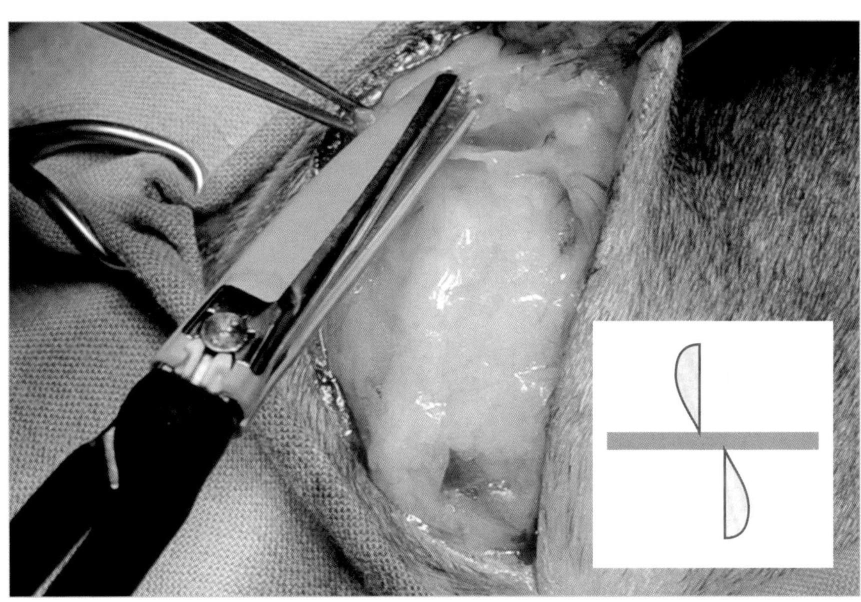

图7.40　闭合剪刀并激活电流，可同时实现精确切割和止血。该技术在血流较差的组织中非常有效。

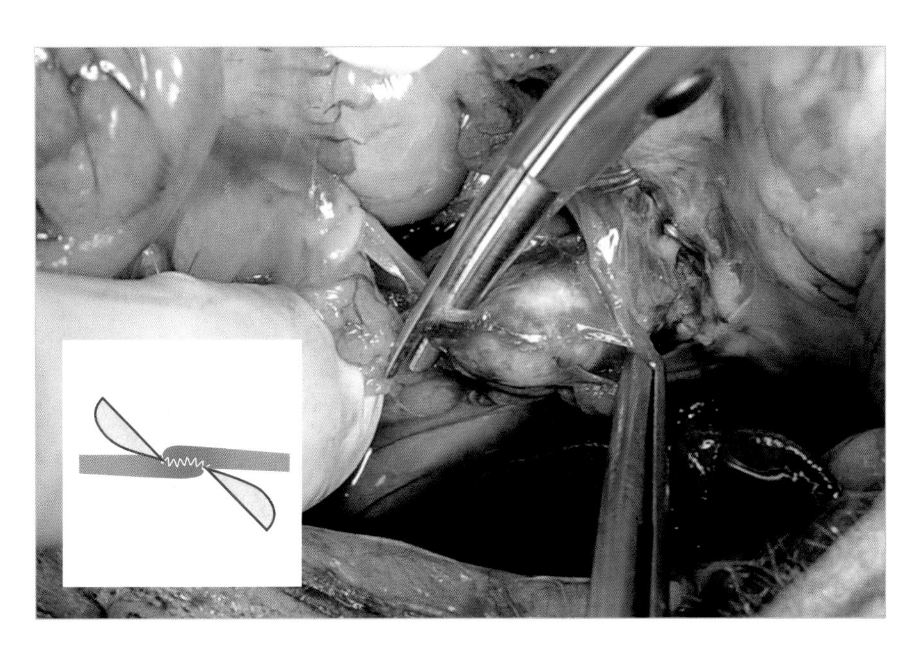

图7.41　也可以在切割前对组织进行预凝固，从而在血管丰富的组织中实现更好的止血效果。

使用双极剪
进行开胸术

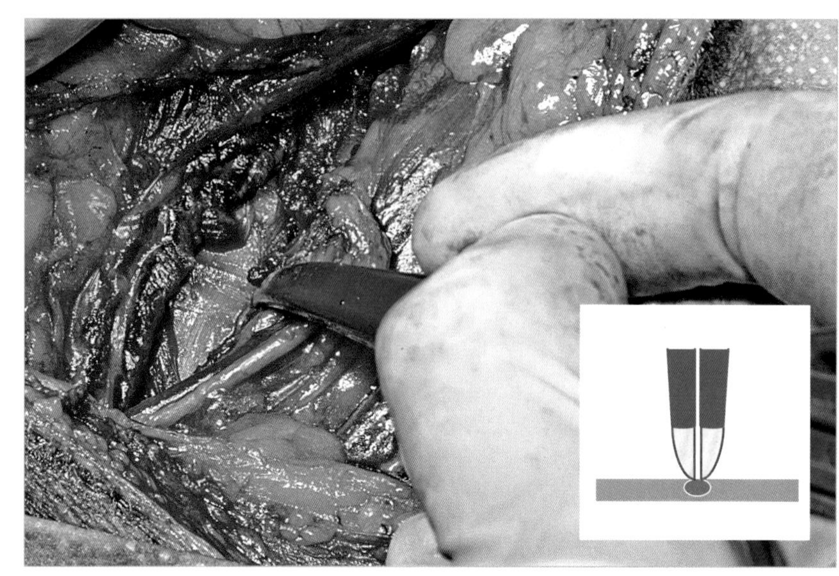

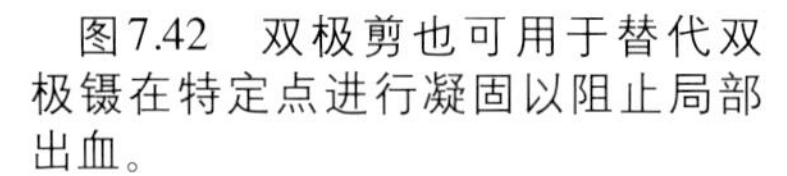

图7.42 双极剪也可用于替代双极镊在特定点进行凝固以阻止局部出血。

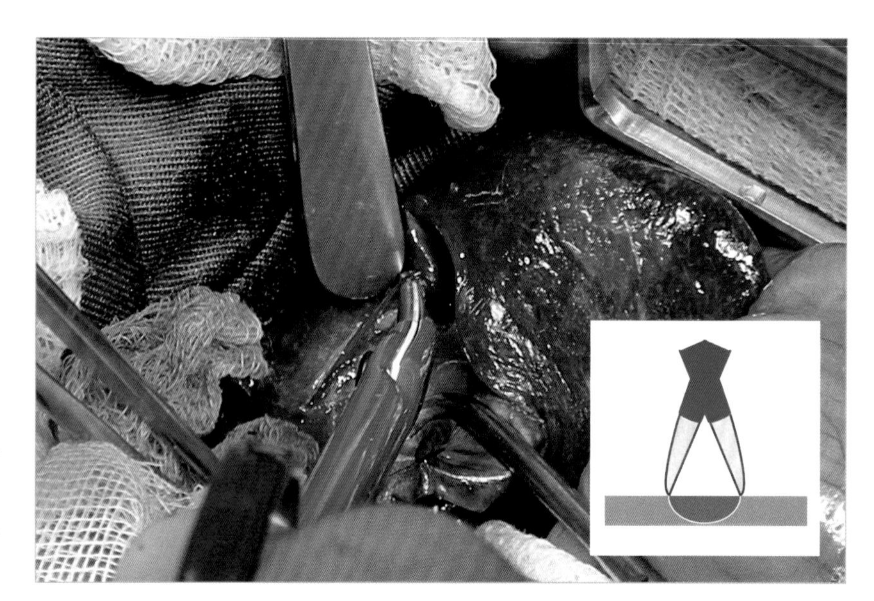

图7.43 在切割过程中的任意时刻都可使用双极剪的尖端实现电凝。也就是说它们可用于应对浅表出血。此图显示了胆囊的剥离，该技术简化了肝组织床的止血。

血管凝闭钳（夹）

用于血管凝闭的双极钳具有绝缘尖端，并且仅在两个尖端之间发生凝闭（图7.44 和图7.45）。有些夹具的尖端装有陶瓷贴片，以改善夹持并防止它们之间的直接接触（图7.45）。

> 这些血管夹可用于实现直径几毫米的血管永久性闭合。

双极血管凝闭过程

- 用双极夹紧紧夹住组织，尖端保持闭合。牢固地夹持住组织。
- 激活高频发生器，使电流在夹子尖端之间流动。凝闭血管后，发生器停止工作。
- 凝闭完成后，可使用传统剪刀在已凝闭区域安全地切割组织。

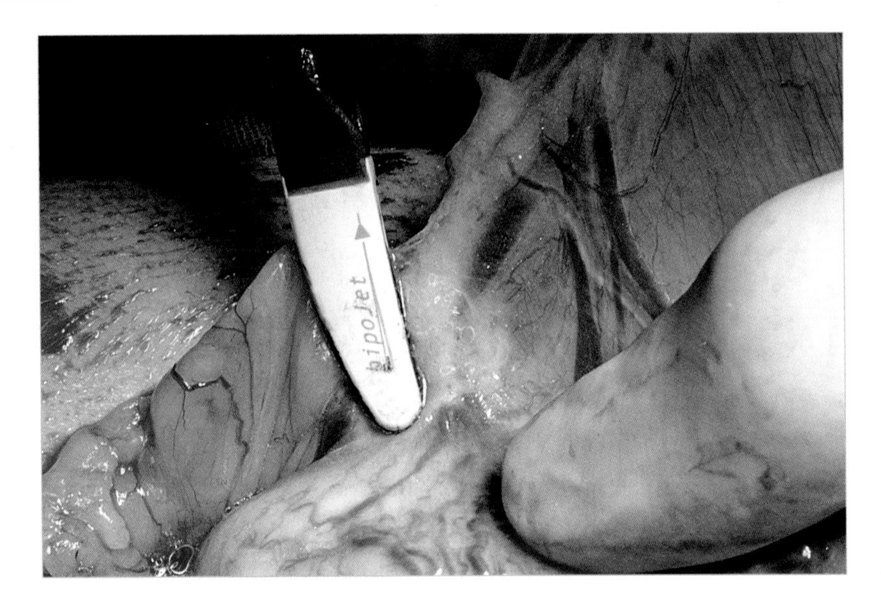

图7.44　该图像所示卵巢子宫切除术期间用器械对卵巢血管进行凝闭。

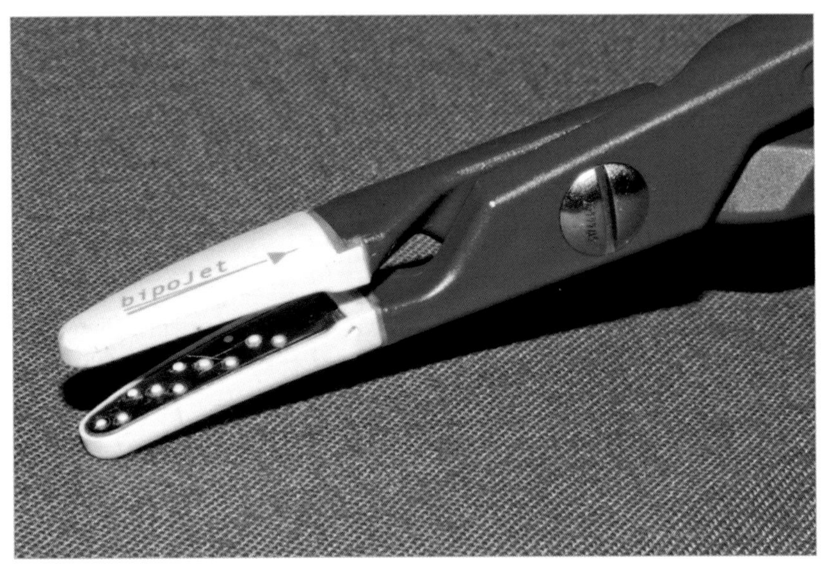

图7.45　血管凝闭钳通常具有绝缘的尖端，以防止热量和能量向外周扩散。有些带有绝缘槽，以防止在夹钳闭合时发生短路，并更好地夹持组织。

在血管凝闭过程中，机器持续测量尖端之间固定组织的阻抗，并在该过程中自动调节功率输出以达到最佳结果。

在子宫卵巢切除术中使用血管凝闭钳

血管凝闭的结果是可靠的，无需使用缝线或血管夹结扎。

激光手术

阿尔伯特·爱因斯坦（Albert Einstein）是第一个引入“激光”概念的人，用于指代“辐射激发而增幅的光线”。在20世纪后半叶，激光开始被广泛使用。这使得在人医或兽医的医疗领域发生了巨大变革。

> 手术激光能够产生明亮、准直的单色可控光线，由此可将较高能量以非常精确的角度照射到动物身体。

激光在兽医临床上的使用吸引了人们的目光，并对多种动物的多种疾病产生了多种新的治疗方法。除了其优点外，这项技术也可能导致某些风险，这些风险对动物、术者及其他医院工作人员均能够产生不良后果。了解激光与组织的相互作用方式对降低相关风险，提高手术效果是非常重要的。

> 激光在受训人员的手中可以产生良好效果，同时相关风险也能够降到最低。

基本原理

简介

电磁辐射所产生的光线，即波长400 ~ 750 nm的光线，位于人眼的可视光谱内。在可视光谱外，750 nm以上波长的光线称为红外光（IR），400 nm以下波长的光称为紫外光（UV）（图7.46）。根据物理学定义，光线能够被定义为包含下述要素的能量：

- 电磁波形式。
- 粒子形式（光子）。

> 在现代物理学中，光子为各种形式的电磁辐射的携带颗粒，包含伽马射线、X射线、紫外光、可见光、红外光、微波及无线电波。

光子的定义由爱因斯坦提出，帮助人们理解了为何经典光波理论模型无法解释的试验观察。他提出，除了本身的波特性外（干涉和衍射），电磁场激发特性解释了其粒子特性。光子目前被定义为当物质吸收或释放光时所交换出的一系列递增的能量，或一束电磁辐射。

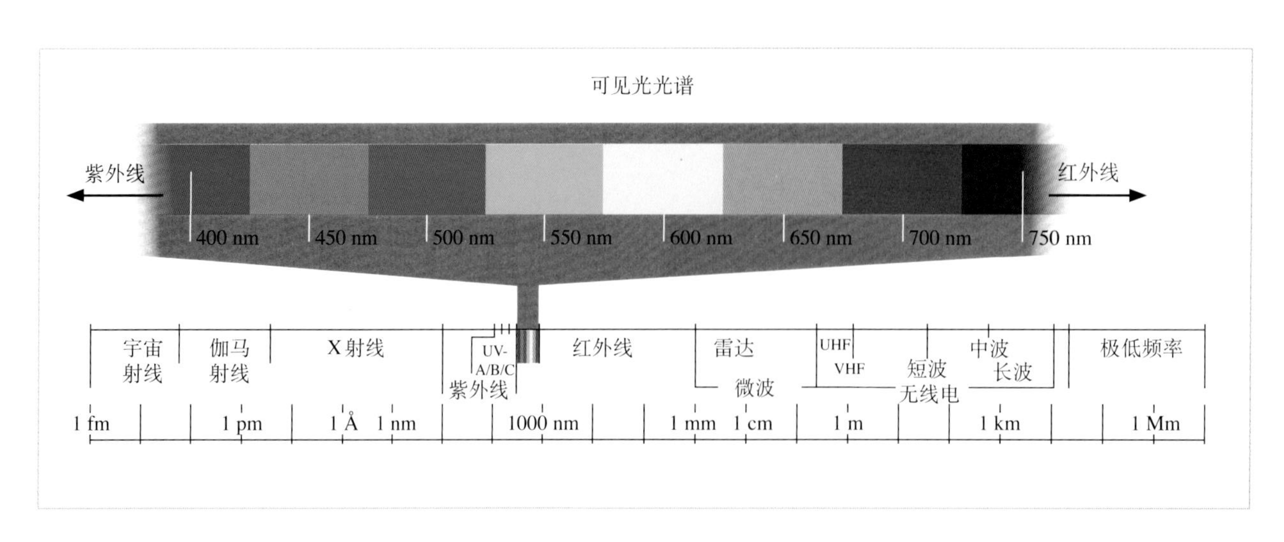

图7.46　全部电磁波的电磁光谱。可见光的波长低于红外光，高于紫外光。

能量物质相互作用

为理解激光的工作原理，首先必须了解在原子层面，光的发射是如何发生的。

> 电子以确定的能级在原子核周围运动，但它们可以通过辐射或吸收光子来改变能级。光子的能量必定等于原子两能级之间的能量差。

自发发射

物理学的基本原理之一是，每个系统都倾向于处于尽可能低的能量阶段，称之为基态。

当能量作用于一种物质时，其原子中的电子被激发并跃迁至更高的能级（图7.47 A）。这些电子可能会被激发一段时间，但随后会恢复到它们的基态，并释放出与它们以光子形式吸收的能量相等的能量（图7.47 B）。

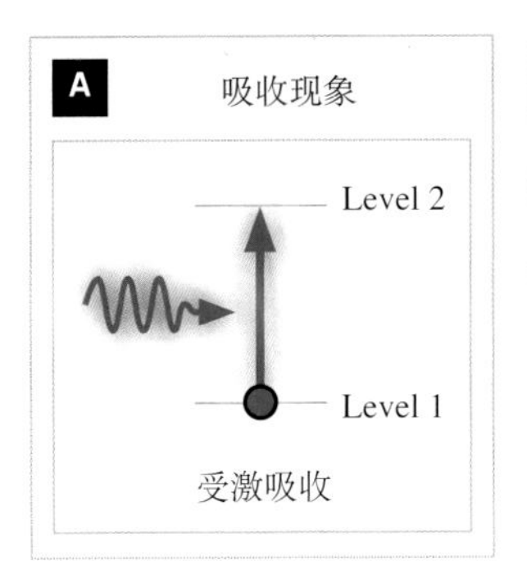

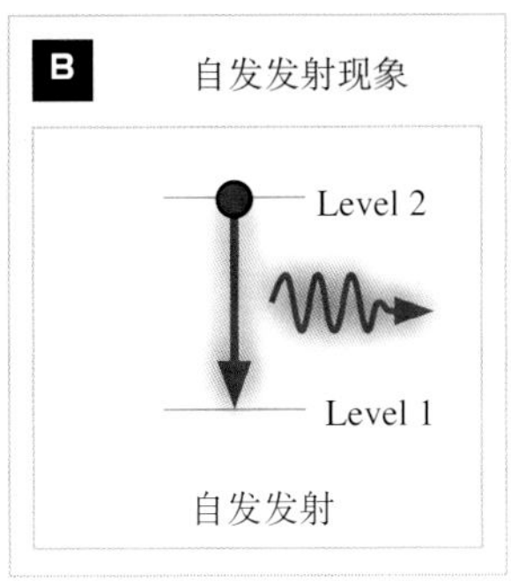

图7.47　当物质中的电子释放出它们被能量源激发时吸收的能量，就会发生光子的发射。
A.吸收现象，指电子获取能量并跃迁至更高的能级。
B.自发发射现象，指当电子回到它们的能级时，它们会以光子形式释放出相同数量的能量。

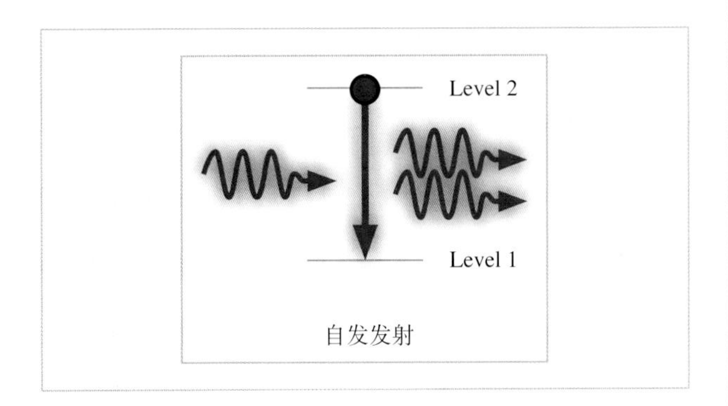

图7.48　受激发射。在电磁波的作用下，处于一个能级（能级2）的电子可以转移到一个更低的能级（能级1）。产生两个相同的光子，一个产生于自发发射，另一个产生于受激发射。

光子在每个原子中的发射是随机的、独立的，不同原子发射的光子之间没有相关性。这个过程叫做自发发射。

> 自发发射与外界因素无关。光子没有明确的运动方向，不同原子发出的光子的相位之间也没有联系。

受激发射

在自发发射中，能量以光子的形式释放。此外，如果另一个电子的能量与指定的这两个能级之间的能量差相等，那么这个光子就会导致另一个电子降到更低的能级。在这种情况下，与第一个光子相同的第二个光子将被释放。这个过程被称为受激发射（图7.48）。

在稳定的状态下，处于较高能级的电子数总是小于处于较低能级的电子数。然而，为了能够通过受激发射来放大光束，必须有更多的电子处于更高的能级，这被称为粒子数反转（population inversion）。

某些物质的电子在受到能量激发时，会改变到亚稳定的能级，并且需要相当长的时间才能回到它们的基态，这有助于电子在更高能级的累积。

> 激光的相干性使它可以用常规的透镜和纤维进行集中和聚焦，并被特定的组织成分吸收。

激光的特性

- 激光产生的光线具有其他光源光线不具备的特殊性质：
- 单色性：激光以单一波长发射，因此是单色的，颜色与该光的波长有关。这个概念被称为光谱纯度。
- 准直性：激光的光线是相互平行的，这意味着它们可以准直或非常精确地聚焦，在它们的路径上放置一个透镜，来集中每单位表面积的大量能量。
- 相干性：激光具有很强的组织性和方向性。光子有相同的波长，相同的方向，相同的振幅和相同的效力。

激光在兽医外科中的应用

激光在兽医外科中的应用越来越普遍，它已经成为兽医诊所和医院外科设备的关键部分。影响这一趋势的因素有很多，例如设备成本的下降，市面上可供选择的产品范围增多，以及更多关于其使用方法和应用方向的知识和培训。

外科医生们正在寻找在尽可能短的时间内完成手术的方法，以减少出血和加快动物恢复速度。如果控制和处理得当，激光能够成为一个有效的助力，同时医生也需要意识到不当地使用激光可能会造成的严重并发症。

> 如果你期望不同的结果，不要一直做同一件事。
> ——阿尔伯特·爱因斯坦

在这一章中，介绍了二氧化碳和半导体激光器的物理原理和操作方法，因为它们在兽医手术中是最常用到的。首先必须明确一点，激光不是一种技术，而是一种工具。这点很重要，因为在学习使用激光装置之前，普通外科的培训和经验是必需的。

操作任何激光设备都需要一个独立的学习曲线，例如使用二氧化碳激光需要一定的技术，并且对其特性和对组织的作用有一定的了解，它与半导体激光是完全不同的。

激光系统的基本组成部分

不同的激光系统在结构和功能上有一定的共性：

■ 物质媒介（产生激光），当它被激发时产生一定波长的光。这种媒介可以是固体材料（如半导体）、气体（如二氧化碳）或液体（有机染料-激光染料）。

■ 带有同轴镜的圆柱形光学谐振腔使产生的光围绕其进行反射。圆柱体一端的反射镜的反射率为99.8%，而另一端的反射镜的透射率应为1%～20%，根据激光的波长，以允许光线从腔中逃逸。

■ 外部能量源（电流），用于通过泵浦过程（pumping process）激发物质中的原子。

■ 光束系统，即外部光学系统，使光照射到组织上。

■ 手柄，是激光系统的末端。在用激光照射动物时，由外科医生操纵的部分。

时间输出模式

激光有两种主要的工作模式，取决于激光发射的时间：连续或脉冲。控制系统由一种微处理器构成，可调节连续脉冲、超脉冲、重复脉冲、简单脉冲等不同工作模式，脉冲持续时间在0.1 ms到0.1 s之间。工作模式是指产生的能量的质量，不同形式的能量对于其对应的靶组织更有效，而对周围其他组织的不利影响则受到限制（图7.49）。

连续模式（CW：连续波）

当使用连续模式时，产生的光子不受限地被发射出来，因此对组织有持续的作用，热量的积累也更大。连续模式特别适用于血管化的组织，以改善止血。

脉冲、超脉冲和超级脉冲模式（PW:脉冲波）

在脉冲模式下，激光束以脉冲的形式间歇地发射。这些脉冲的峰值可以达到非常高的功率，并持续很短的时间，大约几百分之一秒。超脉冲模式与前一种模式的区别在于：释放能量的振幅峰值和能量释放的间隔有所不同。这些变量可以使用控制面板进行调整。这些模式适用于纤薄或精细的组织。脉冲之间的停顿使组织通过毛细循环系统降温，从而减少了由激光产热造成的热损伤。

在一种更强的超级脉冲模式下，辐射能脉冲的发射以毫秒为单位，实现组织水分快速蒸发和胶原蛋白收缩，对组织的热损伤最小。这种模式主要用于整形外科，去除文身和进行面部年轻化手术。

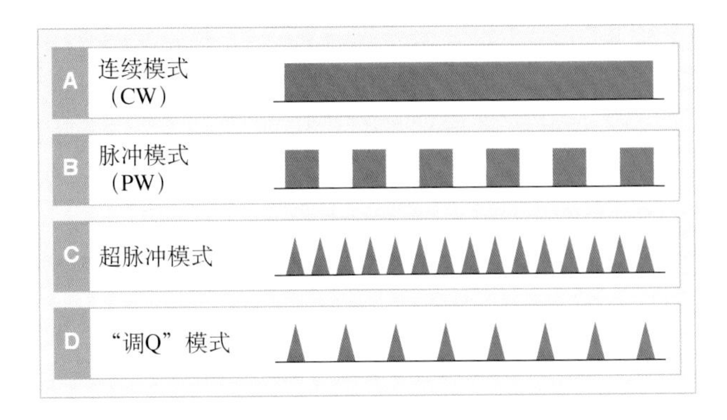

图7.49　激光束发射模式。

在激光手术中使用超脉冲模式对周围组织的损伤最小。

激光的选择

从实际应用的角度来看，激光分为两种类型：

■ 第一种是通过被组织中的水吸收而对组织产生即刻效应的光。它们几乎不穿透组织（<1 mm），热损伤也可降到最低，因此它们被称为WYSIWYG（what you see is what you get）激光：所见即所得。它们适用于精准切开，但止血效果较差。这种类型在兽医手术中使用最广泛的是二氧化碳激光。

■ 为了取得更好的止血效果，应使用吸收组织色素（黑色素、血色素）能量的激光器，如半导体激光器。使用此类激光，有更大的热量扩散、更深的组织渗透（>1 mm）且会造成热损伤，但是不会立即显现出来，因此这类激光的名称为WYDSCHY（what you don't see can hurt you，即激光：看不见的损伤）。

并不存在某一种我们理想中的、适合于所有类型手术的完美激光。使用二氧化碳激光器可以在最小的热损伤下完成精准切割。而对于切除血管化和色素沉着的组织，则应选择半导体激光器。

二氧化碳激光

材料介质是二氧化碳，将其容纳于一个玻璃管中，由电荷激发。兽医专用的激光器功率一般为20～30 W，配置一个使用空气或蒸馏水运作的冷却系统。

大多数兽医专用的二氧化碳激光器工作波长为10600纳米，是软组织手术的首选。

选择二氧化碳激光器时要考虑的一个重要的问题是激光束传输系统的选择：刚性的关节臂或可半弯曲的光纤臂。作者们对这两种系统都有丰富的使用经验，但对于哪种更好没有达成统一的观点，他们对任何一种方式都不能给予坚定的偏爱。我们需要做的是充分了解每一种类型的导光臂，以便做出决定并尝试使用。因为每种类型的导光臂都有其各自的优缺点，不同的外科医生可能会偏好于操作不同的类型。

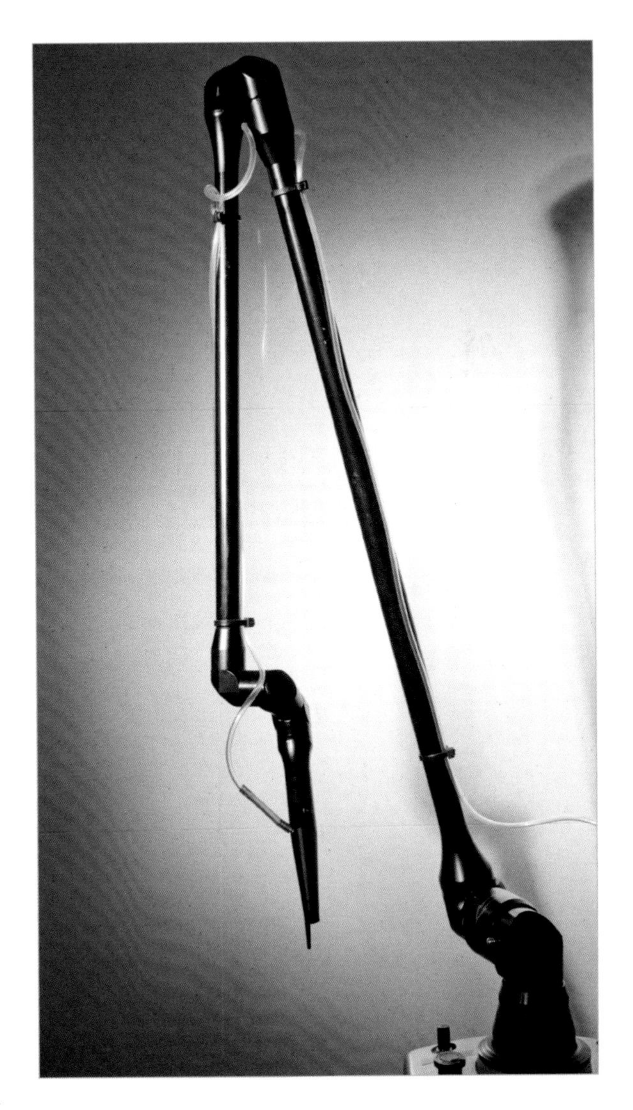

图7.50　关节臂具有高效的传输功能，前提是安装在每个关节的镜片是完全对齐的。设备和关节臂的搬运和移动必须非常小心，以防止任何镜片移位。

关节臂

关节臂是由一系列空心管通过旋转接头连接而成。在关节臂内部是工整排列的镜子（片），将激光束反射至手柄。这些导光臂通常平均1.6 m长，旋转360°，有5～7个关节（图7.50）。激光束通过一个手柄，可调节焦距为10～100 mm的（图7.51），从而将激光束集中到0.2～0.3 mm的有效直径中。该手柄呈圆锥形，顶部带有间隔器，以指示激光能量密度最大的点（图7.51 A）。

> 最高效的使用方法是当手柄的尖端（垫片）与被治疗组织的表面接触时。

这个手柄上还有一个小金属管连接着一根塑料管，空气或二氧化碳通过塑料管流动，用以冷却透镜、集中激光束、并清除使用过程中产生的组织废物和烟雾（图7.51 B）。使用时，由于二氧化碳是不可见的，该设备还配备了氦氖激光引导二氧化碳激光聚焦在组织上。

关节臂似乎很笨重且难以使用，尤其是应用于体内工作时。但随着经验的积累，这些缺点很快就会消失。该系统的主要优点是不需要特殊的维护，只需要清洗手柄和镜片即可。

可半弯曲的光纤臂

可半弯曲的光纤臂长1.5 m（图7.52），其主要优点是能够更容易地在不同角度使用手柄，更易于进入小而深的手术区域。其主要缺点是，如果频繁使用，必须更换光纤。

> 多次使用后，光纤的传输能力会由于内部变化而降低，需要更换光纤臂。

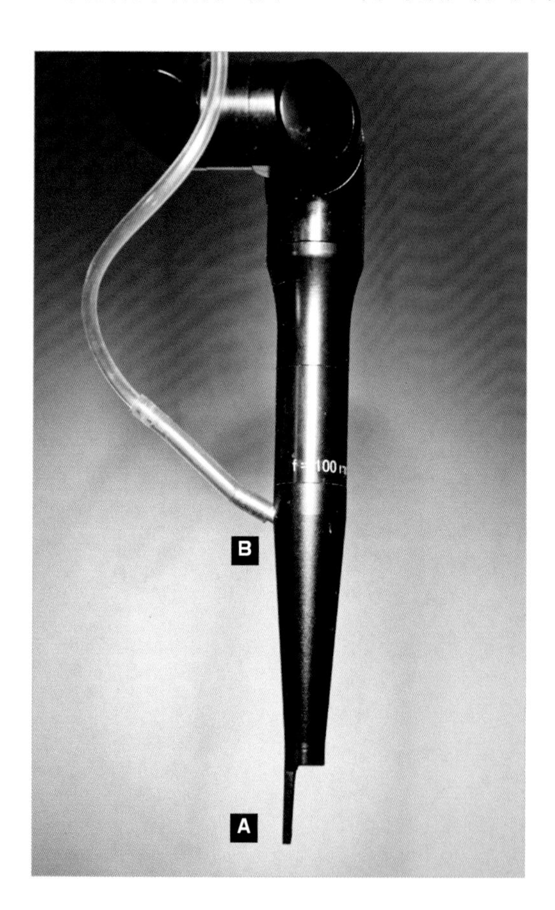

图7.51　手柄负责集中能量束，能量束在间隔器（A）的顶端达到最大，间隔器的长度取决于安装在内部的双凸面透镜。为了冷却透镜并使其尽可能地保持凉爽，一股股空气或二氧化碳气流会通过安装在侧面的小管（B）不断地在手柄中流通。

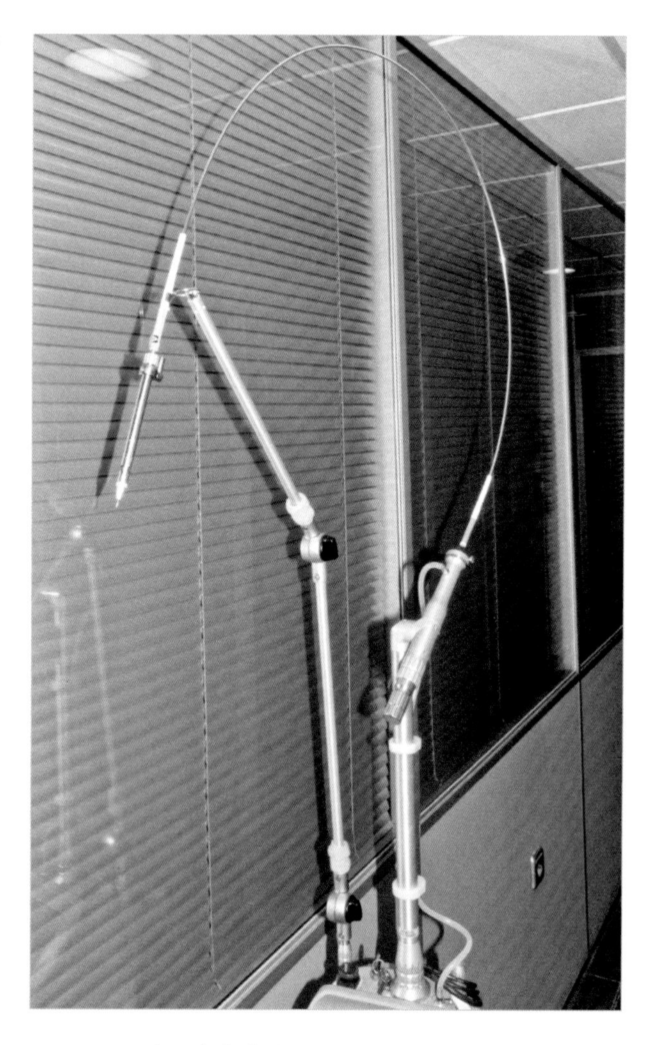

图7.52　该可半弯曲性光纤臂允许手柄的多角度、大范围运动，便于让激光束安全、精准地进入狭窄和深部的手术区域。

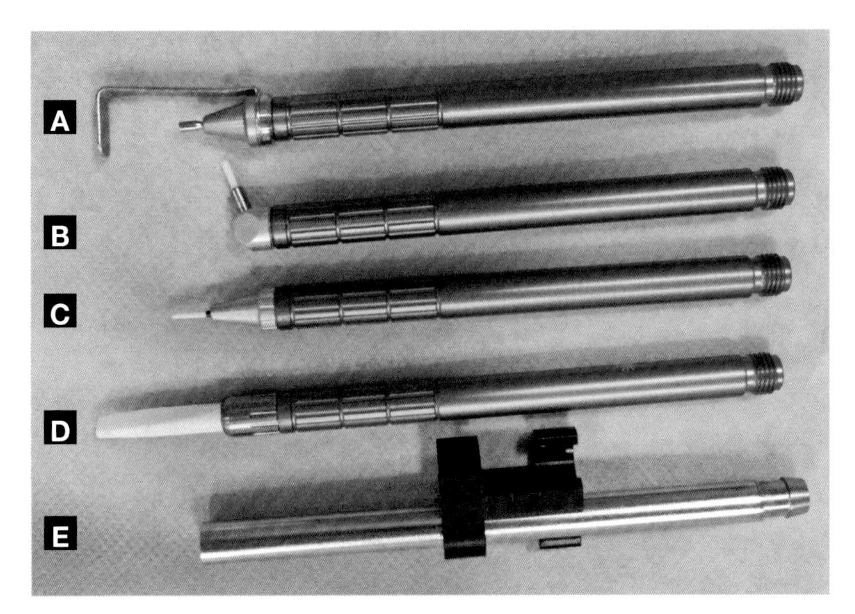

可半弯曲的光纤式导光臂可以安装不同的手柄以简化操作，便于在不同的手术区域进行操作（图7.53）。

图7.53 不同种类的手柄适用于不同的手术区域。

A.带有后保护套的直头，用于口腔和喉部手术。B.弯角头，主要用于口腔手术。C.常规使用的直头。D.直的“画笔式”喷嘴。E.烟雾抽取装置，安装在手柄上。

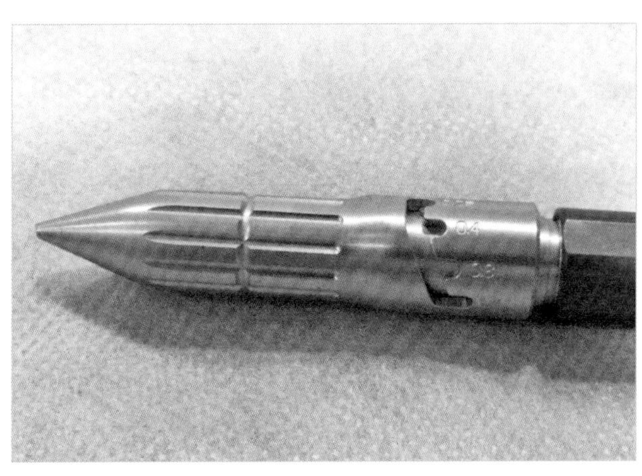

图7.54 一个没有顶端的手柄，能够迅速而容易地改变激光束的大小。可选择的光束直径为0.25 mm、0.4 mm、0.8 mm和1.4 mm。

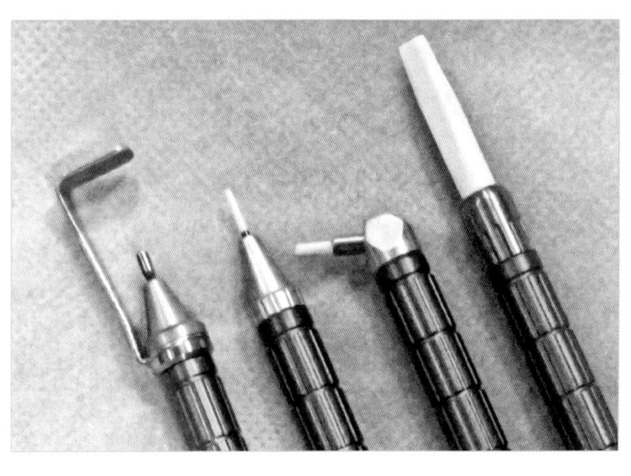

图7.55 可用于激光切割的各种工作尖。陶瓷的工作尖可以更精确地在组织上使用。

手柄还包含了用于改变激光束直径的喷嘴（0.25 mm、0.4 mm、0.8 mm、1.4 mm）（图7.54），还有不同工作尖的其他喷嘴可供选择（图7.55）。激光束的焦点可被集中到0.25 mm、0.4 mm、0.8 mm和1.4 mm，并且有几种长度可供选择（5 mm用于更高的精度，10 mm用于更好的止血）。陶瓷工作尖比金属工作尖的精度更高（图7.55），但由于周围会堆积碳尘，多次使用后需要更换。这些手柄在使用时与组织几乎接触，所以不需要额外的氦氖光束来定位二氧化碳激光。

为了去除陶瓷工作尖上堆积的碳尘，可以将它们浸入10倍稀释的次氯酸钠溶液中，或生物清洁剂溶液中。

二氧化碳激光设备的维护

激光手术设备是一种高电压手术设备，因此必须由专业人员开启。但是，为了提高设备的性能和效力，需要定期进行一系列检查和基本维护。

- 冷却系统由蒸馏水和风扇形成的闭合回路组成。应检查水位和风机的运行情况。
- 清洗机器时应避免使用酒精等易燃液体。
- 每3个月用肥皂水轻轻清洗一次手柄和镜片。

二氧化碳激光在软组织手术中的应用

皮肤组织的含水量高且血管丰富，是吸收激光的理想组织，对周围组织仅造成非常小的热损伤。用激光切出的皮肤切口可以进行常规缝合或皮内缝合。作者建议在手术后保留缝合线14 d，每天沿切口线涂抹硅凝胶或凡士林。

在肿瘤外科中激光刀是特别实用的。在无法获得干净切口边缘的部位，使用激光切除后，肿瘤细胞的扩散显著减少，并且与传统手术相比预后更好。手术切除后组织可发生光汽化，由于不直接接触组织，可以消除肿瘤细胞通过组织接触传播的可能性。

除颌面手术外，因其高度的精密性和较少的热损伤，激光也常被应用于眼睑手术中。此外，还应用于牙科、胸外科、泌尿外科、耳科、肛周瘘手术、短头综合征、创伤治疗，手术伤口的光汽化治疗、皮肤肿块切除、乳腺切除术和结直肠手术。在进行切口活检时，需牢记激光会造成样本中的组织边缘热损伤以及细胞变形，这意味着组织病理结果可能会受到影响。

半导体激光

半导体激光器有不同的波长，从635 nm的红光到980 nm的红外线均有。兽医手术中最常用的波长是在810 ～980 nm之间。这些波长主要被有机色素吸收，如血红蛋白、氧血红蛋白、黑色素和少量的水。

在外科手术中，它对深色色素（血红蛋白）的亲和力使之具有强大的止血效果。它还具有杀菌作用，在非常低的无接触能量水平即可产生，刺激并促进愈合。与二氧化碳激光不同的是，半导体激光的能量穿透组织，具有明显的组织凝固效应，且由于外周热作用，引起的继发损伤更为明显。

这种激光器不需要谐振腔，因为激光束是由外部芯片表面或半导体产生和发射的。此外，也不需要光源或其他复杂的光活化源和反射镜片，这意味着这些机器没有二氧化碳激光器那么脆弱。它们体积更小，更紧凑，更容易运输。

半导体发出的激光束通过透镜聚焦，然后用光纤（通常由二氧化硅制成）传送到手柄上（图7.56）。

> 虽然有非常强力的机器可供使用，但在兽医中使用的最大功率一般为15 ～ 30 W。

可以使用多种光纤，使激光通过软性或硬性的内窥镜、耳镜、支气管镜和尿道膀胱镜射出。在直接接触模式下，半导体激光器被用来进行无血切割以及移除受损组织。虽然分离光束需要更多的能量，但在血管化组织中却能实现更强大的汽化和组织清除能力。

> 半导体激光非常适合应用在硬镜和软镜手术中，如组织活检、息肉切除、上呼吸道和气道中部（喉部、声带）慢性炎症过程的激光汽化，或阴道、子宫和前列腺肿瘤的切除。

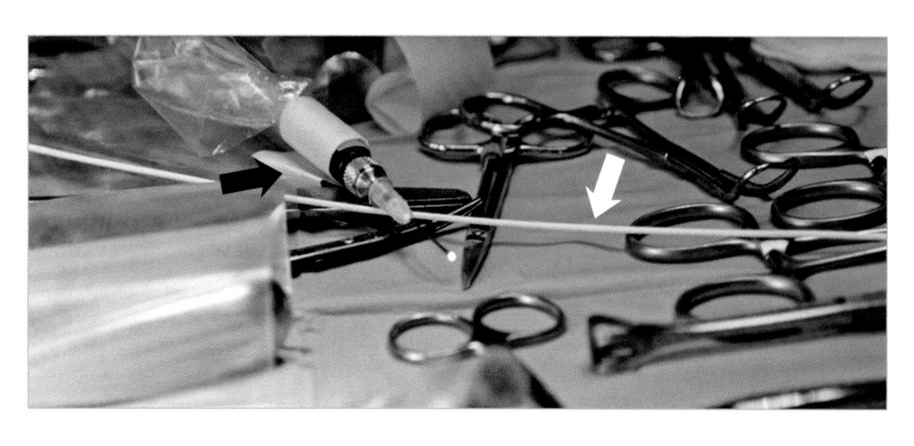

图7.56　半导体激光束通过光纤（白色箭头）传输，并通过手柄（黑色箭头）直接作用于组织。

激光与组织的相互作用

当激光与组织相互作用时，可能会出现不同的光学现象：

- 从接触面反射。部分入射光束在作用于组织时被组织表面反射。
- 穿透组织。射线穿透组织而没有衰减。
- 组织吸收能量。
- 分散到组织中，有时在外部。一些残留的光穿透组织并扩散，但没有任何明显的效果。

根据组织的性质和使用激光的波长，这些作用能够单独或同时地发生在任何组织中。以软组织为例，它对二氧化碳激光束的主要作用是吸收和分散，而在骨骼或牙釉质这种硬组织中，通常发生反射。

水、血红蛋白、黑色素和某些蛋白质吸收不同的波长并使组织升温。组织温度升高到45℃以上会损伤血管，导致缺血和细胞破坏。在50～100℃时，蛋白质变性，组织坏死。如果组织达到100℃，就会发生光汽化；细胞内的水达到沸点并且通过蒸发消失。超过100℃，组织会炭化。为了避免延迟愈合，必须避免这种情况（表7.2）。

表7.2 温度对组织的影响

温度	对组织的影响
45℃	缺血和细胞死亡
50℃	酶活性消失
60℃	蛋白质变性
70℃	胶原蛋白变性
80℃	组织坏死
100℃	水分蒸发，随后组织脱水
100～200℃	炭化
200～300℃	燃烧

光束对组织的影响取决于能量密度（作用在单位表面积上的能量）。大多数设备都有对焦系统，在这类系统中，激光束可在手柄的工作尖前端的几毫米处达到最高强度。这使得外科医生可以通过拉近或远离组织来执行特殊的操作。这是激光与其他手术器械相比的优点之一，因为0.5～0.8 mm的血管可以通过调整距离、功率和光束角度来进行烧灼。

激光可用于切除组织、消融软组织和对小血管止血。淋巴管也可以用激光封闭，因此在很大程度上可以预防术后炎症。由于神经末梢的封闭，术后疼痛也大大减轻。激光还能使细菌、真菌和病毒光汽化，从而对组织进行消毒，这在伤口清创或治疗肛周瘘等方面非常有用。

影响激光与组织相互作用的参数有6个，为了优化每种手术类型的激光使用，必须了解和控制这些参数（图7.57至图7.59）：

- 能量大小。
- 作用面积。
- 焦距。
- 激光束入射角。
- 持续时间。
- 组织类型。

> 可通过改变距离、功率、工作面积和持续时间等参数，调整激光对组织的作用效果。

当距离减小时，相互作用强度增大，作用面积减小（面积小，距离短，强度大），达到精确的切割效果。通过散焦，可以获得更为浅表和分散的效果，可用于软组织的重塑。

必须始终考虑组织的光学特性，因为它决定了组织对激光的吸收、反射、透射和弥散过程的反应性质。

综合考虑这些变量因素，激光就可以被精确地控制，并在组织上获得预期的效果。

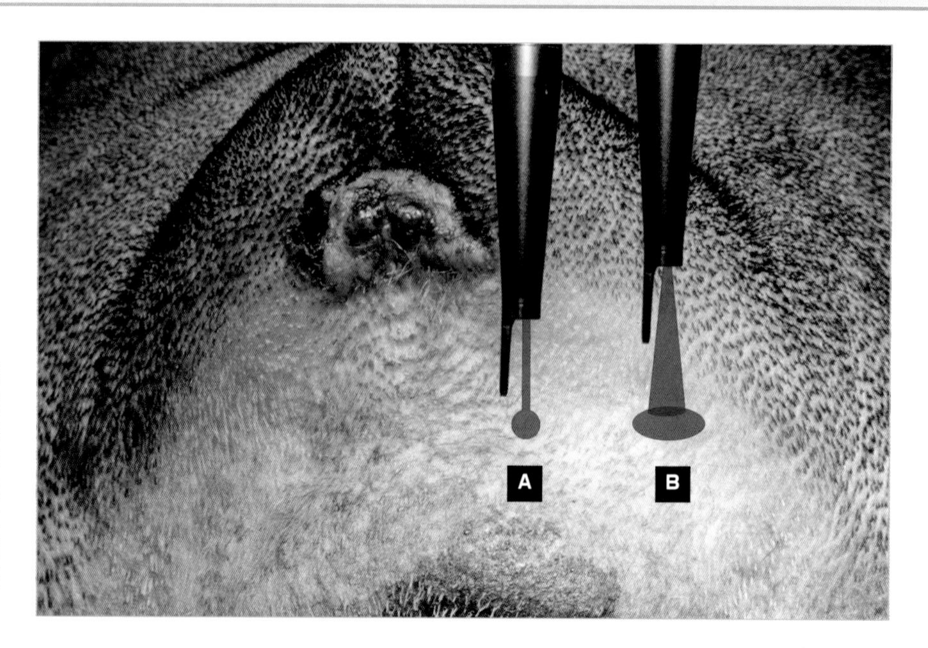

图7.57 手柄与组织之间的距离决定了激光束的焦点，从而决定了激光与皮肤表面的接触面积和能量密度。在输出功率相同的情况下，(A) 通过聚焦光束可以获得更高的精度和更强的穿透性。(B) 使手柄远离组织，光束失去焦点，从而增大了作用面积，降低了穿透性。

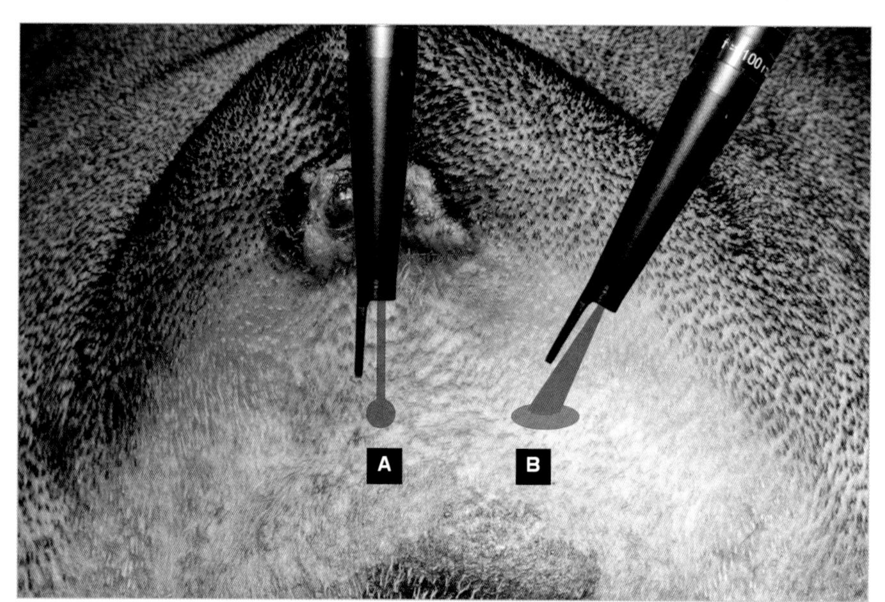

图7.58 (A) 当激光束垂直于组织时，激光的效率最高。(B) 当激光束处于斜角时，能量释放更低，更不均匀。

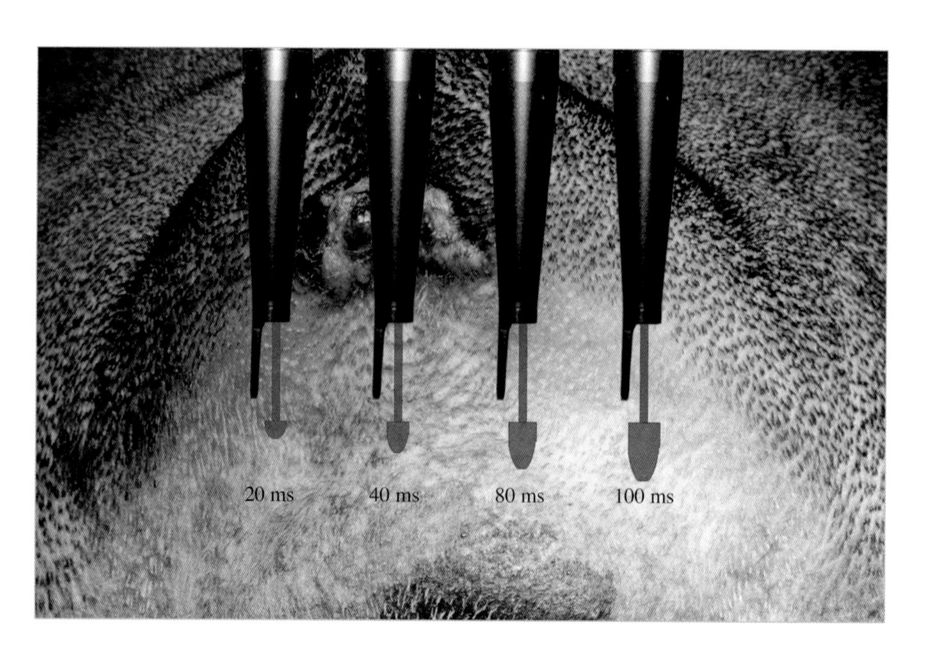

图7.59 能量的吸收和损伤的深度也取决于作用时间。依靠经验，外科医生可以结合激光束的功率和手部运动的速度来优化手术结果，并将后遗症降到最低。

优化手术中使用激光的小技巧

为了合适地运用激光手术，应考虑以下概念：

■ 能量密度。
■ 手的运动速度。
■ 放大方法。

能量密度是当一个外科医生在将激光束应用于组织时，必须意识到并加以控制的一个重要概念（能量密度概念请参阅关于电外科学的章节）。能量密度是指应用于单位组织面积的激光能量（W/cm^2）。这取决于激光的输出功率、选择的波的类型、作用于组织的光束直径以及作用时间。

大多数外科医生一开始使用低功率激光进行手术，并在离组织较远的地方试图切割，这会降低能量密度。他们的手移动得太快，因此也只能造成很浅的切口。然后他们需要用激光在同一点上进行反复多次切割，这样做会增加对周围组织的热损伤。

为了将二次热损伤降到最小，在工作时必须避免“锯式切割”。

经验丰富的外科医生会综合调整输出模式（连续、脉冲或超脉冲）、能量密度和移动速度，在各种情况下达到最佳的作用效果。例如，在短头犬的软腭切除术中，可以使用二氧化碳激光，连续模式下10 W输出（以改善止血），并应用聚焦光束（光束直径0.8 mm）（图7.60）。

能量密度的增加会产生更多的热量，更快的移动速度能够让激光对周围组织造成的热损伤更小，以获得更好的结果。

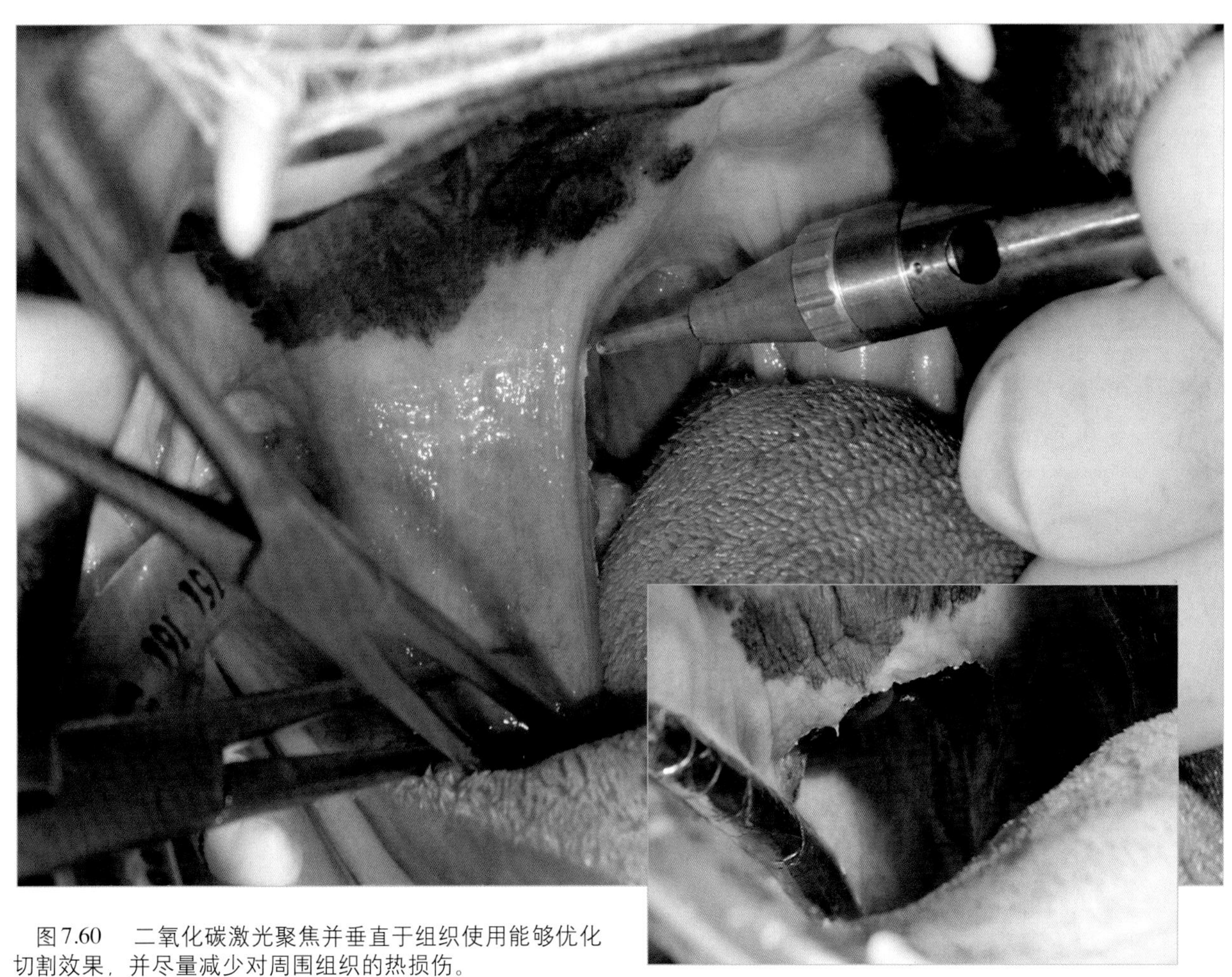

图7.60　二氧化碳激光聚焦并垂直于组织使用能够优化切割效果，并尽量减少对周围组织的热损伤。

其他系统

在人类外科手术中使用的其他电外科系统在兽医学中也越来越普遍。

放射外科是通过组织传递高频波（3.5 MHz以上）。

射频在富含水和盐的组织中引起分子激动，促进电导率。组织通过阻抗作用产生热量。与电刀不同，这种设备不会产生火花。热只产生在接触点周围的活跃电极，而工作尖仍然是冷的，因此称之为“冷尖端”。

放射外科主要应用于一些传统手术时无法保证切除位置周围边缘1 cm处安全性的肿瘤和肿瘤转移灶。根据所设使用方式，电极可造成球形或圆柱形的损伤（图7.61）。

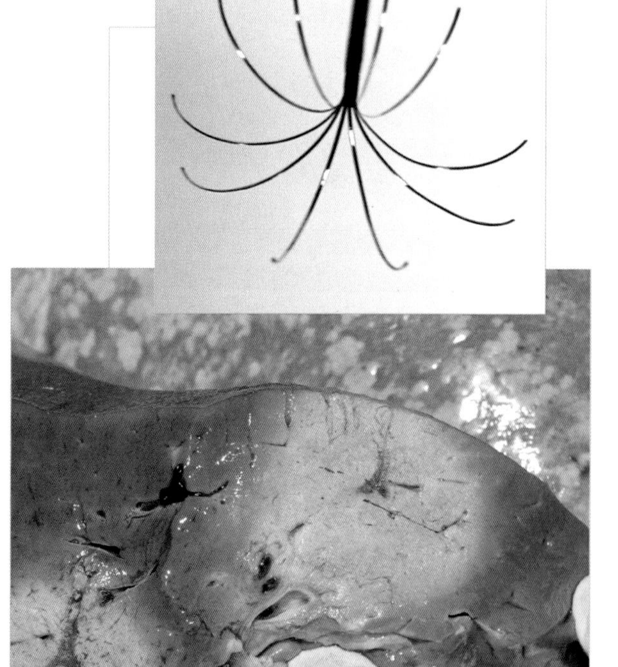

图7.61　电极引起的肝脏损伤。造成了直径5 cm的球形损伤。这张照片取自一个试验案例。

另一个普遍使用的工具是双极血管闭合器，它能够在低电压下利用压力和高频能量的优化组合进行工作。该设备可实现组织融合，并能够永久闭合直径达7 mm的血管（图7.62）。

> 双极闭合器使血管壁中的胶原蛋白和弹性蛋白变性，通过融合使其闭合而不形成血管内凝块。

为了寻找替代电力系统的方法，设计开发了频率超过20 000次/s的超声波的设备。当它的尖端振动到富含水分的组织区域时，就会将其破坏和吸出，并保留下胶原蛋白。

然而，由于产生的热能非常少，止血效果也大大降低。利用微波的仪器也被开发用于组织凝固。缺点是目前的设备还没有切割作用，另外坏死部位的感染风险较高。

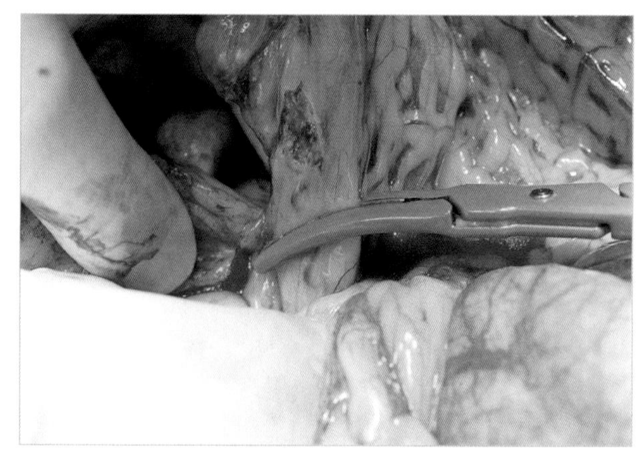

图7.62　无论夹在钳中的组织是何种类型和数量（血管直径低于7 mm时），都可以使用双极电凝器进行电凝和封闭。这张图片显示的是卵巢切除过程中卵巢血管的封闭。

电热双极凝固系统

组织融合设备目前已被应用于兽医临床，它依靠热凝固作用使血管闭合。该设备的控制系统能够根据夹钳中组织的类型和数量并测量其阻抗，根据测试结果提供合适的能量使弹性蛋白和胶原蛋白发生变性，从而实现组织融合。这些设备主要利用压力和温度发挥作用。

> 双极电凝技术可在不引起血栓栓塞的情况下，对直径达7 mm的血管进行封闭。

被封闭和融合的区域具有较高阻力，可承受高达收缩压的3倍的压力。易用性和可靠的血管封闭能力使得这些设备越来越多地被应用于多种外科手术中（图7.63）。

该系统主要的优点有：

- 仪器周围的热扩散较少：0.5～2.0 mm之间。
- 不会造成组织坏死。
- 自动控制释放的能量。
- 安全易用。
- 适用于术野较深的位置。

与其他电外科设备相比，该系统在兽医临床中不太常见，因为它价格昂贵，且几乎没有可重复使用的配件。然而，该系统已经逐渐开始被引入兽医手术室，可能在不久的将来会更加普遍。该系统无论是在开腹手术还是腹腔镜或胸腔镜手术中都非常适用，并且能够实现卓越的手术效果。手术时间最多可减少50%，并能节省大量的缝合材料。手术切口也可能更小，因为它只需要很小的通路便可进入腹腔。

目前许多外科技术都可运用该系统，不过在兽医中最常用的仍是卵巢子宫切除术、脾切除术、肾切除术、肝脏手术和乳腺切除术。

在泌尿生殖系统手术中，不论是卵巢切除还是卵巢子宫切除，不论什么动物品种，都能够安全地进行手术（甚至体重为80 kg的巨型品种也可以），因为术中所涉及的血管直径都小于7 mm（图7.64和图7.65）。

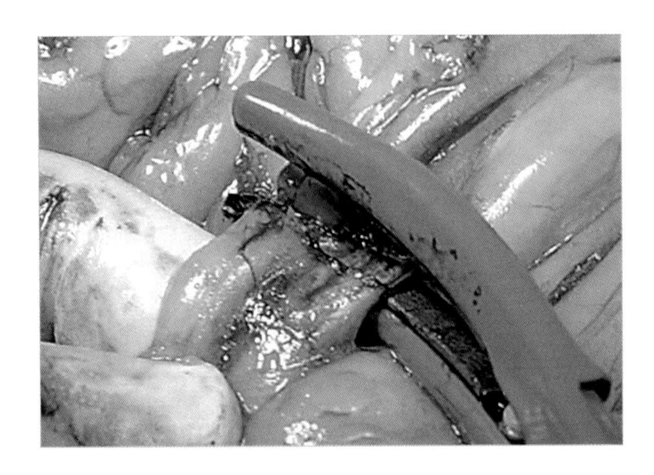

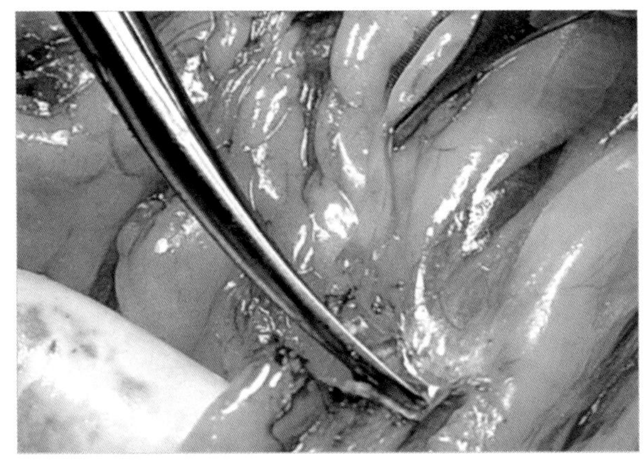

图7.63 双极电热凝固设备使弹性蛋白和胶原蛋白发生变性，达到永久且可靠的组织融合。

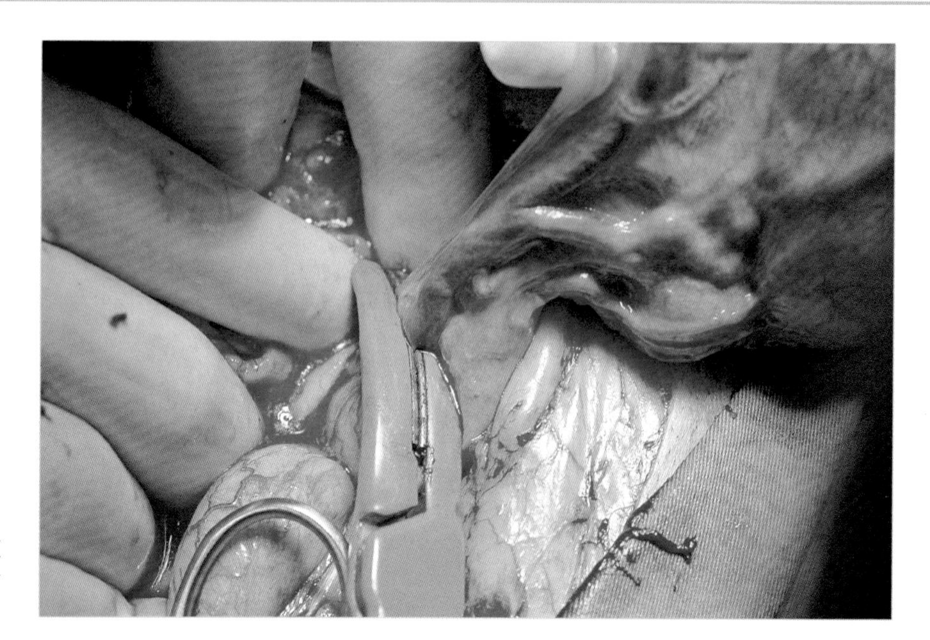

图7.64 利用血管热融合技术封闭子宫血管，治疗母犬子宫蓄脓。

在开腹手术中，必须采取防护措施，以确保器械的尖端不与皮肤直接接触而造成烫伤。为了避免这种并发症，皮肤应该用湿纱布进行隔离并进行保护。

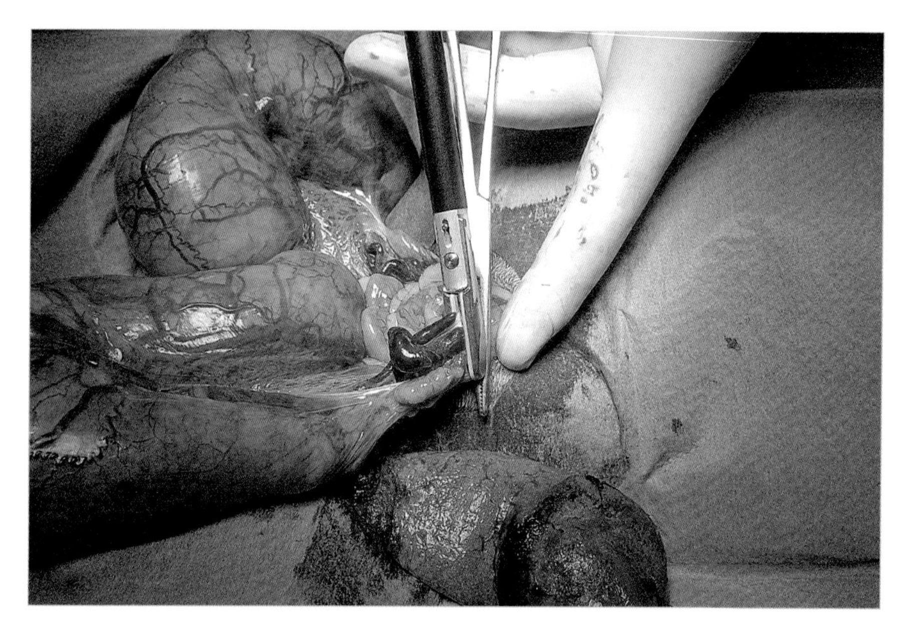

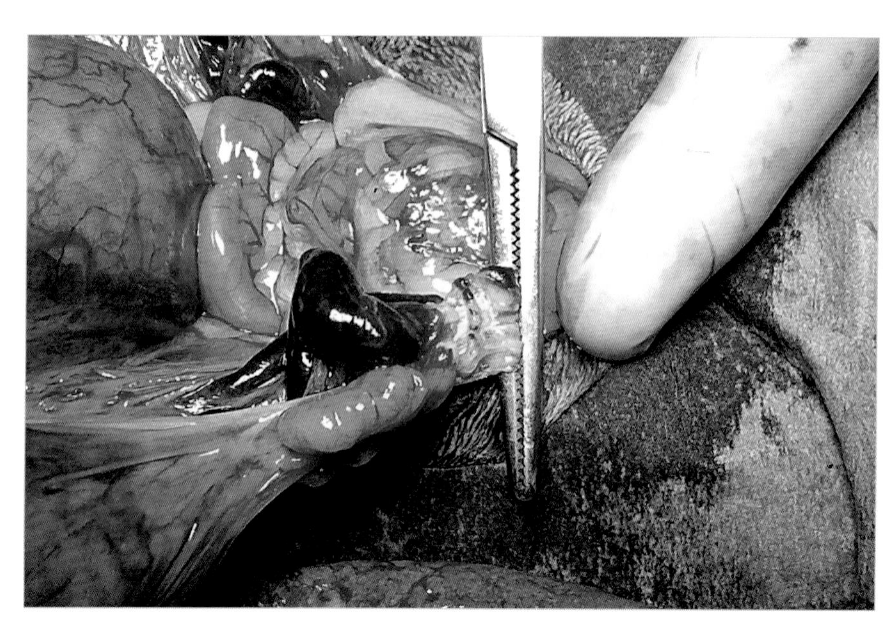

图7.65 图中的血管在使用电凝固设备后被闭合，组织被“熔化”并防止出血。

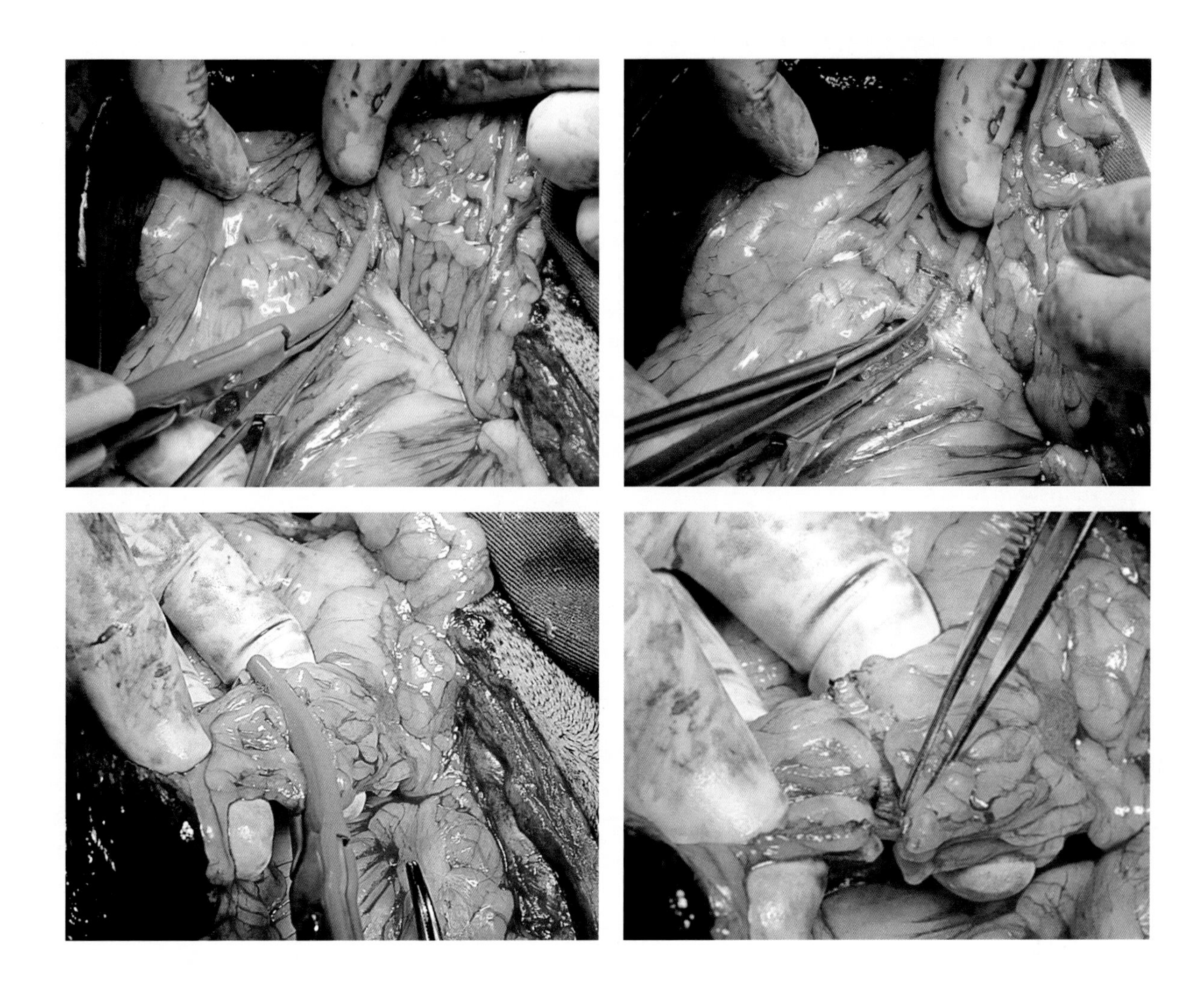

图7.66　脾脏切除手术术中，对血管和大网膜进行热融合。

它在前列腺手术中也非常有用，可以减少在囊肿、脓肿切除后，或前列腺部分或全部切除时的术后出血，但操作中应注意不要损伤尿道。它也可以在阴茎切除术和乳腺切除术中使用，以减少出血并缩短手术时间。

在消化道手术中，该系统适用于胃切除、肠切除和结肠直肠肿瘤的切除。在肠切除手术中，必须特别小心的闭合血管，因为当组织被融合后，肠系膜的缝合会更加困难，因此建议选择使用精细的电凝头。

该系统可以安全地应用于脾脏切除，用来封闭脾脏血管以及大网膜（图7.66）。

在肝脏手术中，可以进行部分切除和全叶切除。但也可能会发生出血，所以最好准备好缝合线，以防出血。虽然发生率极低，但在使用这种血管闭合器的手术中曾有过肝脏脓肿的报道。

在肾上腺切除术中，它能够非常有效地减少出血并缩短手术时间。由于可以使用小号电凝头且几乎没有热分散，这使得医生可以安全地封闭腺体周围的小血管。

该设备也可以用于软腭切除，但会伴随一定的热分散作用。二氧化碳设备或空（气）化系统更适合于这种外科手术。

在胸外科手术中，该设备非常适合在肺叶切除时进行血管的封闭。

综上所述，尽管此系统费用昂贵，但其优点在于出血少、手术时间短、使用方便、无需结扎，且安全性高。

使用双极电热封闭系统进行脾脏切除

人身安全

使用高能手术设备（电刀、激光等）可能会对动物、医生、麻醉师和其他工作人员构成风险，可能的原因包括：

- 技术故障。
- 意外的浅表或深部烧伤。
- 引燃麻醉用易燃液体和气体。
- 烟雾被吸入。
- 使用错误的配件。

外科医生和所有外科工作人员必须熟悉所使用的设备，并在使用时遵守每条安全规定。

烟雾

当使用高频电刀、激光或其他高能设备时，会产生烟雾（图7.67），妨碍手术视野，对手术室工作人员造成刺激和伤害。影响的大小与使用时长成正比。

手术室中，使用高能手术设备时散发出的特殊气味是由蛋白质和脂肪燃烧所产生的。

手术烟雾由95%的水蒸气与5%的化学产物、活性和炭化的有机物形成。

外科手术烟雾是一种悬浮在空气中的微粒的集合，这些微粒是由于组织的热破坏释放出来的。

这种烟雾给外科医生带来的主要健康危害是急性和慢性呼吸道刺激以及眼部的炎症和刺激。

目前已在手术烟雾中发现了多达80种化学物质，这些物质可能导致头痛和眼、鼻、咽喉的刺激和疼痛。这些物质包括：

- 甲苯，可能会刺激鼻子和眼睛，并导致肝肾损伤或贫血。
- 丙烯醛，它会刺激眼、鼻、咽喉和呼吸系统的其他部分。
- 甲醛，会刺激黏膜。长期接触会对肾脏造成损害。
- 氰酸，会引起恶心、头晕和头痛。高浓度时能够引起呼吸系统和/或神经系统的变化。

据估计，使用激光或高频电刀照射1 g组织所产生的烟雾，相当于15 min内吸3 ~ 6支香烟所产生的烟雾。

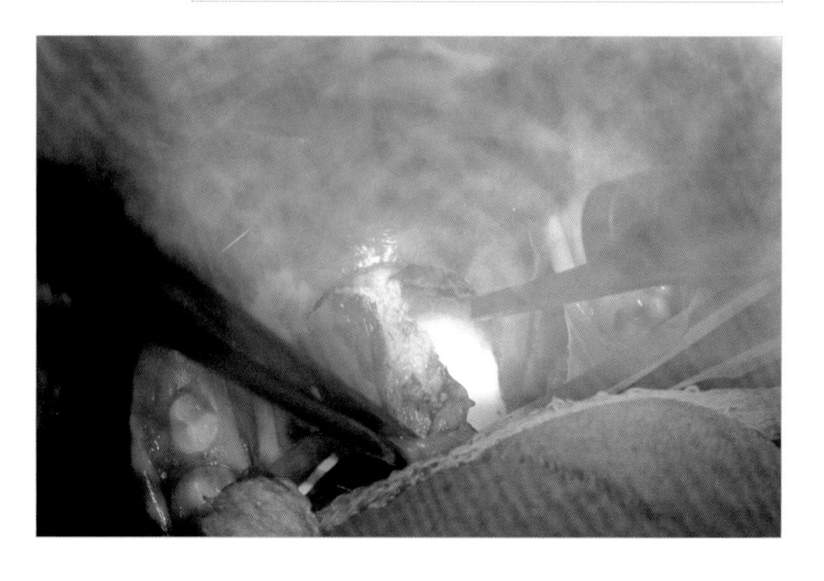

图7.67 使用高能量设备时产生的烟雾不仅会阻碍手术过程中的视野，还会导致手术人员的不适。

研究还表明，激光和电刀都能将活细胞（间皮细胞和血液）、病毒和病毒颗粒释放并携带至烟雾中。在人类手术中必须考虑到这一情况，以防止在切除肿瘤或组织时感染病毒，如人乳头瘤病毒。在兽医临床手术中，这些风险很低。

手术室通风系统包括机械排风一般不足以消除产生的烟雾。出于这个原因，为了防止手术烟雾可能产生的副作用，外科医生必须佩戴专业口罩来过滤这些微粒。手术室内还应配备排烟设施，空气更新速度应达到每小时10～20次。

高过滤性口罩

常规使用的外科口罩能有效过滤90%直径>0.5μm的颗粒，保护佩戴者免受微生物的侵害，并隔离使用者口鼻排出的微粒。然而，它们无法在手术烟雾的环境下提供足够的保护，因为这种口罩无法紧紧覆盖在面部，并且它的过滤水平过低。高过滤性口罩（自动过滤口罩）是为了保护使用者不吸入空气中的污染物（它们从外向内进行过滤），能够过滤直径0.3～0.1 μm的颗粒，效率为95%，并且对面部的贴合度>90%（表7.3，图7.68）。

表7.3　根据过滤能力对口罩进行分级（欧洲标准 149/2001）

分级	内部泄露量	过滤效能
FFP1	22%	78%
FFP2	8%	92%
FFP3	2%	98%

FFP：防护口罩。

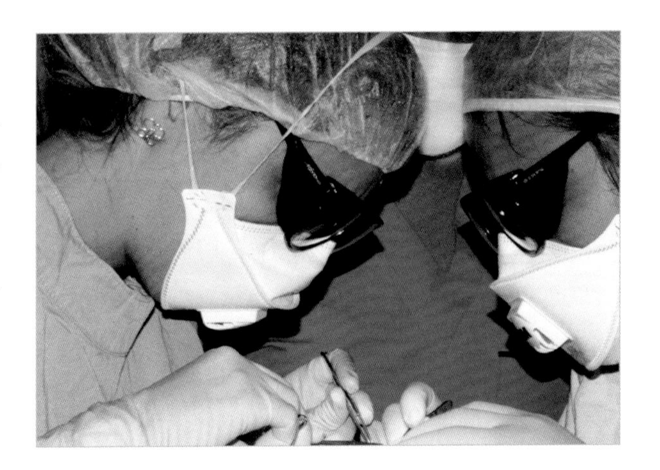

图7.68　在使用会产生手术烟雾的设备时，在手术场所内的外科医生和手术仪器操作人员应佩戴FFP3型自动过滤口罩。

在手术室内的外科工作人员必须佩戴FFP3型自动过滤口罩。

排烟系统

建议使用排烟系统和手术烟雾过滤系统，以尽量减少烟雾接触（图7.69）。

排烟系统由真空泵、若干个过滤器（预滤器用于筛除大颗粒，超低渗透空气过滤器用于捕捉细小颗粒，活性炭用于吸收有毒气体和气味）、吸气管道和吸嘴组成。

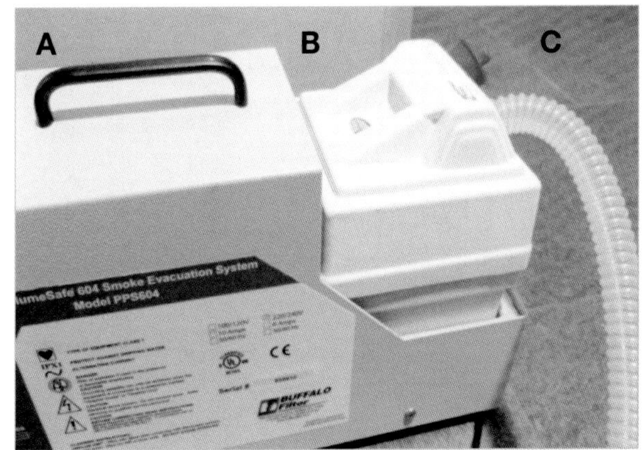

图7.69　排烟系统。
（A）便携式排烟装置。（B）超低渗透空气过滤器。（C）术区抽吸系统。

吸气嘴应置于距离手术烟雾产生位置2 ~ 5 cm处。该系统可安装在电刀或激光手柄上的手持电极上，在使用设备时自动激活，或根据需要使用踏板激活。

- 排烟系统必须满足以下要求：
- 便于使用。
- 安静。
- 效率高，具有良好的吸滤能力。
- 自动和/或踏板激活。
- 小巧便携。
- 装有过滤器指示器。

必须严格遵守制造厂家的指示和建议，并定期更换滤芯。

> 排烟系统能够改善术野内的术者观察效果，去除异味并降低屋内人员不适感及健康风险。

手术过程中应当使用排烟系统清除液体或其他物质，使用时应注意避免吸入或损伤术部组织。为了避免这种情况的发生，建议在吸嘴上覆盖无菌纱布（图7.70）。

> 如果烟雾吸收器不小心吸入了任何组织，不要用力向后牵拉。必须首先关掉机器，再从吸嘴中取出被卡住的组织。

不推荐把常规外科抽吸系统作为烟雾过滤器使用，因为它们的吸力太低（0.001 8 m^3/s，而便携式排烟器的吸力为0.023 m^3/s）。

激光手术的风险与注意事项

激光设备可以根据功率和危害性进行分类（表7.4）。

> 手术激光对人体进行照射和接触时，会对皮肤和眼睛造成伤害。

表7.4 按功率和危险程度对激光器进行分类

类别	功率特征与危害等级
1类	在合理的使用下为无害光线（CD-ROM驱动器）。
2类	可见光激光器（400 ~ 700 nm）。直接和持续照射时存在危险。
3 R类	当直射眼睛且最大功率达到5 mW（激光笔）时存在潜在危险。
3 B类	当功率为5 ~ 500 mW时，直视光线是有危险的，而漫反射通常安全。
4类	直接照射于眼睛和皮肤上通常是有危害的，当功率超过0.5 W时，散射或漫反射光线也有危害。这类激光能够作用于物体，并会释放出有害物质或引发火灾。

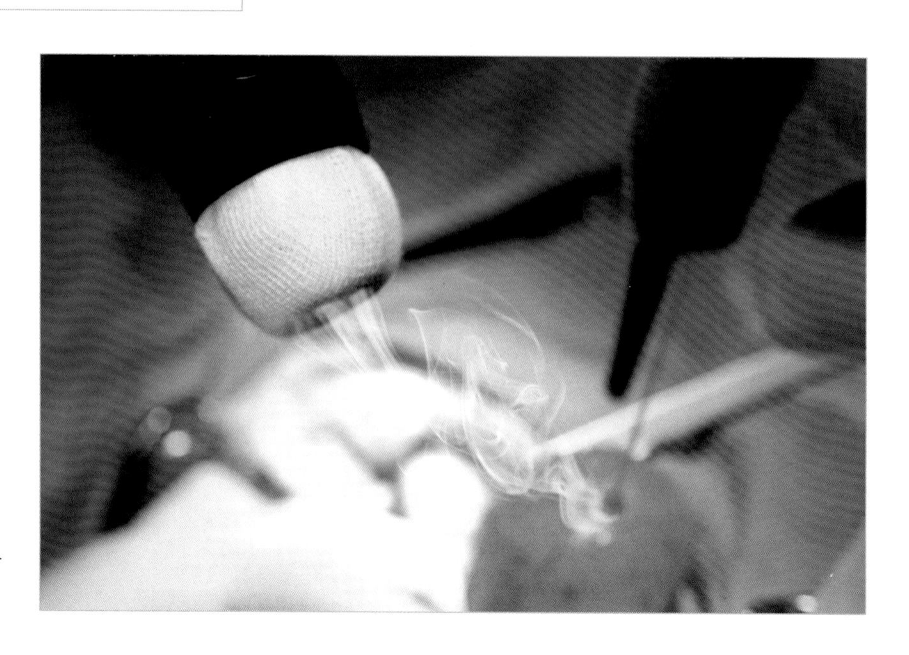

图7.70 在吸入口上覆盖纱布可以避免意外吸入组织。

图7.71 必须在使用激光设备的手术室门口设置警告标志，以警示工作人员他们正在进入暴露于激光辐射危险的区域中。

关于手术用激光的错误的夸张认知

- 用于外科手术的激光不是军用激光。有许多军用激光可以击落飞机并摧毁坦克，但没有一种外科手术用的激光有这么高的能量。
- 手术用激光不会致癌。波长低于319 nm的电磁辐射可以电离组织原子，从而有致癌的风险。然而，所有的手术激光都有较长的波长，不存在任何激发肿瘤的风险。
- 手术用激光不会传播肿瘤细胞。最初人们认为在肿瘤科手术中使用激光会由于使组织爆裂，造成恶性细胞的传播。然而现已证实，激光会破坏肿瘤细胞并封闭血管和淋巴管，能够防止肿瘤细胞扩散。

在《星球大战》电影中，人们被引导去相信激光是危险而具有毁灭性的武器。基于这个认知，那些不赞成使用手术激光的人会过度强调这种设备的潜在危险。

对患病动物和手术人员的一般和特定风险

定义

使用手术激光时，风险是一个重要的安全概念。取决于发生事故的可能性以及其后果的严重程度。

手术室和使用激光设备的房间入口必须设置适当的标识，以警示工作人员他们正在进入该区域（图7.71），并且必须遵守规定的安全防护措施。当激光设备未在使用时，这些警告标志不应亮起。使用激光的房间不能有反射面，如镜子、玻璃或抛光金属表面，以防止激光束被反射。

如果事故发生的可能性很高，尽管后果可能并不严重，那么仍有较高风险。同样，如果事故发生的可能性很低，但后果可能很严重，那么它的风险也很高。

激光引燃

激光可能引起手术材料的燃烧，对患病动物造成中度至重度烧伤。按照风险从高到低的顺序，应该考虑以下几点：

- 气管内插管的引燃。
- 直肠气体的引燃。
- 手术棉签、纱布和纱布垫的引燃。
- 术前消毒液体的引燃。

气管内插管的引燃

当使用弹性纤维材质（合成材料或天然弹性材料）的气管内插管，并且使用激光在口腔内进行手术时，有很高的引燃风险，虽然火灾的风险很低，但引发的后果可能很严重。表7.5显示了气管内插管在激光照射下的性质变化。

由聚氯乙烯（PVC）制成的插管更加危险，因为它们会产生炽热的火焰，即使在有氧气流动的水中也能够燃烧。

为了避免发生这些事故及其并发症，可使用呼吸道激光手术专用的气管内插管（图7.72）。

当使用聚乙烯管时，我们建议用铝箔将暴露在手术区域的部分全部覆盖（图7.73）。这样做的时候，每次缠绕都应覆盖上一层的至少50%（图7.74）。如果没有的话，可以用一块厨房用铝箔覆盖气管内插管外露的部分。

表7.5 气管内插管的类型以及二氧化碳激光对其直接作用所造成的影响

材质	类型	安全性	特点
硅胶	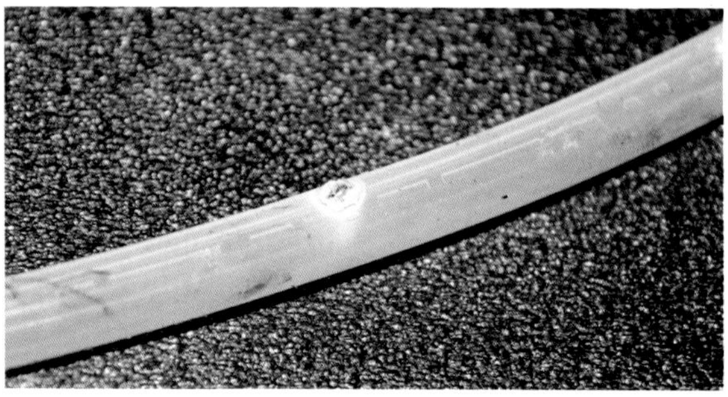		■ 这是最能耐受激光的一类材质。 ■ 激光不易击穿插管，材质也不易燃。
橡胶	 鲁西管 4 ORAL 6 18 RÜSCH W.GERMANY		■ 激光不易击穿，但材质可燃，会灼伤周围的组织。 ■ 燃烧后无黏性残渣。
聚乙烯	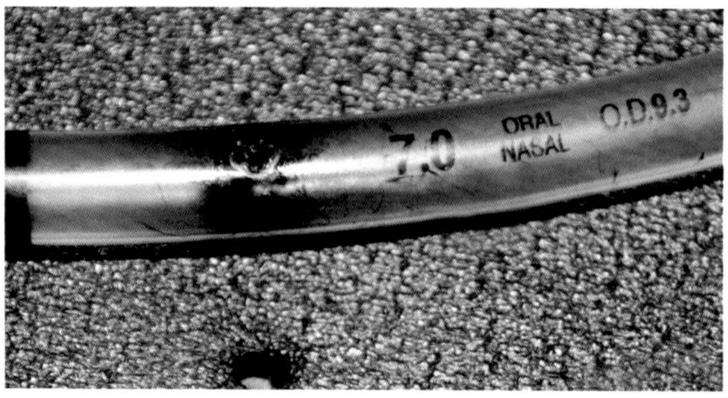 7.0 ORAL NASAL O.D.9.3		■ 不会在外表面燃烧，但激光会击穿插管并点燃用于麻醉的气体。 ■ 燃烧后会留下难以清除的黑色残留物。

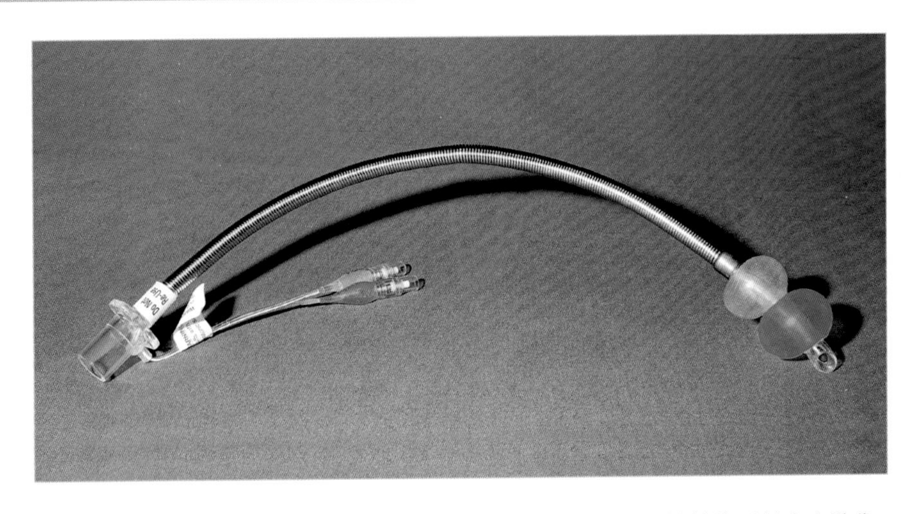

图7.72　这种气管内插管表面有一层耐激光的不锈钢涂层，能够使反射光束散焦，以减少对邻近组织的损伤。它配备了一个双球囊，用生理盐水充满，以确保当上方球囊穿孔时，气管也是密闭的。

麻醉耗材（气管插管）及手术耗材（手术纱布）以及玻璃在二氧化碳激光作用下的反应

图7.73　使用铝箔胶布保护的气管内插管能够防止激光束造成击穿。但必须记住，激光能够被铝反射，而这样可能会对周围组织造成损害。

图7.74　用自粘铝箔胶布保护聚乙烯气管内插管。在缠绕每一圈时都必须与前一圈重叠约一半。

无论使用何种类型的气管内插管，为了增加安全性，暴露的插管段必须用浸有盐水的纱布覆盖。这意味着，湿纱布能够在激光直射或反射到插管表面前吸收激光的能量，防止插管本身或周围组织受到损伤（图7.75）。

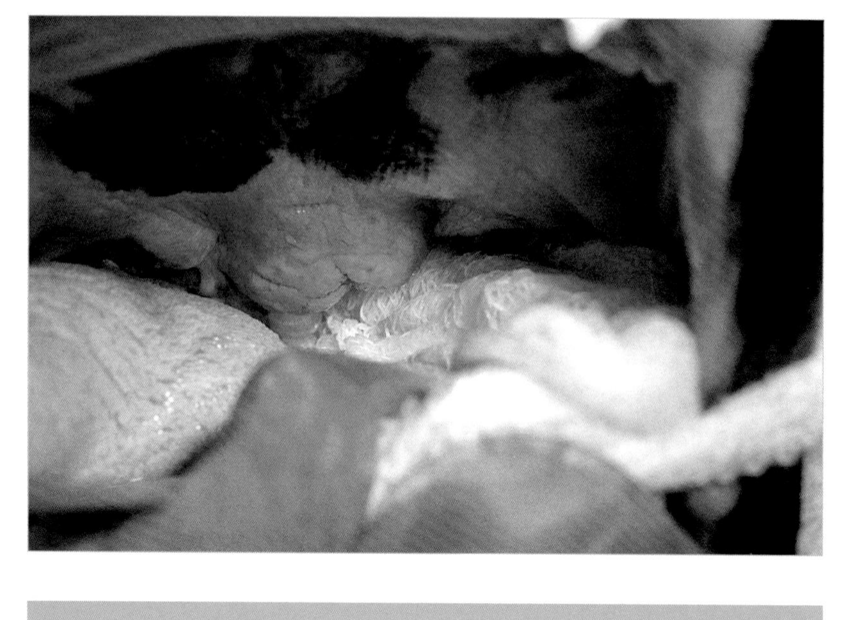

图7.75 在气管插管周围用盐水浸透的纱布覆盖，可以防止激光造成的击穿和对周围组织的损伤。

> 气管内插管被击穿的可能性非常低，但考虑到后果的严重性，应该将其视为高风险。我们应采取一切可能的措施来降低这种风险。

如果手术中气管内插管着火该怎么办？

- 扑灭火焰。
- 迅速切断氧气的供应。
- 将气管内插管从气道中取出，丢弃在地板上。

必须迅速采取行动，确保伤害最小化。如果插管在气管内燃烧几秒钟，就可能会出现大面积烧伤，导致气管软化、肺水肿，甚至病例死亡。

直肠气体的引燃

当在肛周或会阴区使用激光或电刀时，从手术动物直肠中泄漏出的气体可能会有被引燃的风险。如果用潮湿的纱布堵住肛门，这种风险就会降到最低。

手术棉签、纱布和纱布垫的引燃

手术激光可以点燃手术用棉签、纱布或纱布垫。这可能会对皮肤造成中度至重度烧伤。为了预防这种风险，所有术中使用的棉签、纱布和纱布垫都应先在温热的生理盐水中浸泡后再使用。

术前消毒液体的引燃

在给手术区域备皮和消毒时，应避免使用含酒精的溶液。聚维酮碘、氯己定和卢戈氏液（Lugol's iodine solution）是不会被激光引燃的，但它们可能会蒸发。热蒸汽具有很高的化学活性，可能会造成皮肤灼伤。因此在使用激光之前，任何类型的消毒剂都必须保证已完全干燥。

对其他身体部位的损伤

在使用激光时，激光束可能会射中身体的非手术部位。这可能是由于操作失误、机器意外被激活、激光被金属器械反射，或者因为它没有完全被吸收就穿透了目标部位。

> 当外科医生未计划使用激光设备时，设备必须处于待机状态。

在整个手术过程中，团队所有成员之间必须保持适当的沟通，确认只有当外科医生准备好将激光用于相关组织时，激光设备才应在手术中使用。此外，外科医生必须避免在使用激光的同时在手术区域使用可反光的金属器械，并且必须使用盐水浸泡过的湿纱布保护激光照射区周围的所有组织，无论是在术部周围还是在深部区域（图7.76）。

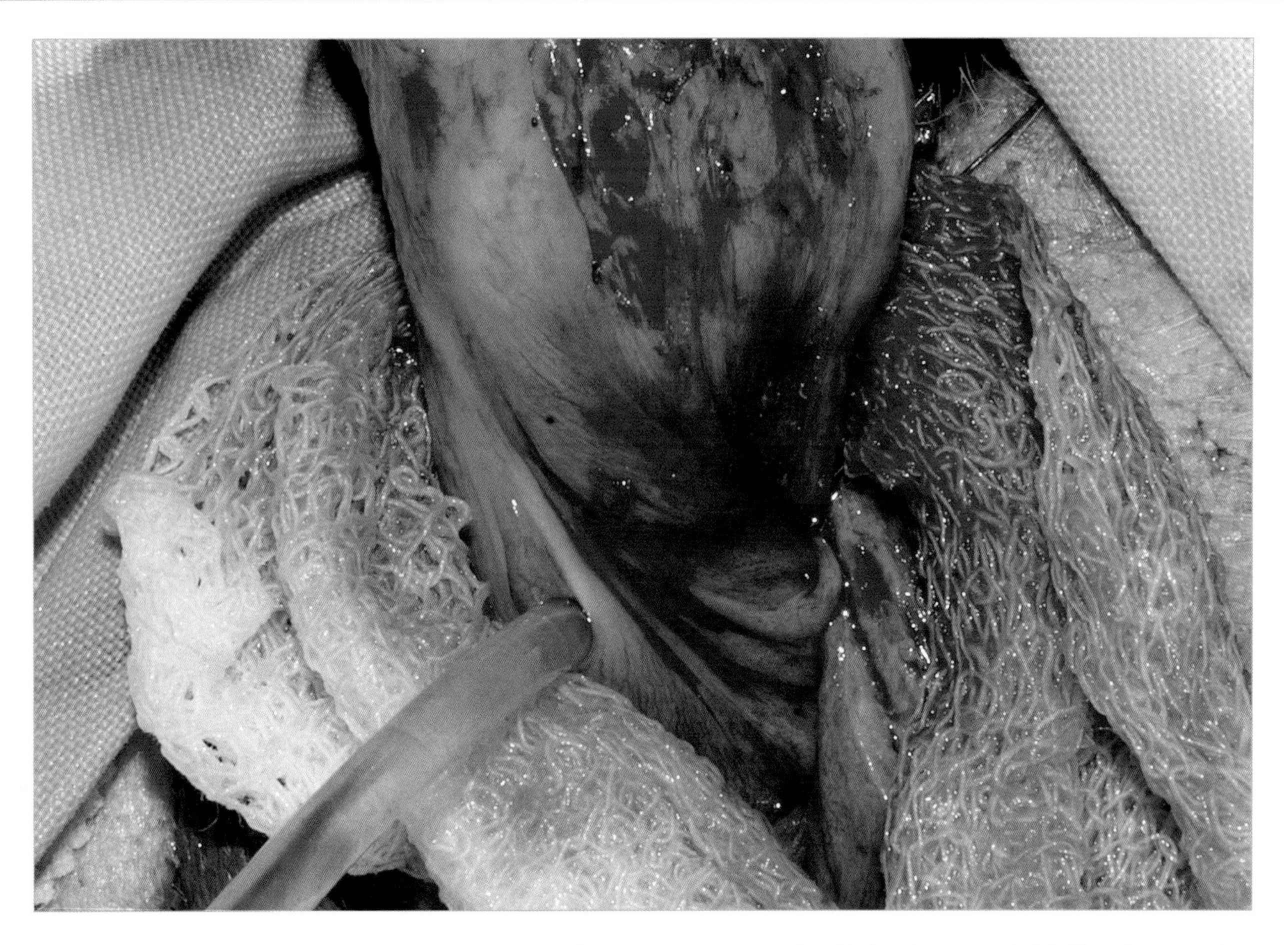

图7.76 用二氧化碳激光进行阴道肿瘤切除术速度快、并发症少。为了防止意外伤害，要切除的部位应该用生理盐水浸湿的纱布覆盖。

坚持操作中佩戴护目镜能够避免激光对手术动物和手术室工作人员造成的眼损伤。

眼部损伤

眼睛可能是对激光最敏感的器官。激光束对角膜、虹膜、晶状体或视网膜的伤害取决于激光的波长。例如，二氧化碳激光会引起结膜和角膜的病变，而半导体激光能够穿透眼睛并损害视网膜。

护目镜

无论是可见的还是不可见的激光辐射线，都会对角膜、晶状体或视网膜造成损伤（视波长而定）。为了防止意外暴露于激光下，所有在手术室的工作人员都必须佩戴防护眼镜（图7.68）。

这些眼镜必须能够对所使用波长的激光提供充分的保护（表7.6）。

透过手术显微镜或放大镜等光学设备观察术野时，无需佩戴护目镜，因为放大镜已经能够提供足够的保护。

表7.6 手术激光的种类和波长

激光类型	波长（nm）
Argon	488
KTP	532
半导体	810 ~ 830和980
Nd:Yag	1 064
Er:Ag	2 940
Er,Cr:Ysgg	2 078
CO_2	10 600

不同类型的手术激光都有不同的波长，因此要根据激光的类型选择专用的眼镜。

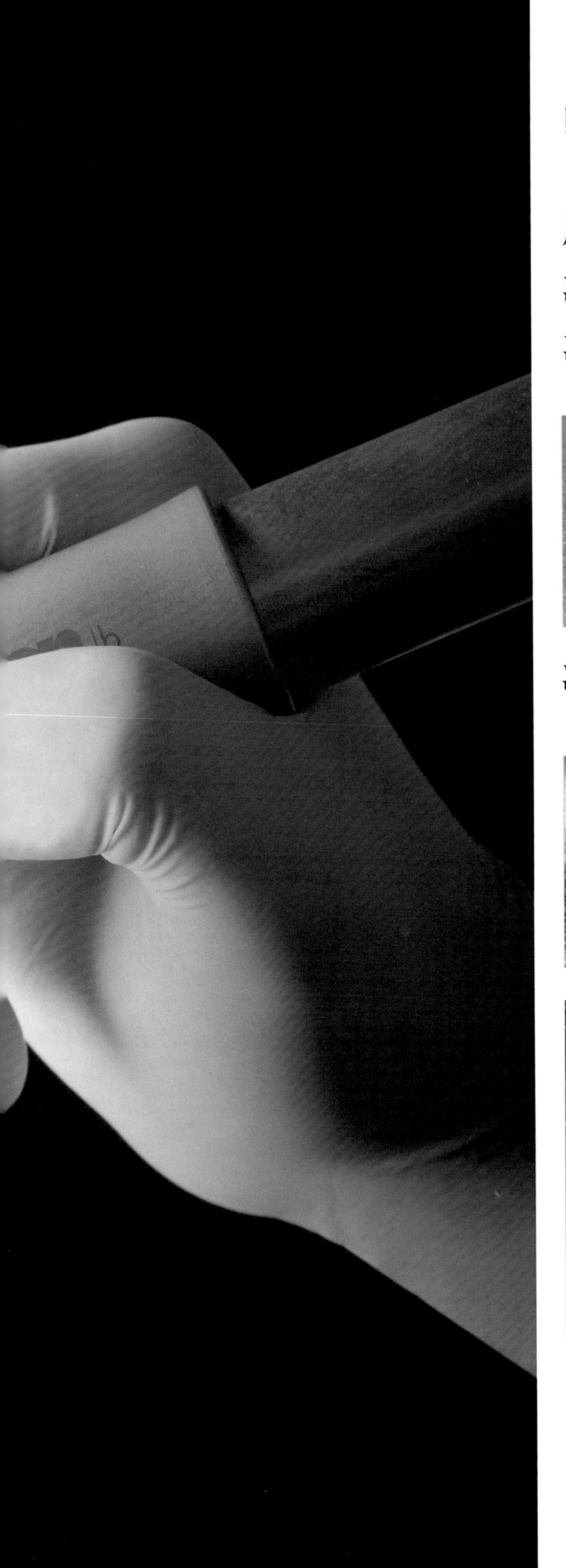

第8章　冷冻治疗和冷冻手术

局部低温/冷冻治疗

冷冻手术

冷冻剂

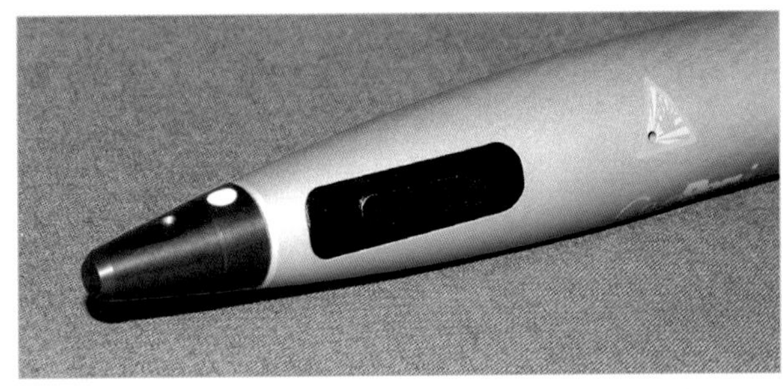

冷冻剂的使用技术

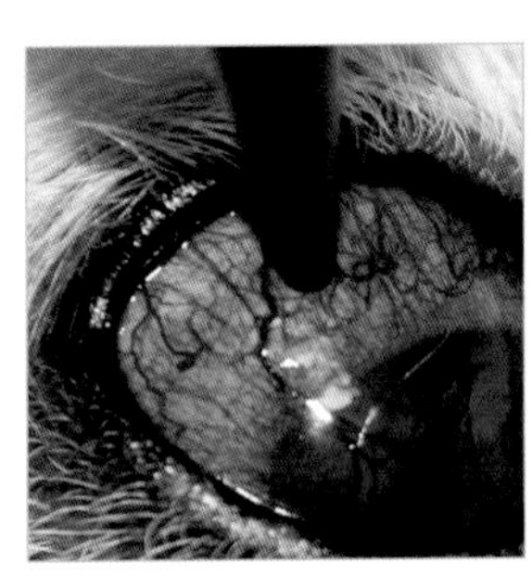

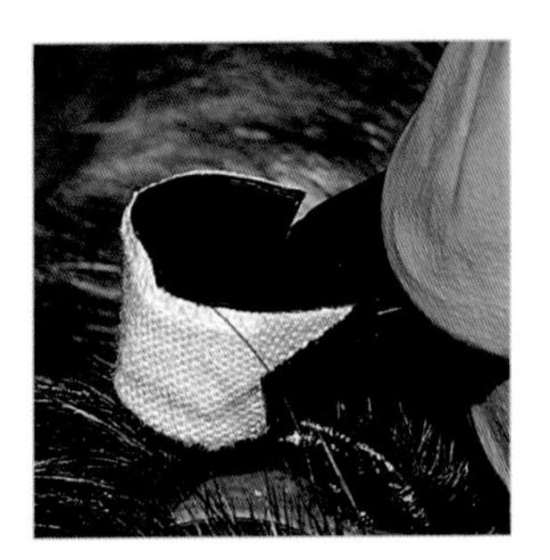

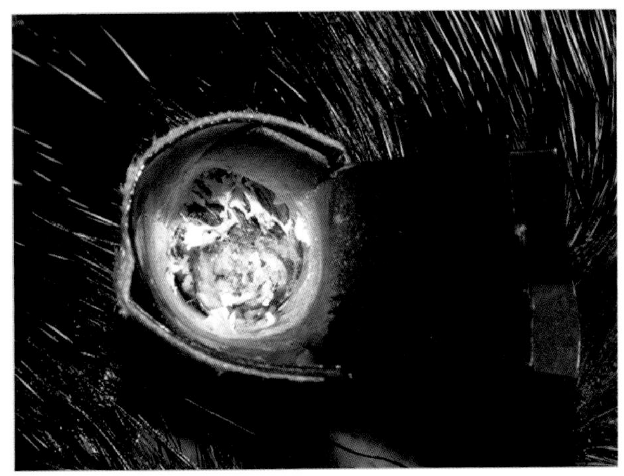

注意事项与术后护理

局部低温/冷冻治疗

冷冻技术早在希波拉底时代便用于治疗出血、疼痛和炎症，但是作为手术工具，其应用范围并没有高温技术广泛。

冷冻技术会根据温度、作用时间、施加的压力、设备和组织的不同而产生不同的效果。

冷冻治疗是将低温施加于组织，常用于治疗软组织和骨关节损伤，以减轻炎症和疼痛。

在局部组织上使用冰块或者非常低温的生理盐水可以引起血管收缩（图8.1），减少伤口出血、炎症和随后的疼痛。但是，如果长时间的使用（>10 min），会引起反应性的血管扩张。

因此，冷冻治疗可以在手术过程中减少局部出血，特别是在由于局部环境或者出血组织本身的特性不允许，其他更有效的止血手段无法使用的时候进行。

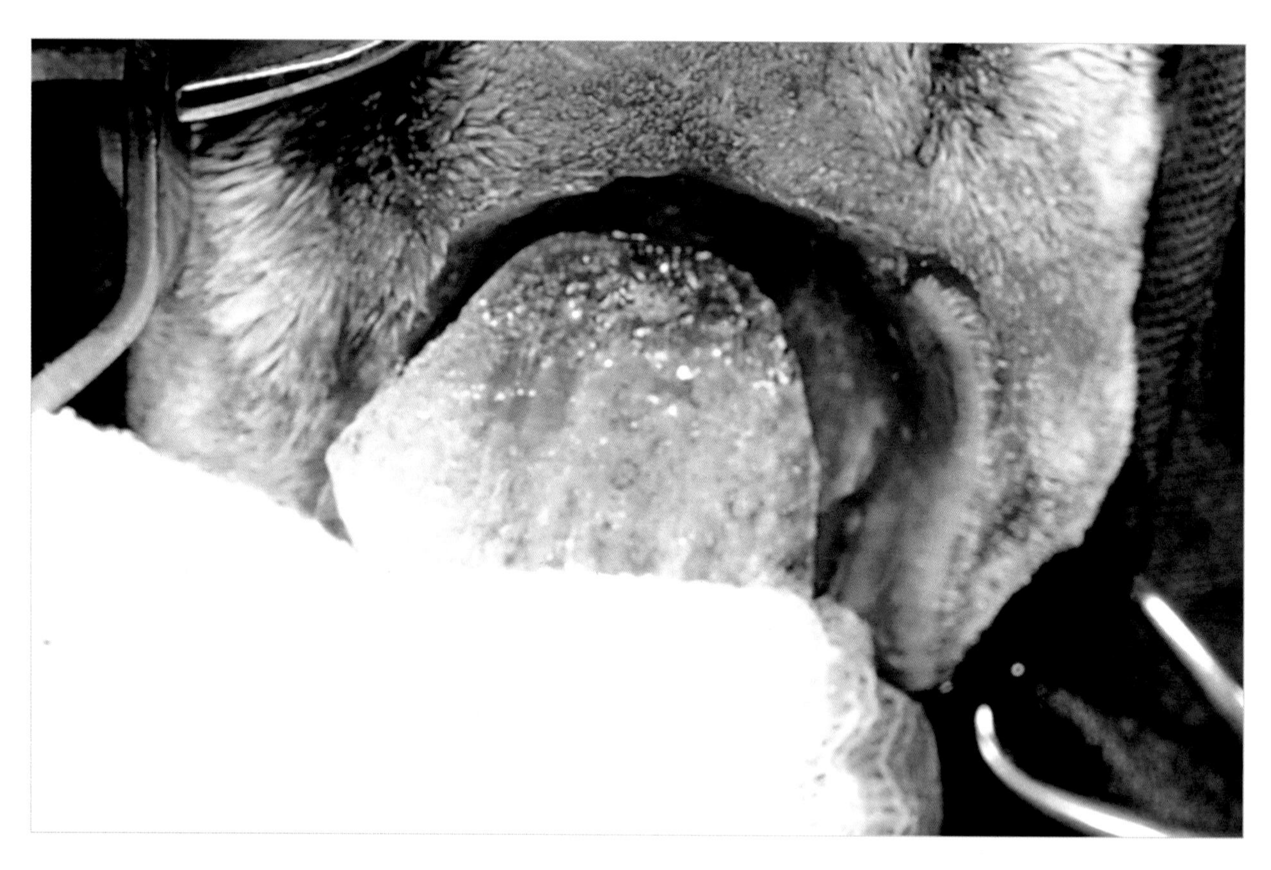

图8.1 对实施头侧上颌骨切除术的动物鼻部使用生理盐水冰块。

无菌生理盐水冰块可以直接，或者碾碎用纱布包裹后使用。体内不建议使用冷冻治疗以避免低体温。

注意：全身性低体温会延长凝血时间。

冷冻手术

冷冻手术是使用可控的组织冷冻技术，使得组织局部选择性坏死的手术过程。冷冻手术主要用于移除浅表的损伤，例如舔舐创、肛周瘘和局部肿瘤，如睑板腺瘤（图8.2和图8.3）。冷冻手术同样适用于传统的手术方法很难切除的肿瘤或者体内损伤，如雪貂的右侧肾上腺切除术、肝脏结节或者小的肾脏损伤。

影响冷冻手术效果的条件参数

- 使用的液态气体的温度。
- 组织类型（腺体敏感度很高，筋膜和大的血管壁则更具抵抗力）。
- 细胞内外含水量。
- 组织血管化程度。
- 冷冻的速度。
- 解冻的速度。
- 冷冻-解冻循环的重复次数。

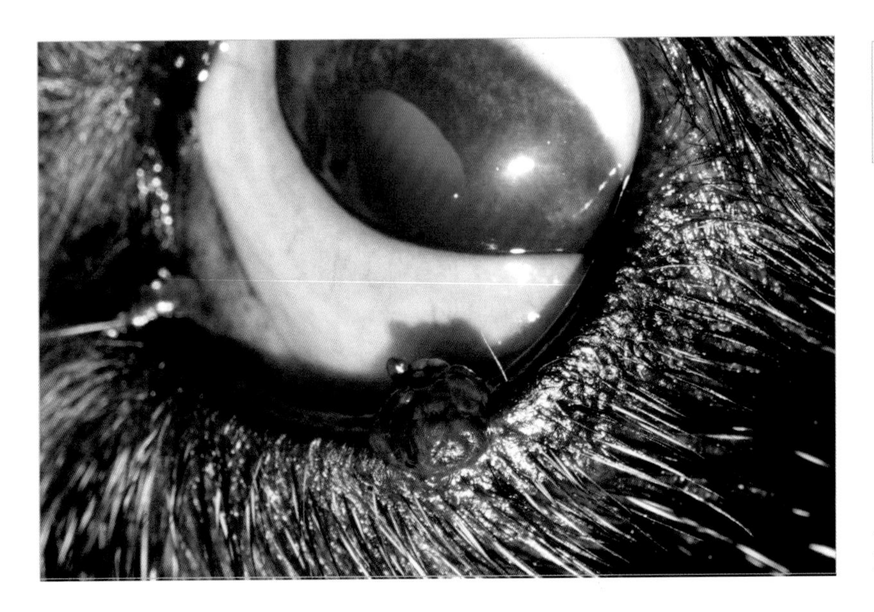

能够快速冷冻，缓慢解冻时冷冻手术的效果较好。

图8.2　眼睑边缘的肿瘤，通过冷冻手术移除。使用氧化亚氮作为冷冻剂，三次冷冻（15 s）-解冻循环。

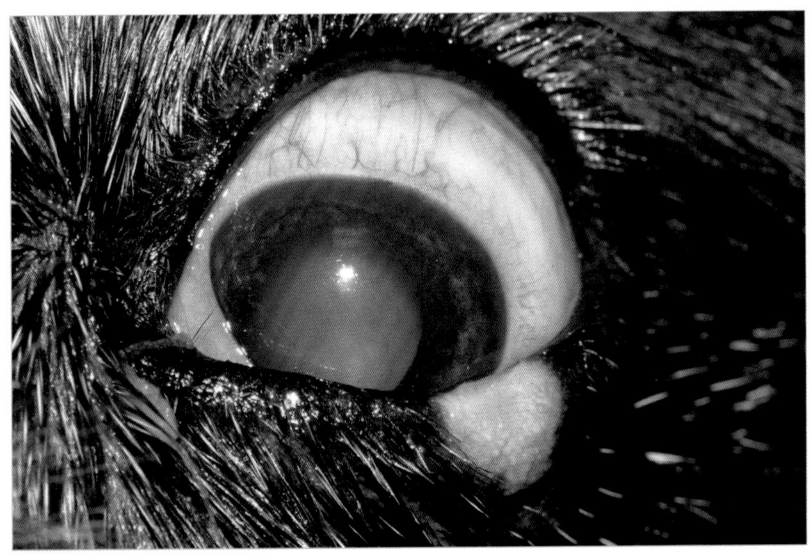

图8.3　冷冻手术后16 d复查。需要提前告知动物主人治疗区域将出现脱色素变化，但随着时间色素会逐渐恢复。

通过冷冻造成的细胞死亡和组织消融可引起组织直接和间接的损伤。冷冻引起细胞死亡的原因是由于细胞内外生成结晶，大的结晶会使细胞膜破裂，小的结晶会引起细胞脱水，但细胞膜尚不会破。

> 组织中的含水量决定了其对冷冻手术的敏感程度，因此用于肿瘤细胞通常会有较好的治疗效果。

组织冷冻和解冻的速度会影响治疗的效果。为了获得最佳的治疗效果，冷冻的速度应尽可能快，解冻的速度则应缓慢。

> 反复冷冻-解冻循环比单一长时间冷冻-解冻效果更好。

间接组织损伤是由于血栓形成和微循环系统内皮损伤继发阻塞造成血管淤滞。缺血导致缺氧和细胞死亡。

> 血管淤滞和细胞死亡是冷冻技术的主要作用机制。

冷冻后，组织周围结构会经历炎症阶段、肉芽组织与上皮化的修复过程。

> * 不应将冷冻手术用于肥大细胞瘤的治疗。

冷冻手术的优点

- 快速、简单、非侵入性技术。
- 可以移除正常通路很难触及的组织，容易控制出血。
- 去除难以缝合和重建的病变，例如四肢的远端部分。
- 可在局部麻醉下操作，并且不需要住院。这对于老年动物或者身体条件无法经受全身麻醉和传统手术的动物很有利。
- 破坏肿瘤的同时可减少对正常组织的损伤。
- 治疗后罕见感染。
- 对恶性肿瘤可能有免疫治疗作用。有人认为冷冻手术后残存的肿瘤细胞可能会刺激特殊的免疫反应对抗同种肿瘤类型的细胞。

冷冻手术的缺点

- 术者需要有丰富的经验，能够在冷冻组织后将并发症和后遗症减至最低。
- 手术后的2～3周内，坏死部位的外观和气味可能会令人难以接受。
- 局部外观会发生改变；颜色会变白，脱毛（图8.2）。
- 可能会损伤治疗部位周围的组织，如损伤肛门括约肌而出现排便失禁。
- 供给肿瘤的血管可能会出现破损，出现治疗后出血（30～60 min，或甚至几小时后）。
- 恶性肿瘤活检前不建议使用。

冷冻剂

冷冻剂是用于冷冻组织的气体或液体。最常用的冷冻剂见下文。

液氮

液氮是一种可选择的冷冻剂。它是－196℃的液态气体。通常使用接触式喷头将气体作用于组织（图8.4），或者使用特殊的设备注入病变的组织内。

图8.4　液氮的特殊喷雾装置。

使用温度极低的液氮时，需要格外小心以免对动物和操作人员造成损伤。

液氮应储存在特殊的压力装置中，而不能使用完全密封的容器承装，因为即使在不用的时候，液氮也在不断的挥发，完全密封的容器会引起爆炸。

✱ 液氮应小心使用，因为其如果不小心溅到皮肤上，会冻住组织。将液氮从液氮罐转移至使用装置或者托盘中时，要佩戴眼罩和手套。

氧化亚氮

使用氧化亚氮需要特殊的加压瓶。通过按压开关，气体通过管道在尖端快速扩散（Joule-Thomson 原理），可冷冻至－89℃（图8.5）。

二甲醚和丙烷

二甲醚和丙烷（DMEP）混合可成为喷雾形式，温度可低至－57℃。可将其喷至各种尺寸的棉签上（5 mm或2 mm），并精确的作用于组织上（图8.6）。DMEP不需要特别的储存装置，且可长时间保存，但是其冷冻能力比氧化亚氮和液氮低。

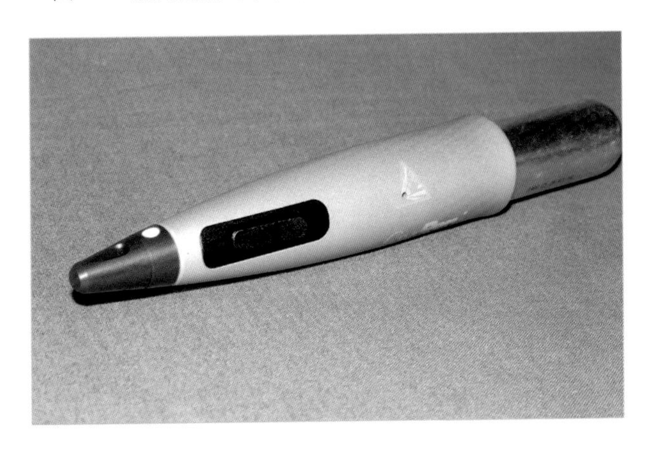

图8.5　便携式氧化亚氮笔。该装置配有可替换笔尖，适用不同的冷冻区域。图片所示的笔尖适用于2～4 mm的破坏范围。

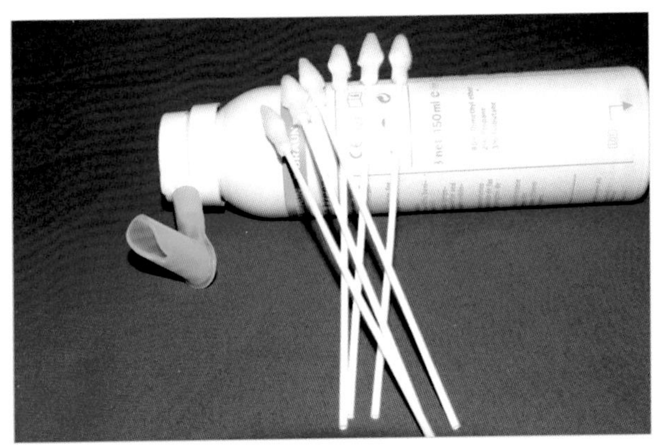

图8.6　DMEP装置很便宜，但是比其他装置效率低。可用于较小的浅表病变。

冷冻剂的使用技术

为了获得良好的结果并减少并发症，冷冻区域需要尽可能的剃干净毛发，并在第一次接触时使用凡士林或者凝胶。角化过度的区域需要使用角质软化剂或者磨平。明显或带蒂的损伤需要先用手术刀或剪刀切除。

动物的皮肤通常较厚，所以建议治疗前减去或刮去坚硬的区域。

对于不同类型的损伤和区域，治疗所需要的范围和深度都是不同的，这对术者经验的要求较高。通常在第一次冷冻循环后，应待组织解冻10 ~ 30 s，然后再重复这一步骤。

对待破坏组织正确的冷冻条件

- 快速将组织温度降至 −20℃和 −30℃。
- 自发性解冻，不需要其他干预。
- 重复冷冻-解冻循环，至少一次。

操作过程中需要监测到达的理想温度。最佳测量温度的方法是使用热电偶，将探针放置于特定深度，并安装温度传感器。如果没有类似装置，可通过眼观的方式及触诊治疗区域进行评估。

损伤周围的冷冻环（1 ~ 3 mm）可以大概提示冷冻的深度。

雾化装置

可将冷冻剂用喷雾器（5 ~ 15 s）或将冷冻剂液滴直接作用在待破坏的组织上。

图8.7　这个病例中使用乙烯-醋酸乙烯酯（橡胶泡沫）制成特殊的漏斗装置，以将冷冻剂集中于一点，避免损伤周围组织。

特定的工具

- 便携装或瓶装冷冻剂（图8.4至图8.6）。
- 周围组织的保护装置，如橡胶漏斗或者耳镜漏斗（底部放置X线片或者使用去掉胶塞的注射器）（图8.7）。
- 锉、刮刀、镊子等。

如果要用在眼睛周围，建议使用塑料勺保护角膜。

标准喷雾技术是将喷嘴距离组织几毫米，对着组织中心按压开关释放冷冻剂，直到损伤表面和边缘发生冷冻（1 ~ 5 mm）（图8.8）。

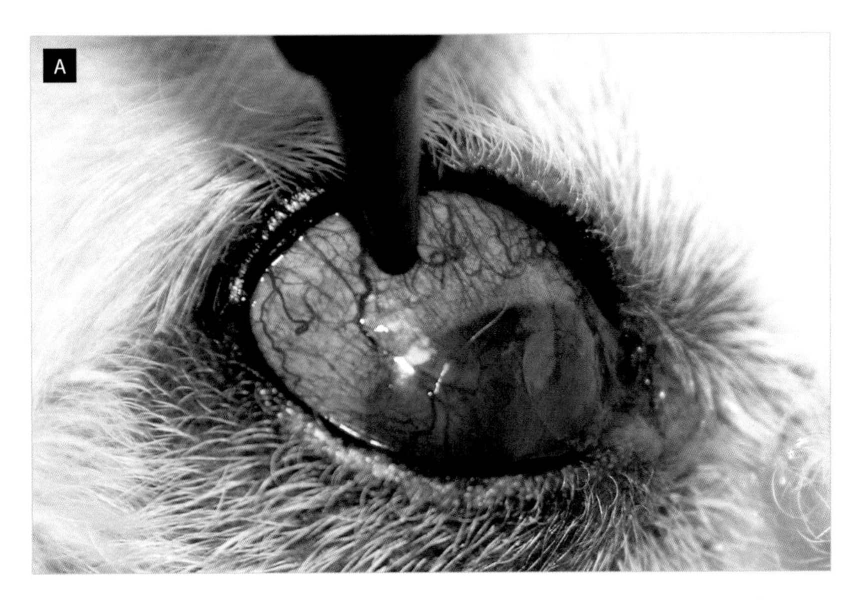

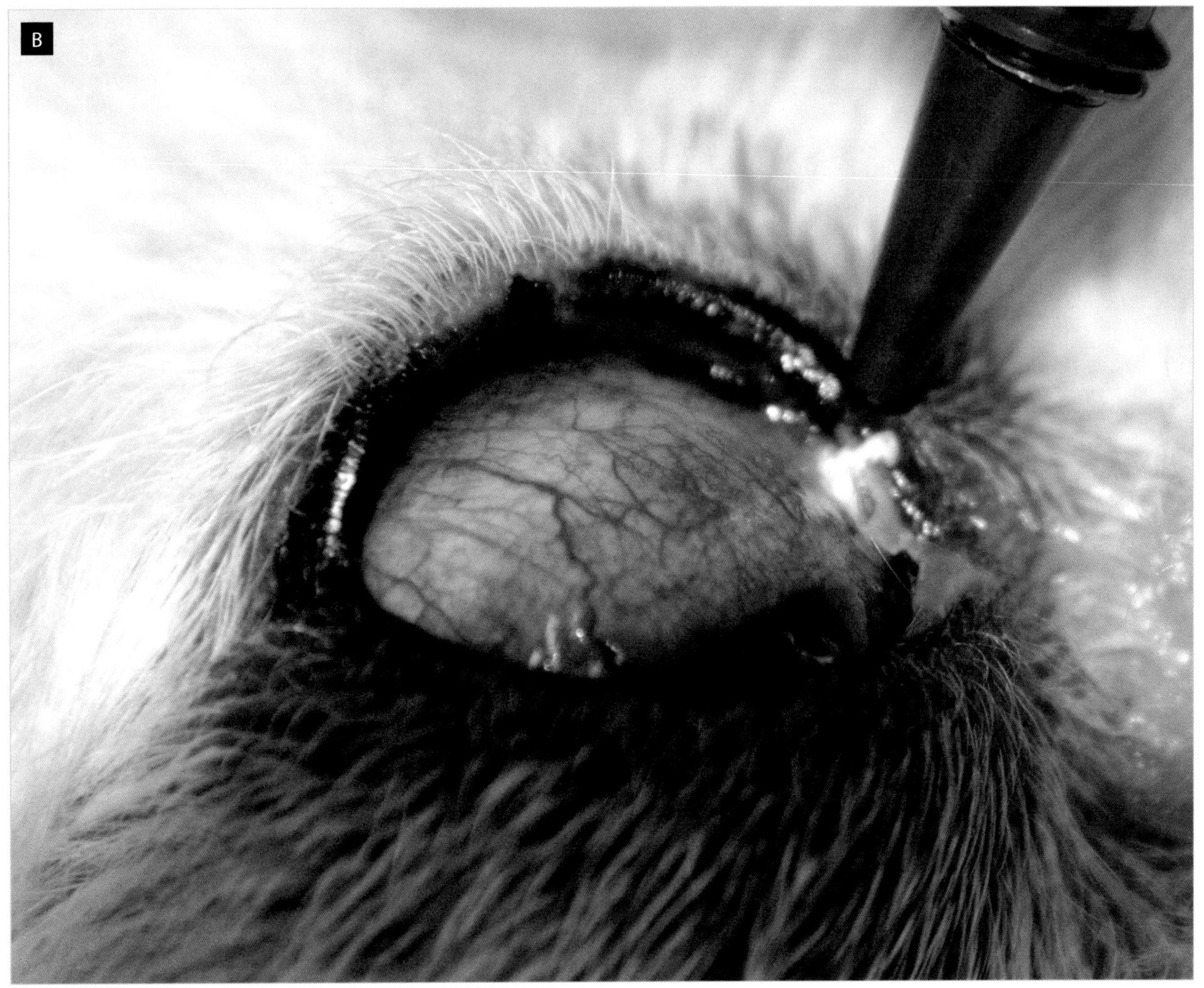

图8.8　通过冷冻部分睫状体治疗由于慢性青光眼引起的眼积水。

手术流程

为了限定冷冻区域，建议使用漏斗状屏障，并遵循以下步骤（图8.9至图8.12）：

- ■ 选择适合损伤大小的漏斗状屏障。
- ■ 将漏斗状屏障垂直立于组织表面。
- ■ 以45° 在漏斗内释放冷冻剂。
- ■ 等待冷冻剂完全挥发，需要30 ~ 40 s（图8.10和图8.11）。
- ■ 一旦冷冻剂完全挥发，移除漏斗状屏障。
- ■ 等待组织完全解冻，大约40 s。
- ■ 至少再一次重复冷冻-解冻循环。

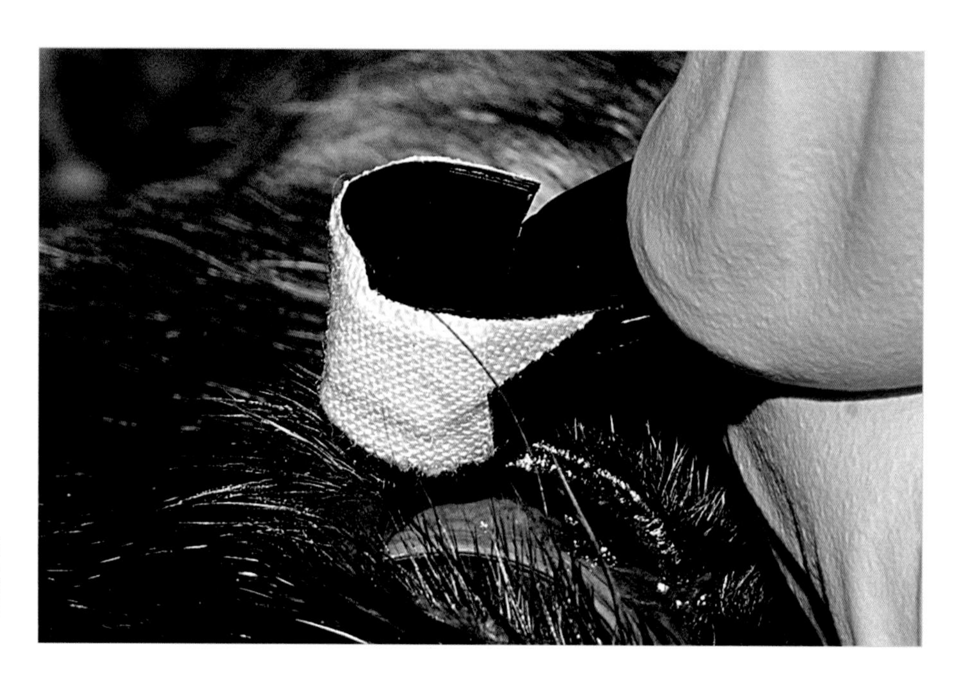

图8.9　为了限制冷冻的范围，避免损伤周围组织。这个病例中使用一片X光片制成了漏斗状屏障。

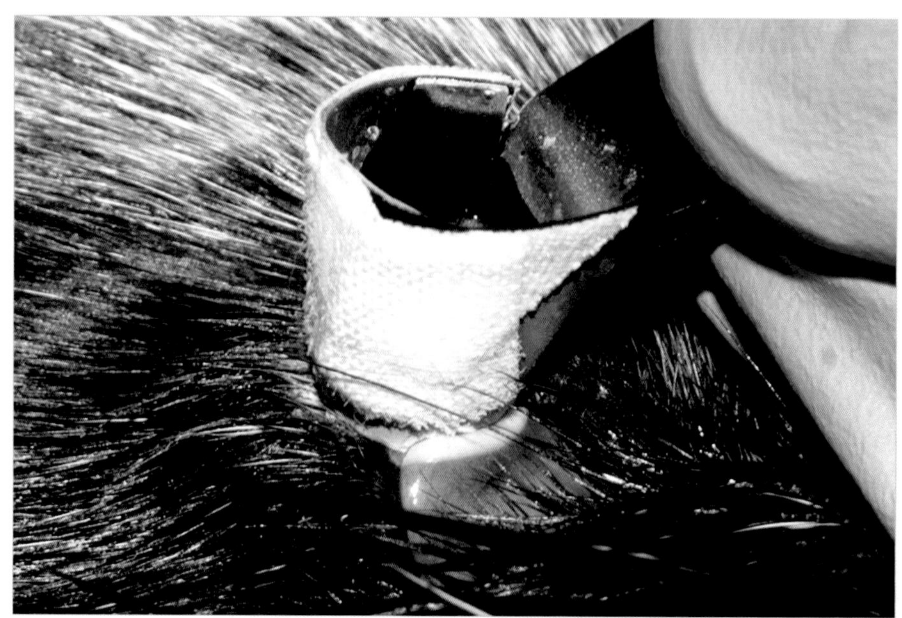

图8.10　使用冷冻剂后，可见组织周围的冷冻环，可由此评估冷冻的范围和深度。

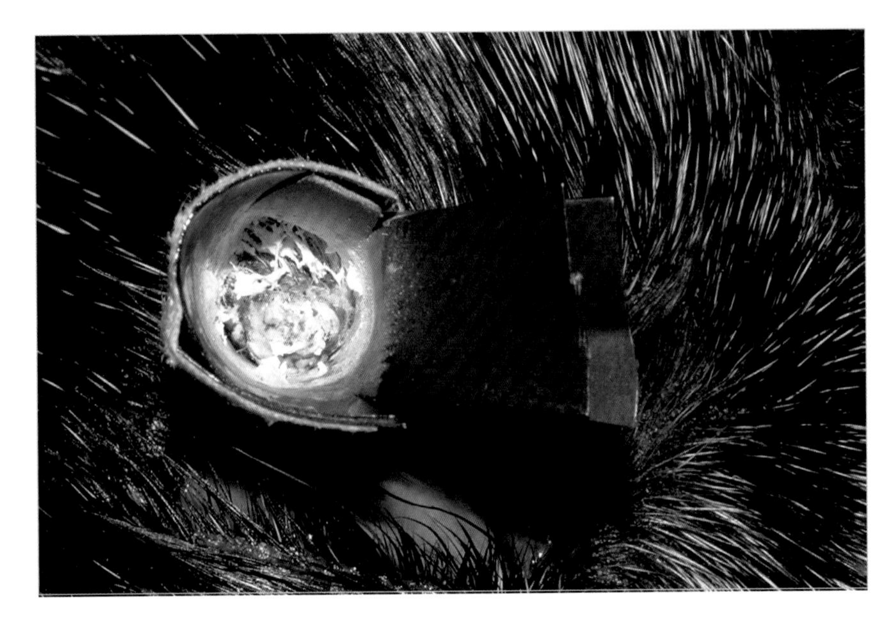

图8.11　冷冻剂挥发后，可见到冷冻区域。这时候还不能移除漏斗，因为它会粘在组织上。必须等到完全解冻后才能将其移除。

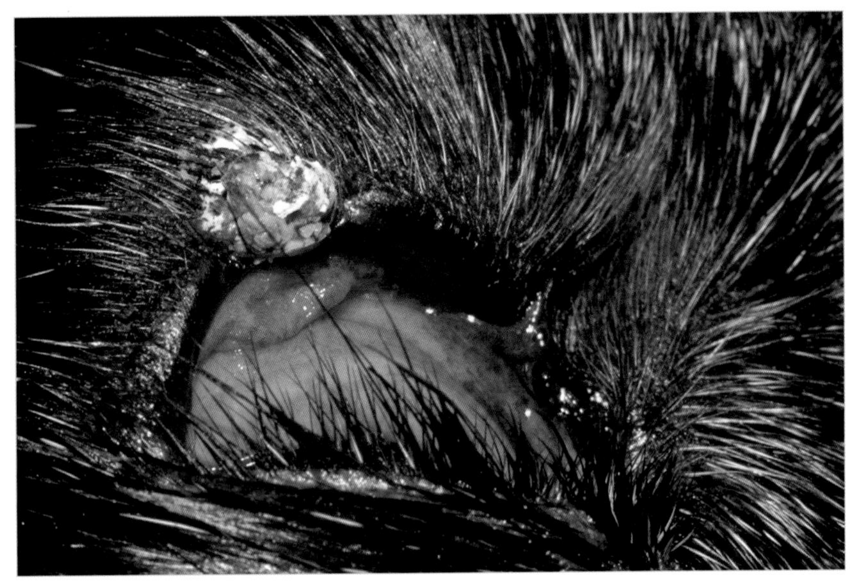

图8.12　操作结果。冷冻过程正确，未对周围组织造成影响。

导管装置（末端接触）

使用接触尖对组织施加冷冻剂可以对病变部位进行更加精准的处理。接触尖可连接连体式液氮配套装置，但也有分体式可选。这种情况下，使用前应将其浸入液氮中几分钟。

这一技术可应用于精确度要求高，更加精细的组织（如眼睑）以及其他血管丰富的病变；操作时可以对病变轻度施加压力以减少血流，如此可使治疗更有效。

✱ 在解冻期，需要等到导管能够从组织上移开时或使用室温生理盐水化冻后才能移开；不要提前牵拉，否则会撕裂冷冻处的组织。

手术流程

■ 治疗区域必须尽可能的干燥。

■ 整个病变区域覆盖一层薄凡士林。

■ 导管以垂直方向接触待破坏病灶。

■ 按压开关开始冷冻，接触部位会形成一个冷冻球。每5 s大约冷冻1 mm的组织，至多可以冷冻至5 mm深。

■ 冷冻结束后，需等待到完全解冻才能移开导管。

■ 额外重复冷冻-解冻循环至少两次。

> 对于直径小于1 cm的病灶，需要2 ~ 3个循环。而直径1 ~ 2 cm的病灶，需要3 ~ 4个循环。

棉签装置

通过棉球或者合成类棉签使用冷冻剂非常简单，不像上述的几种用法需要特殊的设备。

其适应证包括小型浅表的病灶、精细的组织和骨骼（图8.13）。

> 棉签上的棉球不应过紧，这样可以让纤维之间留存更多的液体。

> 小棉球可捆扎在长签上。棉棒尖端要等于或者稍大于病变区域。

手术流程

■ 如果使用液氮作为冷冻剂，将少量液氮倒在塑料容器内，将棉球浸入2 ~ 5 min。

■ 如果使用其他冷冻气体，需要用喷嘴喷棉球几秒钟，直到其完全浸透并有液体滴落。在使用前等待约15 s。

■ 根据深度，快速地将棉签放置在病灶上，施加轻度至中等的力度，并保持10 ~ 20 s。

■ 此时应在病灶边缘看到白色冷冻环，直径1 ~ 3 mm。

■ 移除棉签，等待组织解冻，这大约需要40 s。该区域的组织完全解冻前，不应对其进行触碰。

■ 额外重复冷冻-解冻循环至少2次。

液氮蒸发迅速，所以棉签需要每10 ~ 20 s反复蘸取液氮。反复多次直到组织完全冻住。使用这种方法，冷冻不会很深（1 ~ 2 mm），所以这种方法适用于小的、浅表的损伤。

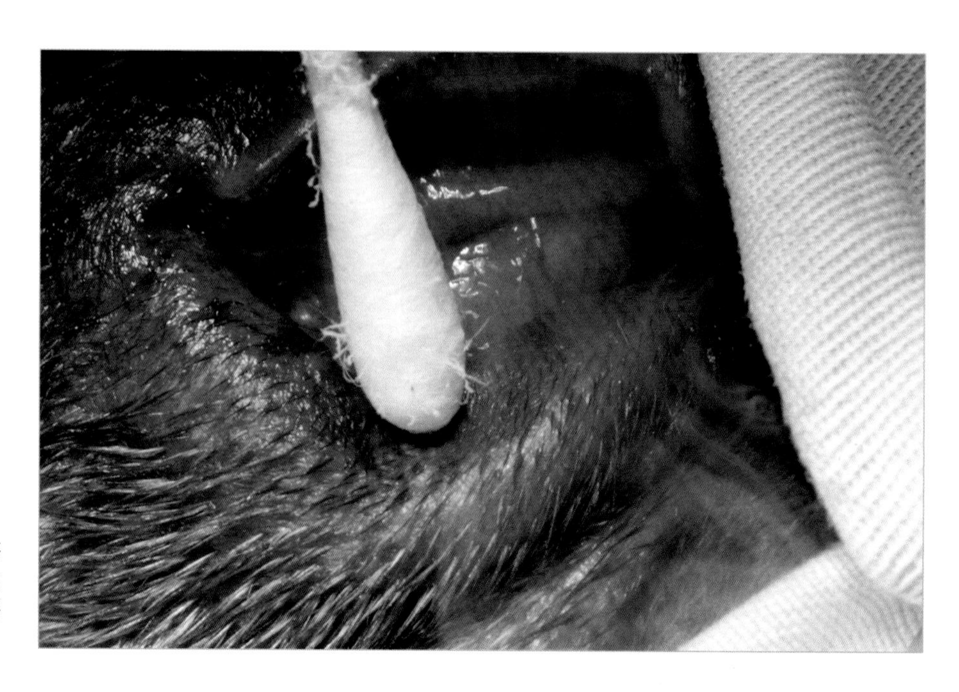

图8.13 浸有液氮的棉签用力按压组织，增加冷冻的效果。冷冻-解冻过程需要重复多次。

注意事项与术后护理

术后可能会出现一些重要的变化，如果没有提前告知，可能会引起动物主人的不满。

■ **炎症**：由于血管淤滞和缺血，细胞被破坏，局部会出现炎症和水肿。一般48 h可恢复。

■ **水疱**：在最初的48 h里，可能出现浆液性或者血性水疱。有时水疱会非常大，如果没有自行破裂，需要移除。

■ **出血**：一些伤口在解冻后可能出血，尤其是在活组织采样后进行冷冻时。对于这样的病例，需要包扎并每天换药。

■ **褪色和脱毛**：冷冻会破坏黑素细胞和毛囊，所以新生成的组织将无色素沉着，无毛发。通常组织恢复正常需要数周至数月时间。

■ **坏死**：冷冻手术的目的就是产生一个坏死点；尽管几天后会恢复，这有时可能会让动物主人表示不满。

■ **气味难闻**：当在口腔内使用冷冻技术时，因为伤口持续处于潮湿的环境，可能发生感染并产生难闻的气味。这种情况需要使用抗菌药液每日清洁口腔。

■ **自损**：组织可能会出现炎症和瘙痒的情况，因此需要为动物佩戴伊丽莎白圈，避免抓挠和舔咬。

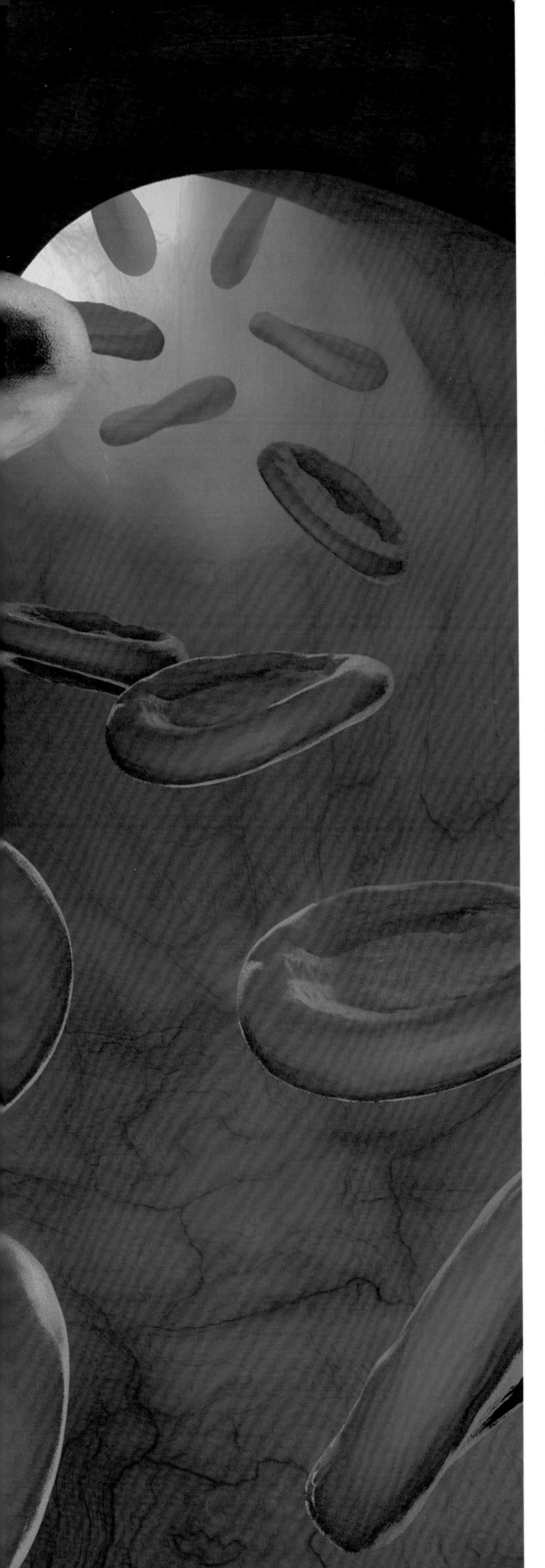

第9章 术后出血

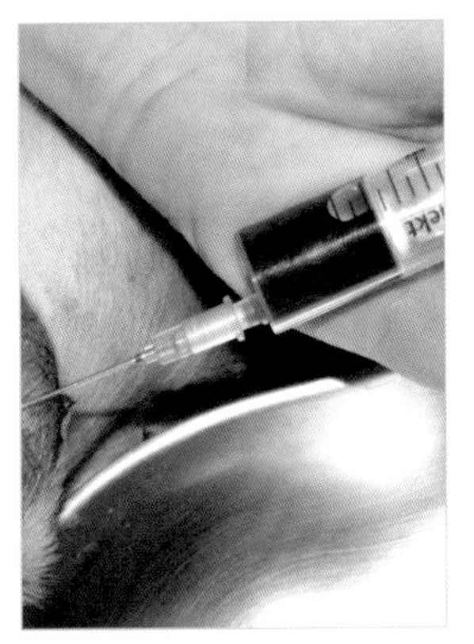

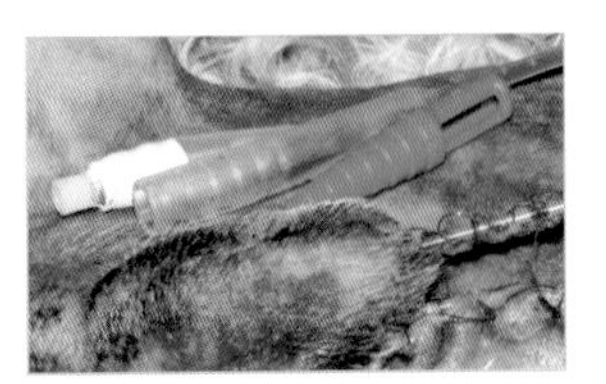

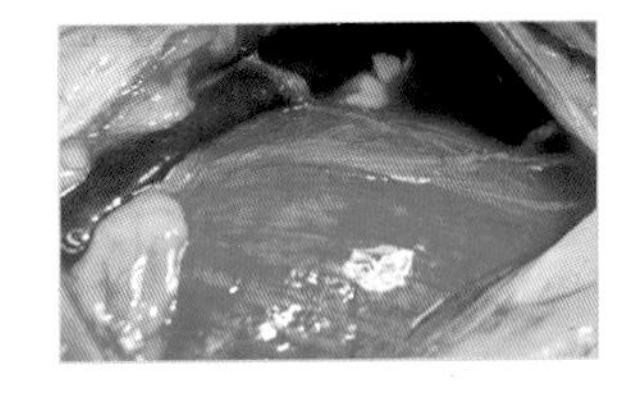

术后出血的诊断及超声监测

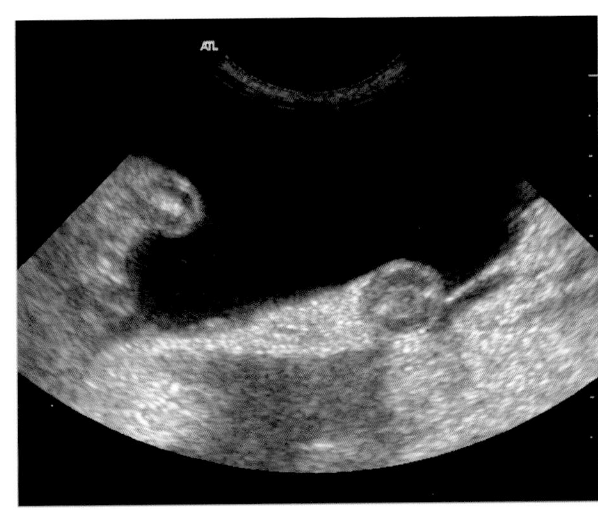

概 述

为确保没有出血，应该在手术后立即以及术后最初几个小时内检查伤口。

术后出血是一种手术并发症，可能出现在任何类型的手术术后几小时内或几天后。

- 因此建议考虑并牢记以下几点：
- 术前动物的特征和状态。
- 手术类型和持续时间。
- 事先计划的手术或急诊手术。
- 术者的能力与经验。
- 围手术期和术后护理。

与事先计划的手术相比，急诊手术术后出血的比例较高。

原因不明的伤口出血可能引起焦虑。动脉压恢复时，出血可能源自皮下组织的血管，或者可能是由于技术错误，例如结扎或缝合失败。出血也可能是由于使用电外科治疗产生的大面积或深部的焦痂脱落。

在这些情况下，有必要思考各个病例特点并重新回顾审视术中可能导致出血的技术，并采取适当的措施（图9.1至图9.5）。该过程将取决于对患病动物的检查、可见出血的严重程度以及所进行的补充诊断性检查，这些见下文。

如果出血量中等，并且确认手术技术实施正确，则失血通常继发于动脉血压的恢复。这是因为在麻醉期间有时会出现低血压并使血管塌陷。随后，当动物从麻醉中恢复时，血压恢复到正常水平或逐渐升高，这将会导致塌陷的血管重新开放并引起出血。在这些情况下，建议使用加压绷带并频繁监测（图9.2和图9.3）。

术后立即发现的异常出血应该引起术者的关注。术后失血很大程度上取决于患病动物的状态、使用的麻醉和手术技术以及术后监测。

如果出血很严重，在重新审视手术过程后，如果最可能的出血原因似乎是技术错误，应该对病例重新进行手术（图9.4）。

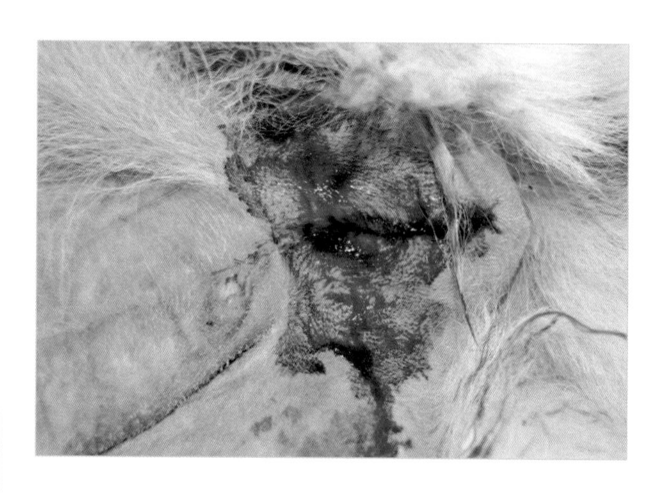

图9.1 阴囊前尿道造口术后大量出血。在这些病例中，术后出血是非常常见的预期并发症，因为尿道的海绵组织本身容易出血。术者应保持冷静，并用含氧水浸湿的纱布按压该区域。

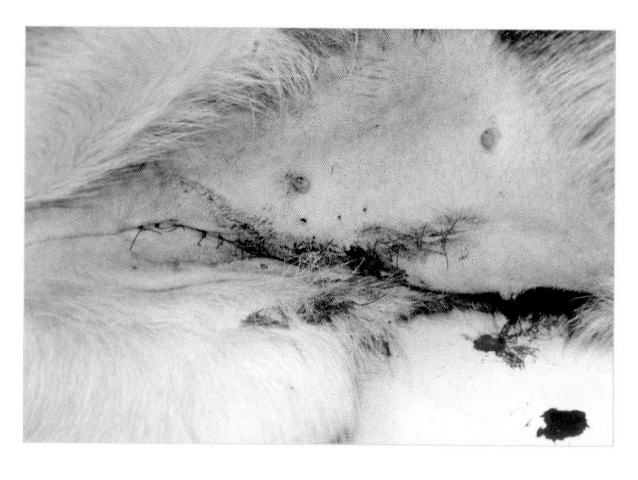

图9.2 该病例发生中等程度出血，并且归因于麻醉后的血压恢复。使用加压绷带压迫并且每2 h监测一次。

当在1～2 h内失血量为5～6 mL/kg时，应该引起重视。

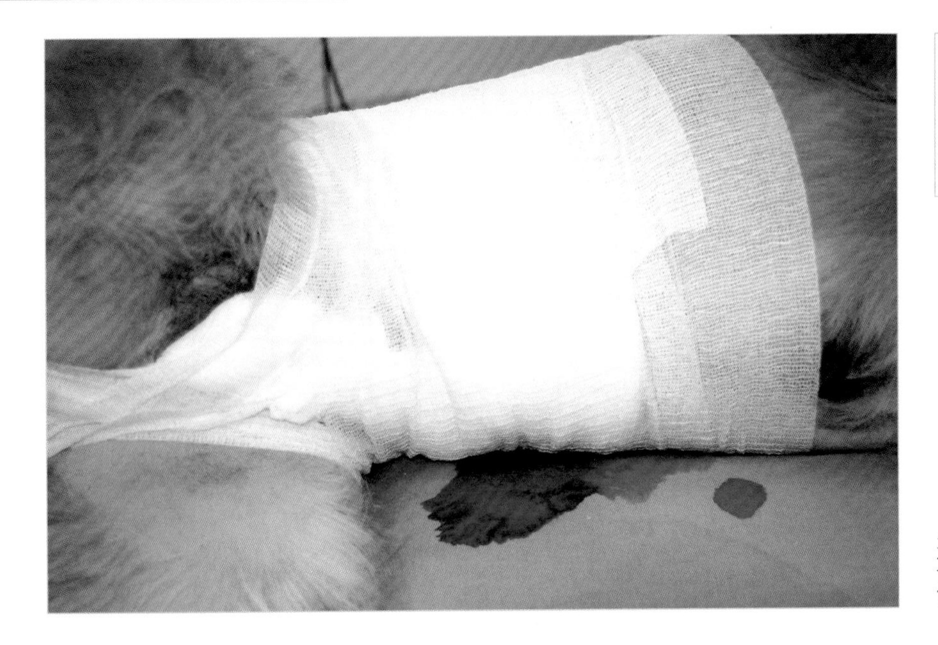

图9.3 当使用加压绷带来减少出血时，应频繁检查以确保它不会对病例造成任何损伤，并且能够控制出血。

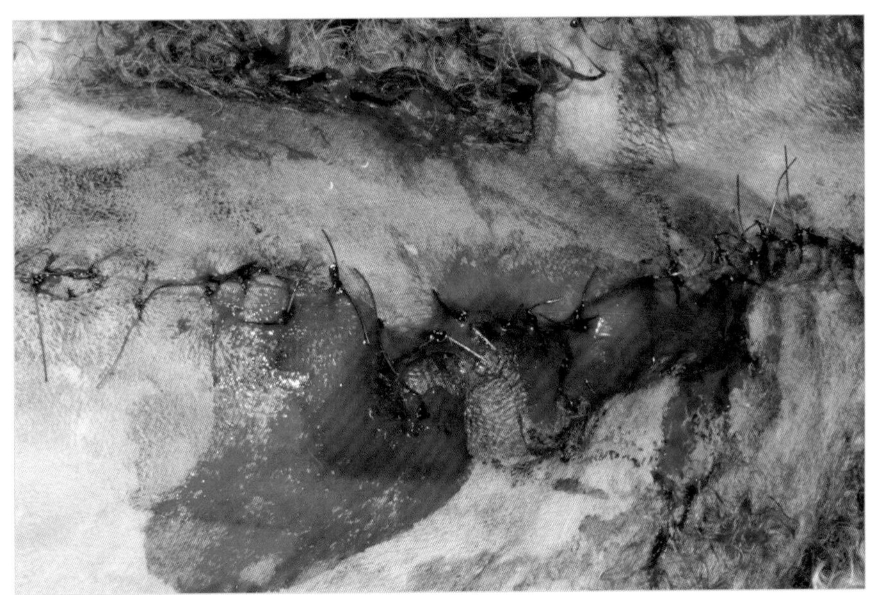

图9.4 对该病例进行了根治性乳房切除术。术后即刻发现严重出血。出血是由于未正确进行后腹壁浅层血管的结扎。

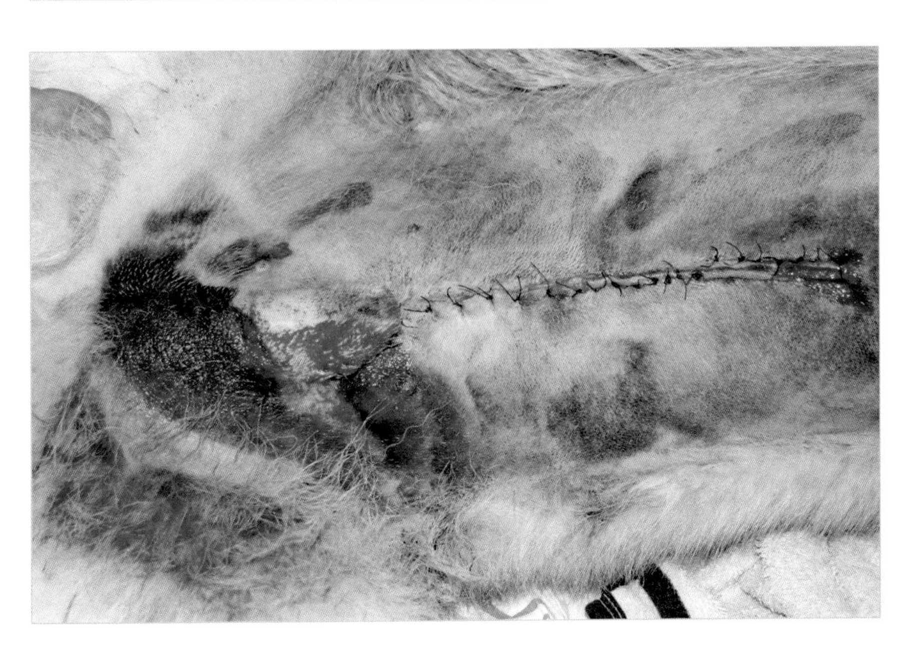

如果出血量大，并且进行过较大手术，应该审视所使用的技术，以发现能解释出血情况的任何可能的错误或术中并发症。此外，应考虑补充诊断性检查，以评估疾病进程的严重程度和采取措施的紧迫性（图9.5）。

图9.5 该病例接受了肾切除术。术后即刻出现出血，主要发生在切口尾侧区域。这是由于术后高血压（180 mmHg）导致血液通过皮下组织丢失。

出血原因

出血的可能原因是术者在面对术后出血时应该考虑的第一件事。在发现术后出血后，术者应立即分析患病动物相关的所有数据和检查结果，以及所使用的麻醉和手术技术。

> 在考虑再次探查之前，应该先排除继发于手术过程的凝血异常。

无论手术前病例的凝血状态如何，在手术过程中都可能会发生凝血改变并导致术后出血。因此，进行血涂片和血小板计数并评估颊黏膜出血时间是必要的。如果可能，还应确定凝血酶原时间（PT）和活化部分凝血酶原激酶时间（APTT）。此外应该记住，在严重的术中出血和亚临床弥散性血管内病变的病例中，还可能会出现血小板过度消耗导致的出血（例如在癌症病例中）。

> 在95%的病例中，不正确的术中止血或血小板功能障碍是造成术后出血的原因。

关于麻醉技术和麻醉后恢复，应该考虑到可能导致术后出血的几种情况。例如，体温过低和酸中毒与凝血级联的抑制有关。这就是为什么在术前、术中和术后保持患病动物体温很重要，并且要确保适当的组织氧合和灌注。

> 如果没有能够发现并做适当纠正，低体温、酸中毒和凝血障碍（“创伤死亡三联征”）是可能导致病例死亡的并发症。

同样的，审视患病动物使用的药物和麻醉剂及其剂量很重要。如果使用肝素然后用鱼精蛋白逆转，则血小板功能障碍可能持续存在，出血可能发生在术后最初几个小时内，并在随后的几个小时内逐渐减少。

患病动物可能患有全身性高血压，这会加重皮下组织中的毛细血管出血。因此，在患病动物苏醒期测量和控制动脉血压很重要。

> 紧张（交感神经系统刺激且可能释放儿茶酚胺）和疼痛是术后恢复期间导致高血压的主要原因，因此容易发生术后出血。在手术期间和术后适当镇痛很重要。

关于手术技术，有必要考虑那些在手术过程中本身可以避免的错误或技术性并发症，这可能是继发性出血的原因（图9.6）。在肥胖动物中，脂肪在组织中特别是在血管周围积聚使得视线受阻，组织剥离和正确止血会变得更加困难。

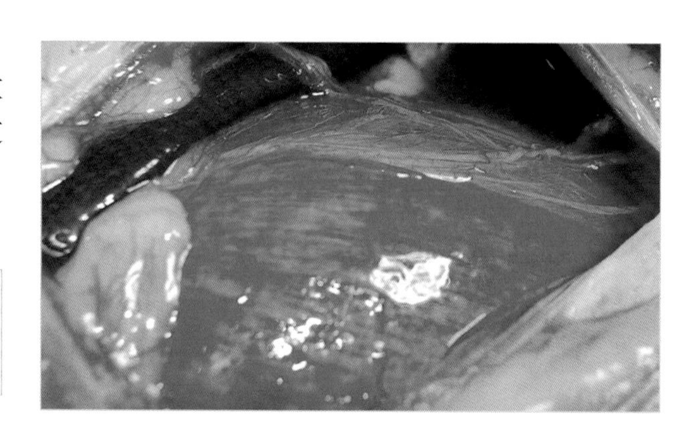

图9.6 肥胖母犬进行卵巢子宫切除术后卵巢蒂未正确结扎从而继发的血腹。必须再次手术，寻找、发现并控制出血血管。

> 肥胖是一种风险因素，使术中止血出现失误的可能性增高。风险与术者的培训和经验成反比。

有时，即使使用了细致的止血外科技术并且评估自然止血机制的血液参数值正常，也可能会发生“莫名其妙的大出血”。这种类型的出血可在术中或在术后见到，并且被归因于常规分析技术无法检测到的血小板功能的质量缺陷。对此仍需要进行更详尽的研究。

出血严重程度的评估

为了确定出血的严重程度，外科医生下一步应该考虑的是表面出血还是内出血。通过观察伤口边缘的出血状况可以猜测出血来源。虽然开始时常无法更确切判断出血是来自腹腔还是胸腔，抑或是仅来自皮下组织。

但是，当手术伤口没有血液流出时，如何确认这个病例是否存在内出血呢？

内出血的早期发现以及评估其严重程度可能是个困难的任务。应该进行全面的临床检查，以及进一步的诊断测试和检查，才能提供足够的信息来做出判断。从这个意义上讲，超声检查是一种非常有效的工具。

内出血病例中，非特异性体征可能因出血的持续时间和出血量而异（表9.1）。血液学检测能提供重要数据。除红细胞计数、红细胞比容、血小板计数和总蛋白水平外，还应检测血糖和乳酸水平。

表9.1 腹腔出血病例可识别的临床症状

代偿的早期状态	失代偿的晚期状态
从麻醉状态缓慢恢复	
黏膜粉红	黏膜苍白
毛细血管再充盈时间<2 s	毛细血管再充盈时间>2 s
呼吸急促	
心动过速	
动脉血压正常或升高	动脉血压降低

在未接受皮质类固醇治疗的非糖尿病病例中，高糖血症会导致线粒体和内皮功能障碍，并与促炎和血栓形成状态相关。在开始胰岛素治疗之前，应纠正血容量异常，因为液体疗法可将血糖水平降低30%～50%。

检测血液乳酸水平可提供有关组织灌注和氧合程度的信息（正常值：犬<3.2 mmol / L，猫<2.5 mmol / L）。应进行连续测定以分析该指标随时间的变化。进行血气分析非常有用，因为它能提供有关血液pH、氧合和肾功能的重要信息（表9.2）。

表9.2 正常动脉血气指标

指标	数值
$PaCO_2$	35 ～ 45 mmHg
PaO_2	90 ～ 100 mmHg
pH	7.4 (+/ − 0.05)

结合穿刺、细针抽吸和引流装置放置手术，X线检查和超声技术是补充性诊断性检测之一，可用于确认和量化动物体内的失血量。

X线平片的敏感性较低，例如发生肠梗阻的病例，X线图像可能会令人困惑。

超声检查可以快速评估腹部的游离液体体积。但是它也有缺陷，例如腹腔内存在积气扩张、手术伤口影响探头放置以及引流管出口阻挡等情况时检查就无法进行。

根据检查的不同阶段，在超声扫查中可能会观察到腹腔内的游离液体或者积聚在较小区域的回声增强液体。

可以对病例进行门诊超声检查，并且可以根据需要重复进行多次检查，这种检查方式不会给病例或外科医生带来风险。

计算机断层扫描（CT）是一种非常有效且精确的技术，可以对体腔进行全面评估。在CT扫描中，腹腔积血的外观表现是多变的，并且取决于出血的位置、病情发展的持续时间和出血的重要性。最初，血管外积血与循环血液具有相同的衰减，但是随着血凝块形成后血红蛋白的浓缩，其衰减有所增加。

腹腔穿刺术可以使用20 G针头在腹中部旁边

的区域进行。将针头插入距腹中线3 ~ 4 cm处，以避开手术创口和镰状韧带。

在重大的外科手术和多发性创伤病例中，推荐术中放置引流管以清除腔内的积液、使用麻醉药并评估术后出血（图9.7和图9.8）。

应当对采集的未凝结的血性液体样本进行分析。应将上述液体样本的红细胞比容、总蛋白水平与外周血的红细胞比容和总蛋白水平进行对比。如果前者数值等于或高于循环血液，则可诊断为内出血。

如果腹腔出血量少，不可能获得大量的样本，因为血液将在毛细管吸收作用下残留在肠袢、肠系膜和网膜之间。

在最初的急性期，由于脾脏收缩，外周血的红细胞比容可能正常，但总蛋白水平将低于40 g/L。

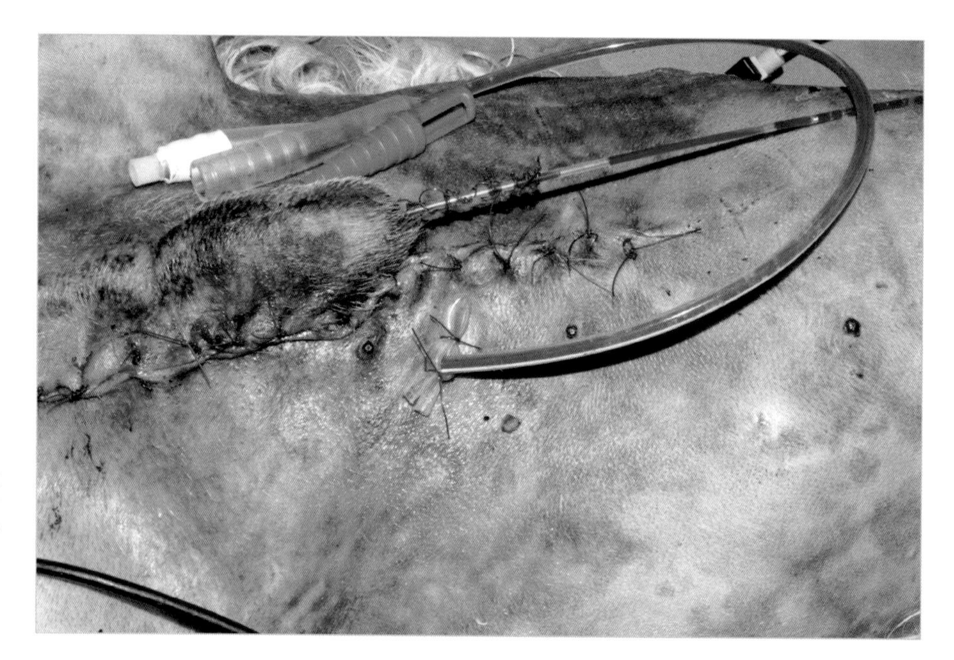

图9.7 该患病动物尾部发生多处损伤，并导致膀胱和尿道破裂。重建受损伤的结构后，放置Foley导尿管以评估患病动物在恢复期间创伤区域的术后出血情况。

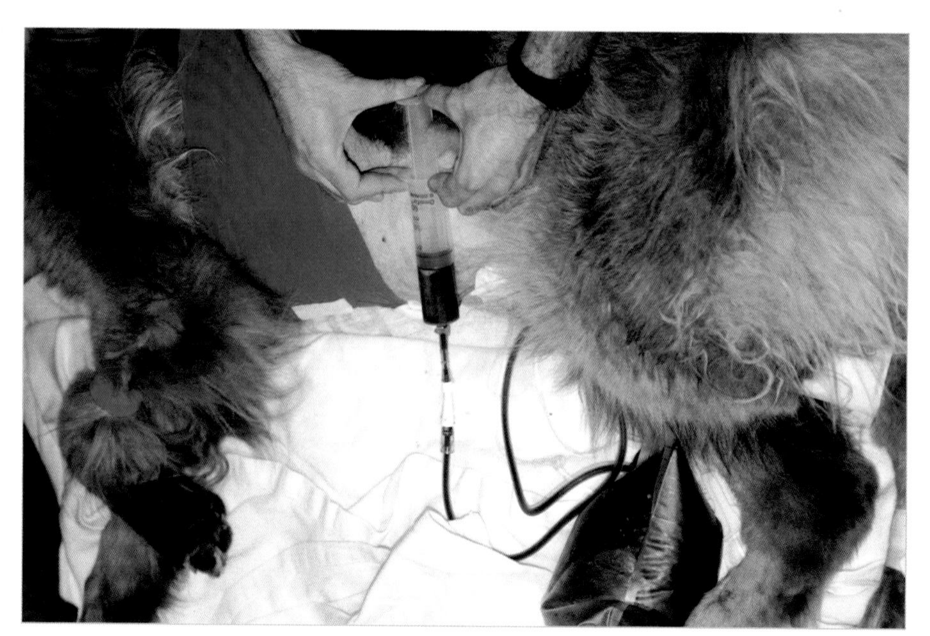

图9.8 大多数开胸手术中会放置胸腔引流管以消除胸膜腔的残留空气。胸腔引流管还有助于排空和评估胸腔大手术后继发的血胸。

治 疗

必须对病患的体格检查结果、化验结果以及补充诊断技术（超声、X线或CT检查）的发现进行分析，由此决定是否应当采取保守治疗或是继续进行保守治疗（压迫绷带、液体疗法）（图9.9），以及是否应进行手术探查。

初始治疗

当发生严重的术后出血时，最初的治疗目标是控制失血量并维持血管内容积（表9.3）。

表9.3 液体疗法治疗术后出血

液体	剂量
等渗晶体溶液（乳酸林格氏液等）	犬：60 ~ 90 mL/kg 猫：40 ~ 60 mL/kg
胶体溶液（葡聚糖，淀粉，明胶等）	犬：15 ~ 20 mL/kg 猫：10 ~ 15 mL/kg
7.5%高渗盐水	5 mL/kg
新鲜冷冻血浆	10 ~ 15 mL/kg
全血输血	20 ~ 25 mL/kg
浓缩红细胞	6 ~ 12 mL/kg

胶体溶液是首选，因为它们能迅速扩容。此外，由于它们具有高分子质量，作用效果相对来说持续更久。

当总蛋白水平低于40 g/L时，应通过静脉内途径给予胶体[犬最高15 ~ 20 mL/（kg · d）；猫最高10 ~ 15 mL/（kg · d）]，并应当继续使用等渗晶体溶液维持。

晶体溶液会迅速地分布在组织间隙中，因此必须大量使用。但是，如果将它们与胶体溶液联合使用，则应将其剂量减少40%。

高渗盐水会迅速增加血管内渗透压，并将水从组织间隙中吸收到血管中。然而，其功效持续时间较短，之后必须通过适当的液体疗法才能维持血容量。

如果出血活跃，胶体溶液和高渗盐水有一个缺点：它们会在失血部位渗出，并增加该区域的胶体渗透压和渗透压，导致更多的体液流失。

新鲜的冷冻血浆含有凝血因子，适用于有凝血病和弥散性血管内凝血的病例。

应测量尿量[1 mL/（kg · h）]，以评估治疗的效果。

对于红细胞比容降至低于20%的情况，应使用浓缩红细胞或全血进行输血。如果在手术前未使用止血药，则建议使用止血药。但是应该注意，它们起效时间很长，需要30 ~ 60 min才能看到效果。

应该重新评估病例的临床表现，并频繁进行重复的诊断性检测和超声检查，以了解出血的进展并确定治疗应做何种调整：是否应继续保守处置，或是相反，是否有必要再次手术干预以控制出血（图9.6）。

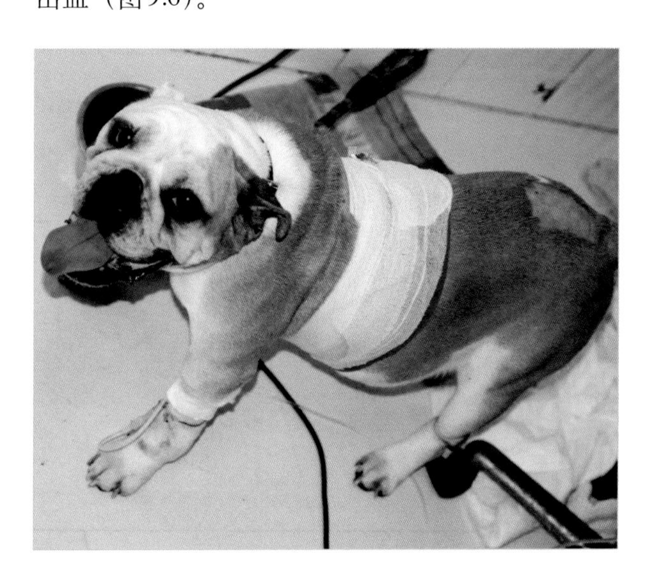

图9.9 加压绷带可控制该病患在胸骨中央开胸术术后恢复期出现的中度皮下出血。

术后出血的进展

术后出血一旦得到控制，渗出的血液就会散布在皮下组织中或局部积聚并凝固（图9.10至图9.12）。大多数中度和弥漫性血肿会自行吸收。为了减少血肿形成并促进其溶解，可以使用特定的药膏或进行热/冷敷。这些治疗方法基于以下事实：冰敷可以减少出血和炎症，而热敷有助于血块吸收并加快愈合速度。

当血液局部积聚且未凝固时，可以用注射器抽吸。该操作应以无菌方式进行，以最大限度地减少细菌污染的可能性并防止血肿变成脓肿（图9.12）。

> 血肿可能在手术后数小时或数天时出现。

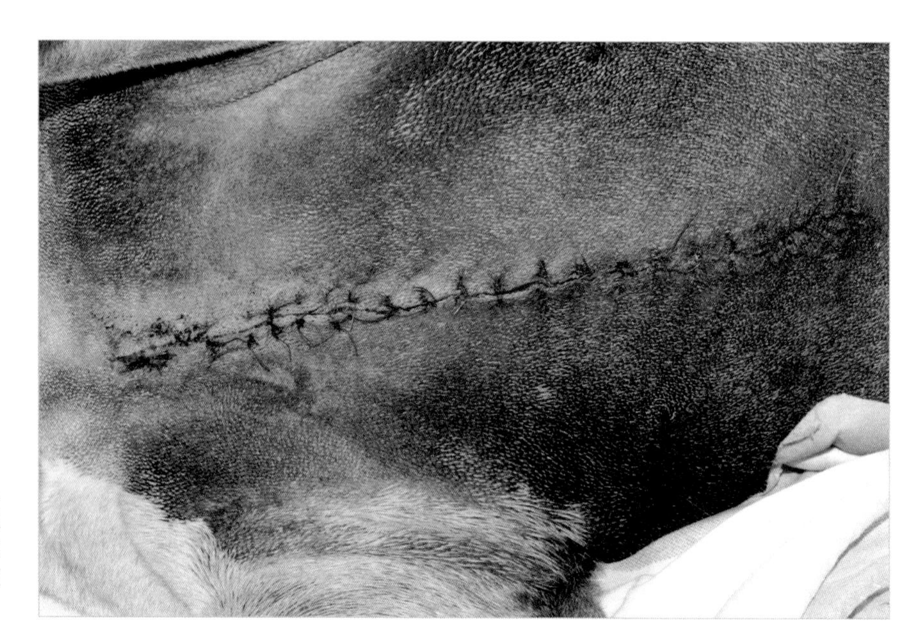

图9.10　进行胸骨切开术后，在胸部区域出现扩散性广泛的皮下血肿。随后的治疗基于冷敷和热敷以及抗血栓和纤溶药膏的交替使用，以加快血肿的吸收。

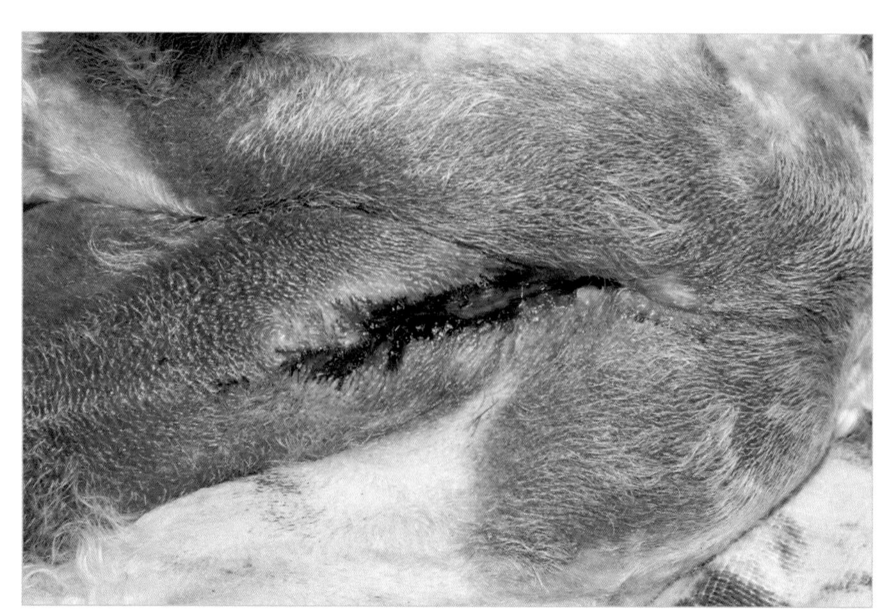

图9.11　复发性尿道梗阻病例进行阴囊尿道切开术后出现了广泛的皮下血肿。

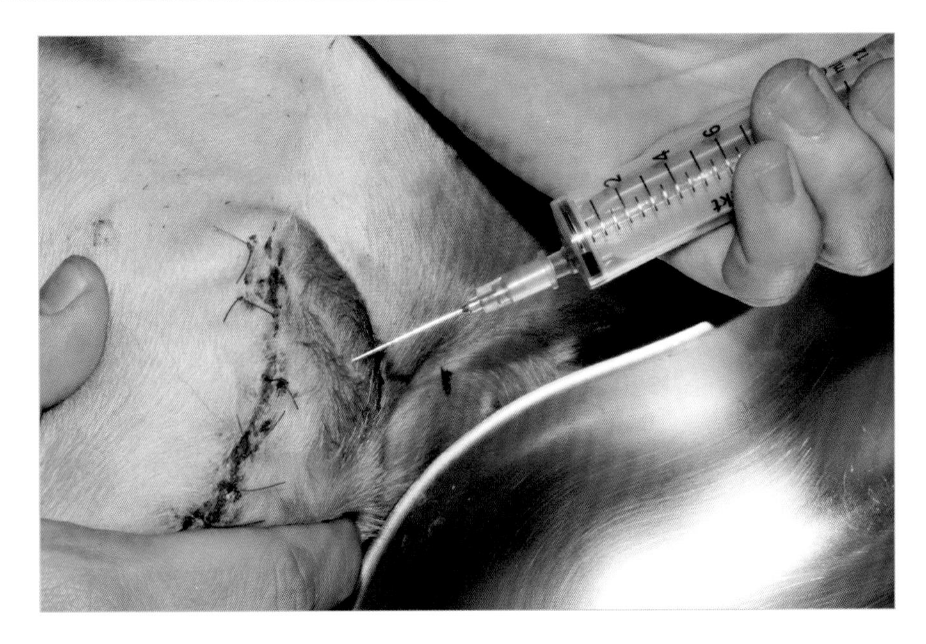

图9.12　开腹手术后通过穿刺抽出积聚在皮下组织中的液体。

但是在某些病例中血肿无法吸收，应手动清除血凝块，以防止继发感染、愈合问题甚至皮肤坏死。为此，应去除一部分皮肤缝合线以促进血凝块的排出（图9.13），或者重新手术以清除血肿并用无菌生理盐水冲洗该区域（图9.14）。

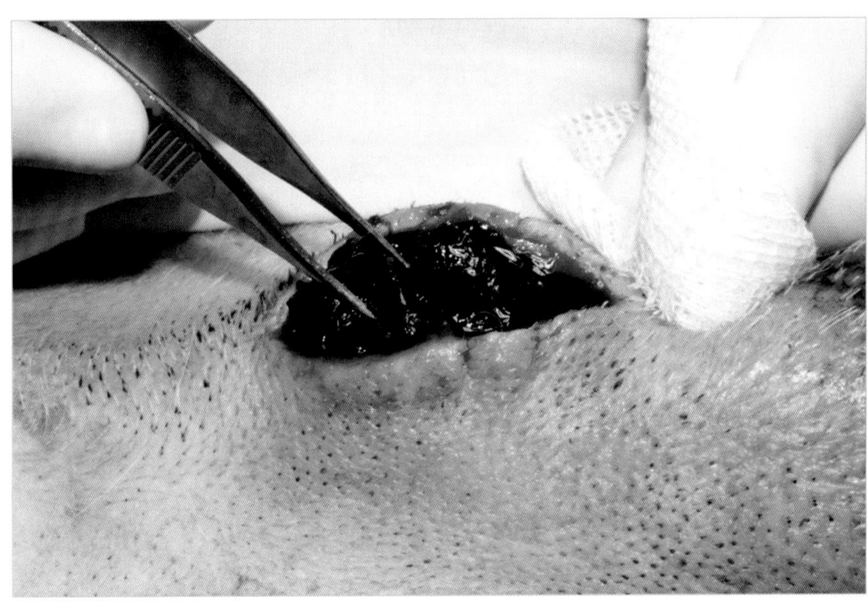

图9.13　图中显示了皮下血凝块的清除。该病例为治疗尿道梗阻而进行阴囊后尿道切开术，术后出现皮下血凝块。

图9.14　大型血凝块必须通过外科手术将其清除，以避免愈合问题以及可能的继发脓肿。

术后出血的诊断及超声监测

术后出血的动物常处于需要快速诊断和评估的急诊状态。对于这些病例，由于超声检查的安全性、准确性和低成本，已成为首选技术。

在过去几年中，超声检查已成为兽医日常工作中非常重要的诊断工具。它的安全性、实时动态性、非侵入性和高度特异性使其成为急重症监护实践中必不可少的基础诊断技术。超声检查可以在动物所在的地方进行，避免了移动动物和过多操作。此外，超声检查可以马上得出结果，并可对疾病进程进行实时监测，以便做出正确的决策。

当怀疑术后出血时，建议将超声设备转移到动物旁边，以避免动物产生应激或过度操作。

超声检查可以诊断和监测术后出血。它在检测游离体腔液方面非常敏感和特异。对于少量腔内液体的检测，它比放射检查敏感得多，并且与计算机断层扫描一样敏感。此外，超声检查可以帮助外科兽医区分出血是来自腹部还是皮下。

超声检查可以检测出腹腔内4 mL/kg的游离液体。

用于检测腹部有无游离液体的体位为：背卧位、站立位和侧卧位。大量出血时，由于腹腔脏器之间有较大的无回声间隙，超声所见易于判读（图9.15和图9.16）。若游离液体中有蛋白质、碎片或细胞成分，其回声将增强（图9.17和图9.18）。

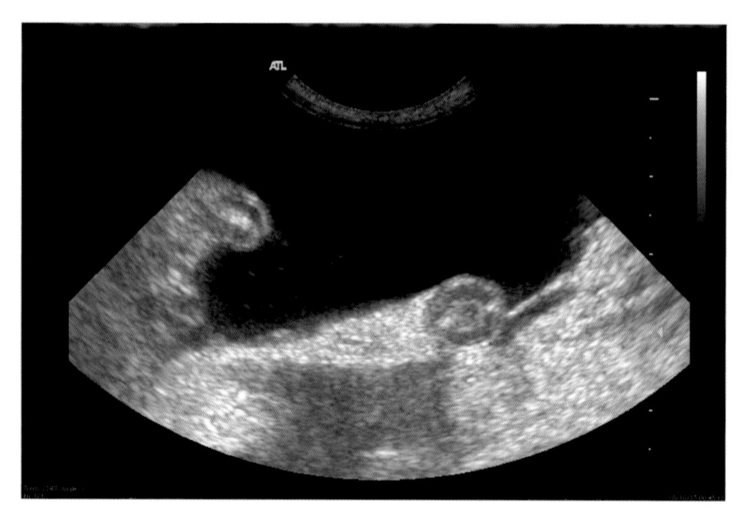

图9.15　腹腔内游离液体。可以观察到漂浮在液体中的肠袢横截面。

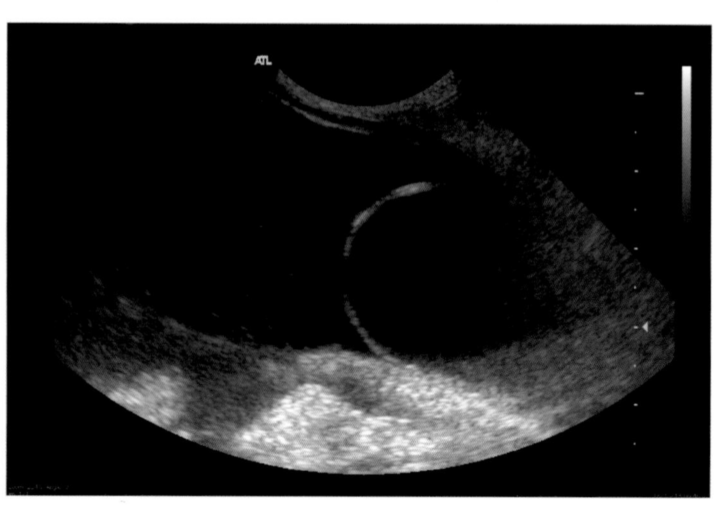

图9.16　大量无回声的游离液体位于膀胱头侧。

如果出血轻微，可能会看到出血位于膀胱的顶部或背侧（图9.19）、肝叶间（图9.20）、横膈与肝之间（图9.21）、胃与肝之间（图9.22）以及腹壁与脾之间（图9.23和图9.24）。

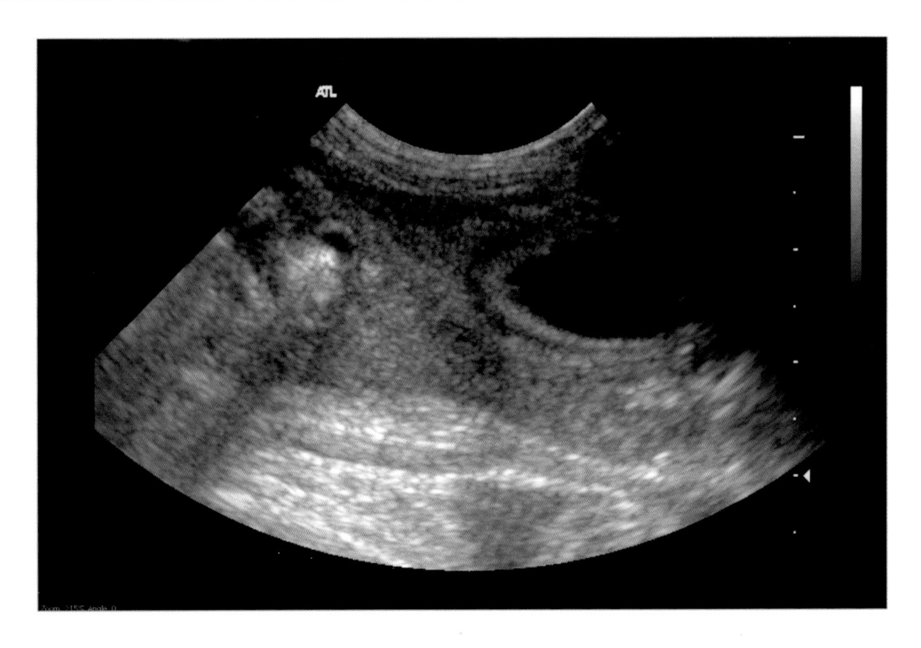

图9.17　产生回声的腹腔游离液体位于膀胱头侧。液体回声增强是由于存在细胞或碎片。

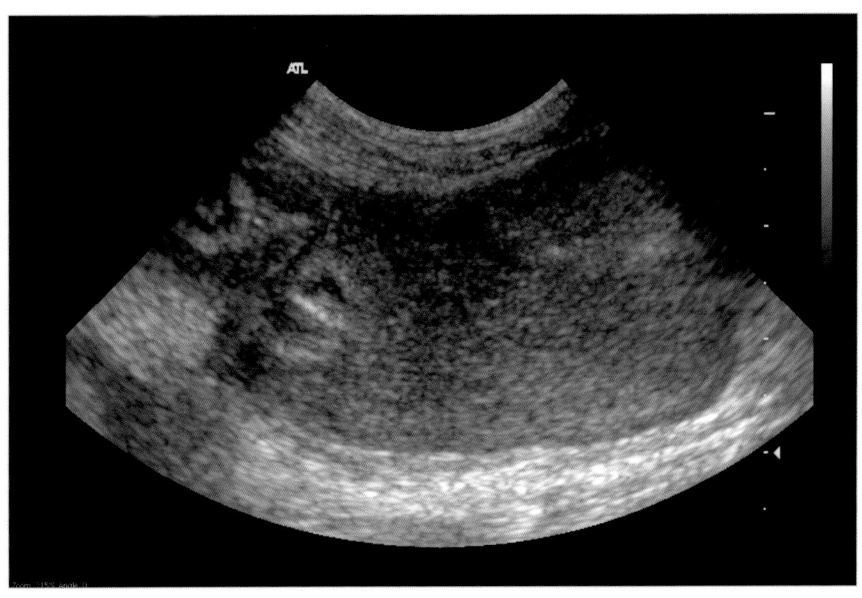

图9.18　腹部产生回声的游离液体。

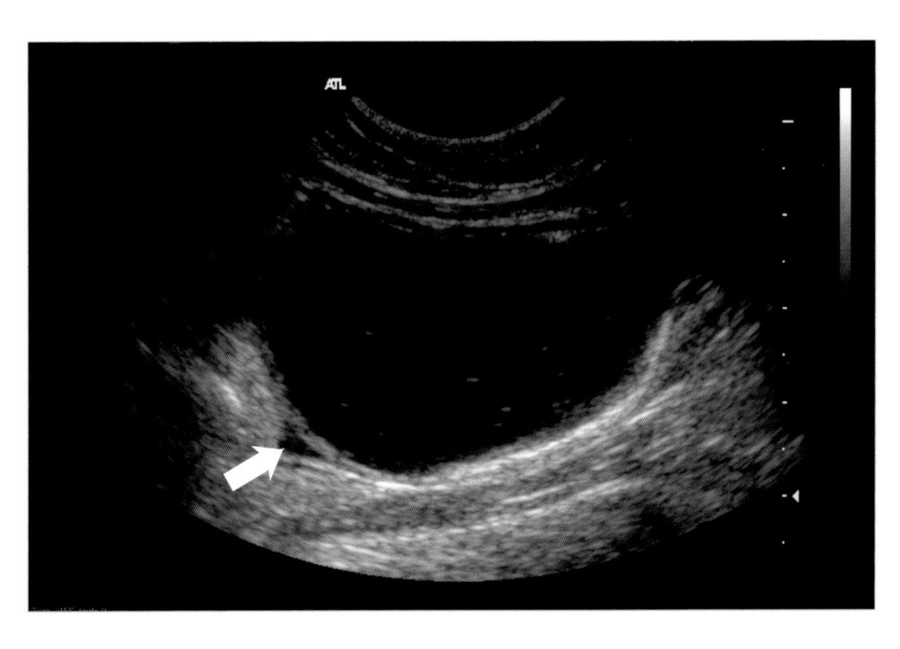

图9.19　少量无回声游离液体位于膀胱头侧（箭头所示）。

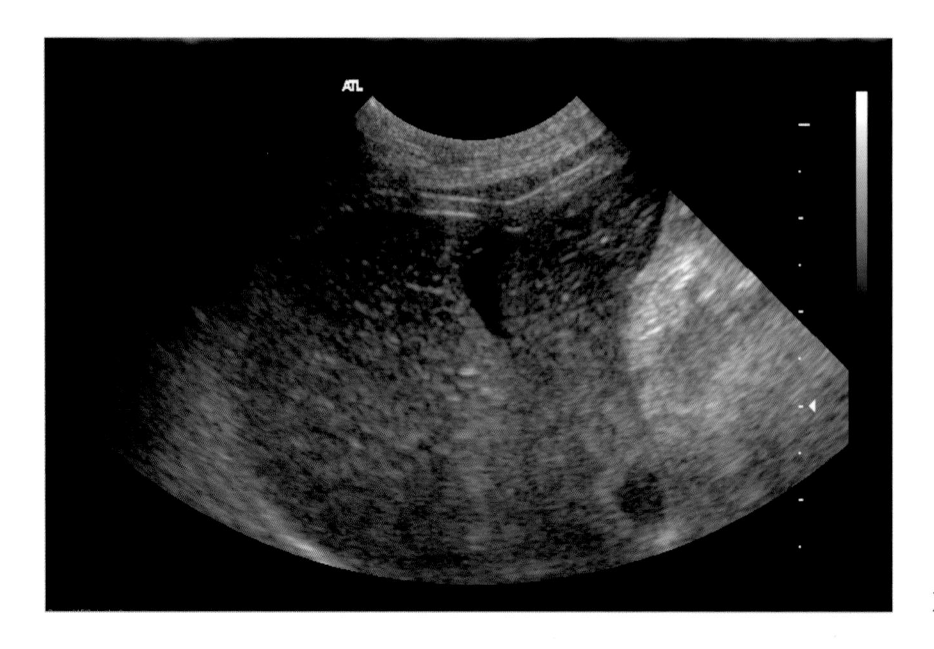

图9.20 两个肝叶之间的无回声液体。

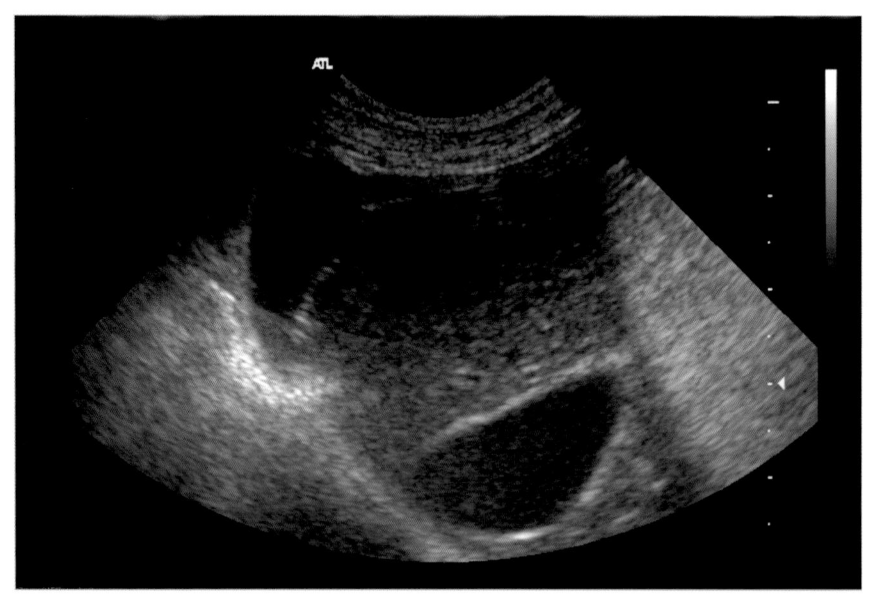

图9.21 位于横膈与肝脏（高回声线）之间的无回声液体。

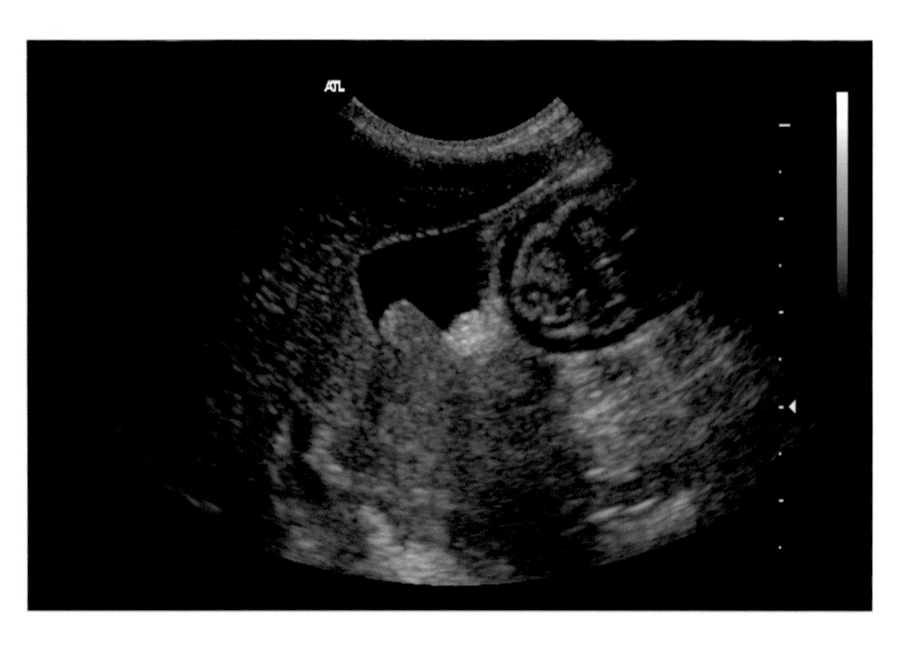

图9.22 肝脏与胃之间的无回声游离液体。

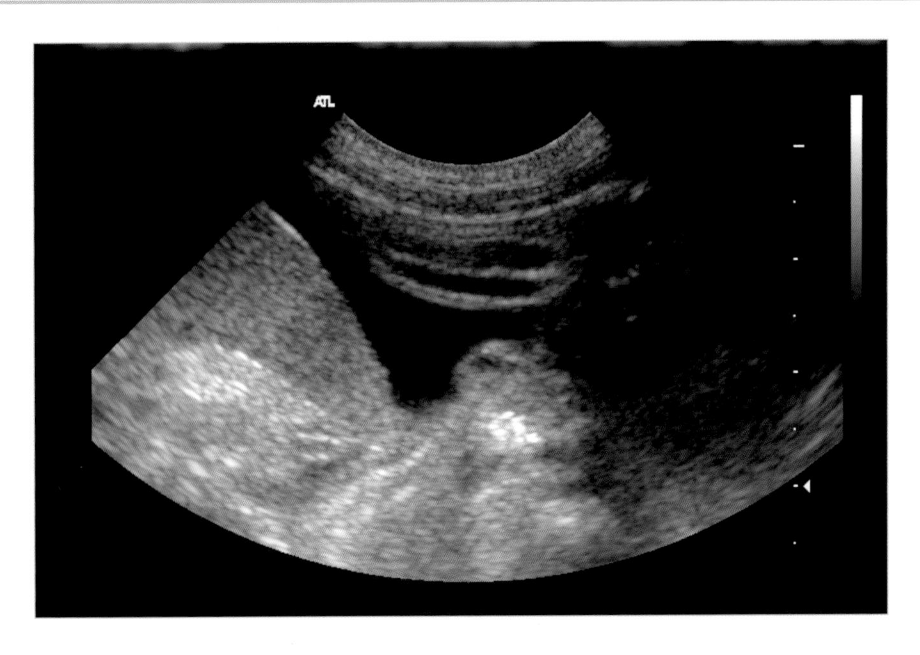

图9.23 位于脾脏与腹壁之间的出血。

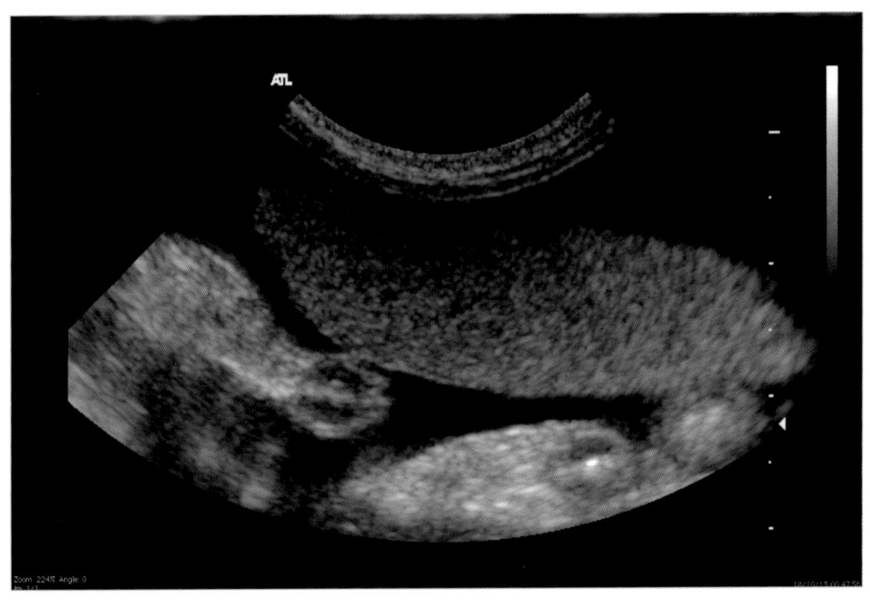

图9.24 位于脾脏旁的游离液体。

必须注意，术后在腹腔发现一定量的游离液体是很常见的，尤其是术中进行过腹腔冲洗时。对于这些病例，有可能在前面提到的位置看到液体。如果有活动性出血，多次超声检查有可能观察到液体体积增加的过程。

开腹并进行腹腔灌洗后，建议进行超声检查，评估残留液体量，以免再次检查时与术后可能出现的出血混淆。

对于这些病例，建议在超声引导下做腹腔穿刺术，对液体性质进行快速诊断。如果检测到少量游离血液，应考虑进行连续超声检查，以监测其变化。此外，还应经常检查黏膜，并确定毛细血管再充盈时间。

如果其中一次检查显示液体量与先前扫查相似或更少，则认为该过程的发展是积极的。术后出血病例应至少每天监测两次。扫查的数个切面应相同，并采取措施以确保不额外增加出血量。有必要在合适的切面进行扫查来评估游离液体确切的数量。

术后超声检查对照应由同一人进行，以保证判读标准始终相同。

如果动物侧卧，探头应尽可能垂直于动物位于重力侧的腹部。如果观察斜切面，就有高估液体量和建立错误诊断的风险（图9.25和图9.26）。

如果兽医经验不足，建议采用动物站立位，并在腹部最腹侧扫查。

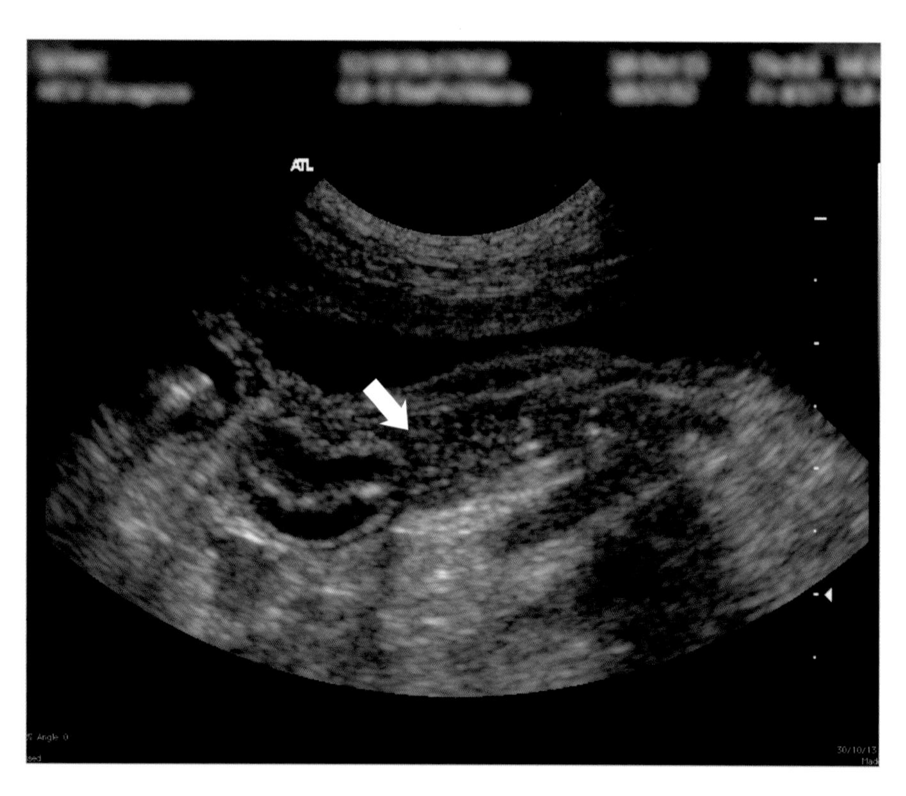

图9.25　少量产生回声的游离液体（箭头所示），含大量细胞成分；动物右侧卧。

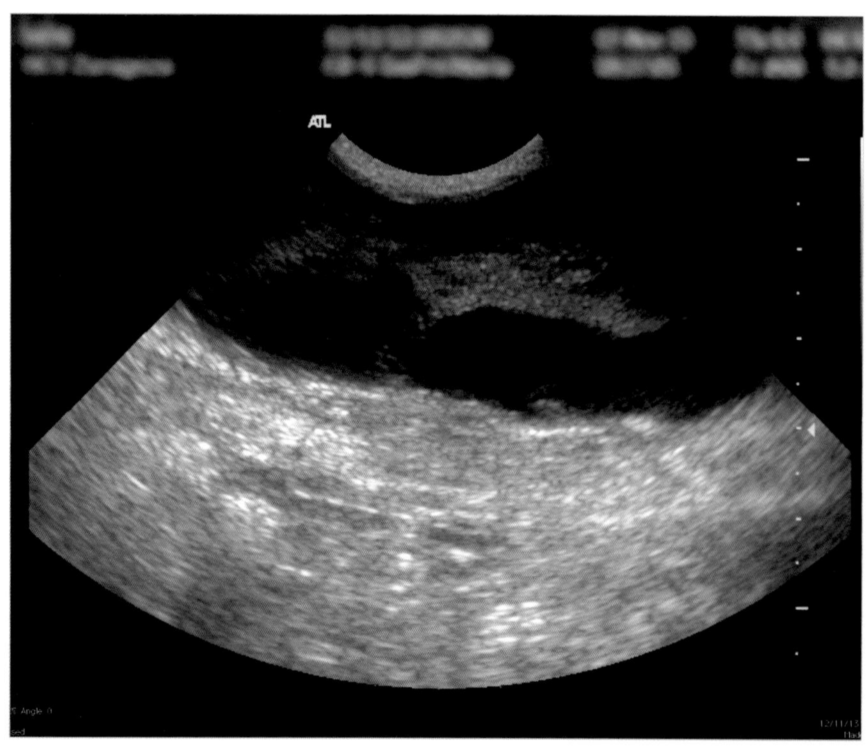

图9.26　与图9.23为同一只动物。这张图片是斜切面，因此腹腔的血量被高估了。

超声检查也可用于评估皮下出血和诊断血清肿。对于这些病例，可以在皮下组织或皮肤与肌肉之间检测到积液。在液体中常见的回声结构，可能是纤维蛋白（线状）（图9.27）或血肿（通常呈结节状，外观随时间变化）（图9.28）。

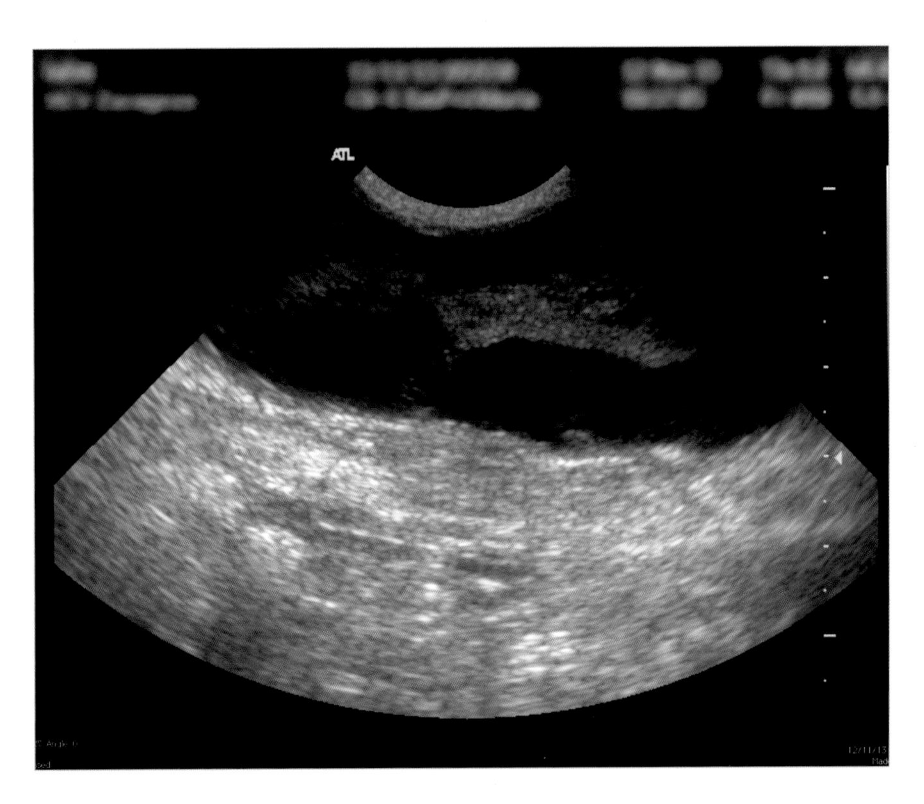

图9.27　皮下积液。很好地勾勒出腹侧肌肉的边界。积液中可见小梁样回声。

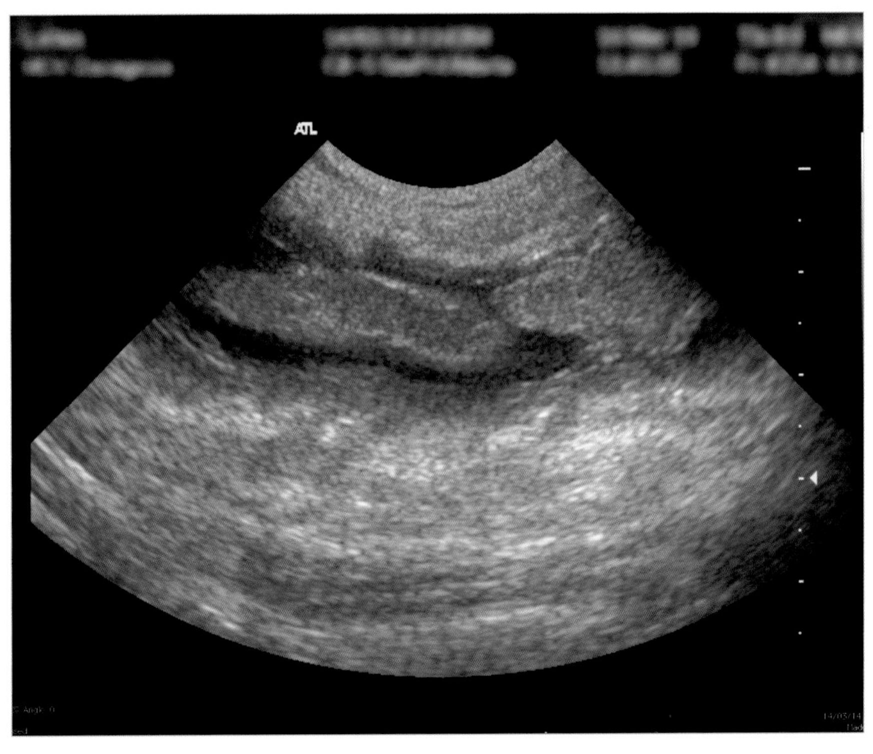

图9.28　皮下积液，内部存在血凝块/血肿。注意肌肉层的完整性。

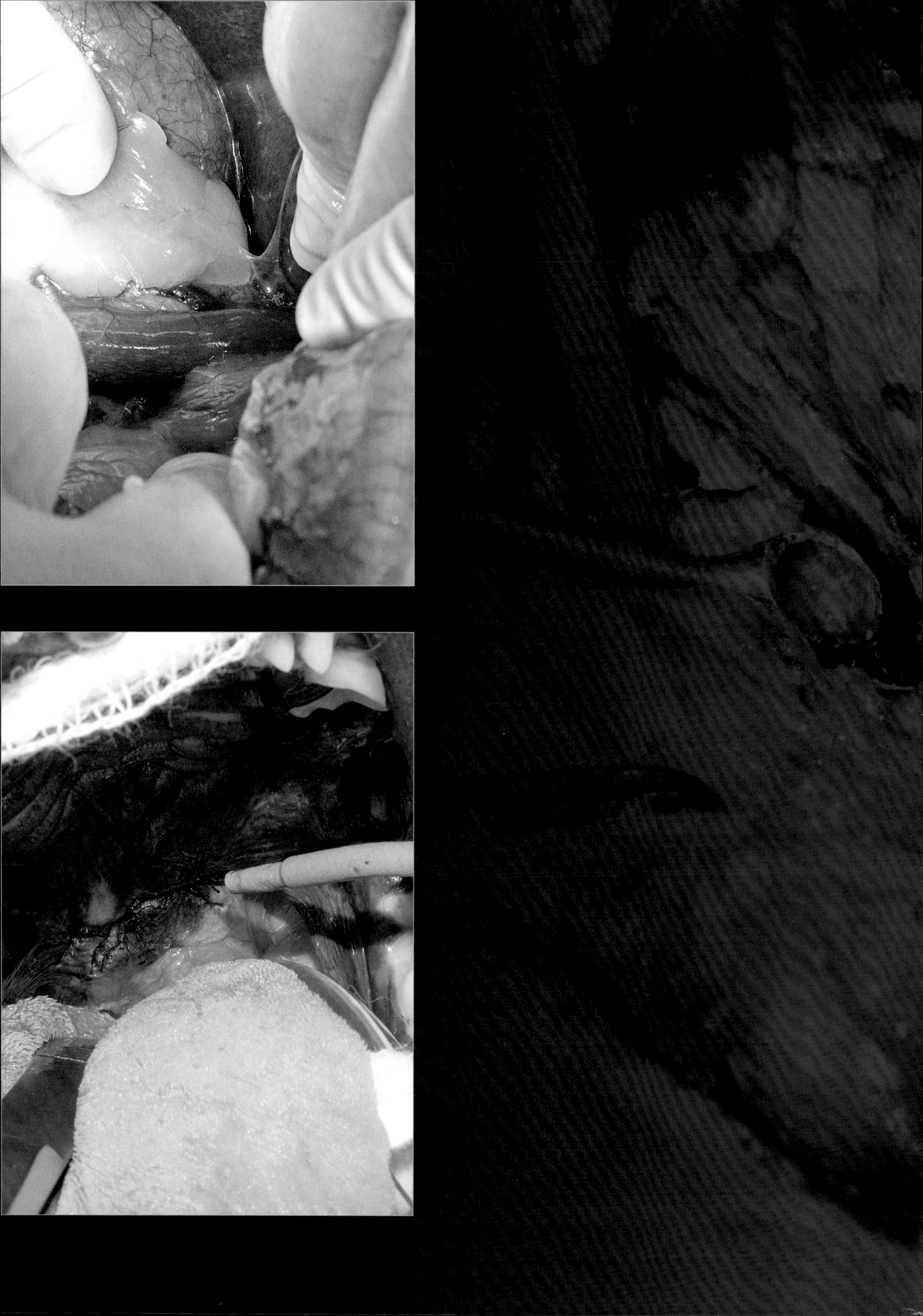

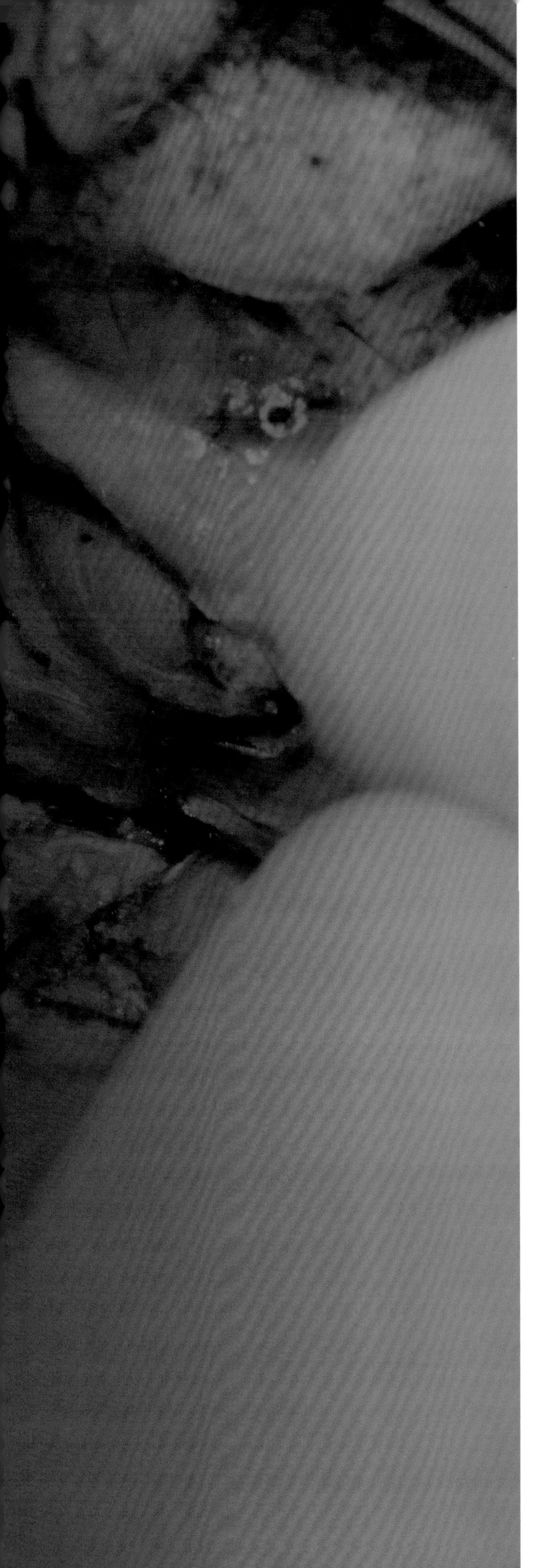

第10章 实际应用及外科病例讨论

颌面手术
外科病例讨论/前侧上颌骨切除术

眼科手术
外科病例讨论/二氧化碳激光Hotz-Celsus眼睑成形术

耳道手术
外科病例讨论/外耳道切除术

阴茎手术
外科病例讨论/阴茎部分切除术

肝脏手术
外科病例讨论/肝叶切除术

肾上腺手术
外科病例讨论/肾上腺切除术
外科病例讨论/雪貂肾上腺切除术

心血管手术
外科病例讨论/胸腔镜下心包切除术
外科病例讨论/法洛四联症

肛周瘘
外科病例讨论/肛周瘘切除术

短头品种综合征
鼻孔扩张术
腭成形术
喉小囊切除术

颌面手术

猫双侧面部上颌骨切除术（前侧上颌骨截骨术）及鼻镜切除术

双侧面部上颌骨切除术被用于累及上颌面部的肿瘤的治疗，肿瘤的位置应当位于中线两侧第二前臼齿之前。

口腔肿瘤

口腔肿瘤在宠物中很常见，分别占犬和猫所有肿瘤的 6% 和 3%。最常发生的是上皮瘤、鳞状细胞癌（图10.1）、纤维肉瘤和恶性黑色素瘤，治疗时存在一定的挑战。在这些病例中，局部控制肿瘤的治疗基于早期介入和积极切除。

口腔肿瘤往往具有侵袭性，其治疗通常依赖对受累区域尽快进行侵入性上颌骨切除术。

正常情况下患病动物为老年动物，它们需要完整的术前评估，以检测是否存在全身性疾病，若存在就没有必要再进行这类侵入性手术。

X线检查容易低估肿瘤的侵袭范围，因为只有出现30%～50% 的骨密度下降，才能观察到明显的溶骨性变化。

需要进行活检以确定病变的类型和适当的治疗计划，给出尽可能精确的预后。还应注意不要将感染性病变与肿瘤混淆（图10.2）。

进行活检时，必须避免坏死的表面。样本的采集应达到一定深度，以尽可能保证其代表性。

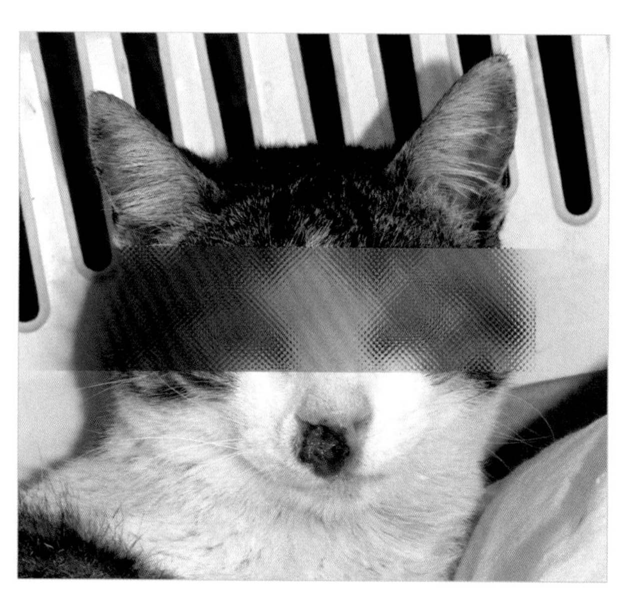

图10.1　图为一只患鳞状细胞癌的9岁猫。

对于恶性肿瘤，建议进行根治性手术，但切除的边界常包括口腔组织及骨骼。手术的可行性很大程度受限于是否能够进行局部重建技术。

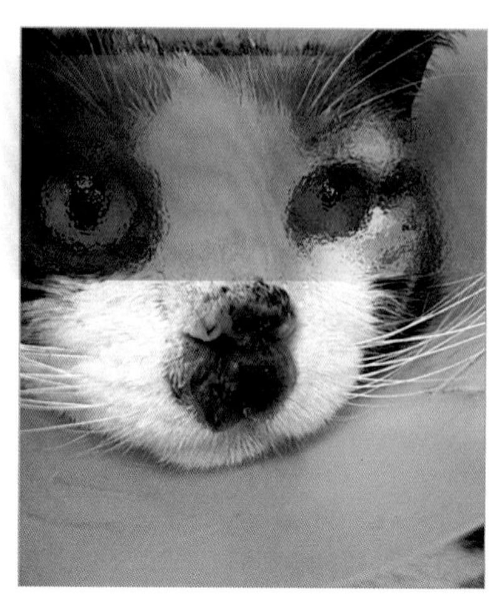

图10.2　新型隐球菌引起的真菌性鼻炎与鳞状细胞癌的外观极为相似。

外科病例讨论/前侧上颌骨切除术

本病例是一只10岁的欧洲家养猫，雄性，鼻部出现病变，存在呼吸困难并经常出血（图10.3）。经活检诊断为鳞状细胞癌。

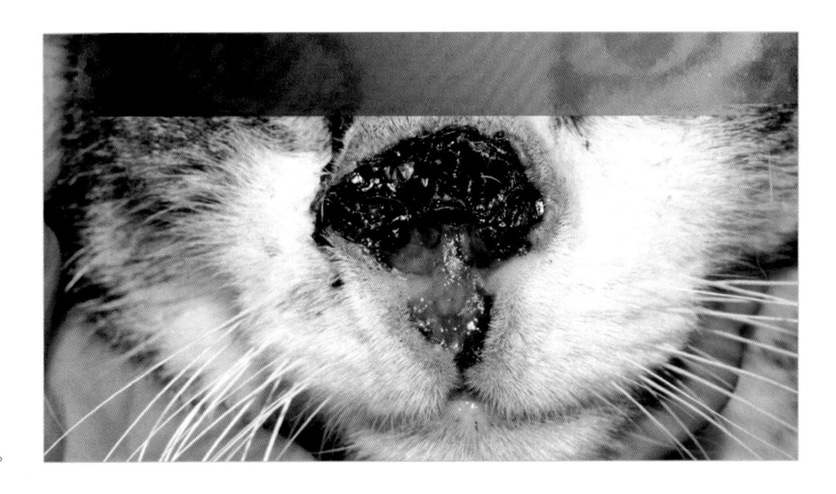

图10.3　手术当天鼻面部外观。

术前用布比卡因（剂量1 mg/kg）阻滞双侧眶下神经（图10.4）。在鼻周围用肾上腺素溶液（1 ∶ 200 000）浸润麻醉，以减少切开鼻腔组织和上腭时的出血（图10.5）。

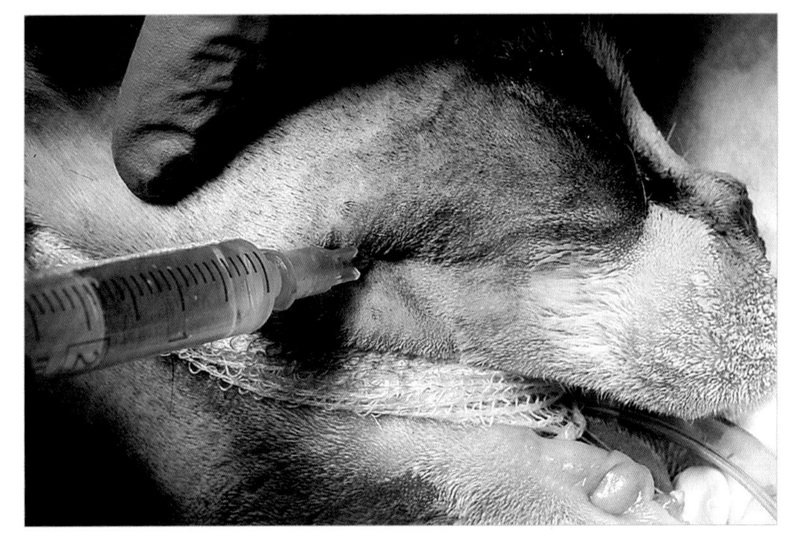

图10.4　为了阻滞眶下神经，在眶下孔前方约1 cm处进针，可在上颌侧面、第4前臼齿头侧触及眶下孔。

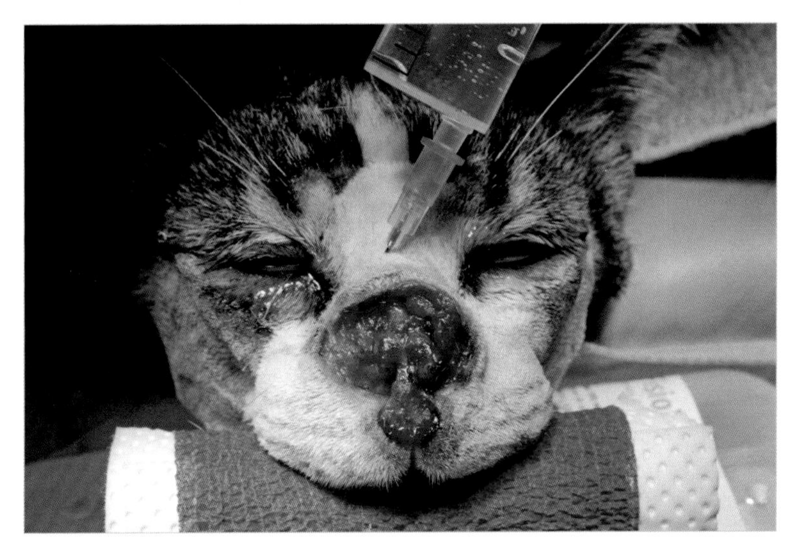

图10.5　为了减少鼻部软组织切开和剥离时的出血，环绕该区域注射肾上腺素溶液。

局部注射1 ∶ 200 000肾上腺素溶液显著减少了剥离组织时的出血。

在病变周围鼻平面两侧做皮肤切口，距离1 cm。在前部区域以弧线切开，以便于唇部重建(图10.6)。

分离鼻骨表面覆盖的组织后，使用摆锯切割鼻骨与腭骨。同时用无菌生理盐水持续冲洗该区域，以防止对骨造成热损伤（图10.7）。

使用盐水冰块清洗并施加压力数分钟，对鼻甲进行止血（图10.8）。在重建鼻、唇和口腔前部区域之前，预先在腭骨上钻几个孔作为固定点(图10.9)。

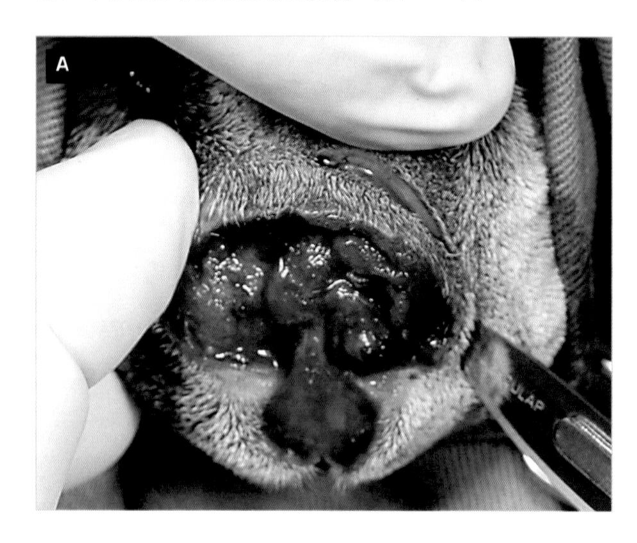

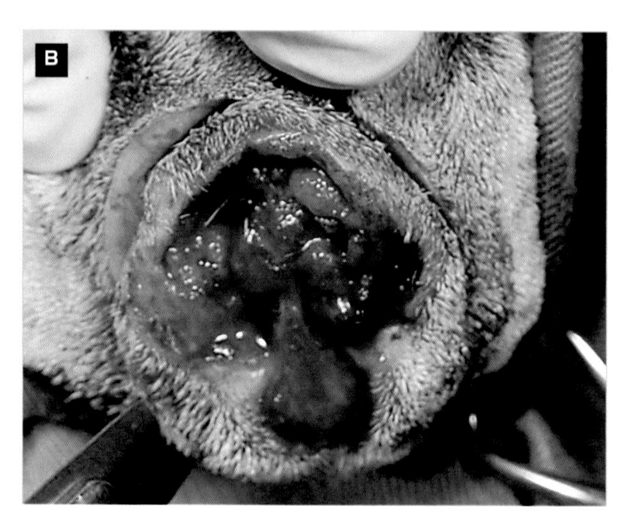

图10.6 局部浸润的肾上腺素溶液使得血管收缩，皮肤切开后仅有少量渗血。

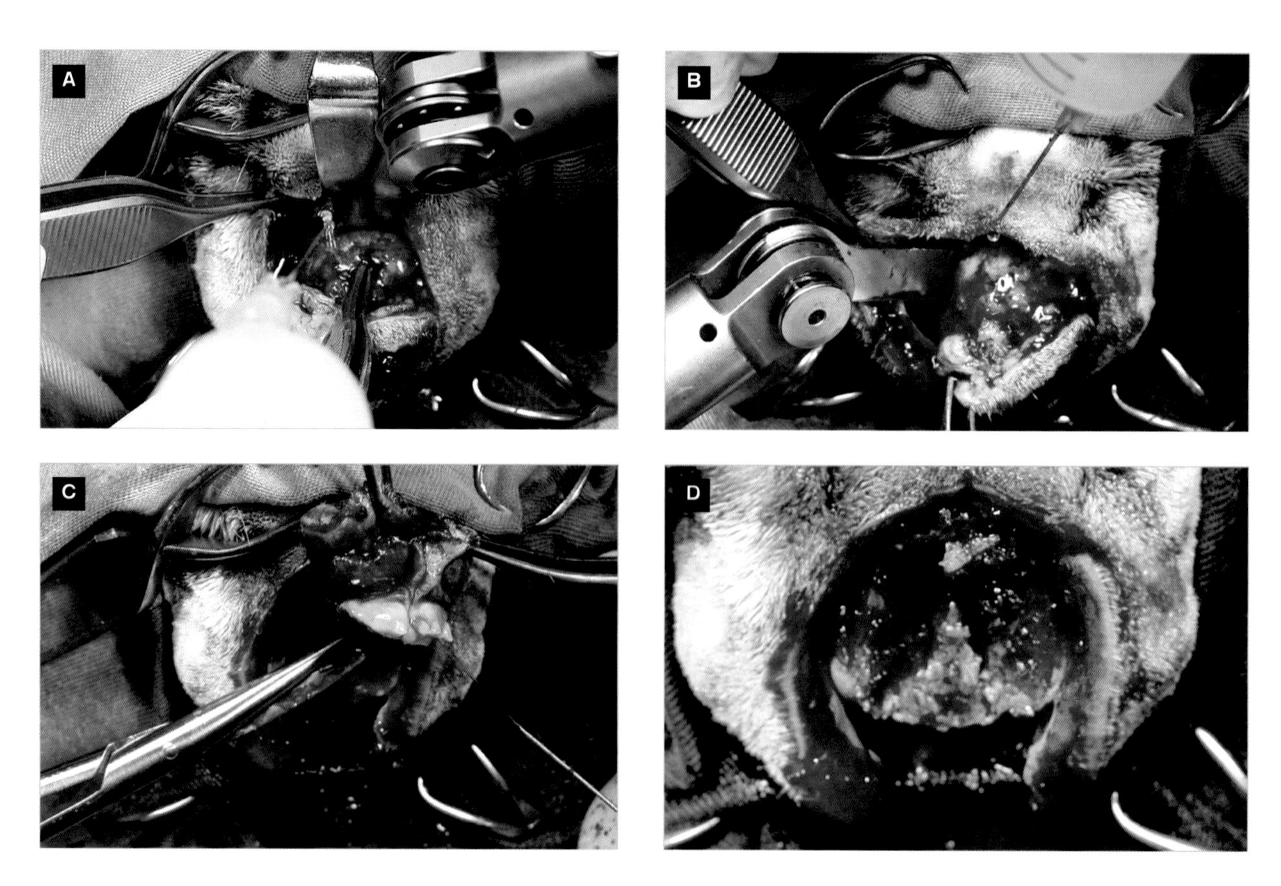

图10.7 使用手术摆锯将鼻骨的骨质部分锯除。此时必须不断对该区域使用生理盐水降温以带走摩擦所产生的热量。

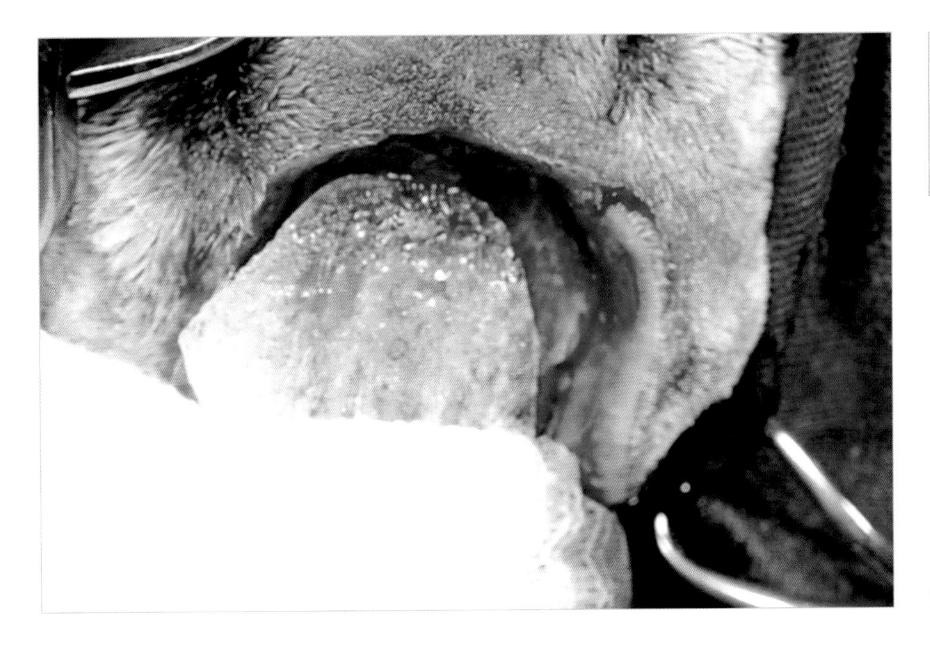

应用低温盐水或盐水冰块可促进止血并减少该区域的炎症。

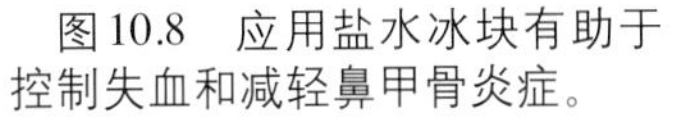

图10.8　应用盐水冰块有助于控制失血和减轻鼻甲骨炎症。

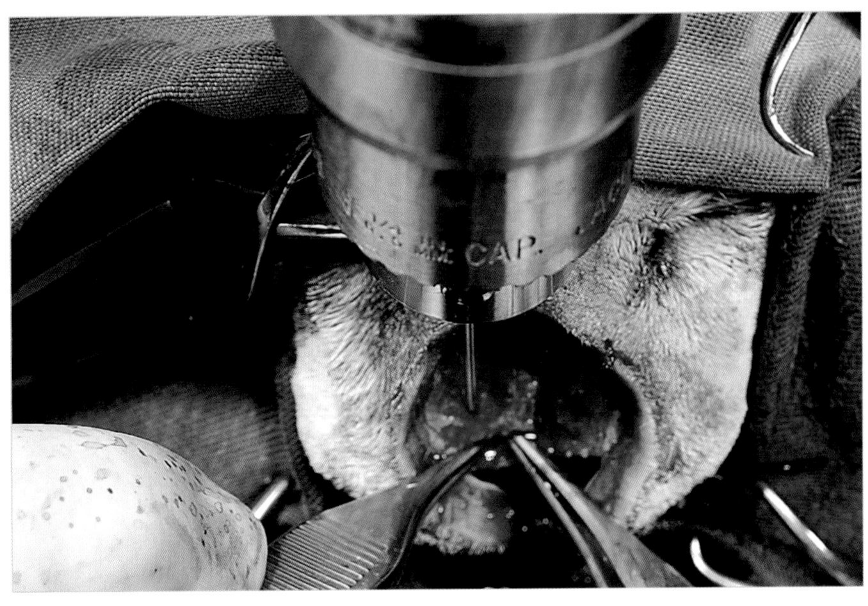

图10.9　使用骨钻和斯氏针，在腭骨处预钻3个孔作为固定点，便于嘴唇、牙龈的重建。

无创分离伤口边缘和唇黏膜以帮助皮肤向中央区域移动后（图10.10），使用单股可吸收缝线（图10.11）和荷包缝合技术，双层闭合伤口，以缩小鼻腔开口（图10.12）。

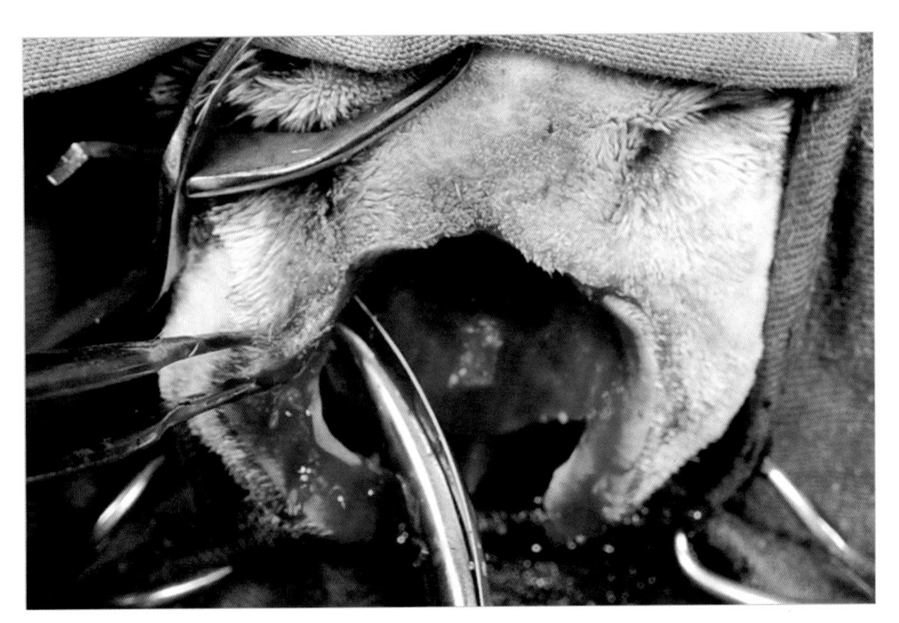

图10.10　剥离鼻周软组织和口腔黏膜，使缝线无张力。

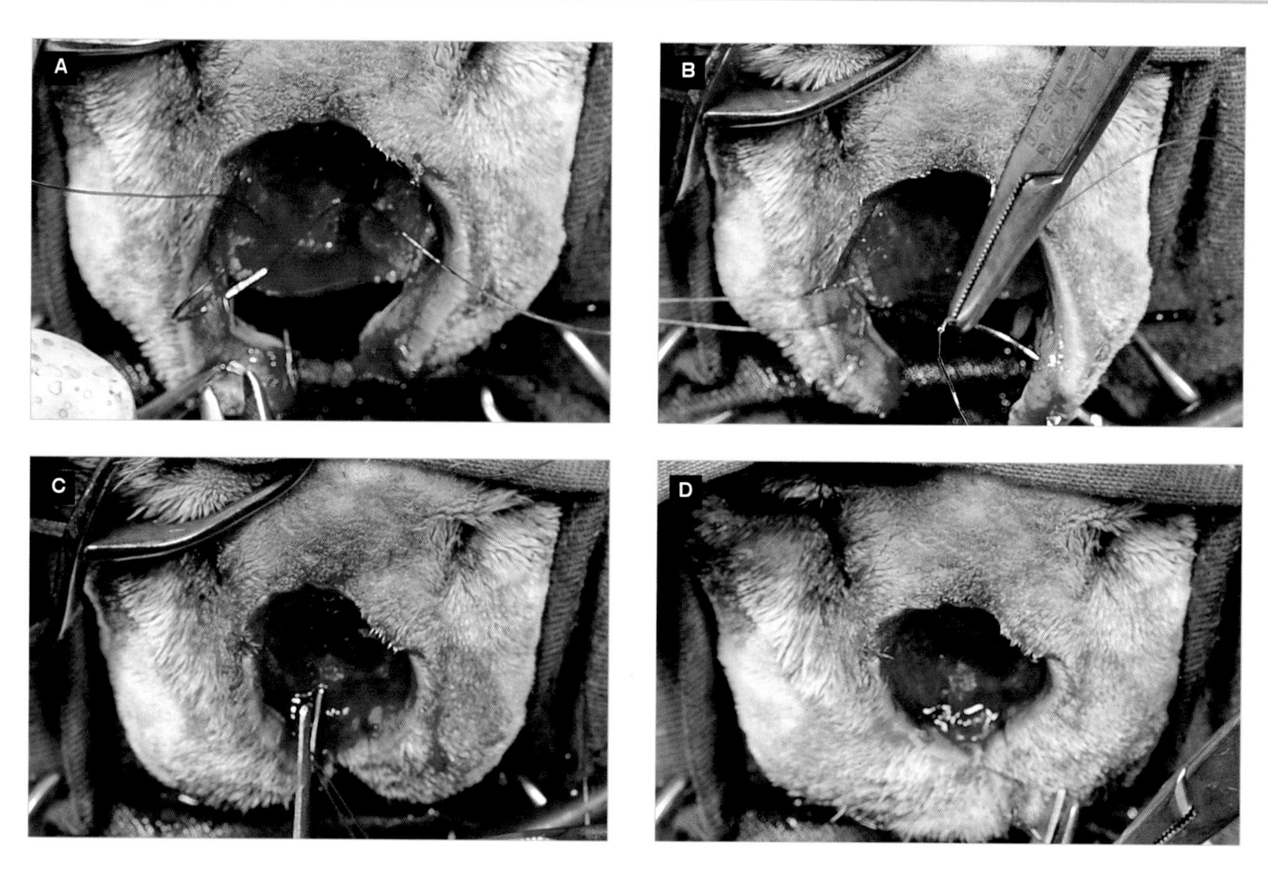

图10.11 采用单股可吸收缝线完成口腔及唇的重建。位于深部的第一层缝线放置后暂不将结收紧，而是全部放置完成后才进行打结，这样就可以准确地看清打结的位置。

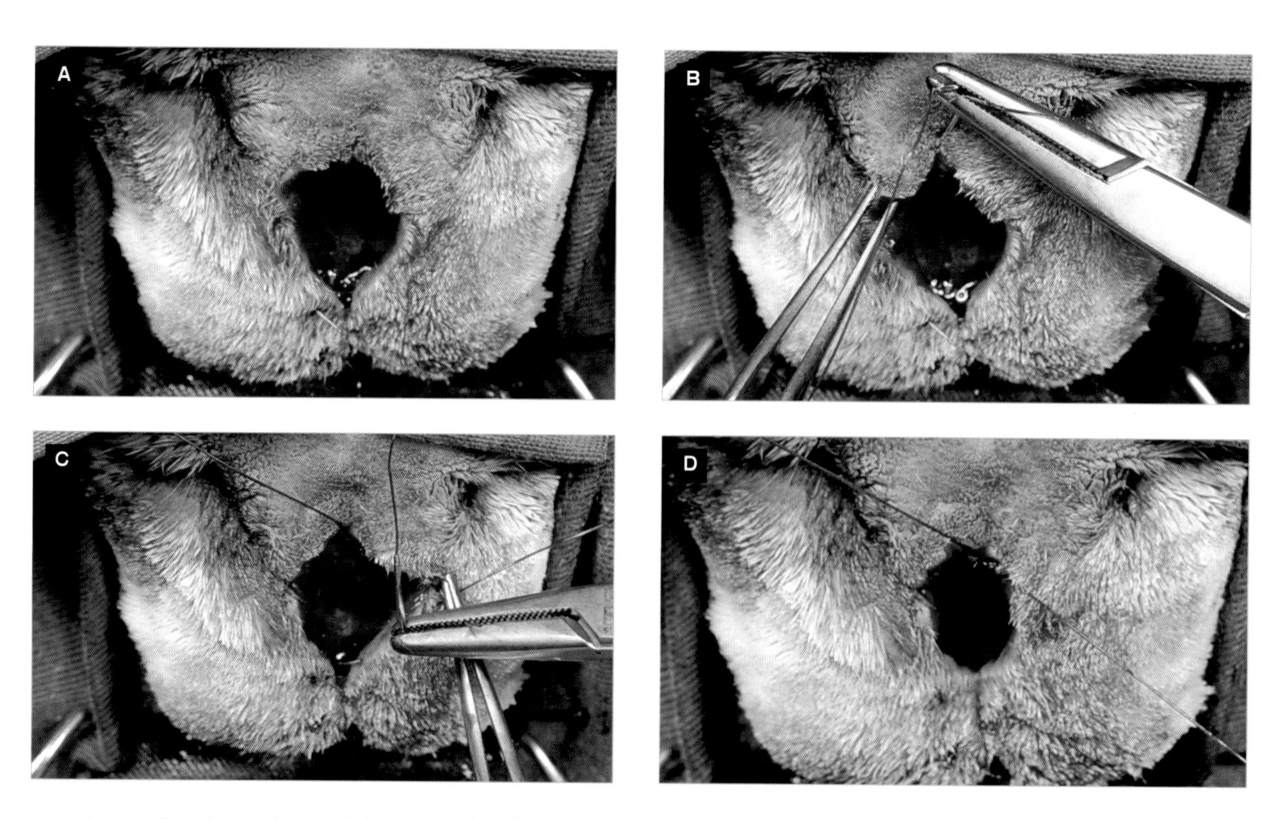

图10.12 鼻腔入口使用可吸收缝线进行荷包缝合（烟袋缝合，tobacco-pouch suture）。

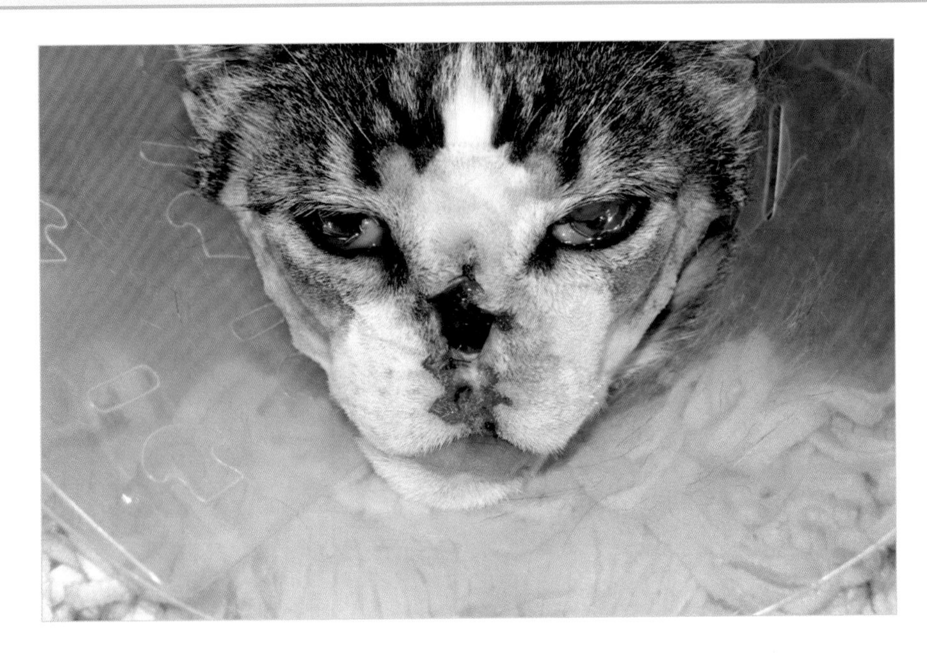

当患病动物从麻醉中恢复时，鼻部出血极少（图10.13）。术后进展令人满意。术后当天，动物并无呼吸困难且进食正常（均衡饮食）（图10.14、图10.15）。

图10.13　术后在鼻部观察到少量出血，且能够自行止血。

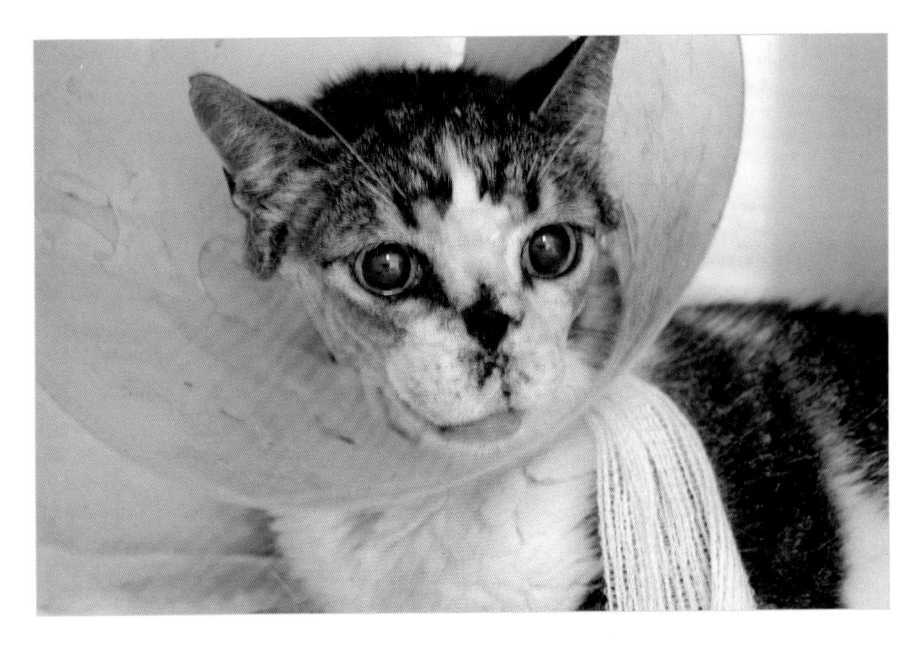

前侧上颌骨切除术及鼻镜切除

图10.14　24 h后，动物能够正常呼吸并进食流食。鼻甲表面覆盖的血痂并不影响呼吸。

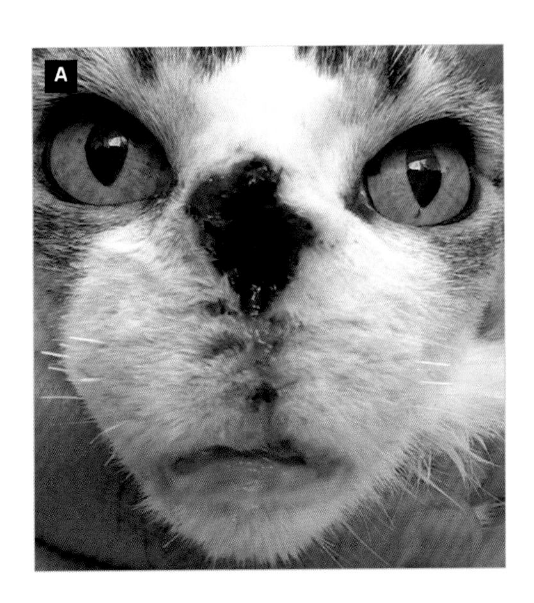

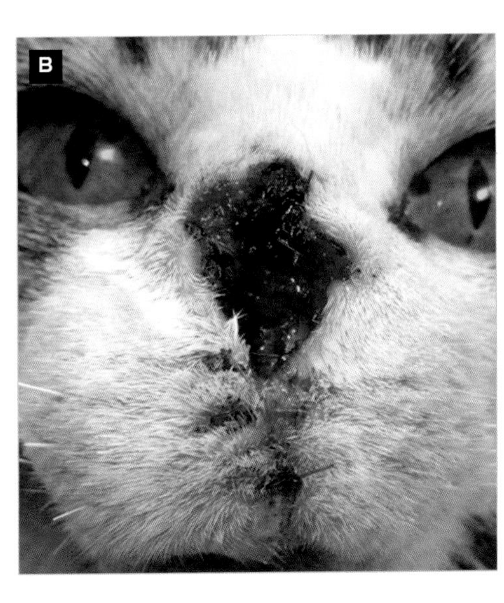

图10.15　术后第8天。唇侧和口腔的伤口已经愈合，鼻甲上的结痂已经脱落。

眼科手术

Hotz-Celsus眼睑成形术

Hotz-Celsus眼睑成形术适用于先天性眼睑内翻的矫正。手术方式为切除内翻部位半月形的眼睑皮肤，将眼睑缝合至正常位置。

眼睑内翻

眼睑内翻时，眼睑向眼内折叠或翻转，导致毛发接触、刺激和损伤结膜和角膜（图10.16）。具体可由下列因素引起：

- 眼睑皮肤过度发育。
- 眼球在眼窝中下沉。
- 眼睑重量增加。
- 皮肤过度松弛。
- 眼睑皱褶畸形。

可观察到的临床症状包括：

- 动物摩擦其面部。
- 溢泪。
- 眼睑痉挛。
- 无眼畸形。
- 持续接触泪液导致的眼睑皮炎。
- 由于结膜血管充血导致眼睛发红。
- 角膜损伤和水肿。
- 慢性病例中出现新生血管和角膜黑色素化。

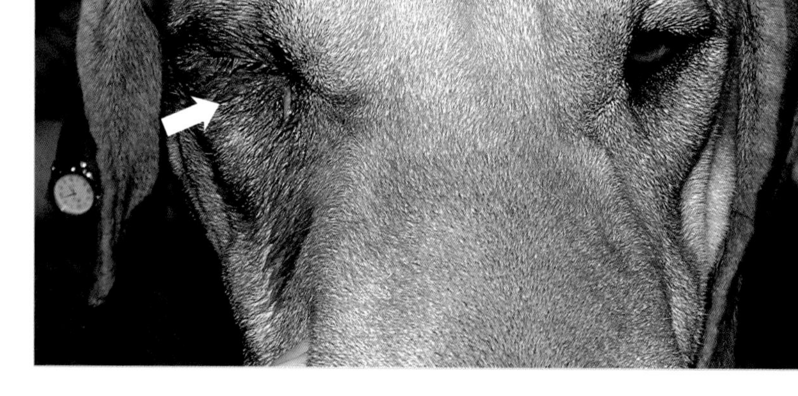

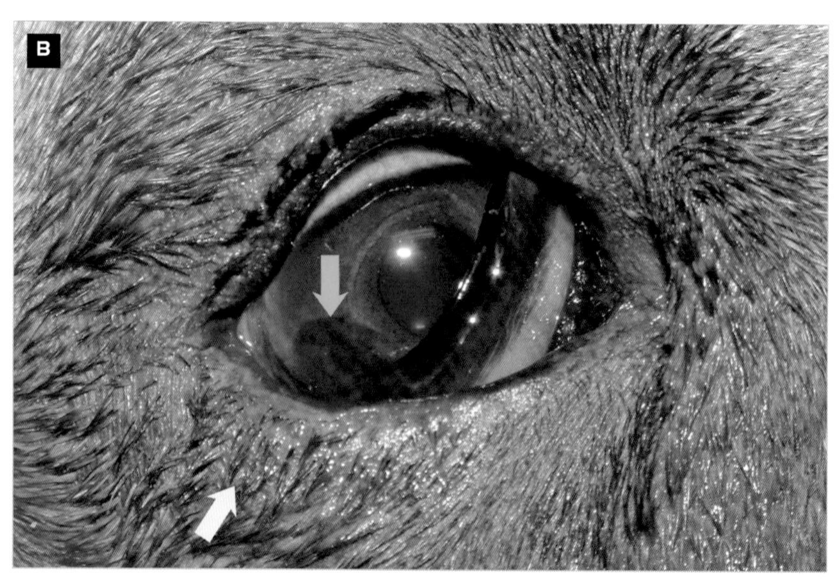

图10.16　先天性眼睑内翻可导致眼部疼痛、眼睑痉挛及泪液过度分泌（白色箭头）（A），眼睑炎（黄色箭头）及角膜损伤（蓝色箭头）（B）。

在使用眼表麻醉剂缓解眼睑痉挛后，可以评估眼睑区域需切除多少多余的皮肤。

为了解决先天性眼睑内翻，首选的手术方法是Hotz-Celsus 眼睑成形术。这需要从受影响的眼睑区域切除新月形皮肤，以使眼睑恢复到正确的解剖位置（图10.17）。

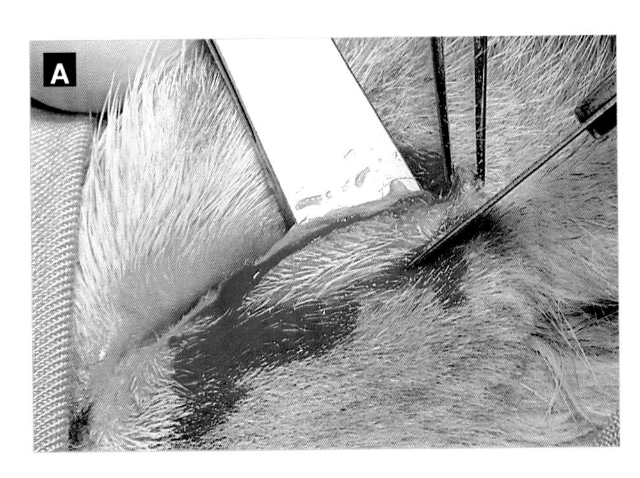

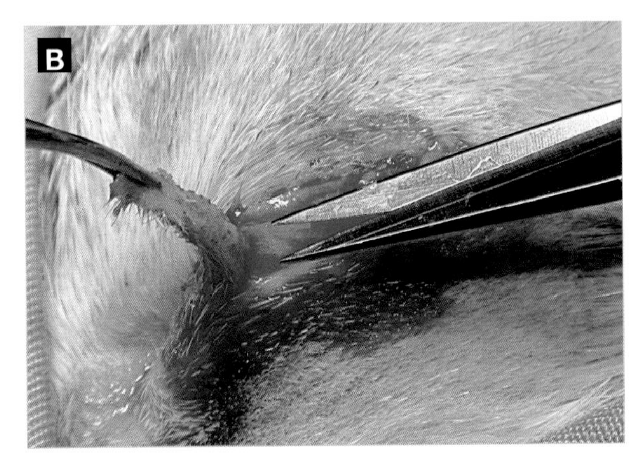

图10.17 使用改良Hotz-Celsus眼睑成形术切除引起睑内翻的部分皮肤。在距离眼睑边缘 1 ~ 2 mm 处做第一个切口，在术前确定的位置做第二个切口，以切除多余的皮肤并正确定位眼睑边缘。

眼睑部位血液供应丰富，在该部位进行手术会引起显著出血。术后炎症也很常见。

由于眼睑血管丰富，该手术会引起出血。在这种情况下，可使用纱布压迫控制出血。眼睑缝合采用精细的多股缝线（5/0 丝线）进行简单缝合，注意使线结远离眼睑边缘，以防止缝线末端伤及眼睛（图10.18）。

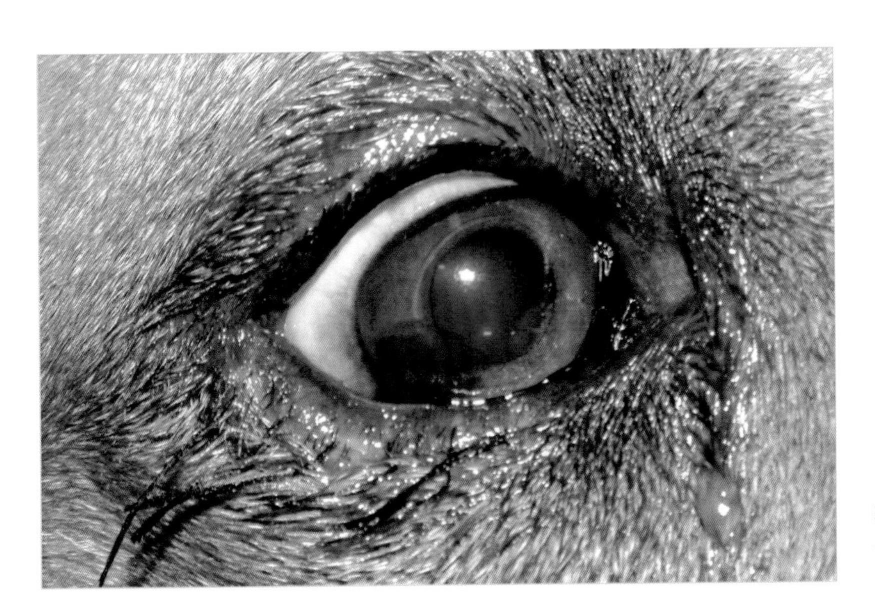

改良Hotz-Celsus眼睑成形术

图10.18 在使用简单缝合时，应将线结远离眼睛；尾端应留出较长的长度以保持柔韧性，这样即使意外接触到角膜，也不会对角膜造成损伤。

外科病例讨论/二氧化碳激光Hotz-Celsus眼睑成形术

一只1岁的猫被带至眼科进行会诊。由于先天性眼睑内翻导致左眼出现疼痛症状。进行眼表局部麻醉后，估算多余皮肤为2～3 mm。其余眼科检查结果正常。本病例所需的手术技术为Hotz-Celsus眼睑整形术。

在本病例中，采用的是连续模式的二氧化碳激光灼烧，输出功率为5 W。

使用二氧化碳激光能够简化Hotz-Celsus眼睑成形术操作并减少出血，制作皮肤切口及切除皮肤都会变得更加简单。其操作步骤如下：

■ 用浸有盐水的一层棉絮保护眼球表面。

■ 将第二个切口的低点标记为参考点（图10.19）。

■ 使用眼睑垫板稳固撑起眼睑皮肤，并在眼睑及垫板之间用盐水浸透的纱布覆盖，避免二氧化碳激光产生的能量对正常组织造成损伤。在距离眼睑边缘1～2 mm处做第一个切口（图10.20）。

■ 在之前的切口末端和最初标记为V形切口底部的标记点间做第二个切口（图10.21）。

■ 使用斜向激光切割皮肤，对眼眶肌群造成的损伤降到最低（图10.22和图10.23）。

■ 本例中作者并未缝合眼睑切口，而取二期愈合（图10.24）。

图10.19 用浸有盐水溶液的棉絮保护角膜。标记第二切口线的下缘，以确定待切除的皮肤范围。

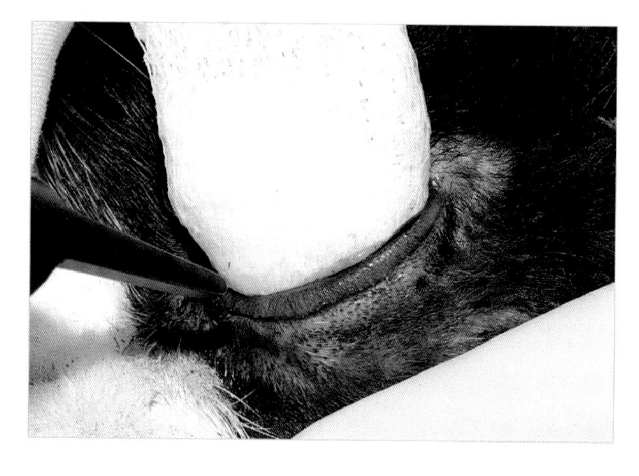

图10.20 第一道皮肤切口距离睑缘约1.5 mm，期间需要保持用纱布包裹的垫板衬垫在眼睑下方，并保持眼睑皮肤的紧张。

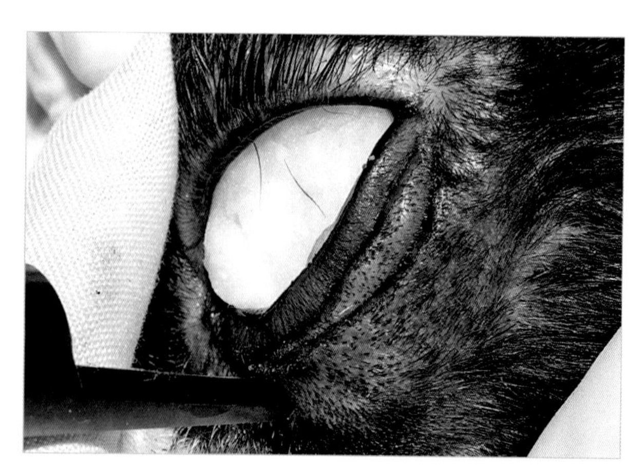

图10.21 第二道切口沿着最初标记，连接第一道切口的起止点。

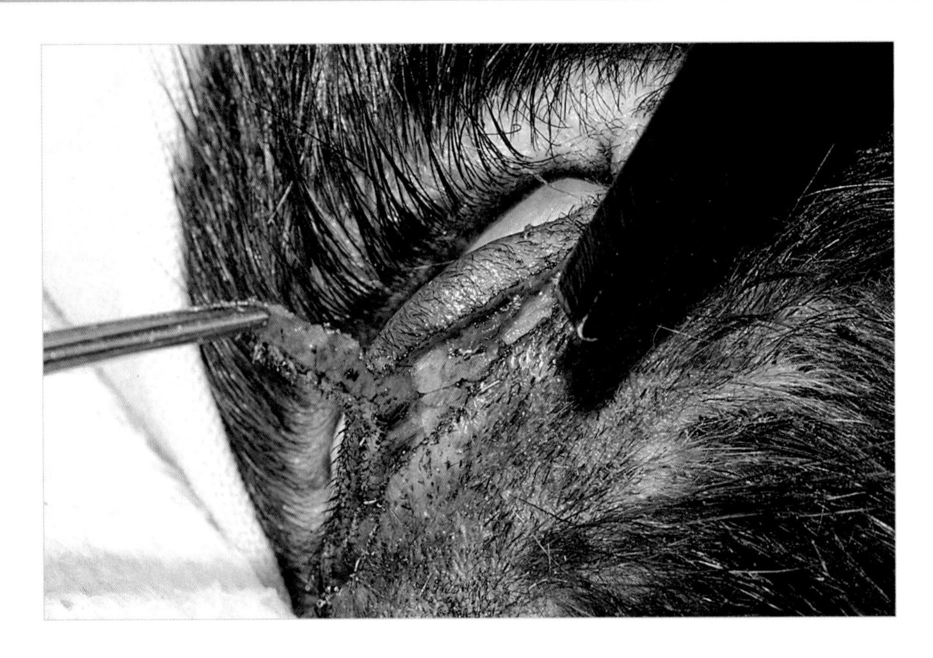

图10.22　使用二氧化碳激光进行眼睑皮肤无血切割。

激光技术缩短了手术时间，降低手术难度，且术中无出血（图10.23）。

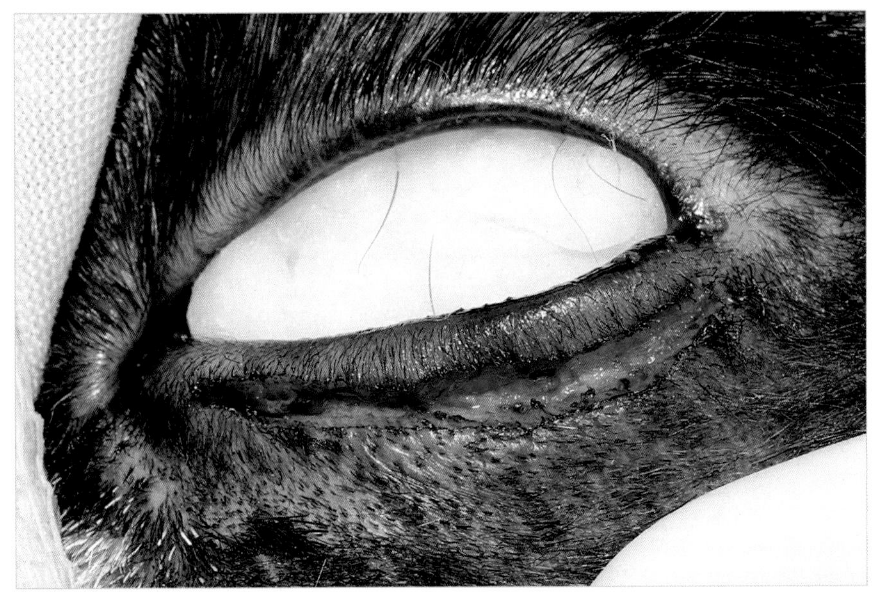

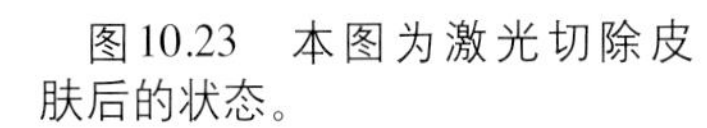

图10.23　本图为激光切除皮肤后的状态。

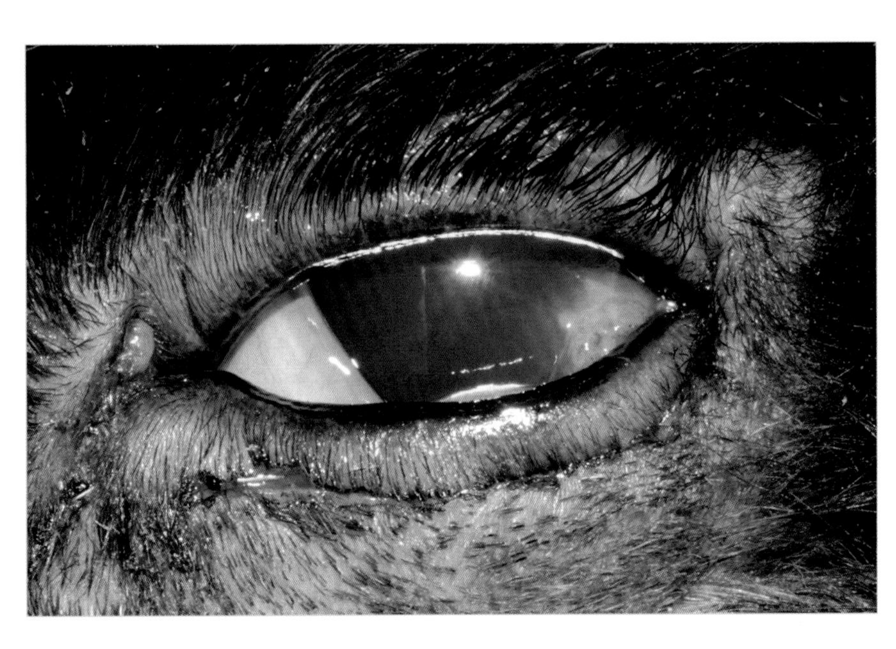

图10.24　术后即刻的伤口状态。

术后应每日给予3次抗生素及抗炎软膏，共计1周。手术效果令人满意，图10.25（沙皮犬）及图10.26（巴哥犬）为使用相同技术的手术效果。

使用二氧化碳激光进行改良Hotz-Celsus眼睑成形术

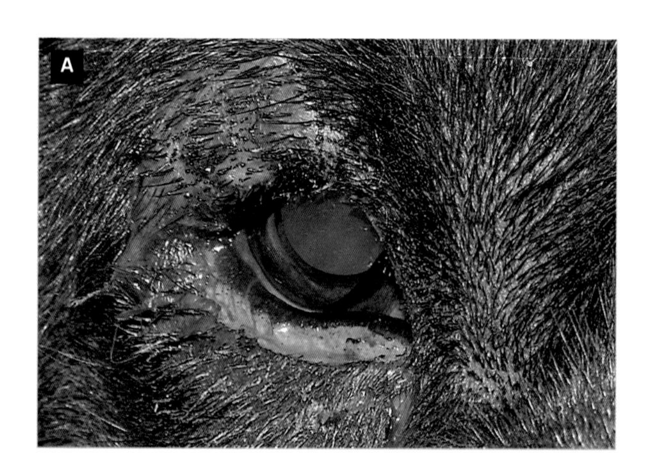

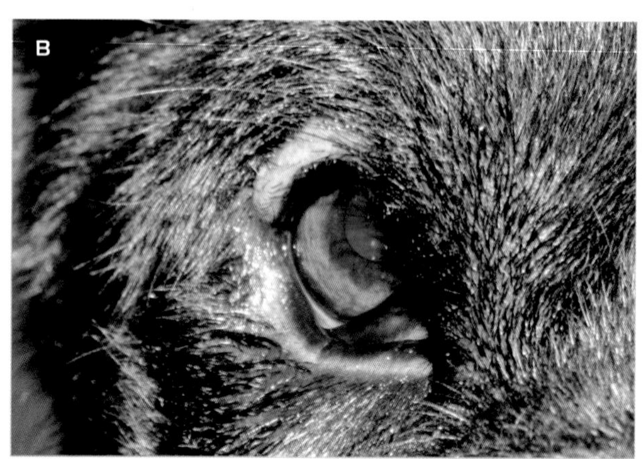

图10.25　沙皮犬二氧化碳激光Hotz-Celsus眼睑成形术术后24 h（A）及12 d（B）外观。

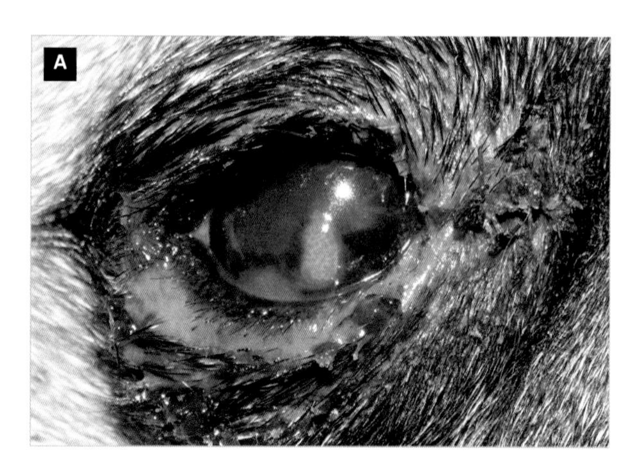

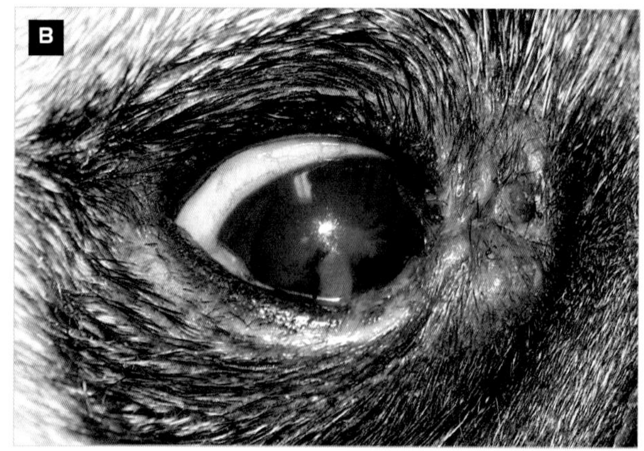

图10.26　巴哥犬二氧化碳激光Hotz-Celsus眼睑成形术术后4 d（A）及10 d（B）外观。

耳道手术

全耳道切除术（TECA）

全耳道切除术（TECA）适用于慢性终末期耳炎和侵入耳道的肿瘤（图10.27和图10.28）。出现下列情况时意味着动物存在慢性终末期耳炎：

- 耳道被增生组织堵塞。
- 存在复发性、抗生素耐药性感染。
- 可见耳软骨严重钙化或破裂。
- 宠物不合作或主人不依从治疗。

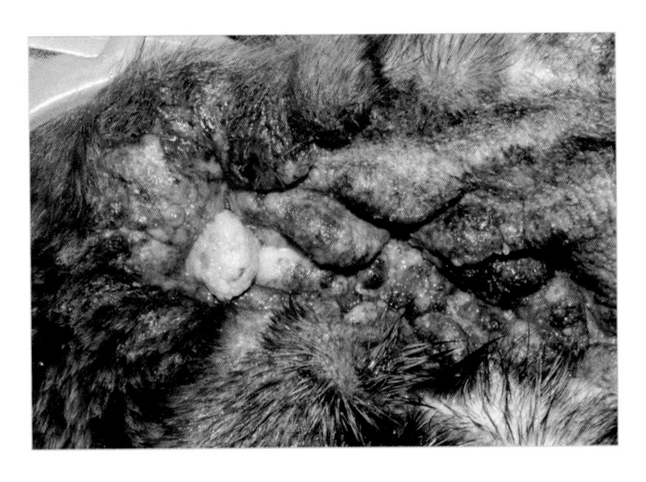

图10.27 增生组织将耳道完全阻塞，常为反复发作性耳炎的终末阶段。

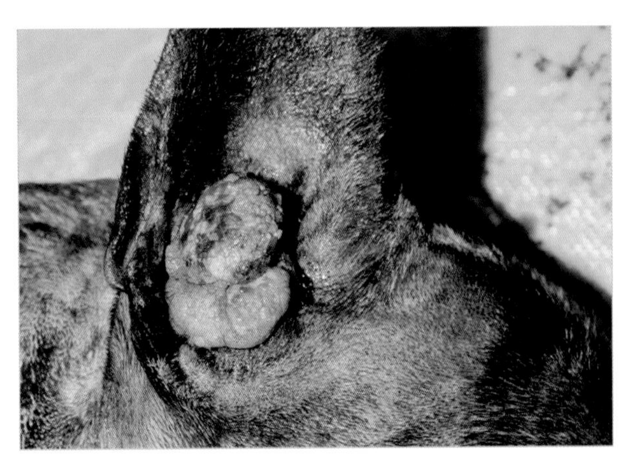

图10.28 耳道内肿瘤（皮脂腺腺瘤），完全阻塞耳道并促使耳炎反复发作。

> 对终末期耳炎的动物，治疗的方法为全耳道切除及鼓泡切开术。

该手术的难点在于准确识别并无损伤地分离面神经，而面神经刚好经过耳道的后腹侧（图10.29）。术后动物常出现继发于暂时性面神经失用的临床症状（泪液分泌不足、鼻干燥和霍纳综合征）（图10.30）。

全耳道切除术的同时还应结合外侧鼓泡切开术，以便清除感染物质，并降低术后的瘘管发生率。

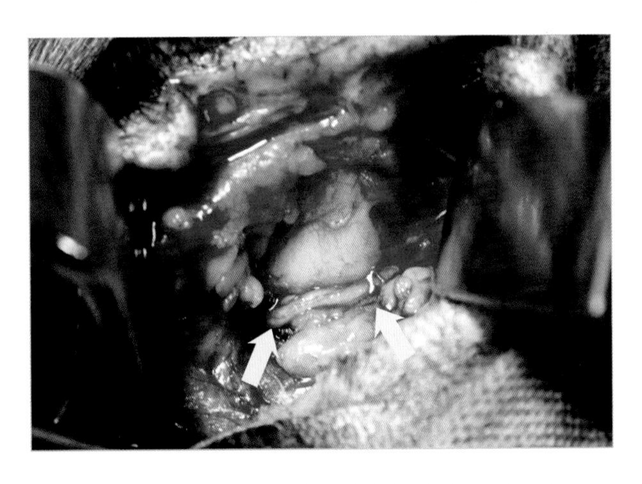

图10.29 面神经位于垂直耳道的腹侧（箭头）。如果不能像这张图片中那样清晰地看到它，则必须以非常轻柔方式寻找它，因为识别它的位置非常重要。

由一名非常细致且温和的外科医生进行全耳道切除术时，术后暂时性面神经失用症的发生率约为10%。

全耳道切除及外侧鼓泡切开术

图10.30 全耳道切除术后炎症及术中的局部操作使动物出现术后霍纳综合征。这一并发症在猫更加常见。

中耳胆脂瘤

胆脂瘤是中耳慢性炎症的一种不常见的后遗症。胆脂瘤是在鼓膜移位进入鼓泡时形成的，通常是由于耳垢干燥结块所致。脱屑产生的上皮碎片在该“囊袋”内积聚，直至整个鼓泡被充满。

术语胆脂瘤并不十分合适，因为它既不是一种肿瘤（-oma），也不含脂肪（-estea）或胆固醇（cholest-）。然而，人们已经习惯用该词来指代这种疾病。

胆脂瘤是一种表皮囊肿，其内由含有角蛋白碎片的角化上皮组织分隔。其特征为进行性生长，导致邻近组织（包括骨）的破坏。由于角化性物质的积聚，其生长可能非常缓慢；如果皮脂腺物质产生迅速，则其生长可能较快。

胆脂瘤所导致的固有炎症反应可能为中度或重度，取决于上皮产生的细胞因子、皮脂腺物质的暴露程度以及是否存在感染。

如果存在感染，由于供血不足及耳道壁生物膜的存在，感染往往难以控制。

该病的常见临床症状：

- 慢性耳炎。
- 耳道分泌物。
- 触诊鼓泡区域时有痛感（耳痛）。
- 触诊颞下颌关节时有痛感，或张口时有痛感。
- 神经症状：
  - 头部斜向患侧。
  - 面瘫。
  - 共济失调。
  - 转圈。
  - 震颤。

用计算机断层扫描（CT）检查时可观察到的变化包括：对应于鼓室中的膨胀性、侵袭性和非血管化病变，通常造影不增强；除此外还存在鼓泡壁的溶骨性变化。慢性病例可见颞下颌关节强直，甚至颞骨岩部骨溶解。这些发现可能被认为具有特异性的诊断价值，因此CT扫描是诊断这类病例的关键工具。

对于该病，唯一有效的治疗方法是手术，包括移除复层鳞状上皮层、清除角蛋白碎屑以及控制感染。该病的复发率较高（40%），复发通常发生在术后2～13个月。为了尽可能降低复发率，必须在手术时对鼓室进行良好的暴露，以确保完全清除角蛋白碎屑和复层鳞状上皮。

外科病例讨论/外耳道切除术

一例8岁雄性法国斗牛犬，有慢性耳炎病史，给予的局部和全身治疗已有1年以上，病情无改善，遂转诊至兽医诊所。

动物频繁甩头，张口时出现不适并存在以下神经系统症状：外周前庭综合征、惊厥和痉挛。

CT扫描图像显示膨胀性骨病变，导致鼓泡体积增大并伴耳蜗溶解。鼓泡内腔被等密度、无造影增强的液体完全阻塞（图10.31和图10.32）。

如果证实右耳存在胆脂瘤，则计划进行全耳道切除和外侧鼓泡切开术。

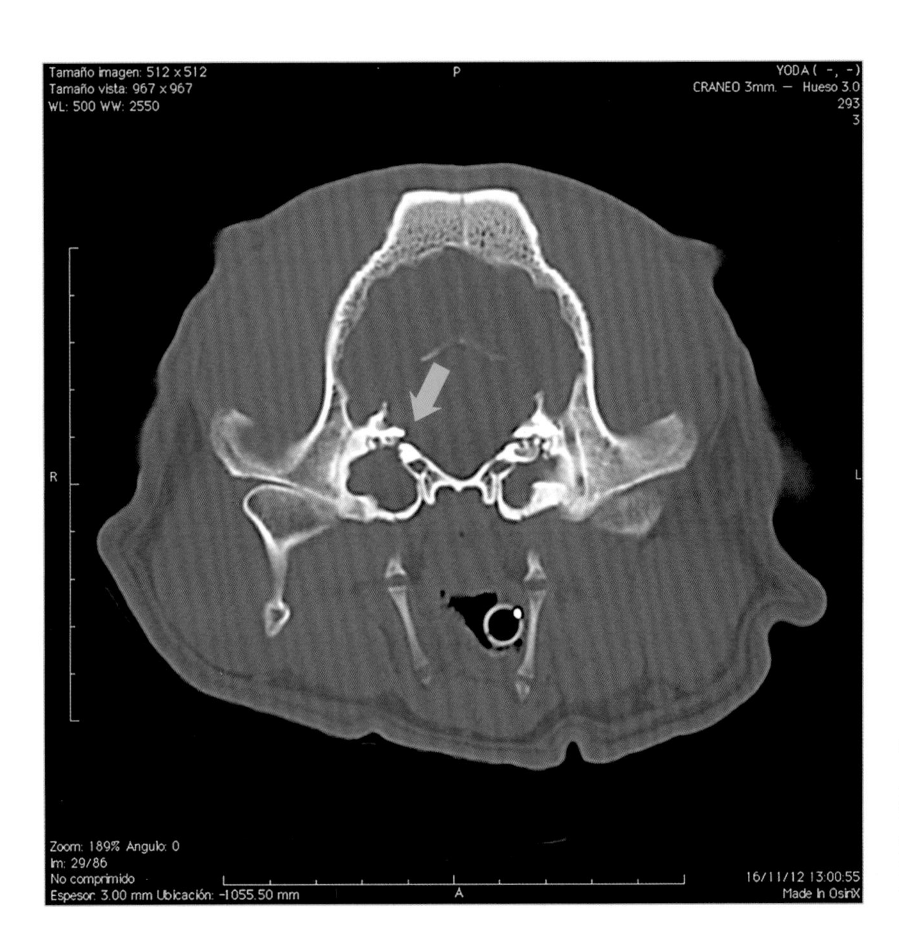

图10.31　CT扫描。右侧鼓泡被等密度液体完全填塞，静脉造影未见增强。鼓泡增大，影像显示游离壁变薄，右侧耳蜗骨溶解（绿色箭头），符合该区膨胀性病变的特征。阻塞鼓泡的等密度物质通过鼓膜延伸至耳道（不可见）。

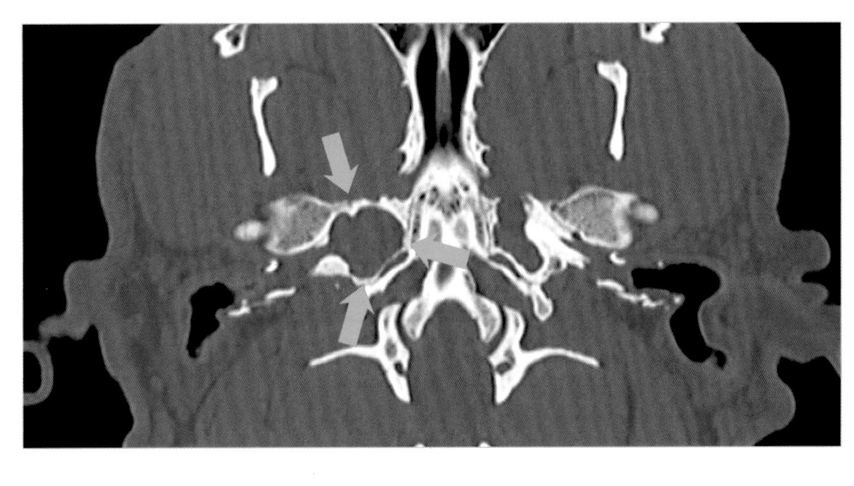

图10.32　冠状面图像。右侧鼓泡被等密度物质完全阻塞，静脉造影未见增强。将右侧鼓泡（绿色箭头）与左侧鼓泡的大小进行比较，左侧也被等密度物质填塞，且静脉造影未见增强。

手术步骤

全耳道切除术（TECA）

沿耳道方向做T形皮肤切口，牵拉已分离的皮瓣，剥离并暴露耳道外侧部分（图10.33）。然后沿着耳道开口做一个切口（图10.33中蓝色虚线），切开耳道的垂直部分（图10.34）。垂直耳道的剥离必须尽可能靠近耳软骨，以免意外损伤贯穿尾内侧区域的耳动脉和贯穿尾腹侧的面神经。

为了便于剥离，减少出血，应预先在耳道周围注射 1 ： 200 000 肾上腺素生理盐水溶液20 mL。

耳道的剥离必须尽可能靠近软骨。使用二氧化碳激光或电刀切割附近肌肉，可以尽量减少出血。

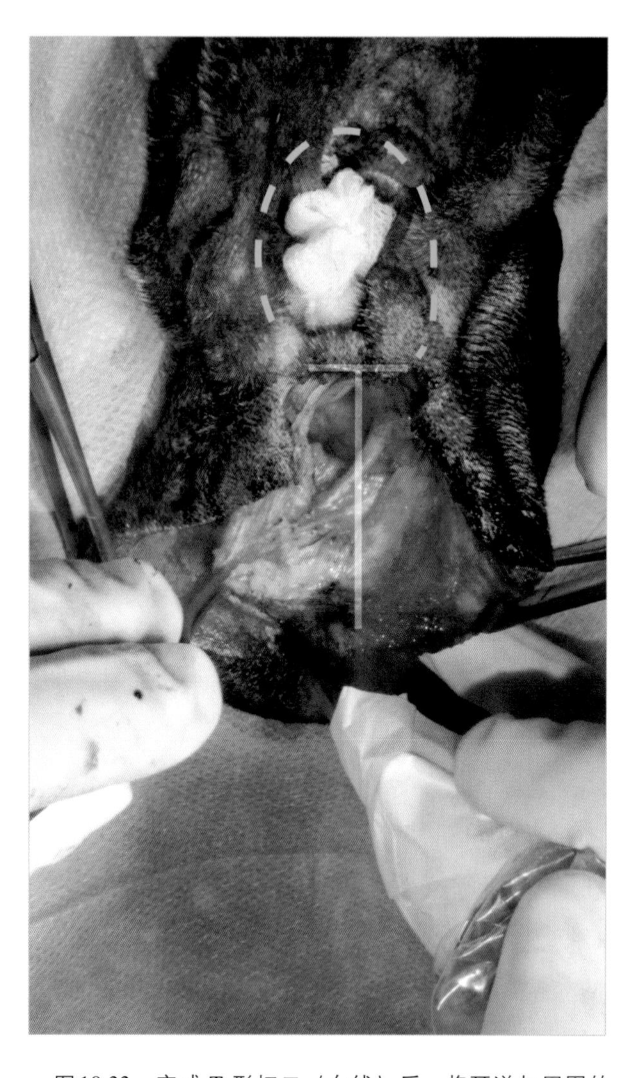

图10.33　完成 T 形切口（白线）后，将耳道与周围的结缔组织和肌肉分离。在这种情况下，为了尽量减少出血和术后炎症，以超脉冲模式使用二氧化碳激光。蓝色虚线表示接下来将要进行的环形切口。

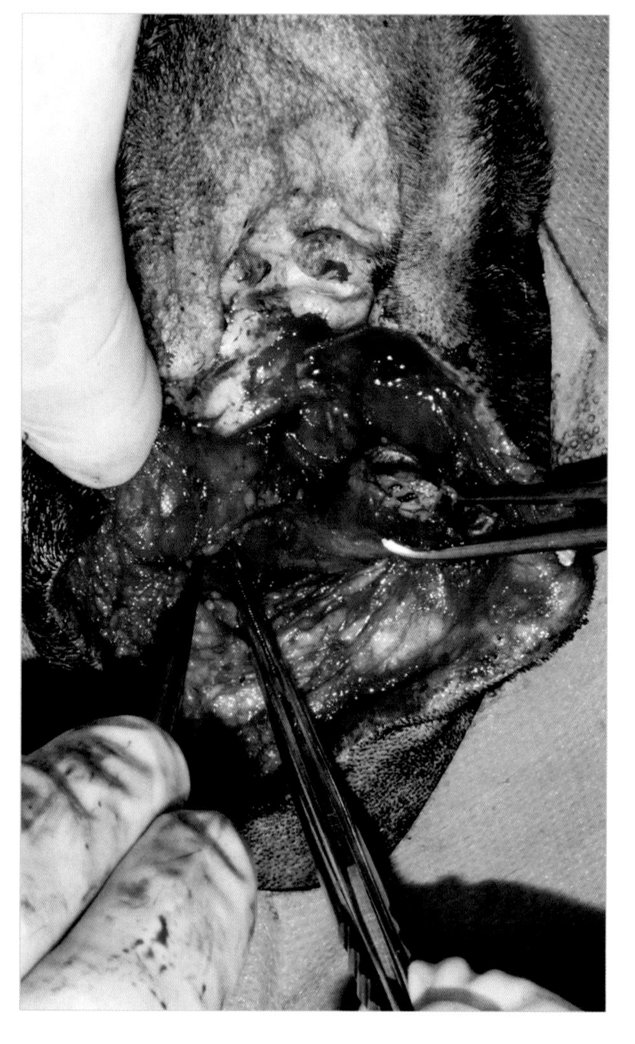

图10.34　切开耳道的垂直部分。必须靠近耳软骨进行剥离，以避免对耳后动脉和面神经造成任何损伤。

有必要经常触摸剥离区域，以感受颈动脉及其分支的搏动，以及局部面神经的位置。在靠近鼓泡头侧区域进行深部剥离时，必须非常小心及精确以免损伤耳后静脉。耳后静脉是不可见的，但应时刻提醒自己它的存在。

面神经位于水平耳道的尾腹侧，应注意识别和分离。如果耳道因为局部增生或骨化而堵塞，更应小心剥离以避免对神经造成损伤（图10.29、图10.35）。

对于慢性病程的动物，面神经可能已经与耳道紧密地贴合在一起。这种情况下，对其进行剥离需要更加小心。

当到达颅骨时，用手术刀片或梅奥剪将耳道从中耳入口处游离。从头尾方向切开，应作较小的切口，切开前注意剪刀尖端的位置，以免损伤面神经（图10.36）。

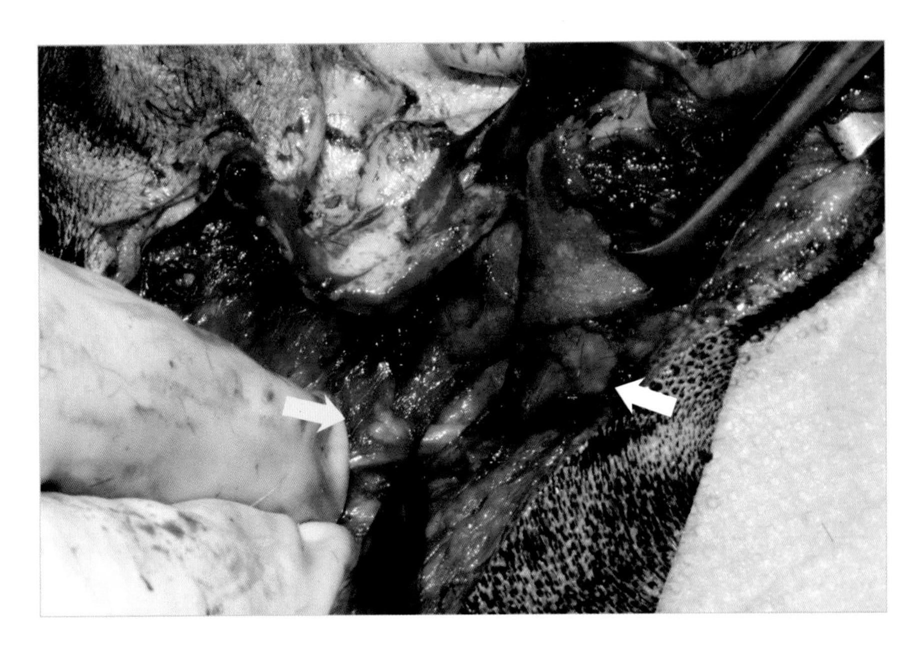

图10.35　剥离水平耳道时应辨认并分离面神经（黄色箭头），它位于水平耳道（白色箭头）尾腹侧区。

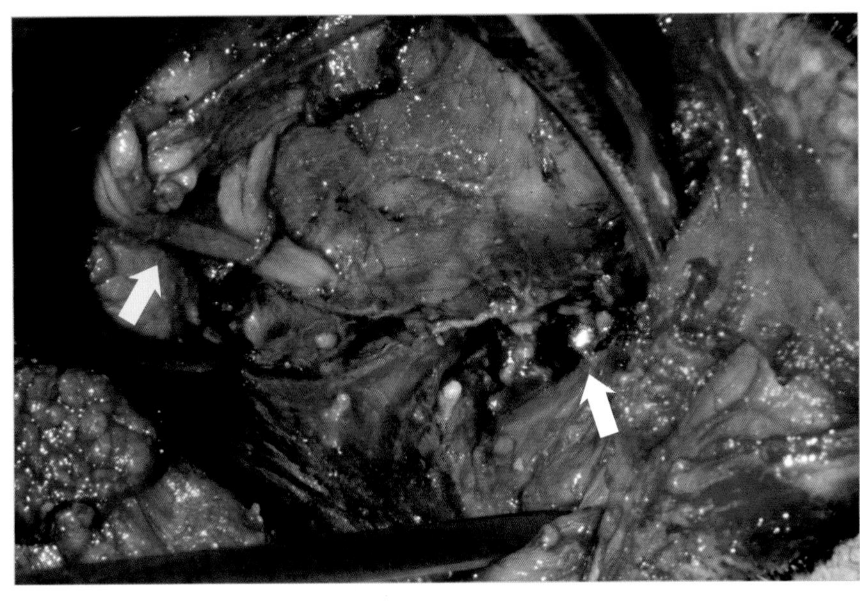

图10.36　切断耳道的基部后暴露中耳的开口（白色箭头）。黄色箭头为面神经。

如果使用 Gelpi 牵开器等自动牵开器，在放置时需非常小心，以免损伤面神经或临近血管（耳动脉、耳后静脉）。

应从鼓室采集样本进行微生物培养和药敏试验。接下来，应同时进行鼓泡的外侧切开术和刮除术，以清除该区域的所有上皮组织及其内容物，防止慢性瘘管形成。

外侧鼓泡切开术

使用咬骨钳（Cleveland或Lempert）在其腹侧去除鼓泡外侧的骨骼（图10.37红色区域，图10.38）。移除所有仍附着在中耳开口前侧、背侧和尾侧区域的耳道组织，注意不要损伤面神经或尾侧耳动脉。

鼓泡切开的开口应足够大，使操作者能够正确观察鼓泡内部，以确保能够完全清除其内容物（图 10.39和图 10.40）。

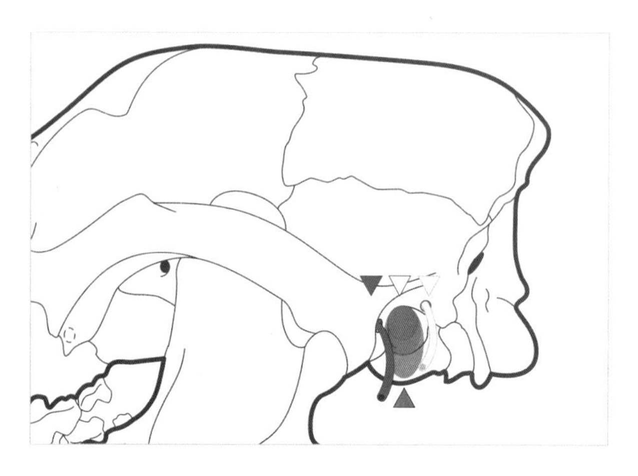

图10.37 鼓泡（灰色箭头）和鼓室入口（白色箭头）的解剖关系示意图。黄色箭头为面神经。蓝色箭头为耳后静脉。红色区域代表将要移除的鼓泡侧壁。紫色区域代表对起始切口的延伸。

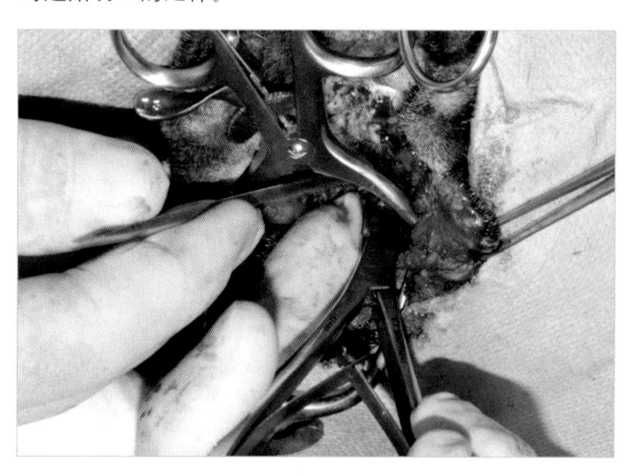

图10.38 用咬骨钳切除仍附着于中耳开口上部和前部的外耳道组织。

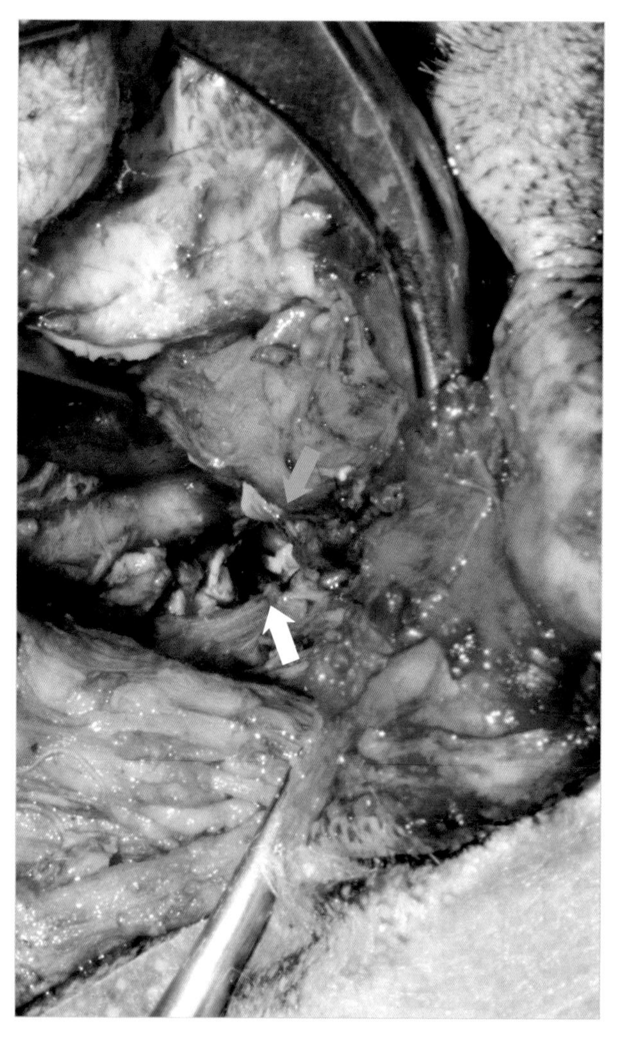

图10.39 腹侧鼓泡切开术进入中耳的开口（白色箭头）。橙色箭头显示了鼓室岬部和听小骨（锤骨、砧骨、豆状骨和镫骨）的位置。

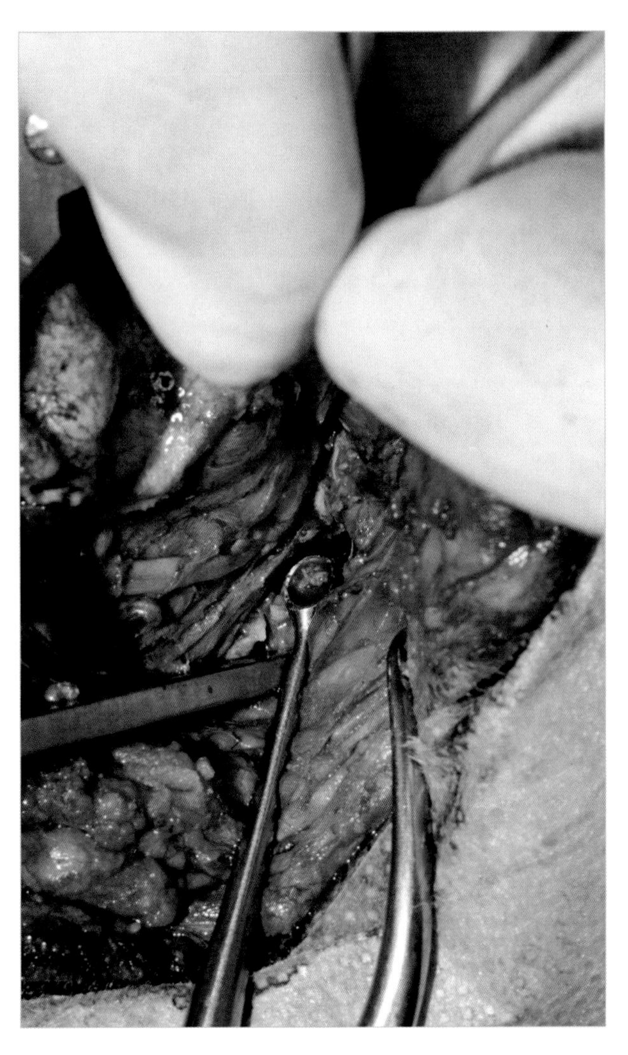

图10.40　用刮匙清除鼓室腔内的异常组织和感染性物质。应避开上部或背内侧区域。

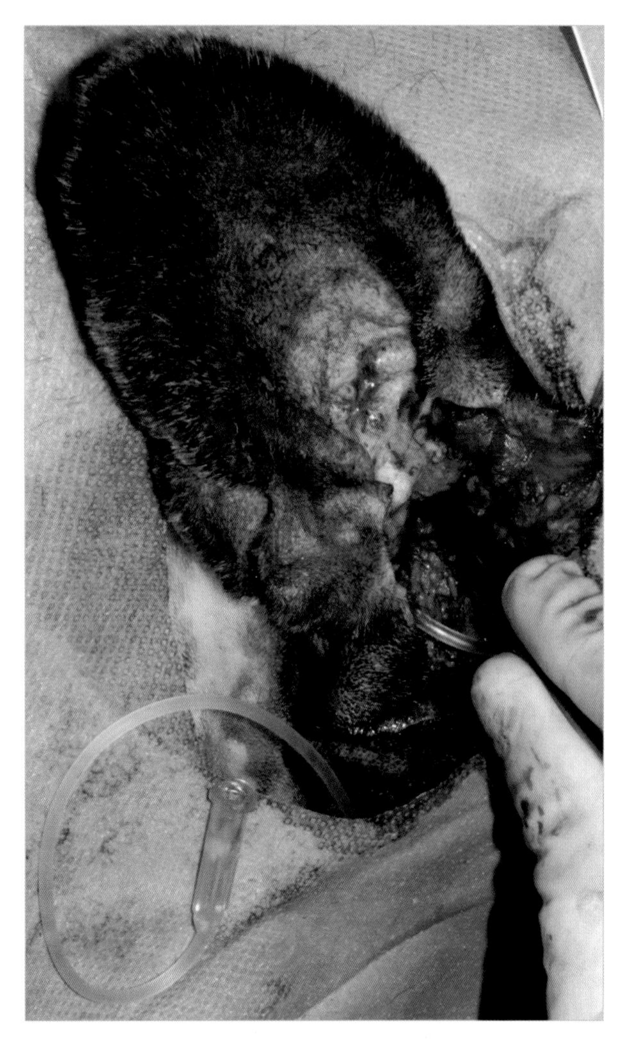

图10.41　在鼓室腔内插入有孔细管以帮助排空其内容物，也可在术后经此给予局部药物治疗。

> ✱ 如果鼓泡硬化并增生，由于该区域的硬度增加，去除腹侧区域的骨骼可能很困难。必须非常小心以免损伤颈外动脉或其任何分支。

通过向尾侧牵开面神经，可将截骨术延伸至尾外侧区域（图10.37，紫色区域）。

不应向头侧区域扩展开口，因为耳后静脉（图10.37）除非受损并开始出血，通常在完整时非常难以识别。如果发生出血，应使用纱布压迫5 min进行止血。

如该技术作用不佳，也可采用骨蜡封闭静脉穿出的耳后孔。

应使用刮匙将鼓室腔内的所有异常上皮清除。避开背侧或背内侧区，以免损伤位于内耳入口处的听小骨或鼓室岬部（图10.40）。

这种情况下，也可使用二氧化碳激光气化鼓室上皮。

> 在清理并刮除鼓室壁时，应避开头背侧区，以免损伤内耳听小骨。

对鼓泡最深处（其内侧区域）进行操作时不应用力过度，因为这可能会破坏本就很薄的骨壁并损伤颈内动脉，从而导致难以控制的大出血。

完全清除所有上皮组织是十分困难的，因为上皮组织和鼓泡的骨骼之间常形成粘连。

用温盐水溶液冲洗鼓室并轻轻抽吸，以清除组织碎屑、细菌和骨碎片。闭合伤口之前，在鼓室腔内放置带孔引流管。引流管通过导管后内侧区域的皮肤穿出，并用指套缝合固定在皮肤上（图10.41）。在该区域注射0.4 mL/kg利多卡因-布比卡因（50 ∶ 50）以提供额外镇痛。

最后，用合成的细可吸收缝线闭合内部组织以减少死腔，并用不可吸收缝线缝合皮肤（图10.42）。

建议在下列情况下放置引流管：

- 术中有明显污染。
- 出血难以控制。
- 存在耳部脓肿。
- 无法确切清洁鼓泡。

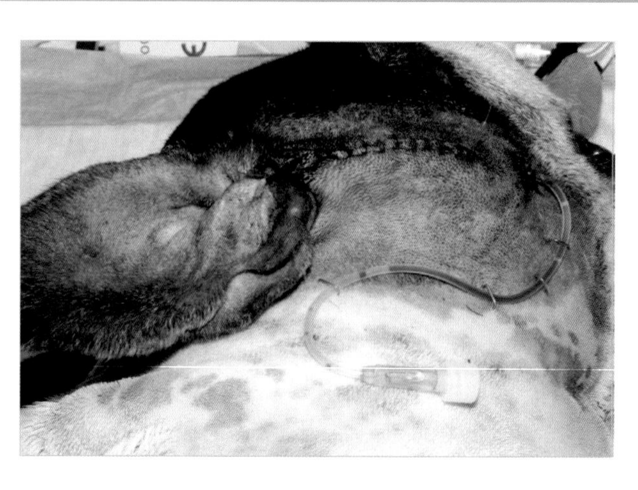

图10.42 缝合皮肤，并用指套缝合与皮钉将引流管固定于皮肤上，以防其在术后发生移位。

术后阶段

根据不同情况，引流管需保持 5 ～ 10 d。本病例的术后治疗包括引流管留置时给予布比卡因局部镇痛，非甾体抗炎药（罗贝考昔，每天1 mg/kg）治疗共计10 d，21 d抗生素治疗（头孢氨苄，每8 h 20 mg/kg）。

注意事项

在本病例中，尽管在CT扫描时能观察到骨骼变化和慢性表现，但手术结果令人满意。二氧化碳激光使鼓泡上皮汽化，可减少术后疼痛和水肿。共计随访9个月后，该动物未出现复发迹象。

阴茎手术

阴茎主要部分由海绵体组成，阴茎勃起时血液会充满海绵体。因此，阴茎手术会大量出血。

阴茎分为基底部、主干部和龟头三个区域。底部有两列（右和左）阴茎海绵体，沿阴茎分布于阴茎骨和龟头两侧。猫的阴茎骨非常小。然而在犬，阴茎骨较长、粗糙且有棱纹。

尿道沿阴茎腹侧行走，被高度血管化的海绵状组织包裹。

尿道下裂

尿道下裂是一种先天性缺陷，继发于生殖器褶的胚胎融合缺陷。尿道沿其路径的任何位置出现开口（图10.43），包皮也将受到影响，或将开口于腹侧（图10.44）。

> 由于阴茎体和尿道的海绵体组织，阴茎手术极易出血。

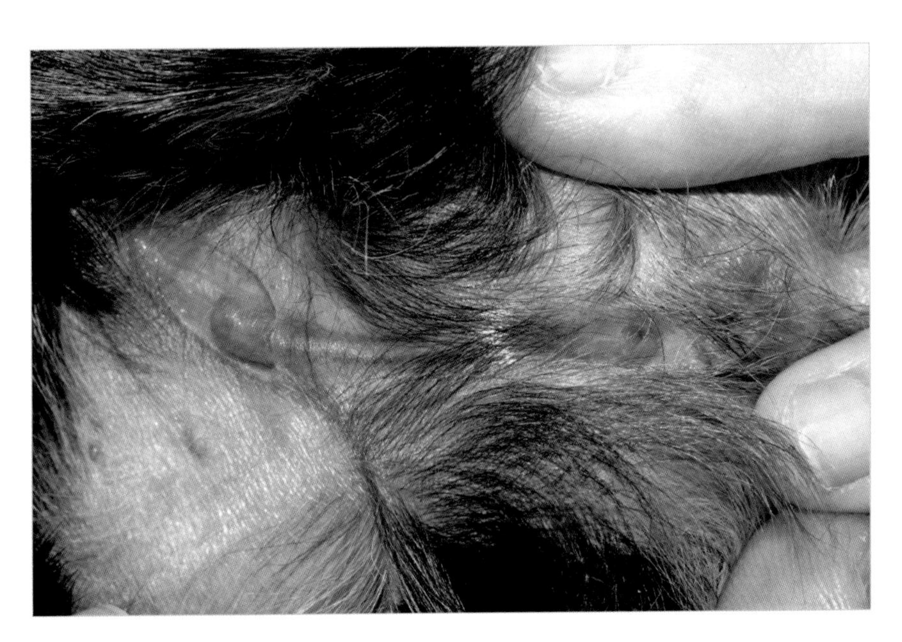

图10.43　约克夏㹴幼犬发生尿道下裂。这种情况下，尿道开口于会阴区域的肛门下方。这种情况下由于尿液反复刺激该区域而引起复发性皮炎。

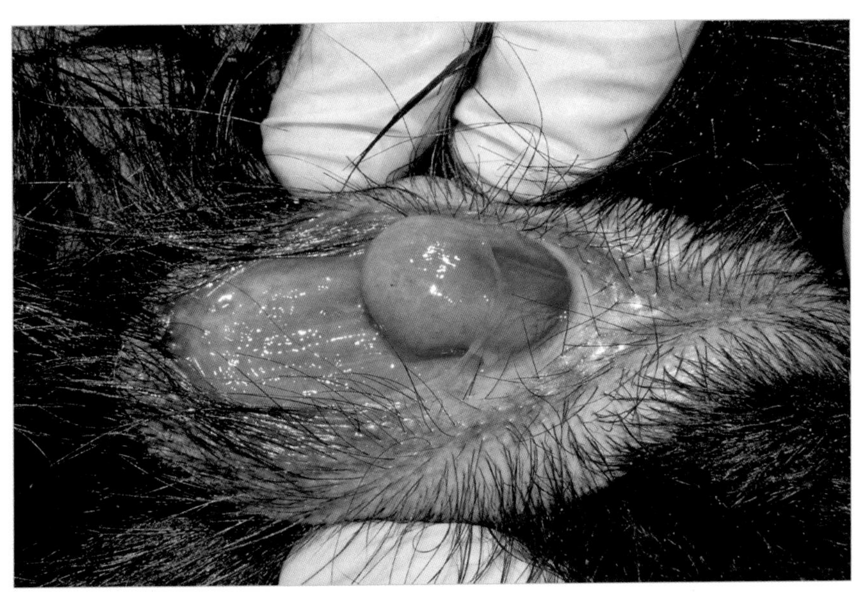

图10.44　可卡犬幼犬尿道下裂。尿道和包皮开口于腹侧。正常情况下，会有纤维带将龟头与包皮前缺损相连。

手术步骤

手术治疗以再造包皮为主，同时伴或不伴阴茎截除。也宜将动物去势，避免繁殖。包皮重建是一项简单的技术。在缺损部位的皮肤及黏膜交界处切开，用可吸收缝线将黏膜与皮肤分离（图10.45和图10.46）。

尿道下裂影响阴茎尖端和包皮时的包皮重建术

图10.45 从皮肤黏膜交界处切开和分离，以重建包皮开口。

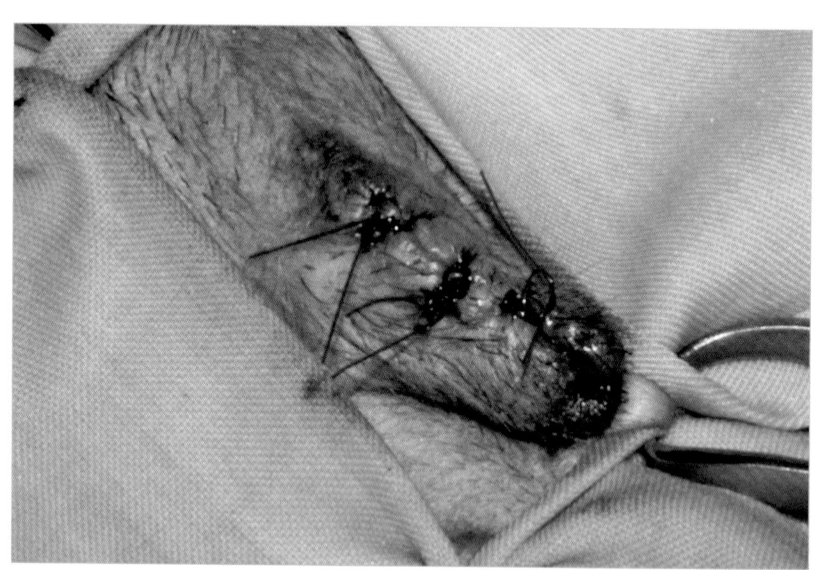

图10.46 分离并缝合黏膜和皮肤。包皮闭合处必须使阴茎能够伸出。

外科病例讨论/阴茎部分切除术

阴茎截断术适用于迟钝性阴茎异常勃起、肿瘤、严重阴茎损伤和持续性包茎病例的治疗。

包皮和阴茎可能在打斗、交通事故或其他事故中受伤，常伴有血肿、阴茎突出和阴茎骨骨折（图10.47）。如果此类损伤是不可逆的，应考虑进行阴茎部分截断术。

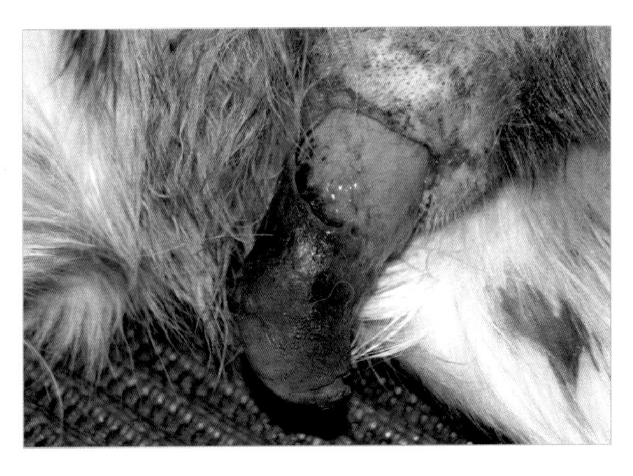

图10.47　阴茎龟头部分坏死，应进行阴茎部分截断术。

阴茎部分截断术的操作如下：

■ 放置导尿管，便于尿道的定位及随后的阴茎重建。

■ 经尿道两侧的白膜和海绵体组织做V形切口（图10.48）。

■ 暴露阴茎，用纱布将其包裹并使用Kocher钳将其固定在包皮外（图10.49 A）。

■ 使用Penrose引流管作为止血带放置在截断点近端，用另一个夹钳将其夹紧（图10.49 B）。

■ 在距离阴茎海绵体部位远端的1 ~ 2 cm 处切开尿道，以便之后进行缝合（图10.50）。尽可能在阴茎骨近端切开，注意不要损伤尿道。

■ 松开止血带但不完全取下，以识别并闭合阴茎背侧动脉以及大量的其他出血点（图10.51至图10.53）。

■ 将阴茎海绵体围绕尿道进行多针缝合以促进止血（图10.54和图10.55）。

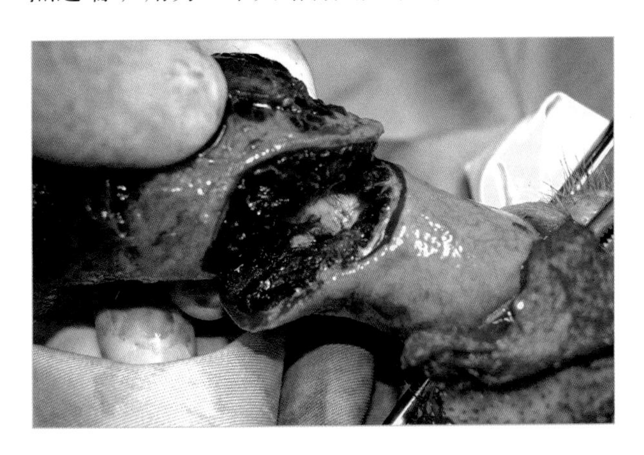

图10.48　切断左右两侧的阴茎海绵体直至尿道及阴茎骨处。

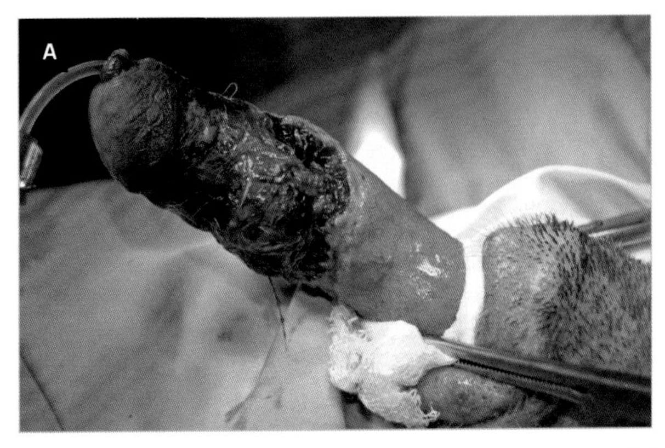

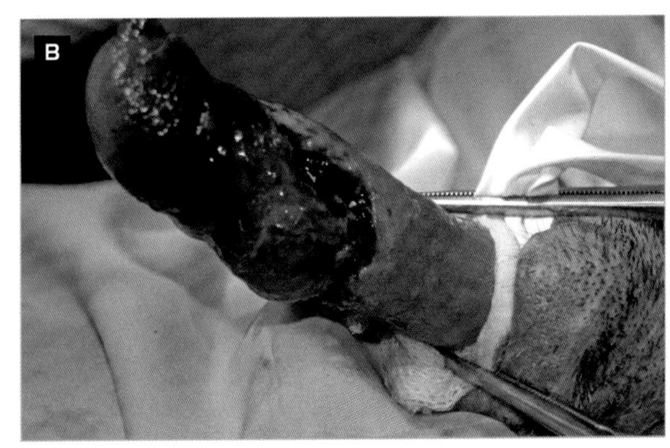

图10.49　插入导尿管并暴露阴茎后（A）将Penrose引流管作为止血带以减少术中出血（B）。

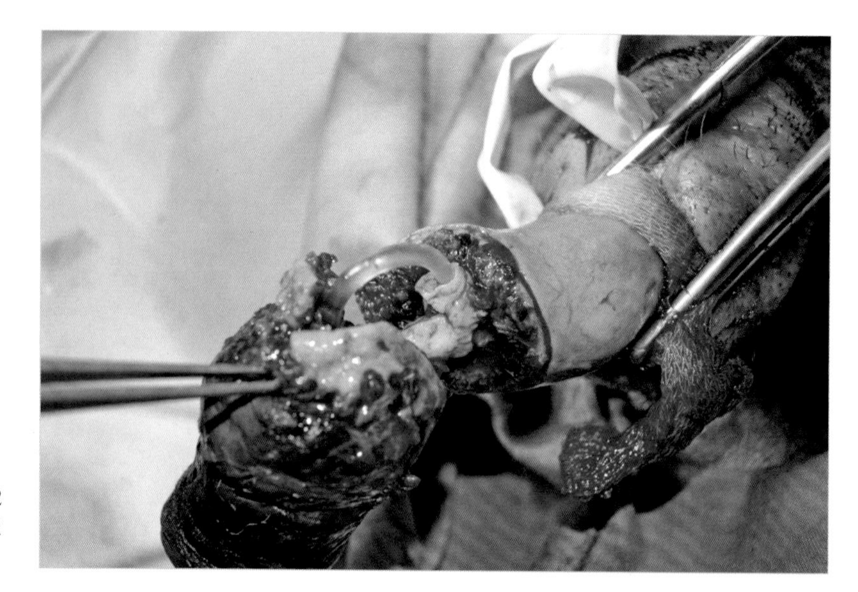

图10.50 在距离阴茎切口1～2 cm处的远端切断尿道。阴茎骨位于尿道下方，可用咬骨钳切断。

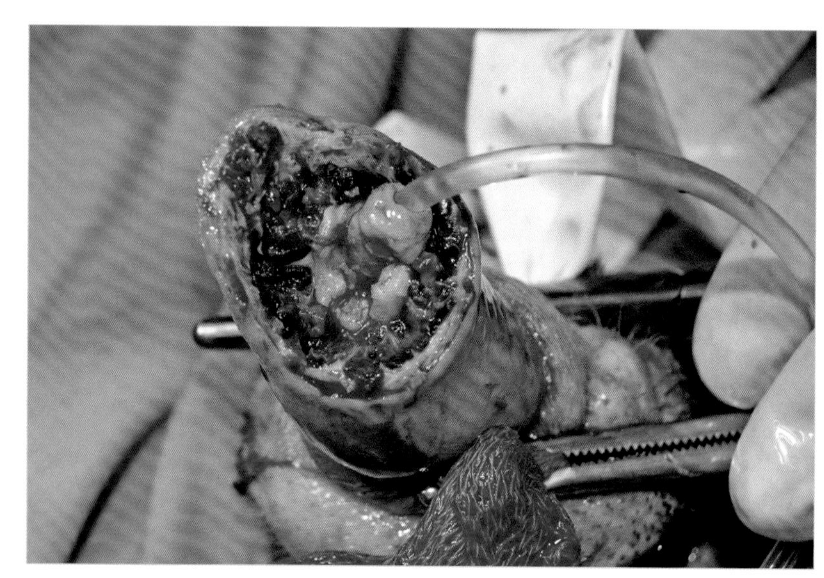

图10.51 放置在阴茎基部的止血带意味着可以在不出血的情况下将其进行截断，如本图所示。

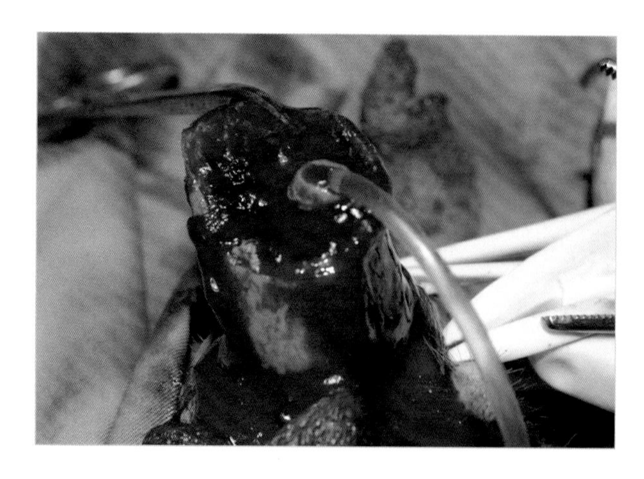

图10.52 为了识别阴茎中的大血管，松开止血带，并观察出血来源。

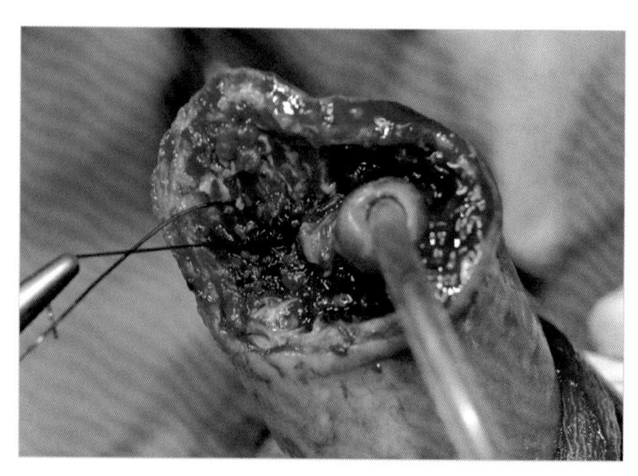

图10.53 一旦定位并闭合阴茎背动脉，收紧止血带，在无血术野下继续手术。

图10.54　用4/0合成可吸收缝线多处缝合重建阴茎。取下止血带后，可观察到中度出血，此时使用纱布直接压迫进行止血。

图10.55　缝合应包括阴茎海绵体的一部分，以促进止血。应通过对该区域施加压力并保持几分钟以确保止血。

动物恢复期间发生术后出血的可能性非常大，在术后数天内发生排尿时勃起也很常见，必须提前告知犬主人如果发生这种情况应当如何护理。此类手术的可能并发症包括出血、感染和局部炎症、缝线松动、愈合后尿道狭窄。

在恢复期间，为了尽量减少出血，必须使动物在安静的地方休息。

如果发生阴茎出血，保持镇静并从包皮处对其施加压力数分钟对止血会有所帮助。

肝脏手术

肝脏部分切除术适用于肝脏肿瘤、脓肿、破裂或肝扭转等疾病。至多可以切除80%的肝脏组织，因为患病动物的肝脏可以在6周内再生。

肝脏肿瘤

犬最常见的原发性肝脏肿瘤是肝细胞癌，表现为弥散型（影响整个肝脏）、结节型（多个结节分布于一个或多个肝叶），或最常见的肿块型。肿块型表现为单个的大肿瘤，但其转移率低于其他两种形式。

患有肝脏肿瘤的动物可能无临床症状，或表现非特异性临床症状，例如呕吐、食欲减退、体重下降、腹胀、嗜睡、多饮、多尿，或神经症状，如虚弱、意识模糊或震颤等。

如果患病动物表现出凝血障碍或血小板减少症（<20 000个/μL），应考虑输注血浆或全血，以改善术中的止血状况。

治疗方式为手术切除，即使对于体积很大的肿瘤手术也会很成功。在肝脏手术，尤其是肝脏肿瘤手术中，处理肝叶时必须小心以避免肝被膜破裂（图10.56）。

分离肝门处时，必须特别注意避免损伤相关的动脉和门静脉分支。如果在手术过程出现无法控制的肝实质出血，必须使用Pringle手法阻断入肝血流。外科医生需用拇指和食指压迫网膜孔内肝十二指肠韧带处的肝动脉和门静脉。

> 在手术前后必须进行凝血检测，以确定凝血酶原时间和活化部分促凝血酶原激酶时间。

> 犬的肿块型肝细胞癌，于术后平均生存期显著增加。

> 腹腔通路通常较长，在头侧需要非常小心以避免意外伤及膈引起气胸。

> 患有肝病的动物术中可能会发生严重的出血。必须评估凝血功能并采取措施控制术中出血。

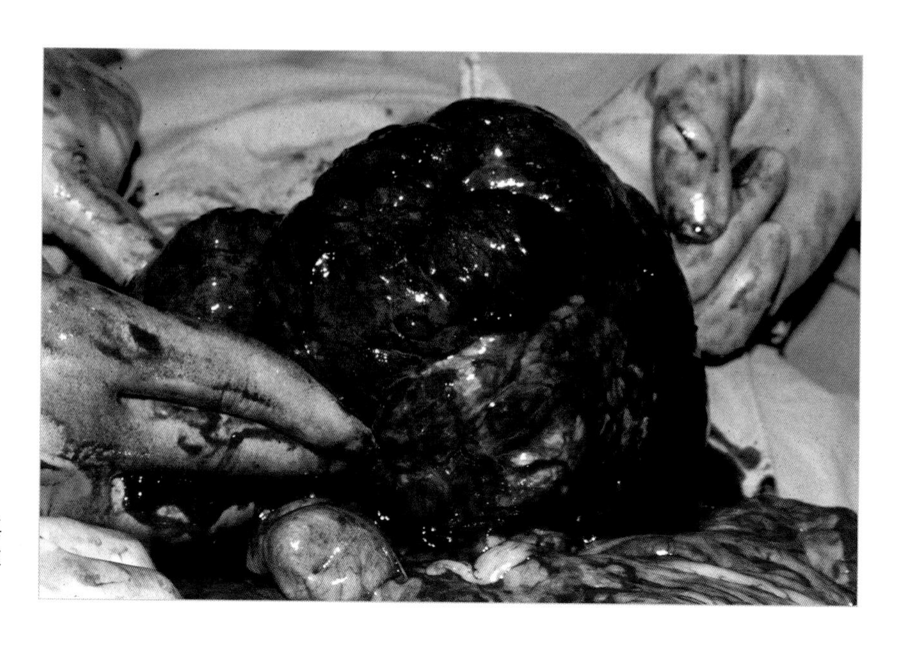

图10.56 处理肝叶肿瘤必须极其小心，以避免肿瘤实质破裂并引发大出血。

外科病例讨论/肝叶切除术

本病例是一只患有肝细胞癌的9岁雄性可卡犬，左侧两个肝叶均有肿瘤。

肝叶切除可以采用切开和结扎的方法，也可以使用外科吻合器。

如果术中已经小心处理肝叶，但仍发生了肝脏破裂，可以使用止血剂直接按压止血，或电烙止血（图10.57）。

分离所有肝叶上的粘连，方便切除（图10.58）。

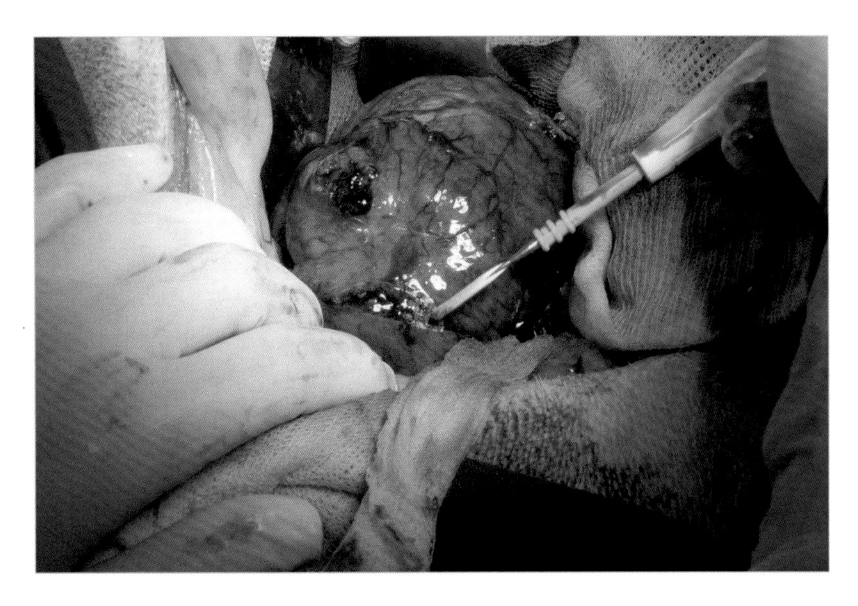

图10.57　电凝止血法在肝脏创口止血中的应用。在本病例中，需要较高的能量以获得较好的止血效果。

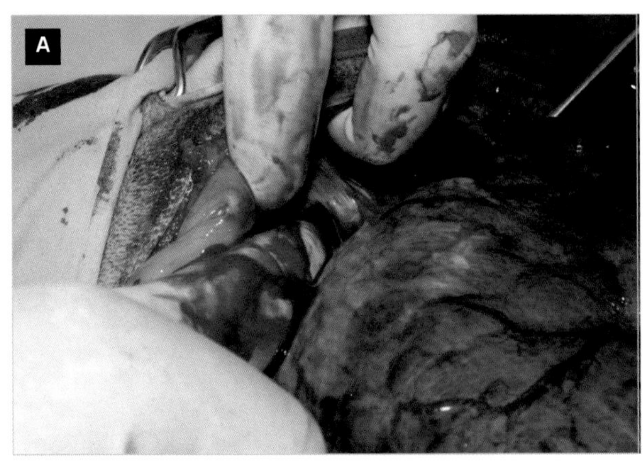

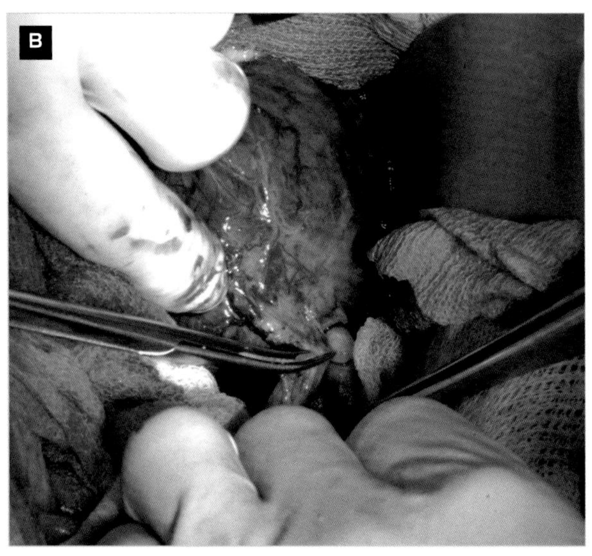

图10.58　肝肿瘤常与腹腔其他结构粘连，如膈或部分肠道。在切除受影响的肝叶前必须定位、分离和切除这些粘连。

在大型深胸犬上，手术可能很难进行。为了简化操作，作者建议将湿纱布垫于肝脏和膈之间。这样可以抬高肝脏，也更容易切除受损的肝叶（图10.59、图10.60）。尽管已有肝门处肿物结扎的报道，但作者建议对进出肝叶的每个结构都应进行分离、结扎和切除（图10.61至图10.66）。

正确的预防性止血在各个阶段十分重要。

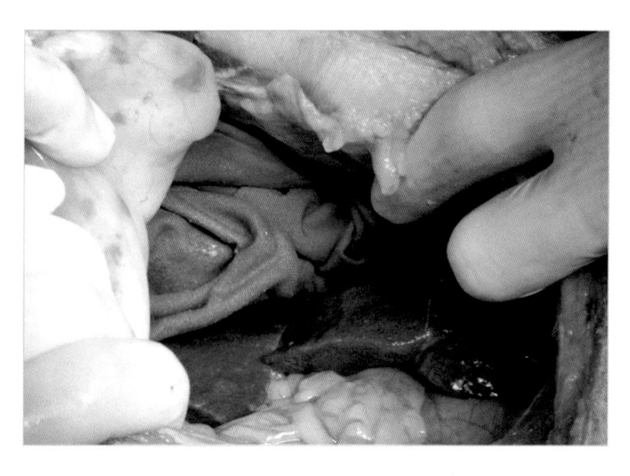

图10.59 通过在肝脏和横膈间垫上用生理盐水浸湿的纱布可以更方便地暴露肝门。

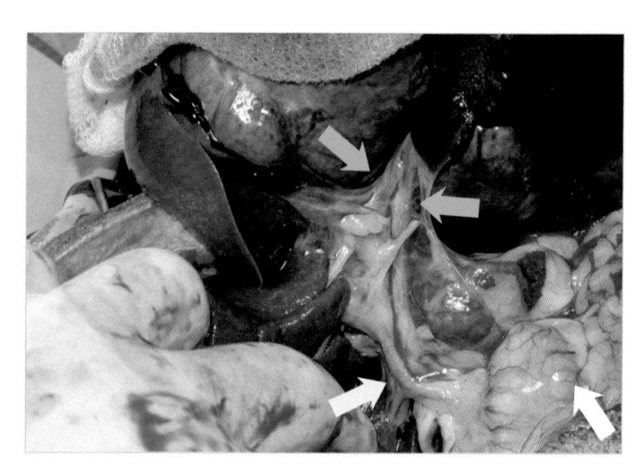

图10.60 向外移动肝脏后，可以更容易识别和分离不同的解剖结构，包括十二指肠（白色箭头）、胆总管（黄色箭头）、动脉分支（绿色箭头）、门静脉分支（蓝色箭头）。

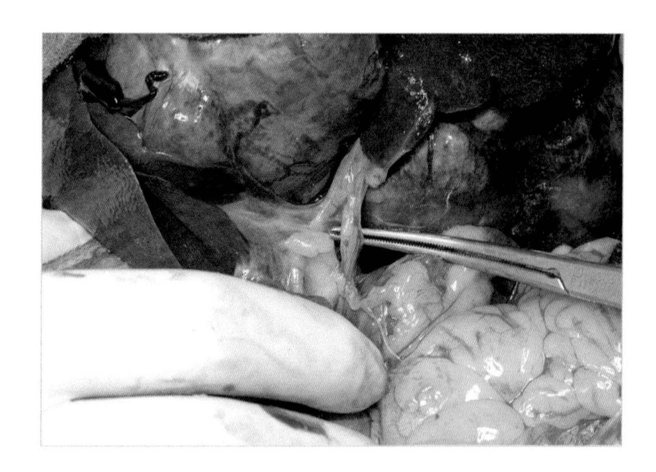

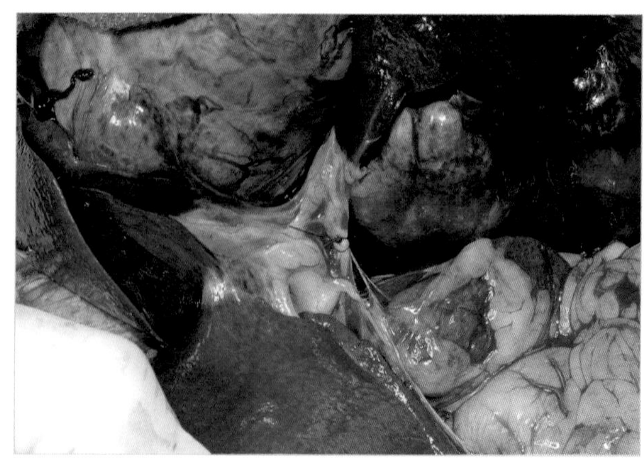

图10.61 识别、分离并用可吸收缝线结扎为肿瘤化肝叶提供营养的肝动脉分支。

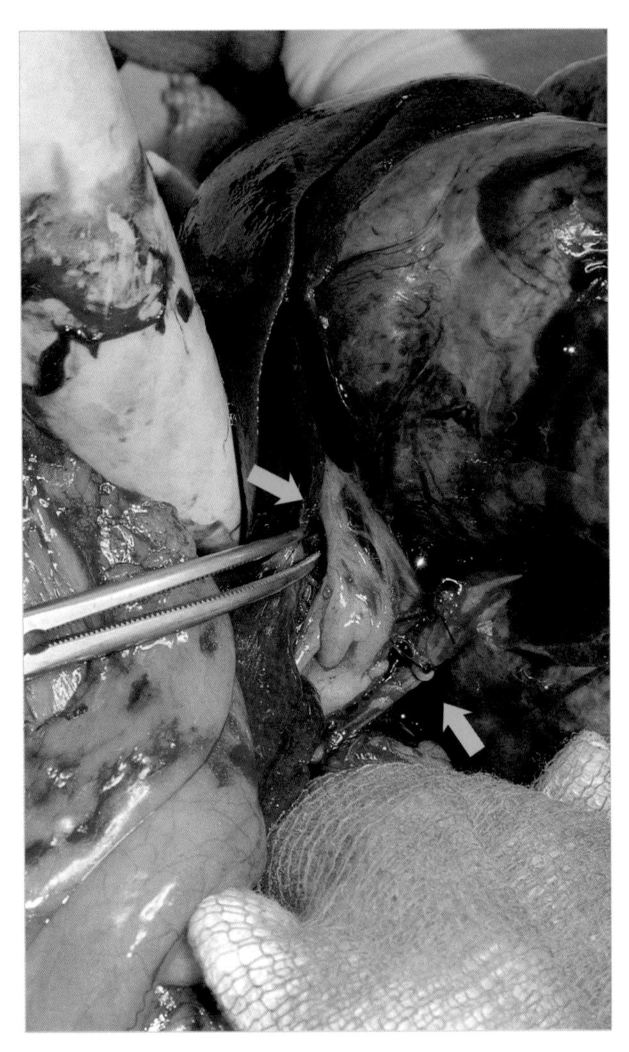

图10.62　本图显示已经分离出走向左侧肝叶的门静脉分支（蓝色箭头）。然后像结扎肝动脉（绿色箭头）一样结扎左侧门静脉分支。

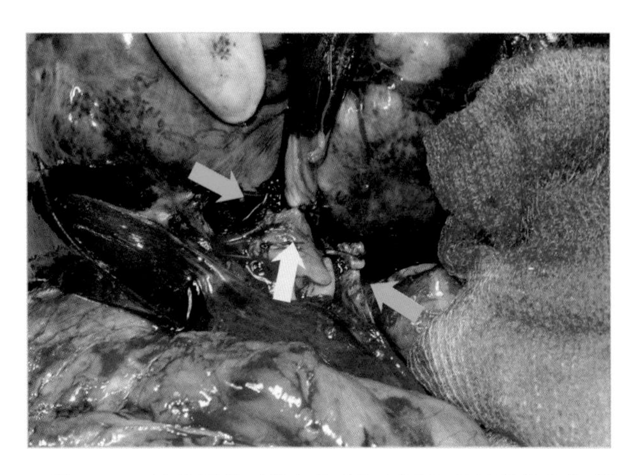

图10.63　结扎胆管（黄色箭头）以及已经被结扎和切断的肝动脉（绿色箭头）和门静脉分支（蓝色箭头）。

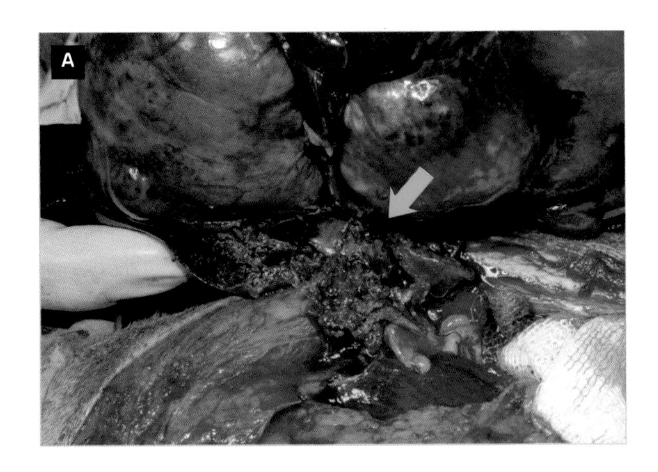

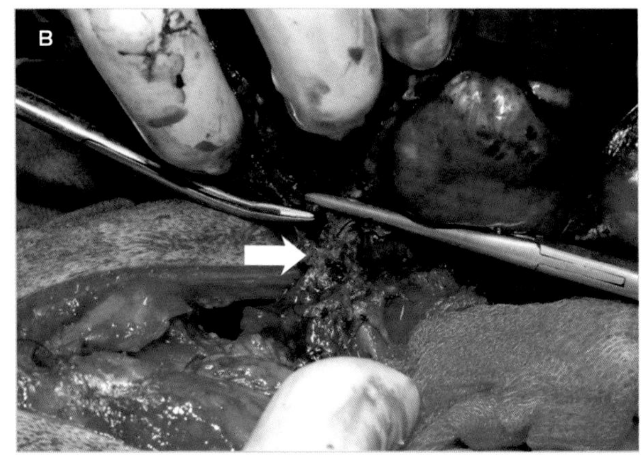

图10.64　徒手将肿瘤浸润的肝实质从肝脏上切除，暴露相关的肝静脉（蓝色箭头），然后在此处结扎（白色箭头）并剪断。

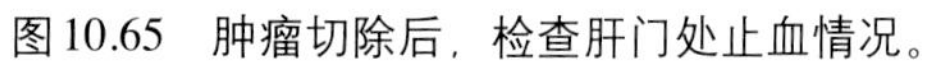

图10.65　肿瘤切除后，检查肝门处止血情况。

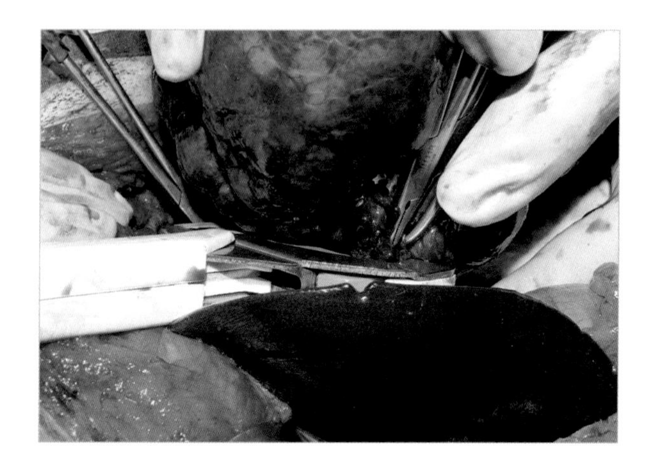

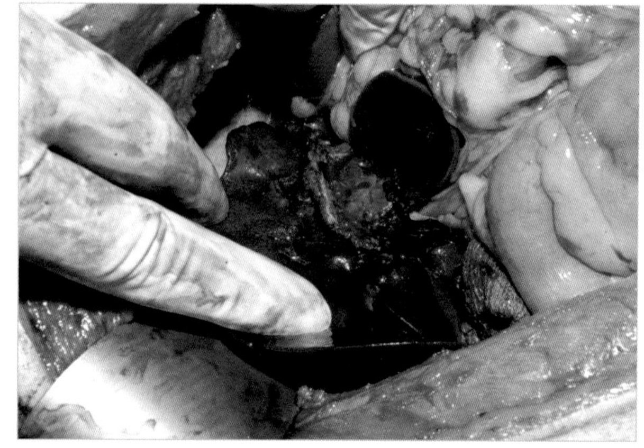

图10.66　也可以使用外科缝合器对肝实质和肝静脉进行预防性止血。在这个病例中使用的是TA90缝合器。切除肝静脉和肝实质区域后必须检查切除处的出血情况。如果有出血需使用双极电凝器或局部止血剂控制出血。

就患病动物的生活质量而言，肿块型肝细胞癌病例在肝脏部分切除后的预后令人满意。主人常反馈说他们的犬在之后几年里恢复了之前的活力。

左肝叶部分切除术

肾上腺手术

肾上腺切除术

肾上腺的手术切除并不简单，尤其是右侧肾上腺紧挨着腔静脉，出血、血凝块形成和血栓形成的风险很高。这类手术只有有经验的团队才能进行。

肾上腺切除术的适应证包括：

■ 继发于肾上腺皮质肿瘤（腺瘤/腺癌）的肾上腺皮质机能亢进。

■ 肾上腺髓质肿瘤，如嗜铬细胞瘤。

肾上腺肿瘤

表10.1总结了各类型肿瘤相关的临床症状。

在肾上腺手术前、中、后，需要关注下列因素并进行调整：

- 肾上腺皮质肿瘤
  - 低血糖。
  - 低血钾。
  - 失血。
  - 血栓。
  - 术后盐皮质激素和糖皮质激素的替代用药。
- 肾上腺髓质肿瘤。
  - 心律失常。
  - 系统性高血压。

表10.1　肾上腺肿瘤的相关临床症状

肾上腺皮质肿瘤	肾上腺髓质肿瘤
■ 多饮/多尿 ■ 腹部下垂 ■ 皮肤变化 ■ 脱毛 ■ 肌无力 ■ 乏情 ■ 肥胖 ■ 肌肉萎缩 ■ 过度喘息 ■ 睾丸萎缩 ■ 血栓 ■ 糖尿病	■ 高血压（出血、抽搐等） ■ 喘息 ■ 呼吸困难 ■ 震颤 ■ 多饮/多尿 ■ 厌食 ■ 心动过速 ■ 心律不齐 ■ 瞳孔散大 ■ 腔静脉部分阻塞症状（腹水、后肢水肿等）

为了降低发生血栓的风险，可以考虑术中以35～100 IU/kg的剂量静脉注射肝素；术后需要每12 h皮下注射一次，剂量为35 IU /kg。同时建议患病动物尽早开始适量运动（在牵引下短距离行走）。

外科病例讨论/肾上腺切除术

这个病例中的动物由于左侧肾上腺肿瘤引起库兴氏综合征。这个手术十分精细，需要万分地小心。

脐前切口暴露肝脏和周围淋巴结，探查肿瘤转移情况。将肠管移开，用浸湿的敷料和纱布分离出肾上腺（图10.67）。准确精细地分离腺体周围区域，避免损伤临近腔静脉或肾脏血管的大血管（图10.68）。

定位、分离、结扎通向肾上腺的膈腹静脉。此操作的目的是避免在操作腺体时血管活性物质释放入血（图10.69和图10.70）。

腺体周围所有的小血管需要分离，用双极电凝止血（图10.71）。切除肿瘤后将腹腔器官复位，缝合伤口，确保术部止血良好（图10.72）。

使用合成慢吸收缝线或血管夹对膈腹静脉进行预防性止血。

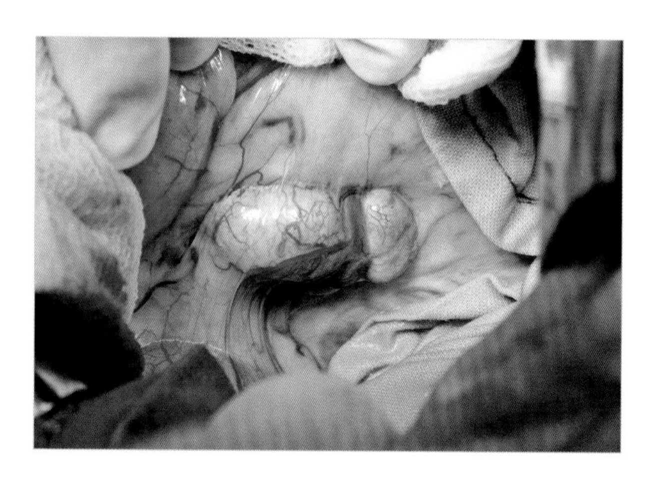

图10.67 通过移开靠近肿瘤腺体的肠管和肝叶以获得手术视野。获得稳定的术野对于尽可能简化手术技术，分离、切除组织和止血都十分重要。

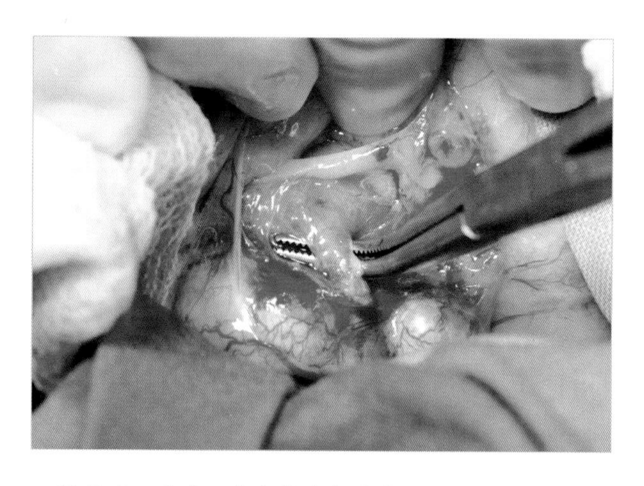

图10.68 准确、小心地分离腺体周围的组织，以免伤及附近的大血管。如左侧肾上腺病变，需注意左肾静脉。如右侧肾上腺病变，则需注意腔静脉。

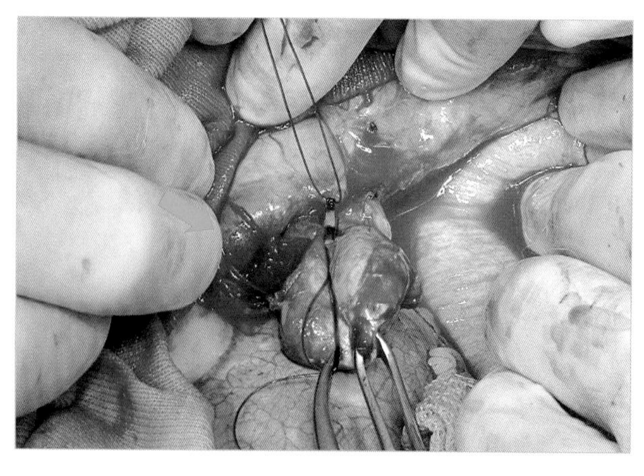

图10.69 这个病例中，腺体与左肾静脉紧密粘连（箭头）。将肾上腺剥离后，分离并结扎膈腹静脉以免血管活性物质或肿瘤细胞进入血液循环。

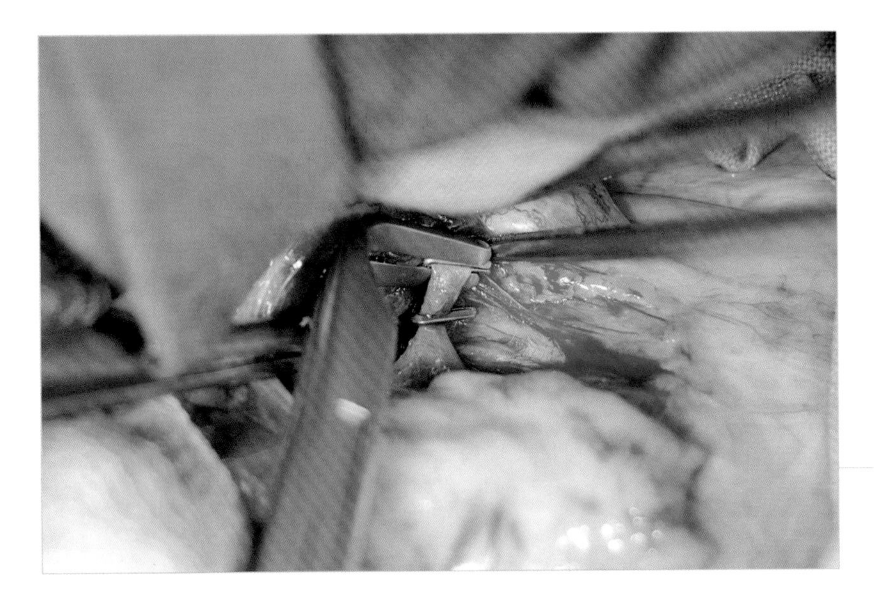

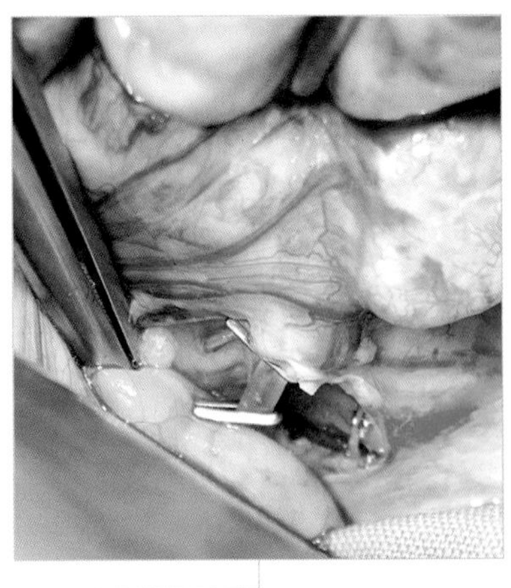

图10.70　图中的血管夹比较容易放置，预防膈腹静脉出血。

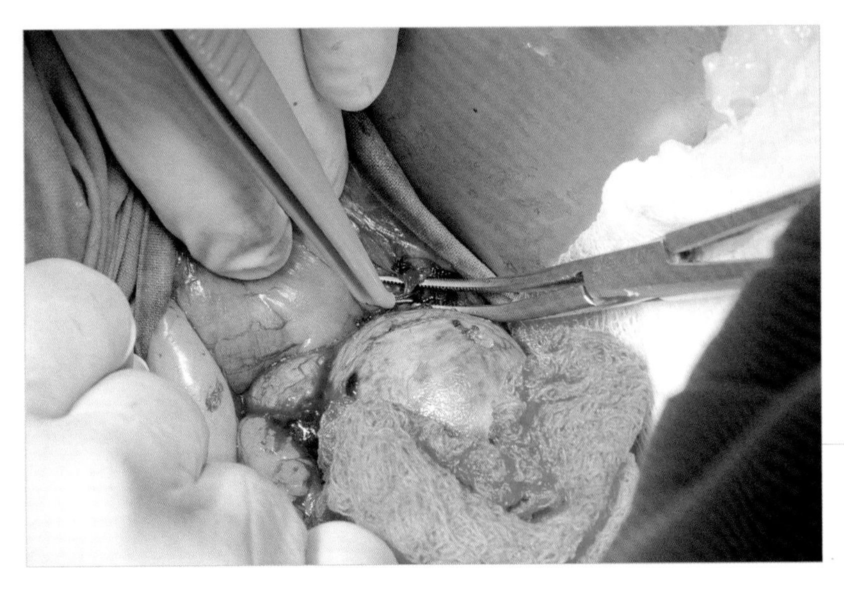

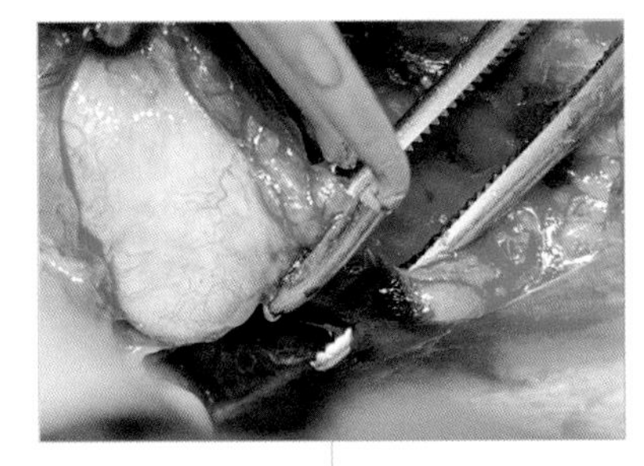

图10.71　肾上腺周围有丰富的供血。需要用双极电凝预防性止血后再切断血管。

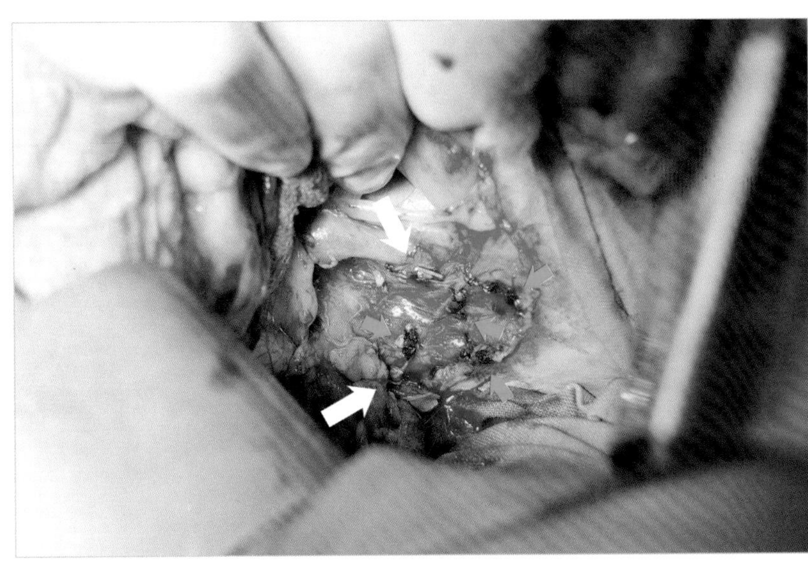

图10.72　在完成手术前，需要在术中检查止血是否成功。照片中显示使用血管夹闭合膈腹血管（白色箭头）和许多被电凝的动脉血管（蓝色箭头）。

一些病例会在腔静脉中看到肿瘤形成的血栓(图10.73)。这种情况下可以夹闭腔静脉，切开血管取出血栓。

由于无法控制的出血、血栓、腹膜炎、肾衰竭、感染和胰腺炎，术中或术后的死亡率可能会很高。因此需要高超的手术技术并避免血栓形成。

对左侧肾上腺肿瘤继发肾上腺皮质机能亢进的病例行肾上腺切除术

在这个病例中更宜使用不可吸收材料关闭腹腔。

腹膜后腔内出现粘连并有大量脂肪组织的复杂肾上腺切除术

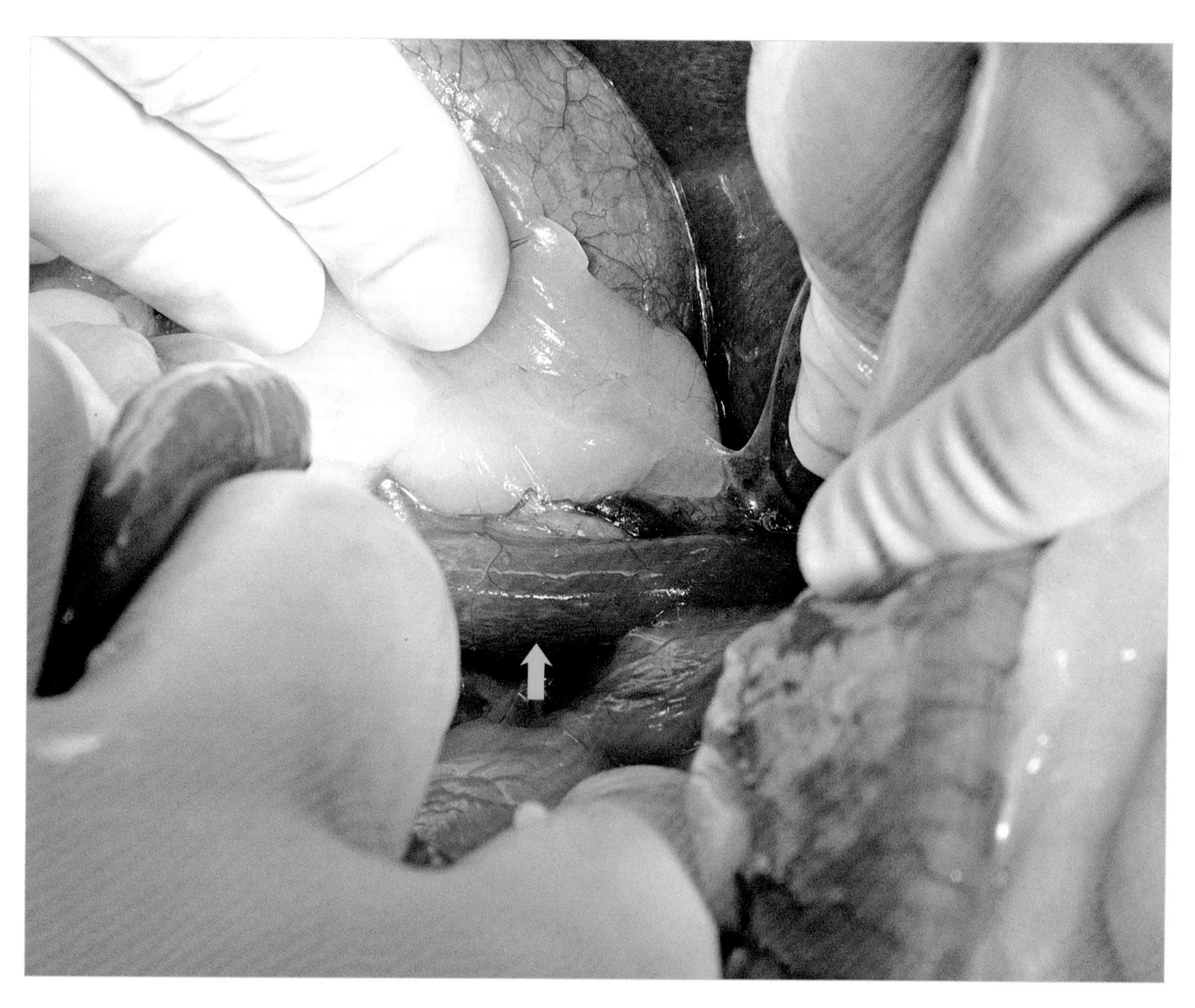

图10.73 如果肾上腺肿瘤已经侵入腔静脉，可以经血管壁观察到肿瘤性血栓（箭头）。

外科病例讨论/雪貂肾上腺切除术

肾上腺肿瘤在雪貂中很常见，特别是已绝育的雌雪貂。主要临床症状包括脱毛、瘙痒和外阴肿大。

和其他动物一样，左侧肾上腺切除术比右侧肾上腺切除术简单。

左侧肾上腺与腔静脉有一些距离，肾上腺腰荐静脉经过其表面。右侧肾上腺紧临腔静脉（图10.74）。

分离组织时应避免损伤静脉血管造成出血。为了避免出血，如果无法完整的分离，则需要打开肾上腺包囊将内容物移除。

如果腔静脉发生小的撕裂，可以使用明胶海绵止血。如果肿瘤已转移至腔静脉，可以将其完全钳夹1 h而不会有副作用。

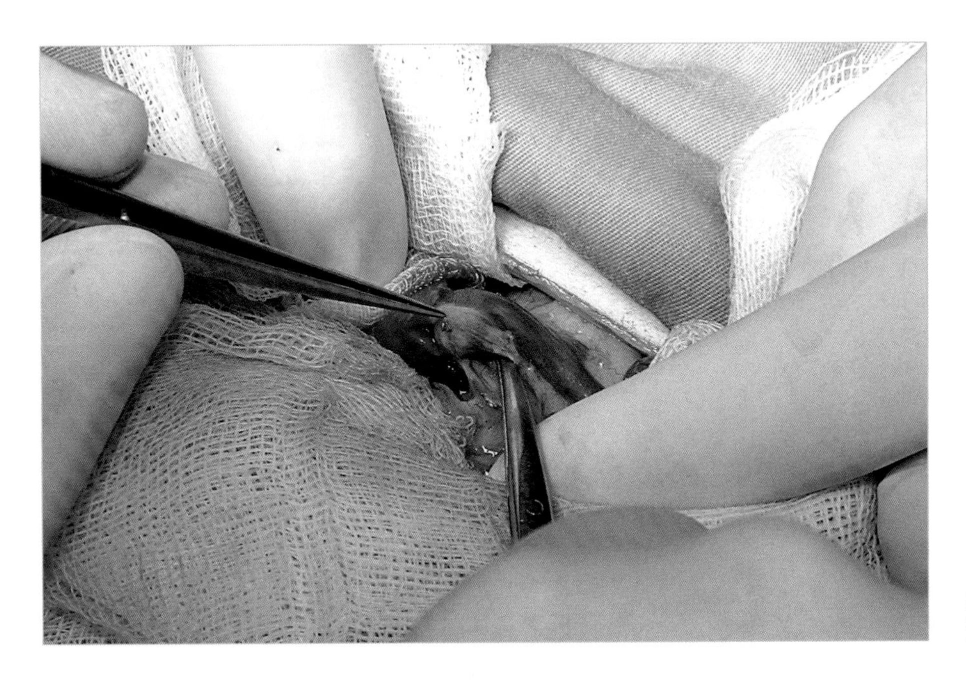

图10.74 雪貂的右侧肾上腺与腔静脉粘连紧密，将其完全剥离需要非常小心。

1.5月龄以下的雪貂绝育后易发肾上腺肿瘤。

雪貂右侧肾上腺切除术

心血管手术

血液在心包中异常积聚会导致心脏填塞的发生。在这种情况下会出现心输出量下降和右心充血性心力衰竭。机体在代偿反应中会出现心动过速，但这引起的心律失常和冠状动脉血流的减少可能会进一步增加心脏的负荷。

引起心脏填塞的病因主要有心基部肿瘤、右心房血管肉瘤和特发性心包炎。

外科病例讨论/胸腔镜下心包切除术

Merlino是一只9岁未去势的雄性金毛犬。它在转来我院前3个月中曾发生过3次心脏填塞，最后两次发病发生在上周，并进行了心包穿刺。

临床检查表现为虚弱、嗜睡、毛细血管再充盈时间延长、脉搏细弱和模糊的心杂音。B超检查显示存在中等量的心包积液但无心脏填塞，未见心脏肿瘤和心包肿瘤。

心包穿刺液大体表现为血性液体。实验室检查中主要见大量红细胞。细胞组成主要由具有噬红细胞作用的巨噬细胞和反应性间皮细胞组成。还观察到保存良好的异常中性粒细胞，以及符合进行过心包穿刺术的非特异性炎症过程相关的小淋巴细胞。

血液学、生化和凝血检测未见明显改变。

怀疑该动物患有特发性心包炎。选择侵袭性小的胸腔镜进行心包切除术。

患病动物选取仰卧位，将第一个5 mm套管针插入剑状软骨右侧区域。这个套管针用于插入镜头。第二、第三个相同的套管针分别插入右侧第六和第八肋间隙，位于前一个手术器械的右侧(图10.75)。

内窥镜手术中使用金属套管针，能够减少灼烧和内部组织损伤的可能，这是使用电外科手术电容耦合的结果。

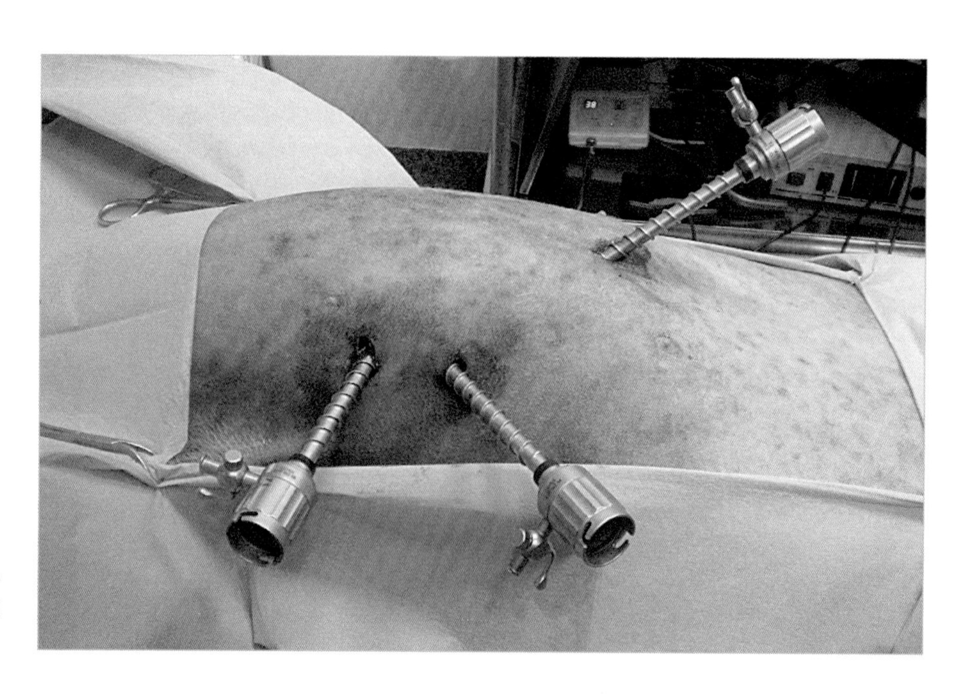

图10.75　图中显示了心包手术中套管针位于胸腔的位置。

在使用30° 镜头观察心脏后，使用夹钳夹持住心包（图10.76）并尽可能地扩大切口（接近6 cm×6 cm，图10.77和图10.78）。

使用超声刀在胸腔镜下进行心包切除（图10.77），并从套管针中移除心包。如果心包太大无法从套管中移除，则需要在拔除套管后切开胸壁移除。

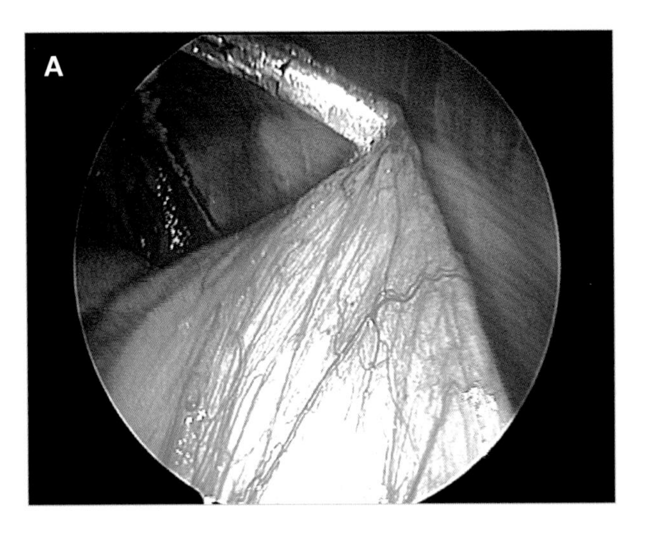

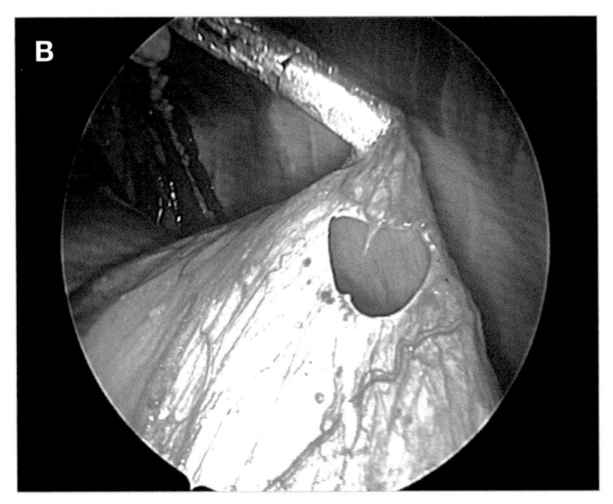

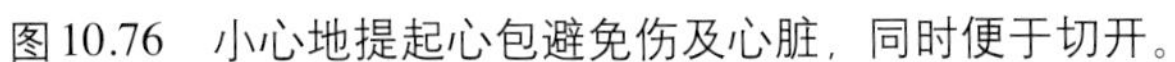

图10.76 小心地提起心包避免伤及心脏，同时便于切开。

移除套管后在原有的开口处插入胸导管（图10.79）以控制术后出血，消除医源性气胸。

术后12 h移除胸导管。组织病理学结果与特发性心包炎一致。

在术后的几个月中进行B超检查未见心包渗漏。

超声刀是一种具有多种功能的仪器，无需更换夹钳就可以进行切割、凝固、牵引和分离。由于没有电流通过动物身体所以造成的热损伤更小，与其他仪器相比温度也更低。

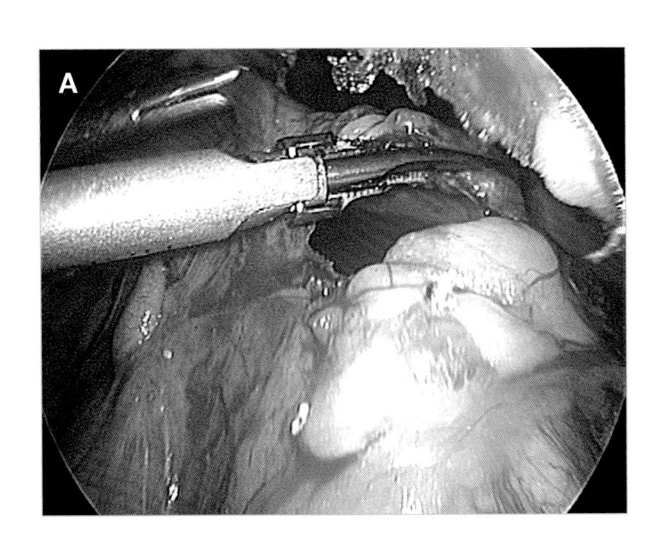

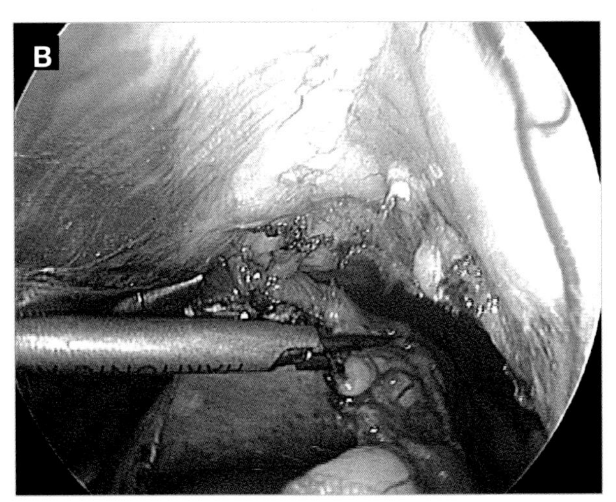

图10.77 超声刀的止血效果非常好，额外的热损伤也很小。图片中显示了心包上制造的缺损。

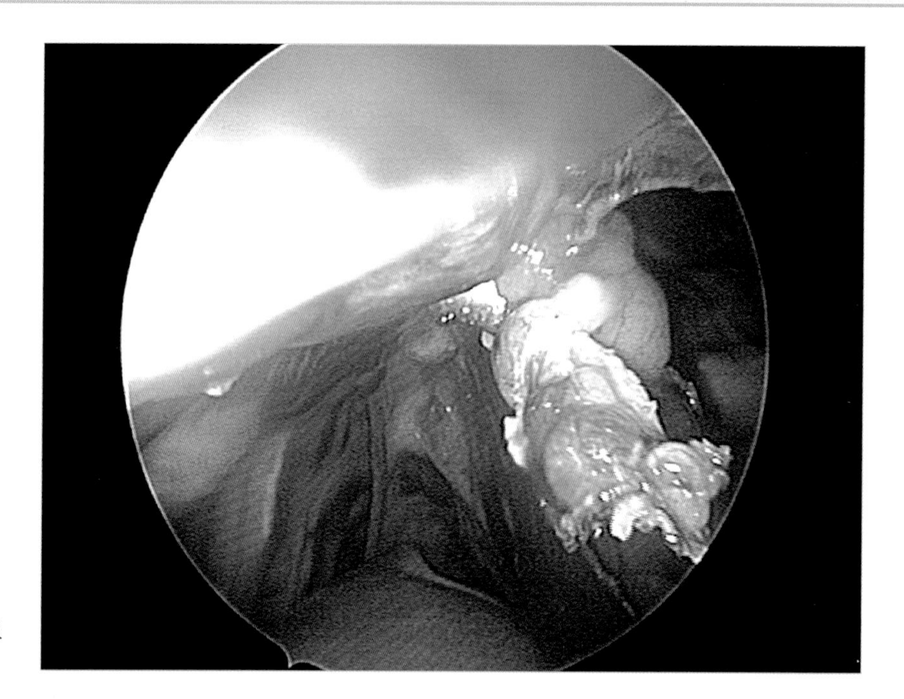

图10.78　通过其中的一个套管取出切除的心包。

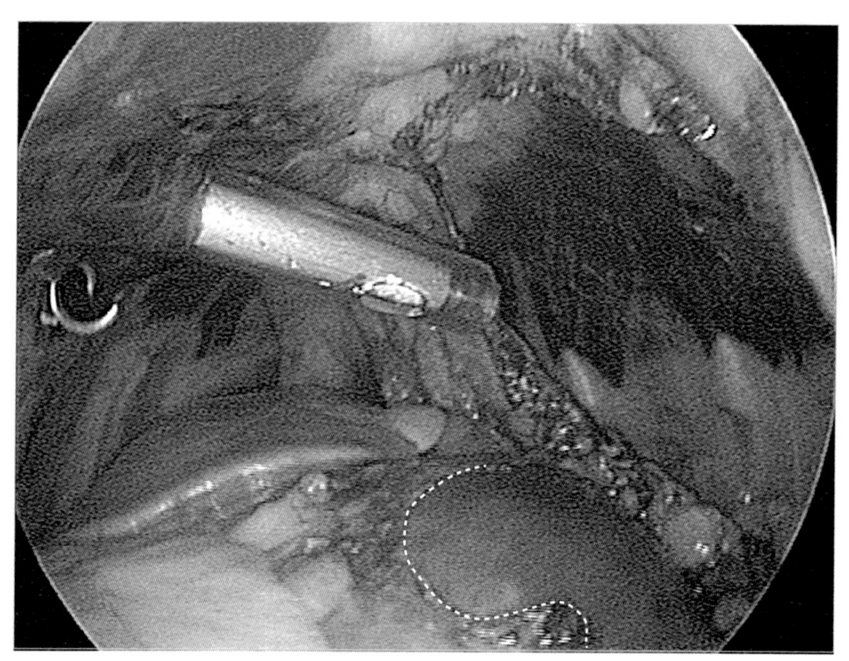

图10.79　在直观可视情况下留置胸导管（视频辅助技术）。注意心包上制造的缺损（白色虚线）。

外科病例讨论/法洛四联症

法洛四联症是一种遗传性先天性心脏畸形，包括四种结构缺陷：

- 肺动脉狭窄。
- 右心室肥厚。
- 室间隔缺损。
- 主动脉骑跨。

该病会导致循环血血氧饱和度不足，继而引起红细胞增多症和发绀。

法洛四联症病例，血流从右心室经过缺损的室间隔流至左心室，导致循环中血氧饱和度不足，继发红细胞增多和发绀。

Paco是一只5个月大已去势的雄性法国斗牛犬，体重6 kg。外科医生发现它有虚弱、运动不耐受、呼吸困难、明显的发绀、听诊有心杂音的表现，所以将它转至心脏科。

手术治疗只是暂时性缓解症状，目的在于改善肺部的血流，增加体内的血氧饱和度。可以通过将主动脉干和肺动脉干直接吻合建立右-左分流。

血液学检查结果红细胞比容68%。心电图检查提示存在解剖结构的改变，后确诊法洛四联症(图10.80)。

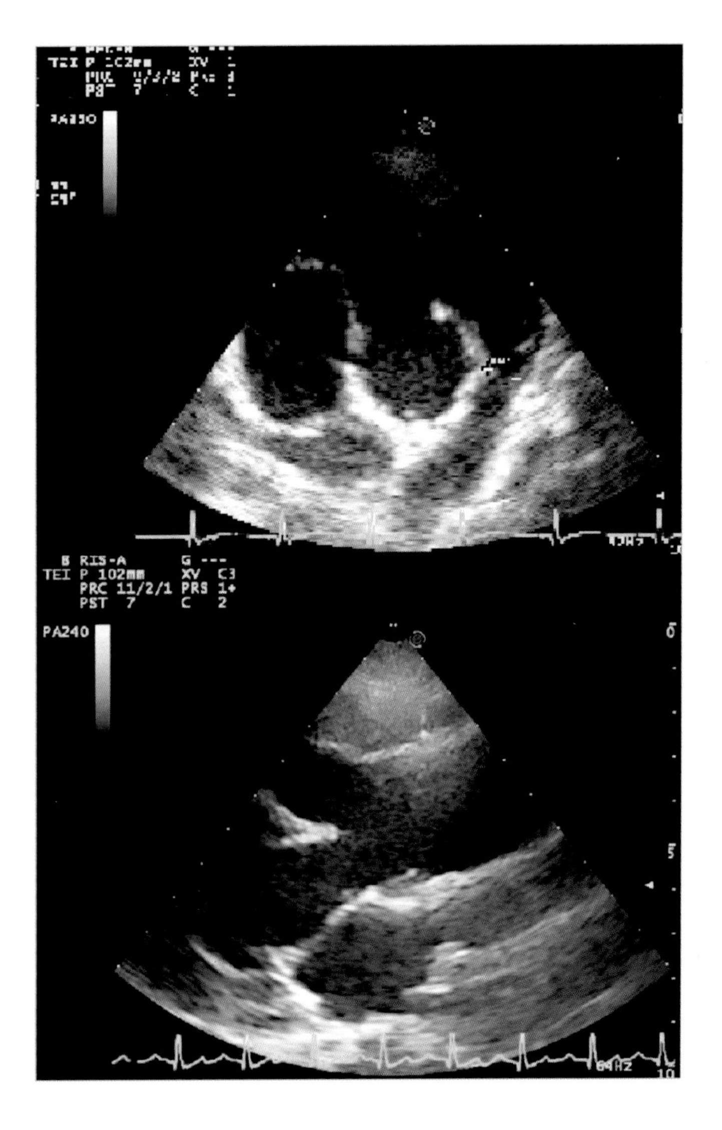

图10.80　超声检查动物存在肺动脉和主动脉狭窄，符合法洛四联症的特点。

手术通路为左侧第四肋间切开胸壁。将左头侧肺叶移向尾背侧，剥离迷走神经并向腹侧牵拉，分离肺动脉和主动脉。使用无创血管夹和止血带（图10.81中黄色和绿色箭头）部分钳夹主动脉（图10.81蓝色箭头），并完全阻断左侧肺动脉血流。使用血管打孔器在主动脉血管壁上打一个孔（图10.81中白色箭头）。暂时中断血流后在左侧肺动脉的血管壁上打一个和上述大小相同的孔。

使用6/0 USP聚丙烯缝合线进行主动脉肺动脉吻合（图10.82和图10.83），具体参照血管缝合章节里介绍的步骤和建议。移除血管钳后，少量的出血可使用纱布简单按压数分钟进行止血。

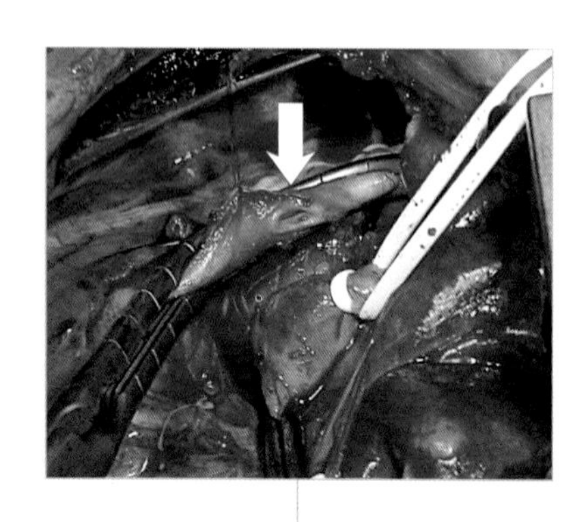

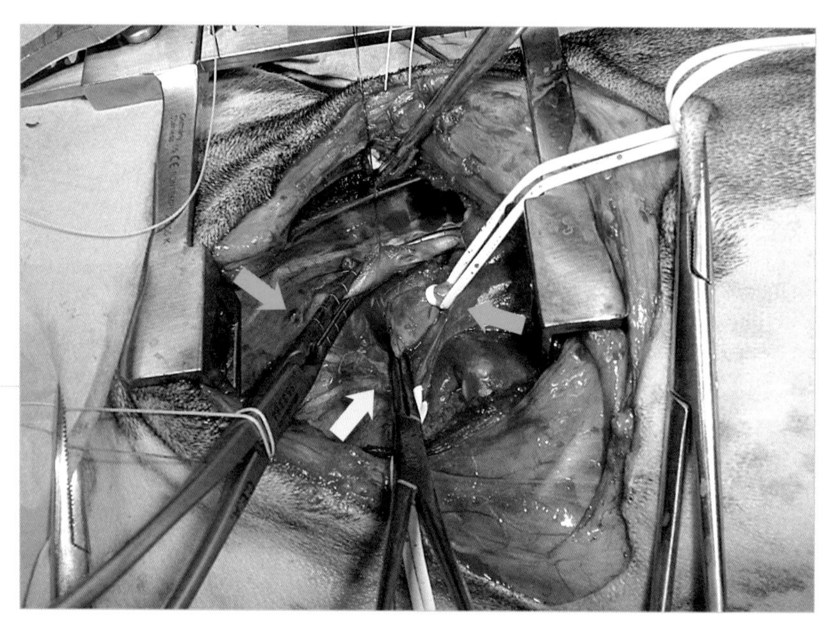

图10.81 对主动脉进行部分无创钳夹（蓝色箭头），使用血管夹（黄色箭头）和止血带（绿色箭头）暂时阻断左侧肺动脉的血流。使用血管打孔器（白色箭头）在主动脉壁上打一个孔。

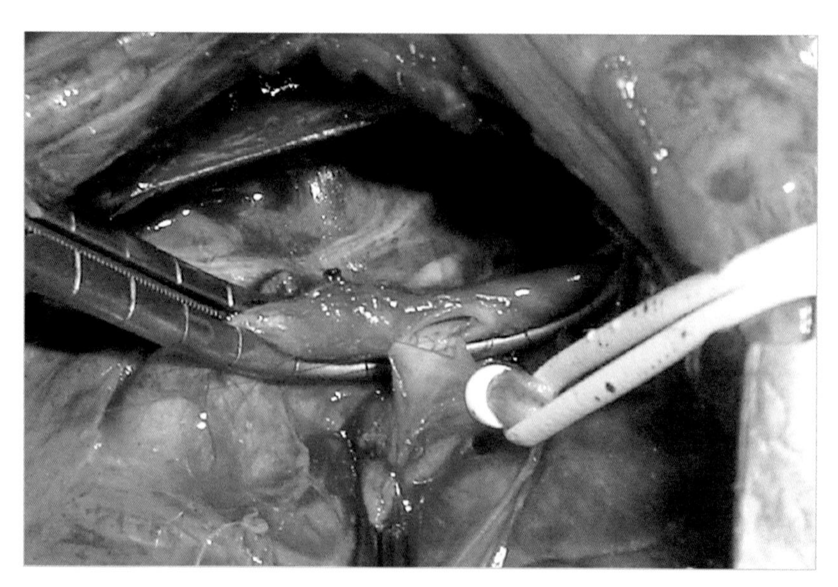

图10.82 使用6/0 USP聚丙烯缝合线在主动脉和肺动脉间进行直接侧侧吻合术。这张照片中已完成了深部一侧的血管吻合。

图10.83　移除血管钳和止血带后：主动脉肺动脉吻合点（箭头）。

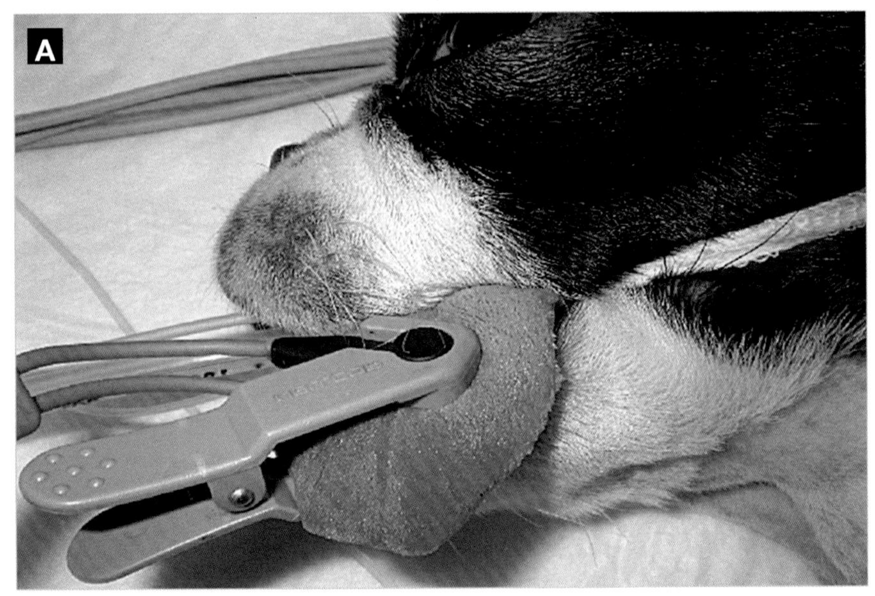

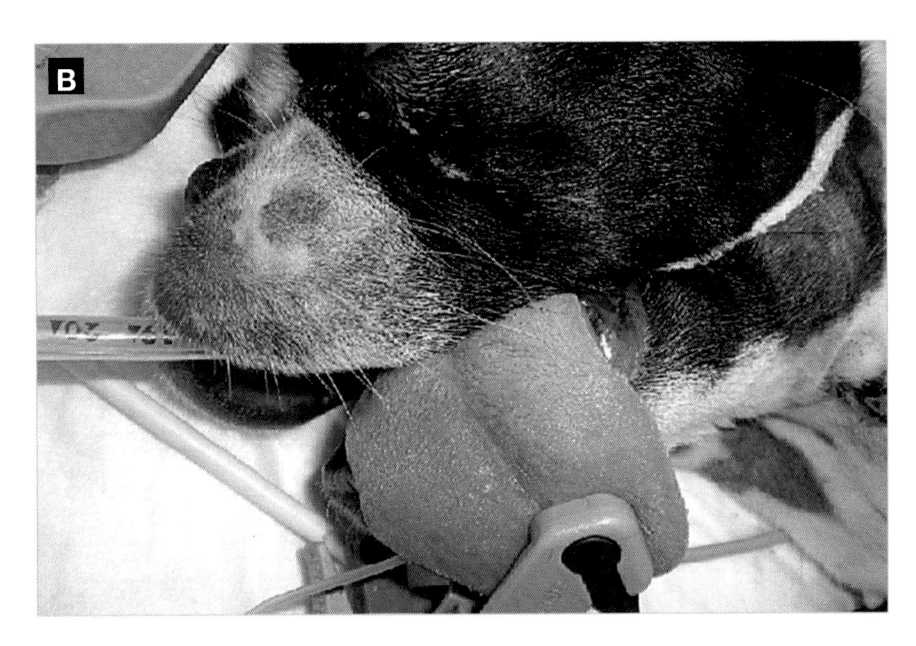

图10.84　动物在手术前（A）和手术后（B）黏膜颜色的区别。

黏膜颜色的改变可以即刻反映手术的效果（图10.84）。最后，放置胸腔引流管可以快速确定任何可能的术后出血情况，接下来常规闭合胸腔。48 h后检查胸腔出血情况后移除胸腔引流管，5 d后进行血液学、X线和B超检查后出院。

手术1个月后，主人反馈动物对运动耐受程度改善，复发次数减少，生活质量明显提高。

手术治疗法洛四联症可通过提高肺部灌注和增加循环血中的氧含量，提高动物的生活质量。

肛周瘘

肛周瘘是由局部组织损伤和继发感染所致的慢性、进行性疾病，主要表现为肛周溃疡、疼痛及异味（图10.85）。

它可能发展为单一窦道或多个窦道，甚至影响肛周的全部组织（图10.86）。窦道的直径、深度和连接方式各不相同。

有时药物治疗（环孢菌素、酮康唑、皮质类固醇、高纤饮食、他克莫司等）效果不佳，需考虑外科手术治疗。

肛周瘘是一种复杂得多因素疾病，通常影响4～7岁的犬。尽管没有特别的性别倾向性，但根据作者的经验，雄性德国牧羊犬最为高发。它通常与基因遗传性疾病（携带等位基因DLA-DRB1*00101的德国牧羊犬比不携带该基因的个体发生肛裂的概率高出5倍）和免疫抑制有关，并伴有炎性肠病的发生。

在药物治疗方面，过去人们曾使用免疫抑制剂（如环孢菌素）联合或不联合酮康唑、抗菌药物（如甲硝唑）以及外用膏剂（如他克莫司、皮质类固醇和抗生素）治疗，并同时进行饮食和卫生管理。

目前，使用二氧化碳激光对该病进行治疗显示出了其他治疗技术所没有的优势。但一定要记得，大多数病例需要长期药物治疗来维持。

二氧化碳激光术的成功之处在于能够有效地去除坏死组织，并使伤口床光汽化，以刺激二期愈合。

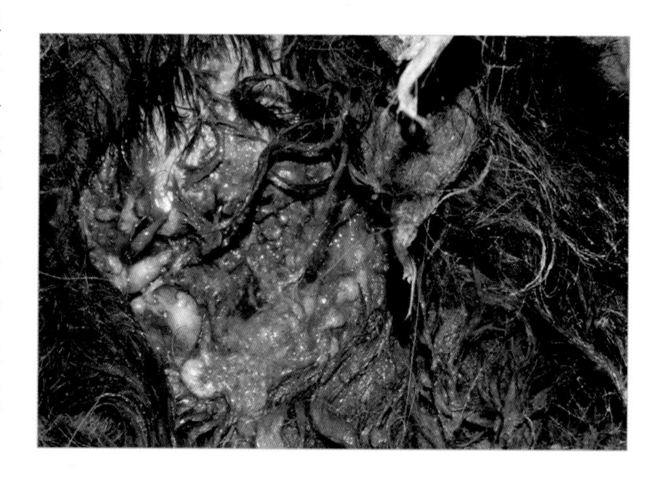

图10.85　肛周瘘是位于肛门周围的一种伴有疼痛的感染性病变。

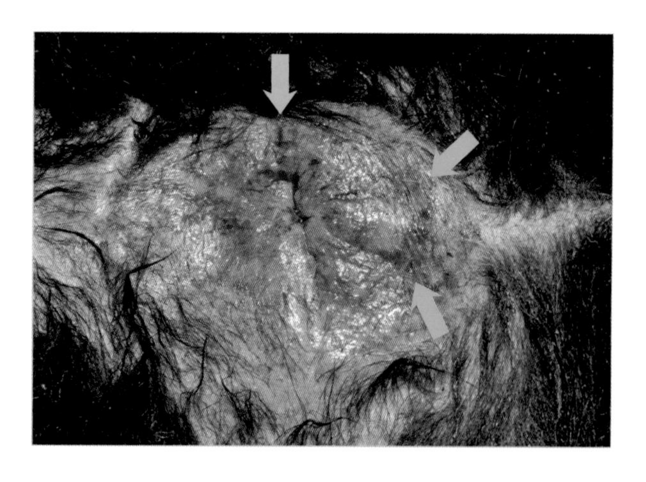

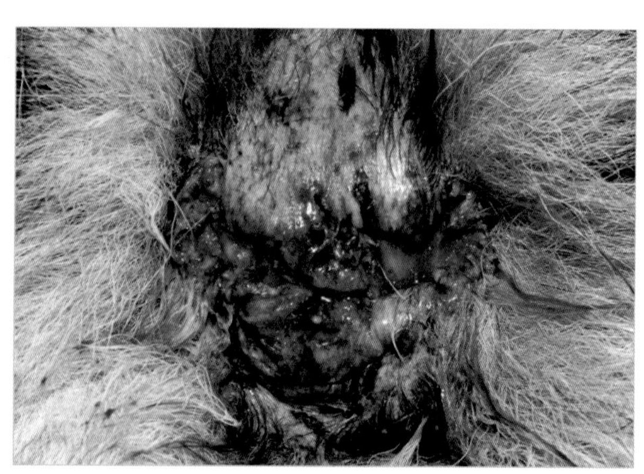

图10.86　在这些病例中，可以看到少量小的瘘管，也可能看到许多大的瘘管。

外科病例讨论/肛周瘘切除术

本病例为一只8岁雄性德国牧羊犬，在接受了1年的保守治疗后，未能控制住临床症状，遂考虑手术。

患病动物尽可能的无菌备皮。因为瘘管区域的疼痛和炎症使动物难以保定，偶尔需要对动物进行轻度镇静。首先利用导泻剂和灌肠排空直肠和结肠，人工排空肛门腺，防止手术区域污染。

患病动物进行全身麻醉后，将纱布塞入直肠，并在肛门周围进行荷包缝合以防止气体和粪便排出。动物俯卧保定并伸直后肢，注意进行保护以防止神经损伤，并将尾巴固定在背部（图10.87）。手术开始时先对瘘管进行插管，以确定坏死区域的深度和范围（图10.88）。

手术步骤

二氧化碳激光治疗：使用这项技术时，应首先识别每个瘘管，并选用连续模式对其进行初步分离，然后根据瘘管的不同直径和深度，以12 ~ 20 W之间的输出功率，在超脉冲模式下通过光汽化作用去除所有浅表组织（图10.89和图10.90）。在这个病例中，由于左侧肛门腺发生坏死，同时对其进行了切除。

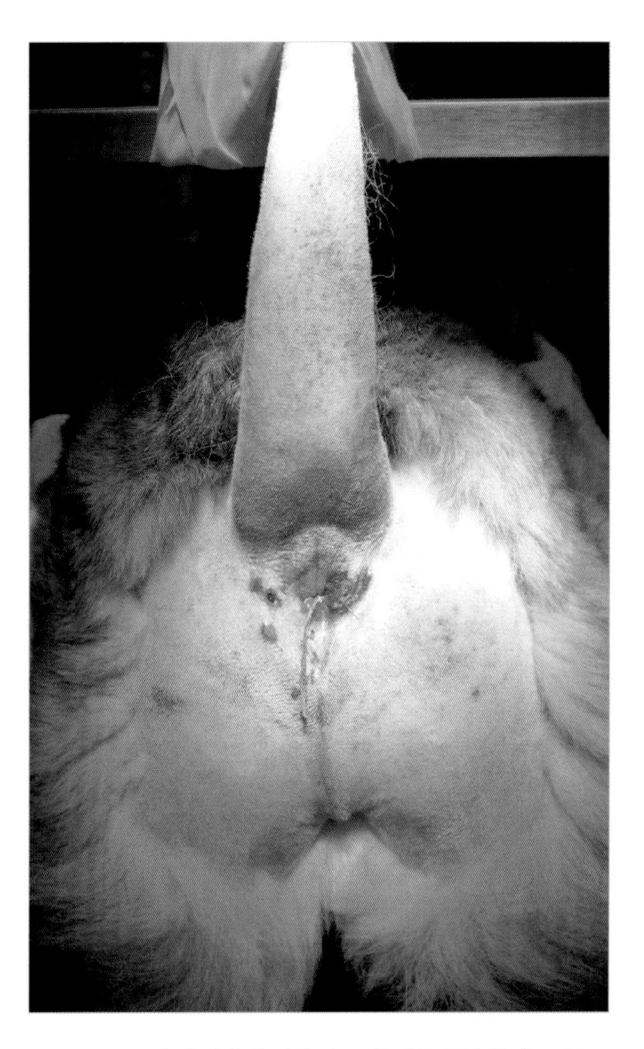

图10.87　患病动物俯卧保定，使后躯轻度抬高，尾巴固定在背部区域。

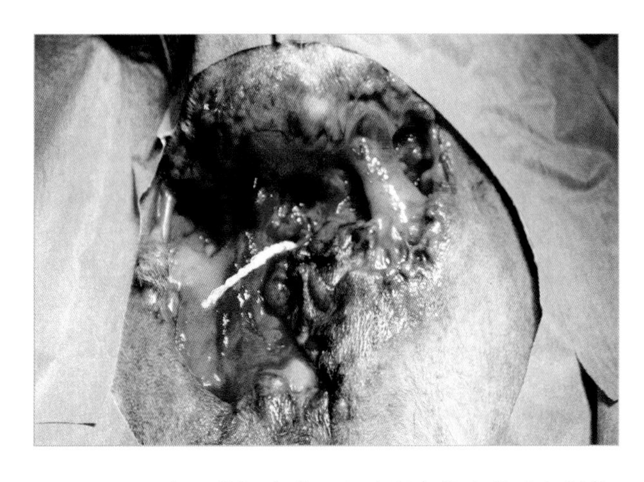

图10.88　在开始切除前，应对所有的瘘道进行插管、清洁和清创，并评估将要切除的肛周区域。

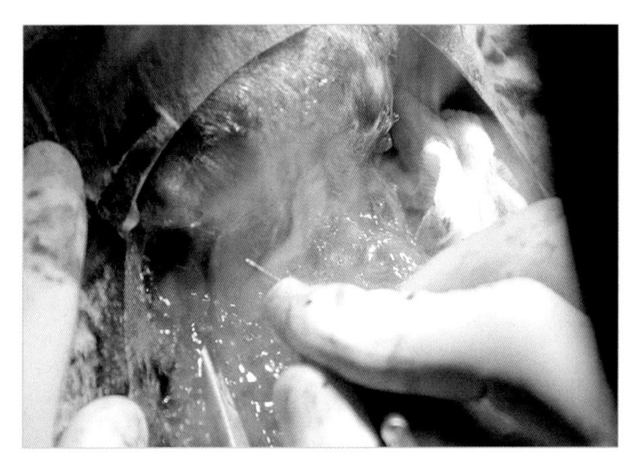

图10.89　采用连续模式激光切除瘘管，同时促进该区域凝血。

在这种情况下，应切除左侧肛门囊，因为此区域已经坏死。

不应该切除健康的皮肤，而对瘘管应该进行小心的追踪；更深的瘘管应使用更小的刀头（pea-sized）。根据使用的刀头不同，手持激光刀时刀尖应距组织3 ~ 5 mm。使用生理盐水湿润的纱布去除炭化区域，并对操作区域进行大量的冲洗，以去除细菌、血凝块和异物，并促进愈合。

使用可吸收单股缝线缝合较深的切口（图10.91）。使用不可吸收单股缝线对肛周进行塑形并重建该处皮肤，能够达到良好的美观和功能效果（图10.92）。作者认为通常没有必要安装引流管。

动物麻醉苏醒无异常，术后8 h出院回家。在第1周，动物需接受支持性药物治疗和每周两次的生物刺激性激光治疗，第2周后减少到每周1次，直到第4周（图10.93）。

局部治疗包括使用抗菌香皂清洗患部，并使用抗生素和抗炎软膏。同时服用甲硝唑作为全身性抗生素治疗。1周后，动物的临床症状和伤口愈合情况显著改善。1个月后动物出院了。3个月后，该动物病情继续好转，不再需要全身性药物治疗。

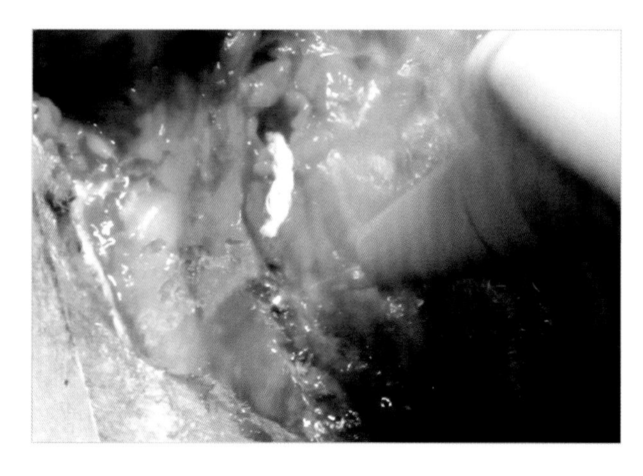

图10.90　坏死组织的光汽化通过超脉冲模式进行，刀头应距离目标组织一定距离，以使激光散焦并增加处理表面积。

图10.91　使用可吸收合成单股缝线进行结节缝合，完成内部各层组织的重建。

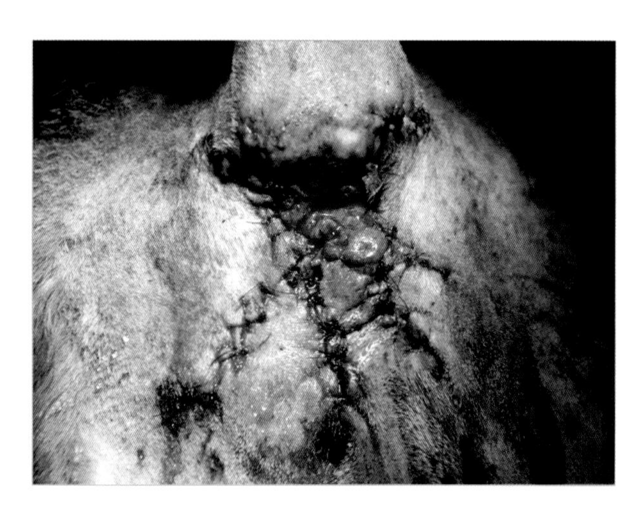

图10.92　制作一些肛周皮瓣能够重建该区域，但尽可能减少缝线的张力，以便快速愈合。

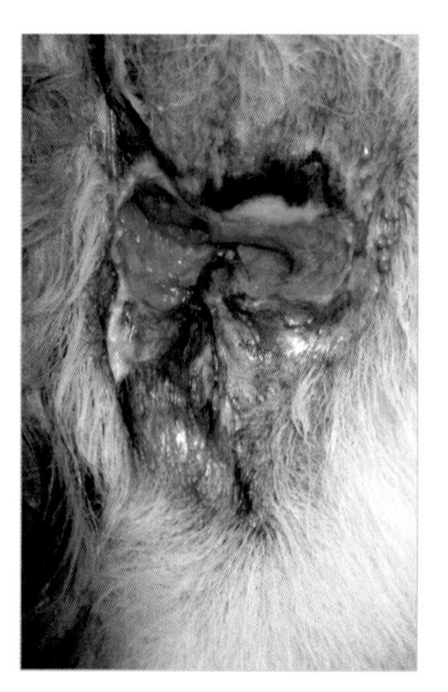

图10.93　术后4周，动物病情进展令人满意，无疼痛且排便正常。背侧区域二期愈合进展良好。

肛周瘘切除手术

短头品种综合征

短头品种综合征的病因是多方面的，共同决定了每个动物的临床症状和呼吸障碍的程度。它可能包括鼻孔狭窄、气管发育不全、喉小囊外翻、咽黏膜和杓状软骨水肿、扁桃体肿大和不同程度的喉头塌陷。

临床表现包括干咳、呕吐、打鼾和偶尔呼吸困难。这种情况通常会逐步发展为喉头塌陷和昏厥。短头犬吸气时，软腭尖端进入喉部，阻碍空气进入气管。在鼻孔狭窄的地方，呼吸强度会因为空气阻力的增加而增加，导致软腭尖端继续下沉，加剧阻塞程度，加重上腭和喉周围结构的炎症和水肿（图10.94）。

严重的气管发育不良使得呼吸力度增加，在杓状突之间不停“吮吸”软腭。由于在气道关闭时，吞咽和通气会相互干扰，动物还可能存在吞咽困难的表现。

在这些动物，很容易听到随着兴奋而增强的咔哒声；呼吸费力时可见明显的嘴角收缩、张口呼吸、喘息和由于腹部肌肉牵拉导致的肋骨过度运动。

动物会出现充血、体温升高和发绀的症状。

图10.94 软腭尖端的伸长会引起咽喉结构的改变。此区域发生炎症、肿胀、扁桃体增大、喉部功能丧失，最后出现喉头塌陷。

为了检查软腭，必须为动物注射镇静剂或麻醉剂。检查时，通常可以看到软腭和会厌软骨重叠几毫米甚至几厘米；软腭过长是患病动物症状评估的一部分，因为动物的临床症状会随着软腭的厚度增加而加剧（图10.95）。

需要对动物进行全面检查，并对其他可表现为上呼吸道梗阻的疾病进行鉴别，如喉麻痹、声门（以及喉和气管）肿物、喉黏膜以及上呼吸道创伤等。

使用抗炎剂量的皮质类固醇药物治疗可以控制急性期或急性呼吸窘迫，但不能阻止退行性病变的进展。对于气管发育不良的犬来说，通过黏液溶解剂尽可能减少气道分泌物是至关重要的。所有病例均应使用支气管扩张剂。

根据动物的具体情况，实施外科手术对部分异常结构进行修正。

根据作者的经验，手术操作（如完全切除喉小囊，甚至通过光汽化杓状软骨突对喉进行重塑）只要处理的方式正确，很少会用到紧急气管切开术。

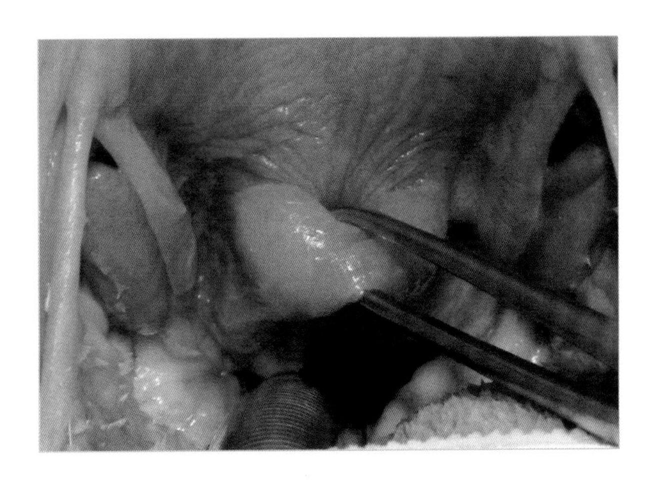

图10.95 评估软腭尖端的长度和厚度，它会引起喉部功能障碍。

鼻孔扩张术

采用二氧化碳激光对鼻镜进行垂直楔形切除以扩大鼻孔。保持一定的工作距离进行切割（进行精确切割所需的最大距离）十分重要，手术通常在15 W输出功率的超脉冲模式下进行。或者，也可以使用低输出的连续模式进行工作，具体需要根据动物情况、工作距离和使用的设备不同而在10～12 W之间进行调整（图10.96）。

保持鼻部和破坏区域的湿润十分重要。

作者建议避免切除的楔形过大，因为这会导致更大的结痂形成。为了达到期望的宽度，光汽化的深度最好稍深一些。伤口不需要缝合，随着结痂和黏液的形成，愈合需要近1个月的时间。

在某些情况下，可能会出现永久性的局部脱色素，特别是在切除过多组织时。因此，有必要提前告知动物主人这种可能性。

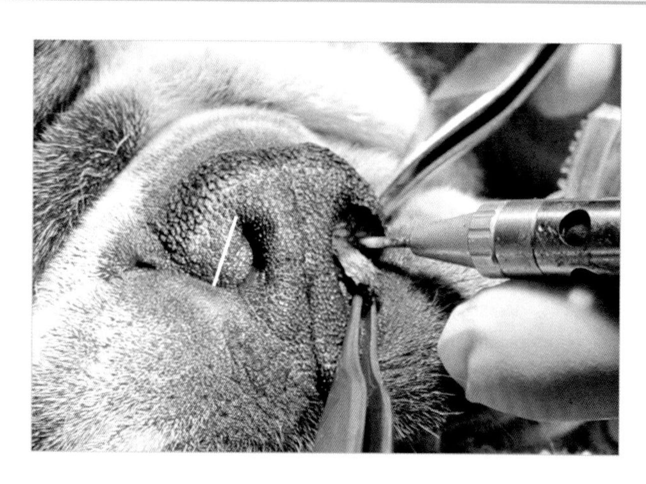

图10.96　通过从鼻腔壁内侧切除楔形组织完成鼻孔成形术。

腭成形术

悬雍垂切除术及腭成形术，可以用二氧化碳激光或单极电刀进行。当使用二氧化碳激光时，作者推荐使用咽成形术，其目的是减少软腭瓣和侧柱（lateral column）的长度和整体厚度。

第一步需要把生理盐水润湿的纱布垫在软腭后面，以防止激光束对其他组织造成损伤（图10.97）。如果纱布垫没有完全浸湿，它可能会被点燃并引起烧伤。

咽成形术的关键是正确选择背侧缘的位置。这个位置并没有固定的解剖学参照点，需要根据每个动物个体进行调整。其要点是务必在切除后不能持续暴露鼻后孔，防止食物和鼻液发生改道的风险。医生需根据每个病例的情况，判断这一手术在不同个体上的切除范围，与此同时避免出现改道风险；有时鼻后孔暴露过多时，会导致大量的液体和气体冲击鼻腔，进而造成鼻炎。在这些患有咽部肥厚和巨舌的病例中，必须根据外科医生的经验和知识做出决定，保持生理病理平衡，以应对可能发生的变化。

软腭的切口从中心开始，根据腭的厚度，采用15 ～25 W的连续模式进行工作。刀头与组织间的距离应尽可能小，使手腕有足够空间转动并划出圆顶形切割线，并能清楚辨别口腔、肌肉和鼻黏膜（图10.98）。

图10.97　将生理盐水浸湿的纱布垫在软腭的后下方，以保护咽部和气管插管。

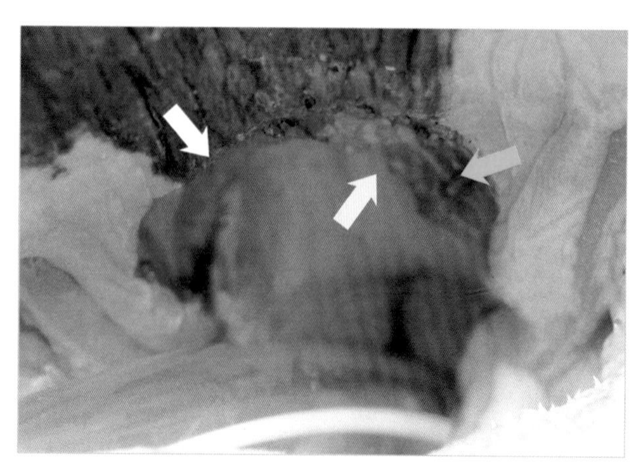

图10.98　腭成形术需要将软腭修整为一个圆顶形状，以防止软腭阻塞咽喉的入口。这张图片显示的是口腔黏膜（白色箭头）、鼻肌（蓝色箭头）和鼻黏膜（黄色箭头）。

不同平面组织的切割位置应该尽可能地一致。以鼻线作为切口边缘，引导愈合，达到短期和长期的最佳效果。

笔者建议在会厌软骨的边缘留下足够的边缘，并通过移除两侧多余的黏膜组织扩大咽部，即使用二氧化碳激光在超脉冲模式下使组织光汽化以减少局部细胞，选用的输出功率为10 ~ 20 W，最小距离为3 cm。

> 光汽化软腭两侧的侧柱使咽变宽，使空气进入喉部。

作者通常不进行缝合，除非考虑该病例适合用缝线闭合单个或两个小腭时。在这种情况下，建议使用快速吸收编织缝线（3/0或4/0），以避免单股缝线过硬的线结给动物带来不适。

当使用单极电刀时，应选择0.2 mm的长尖刀头或针型刀头，如果使用铲型刀头，其尖端应尽可能细（图10.99）。

所选择的功率应在保证切割过程顺滑的前提下尽可能低，通常为10 ~ 15 W，这取决于所用的主机及所选用的终端刀头。多余的软腭被完全切除后，可将鼻黏膜和口腔黏膜相缝合，但也有些外科医生在这些病例中选择不进行缝合。

图10.99　当使用电刀进行腭成形术时，应选择可用的最细刀头。建议使用0.2 mm的针型刀头，以提供所需的高能量密度和低输出功率。

喉小囊切除术

如果喉小囊外翻引起喉部梗阻，则需切除喉小囊。切除可用精细的组织剪和牵引钳完成。

将喉小囊从口腔前庭和口腔皱襞之间的基部切开（图10.100）。出血通常很少，如果出血，则用浸有肾上腺素溶液的棉球按压止血。

如果二氧化碳激光可用，可在超脉冲模式下以3 cm距离进行局部光汽化，以防出血并减少水肿。

这个过程中喉头可被重塑，空气能够更容易地通过杓状软骨之间的缝隙。

作为一项精细的技术，如果能够准确操作，可以显著改善临床症状，在多数情况下动物无需再进行气管切开术（图10.101和图10.102）。在喉头塌陷较严重的部位，也可使用二氧化碳激光对杓状软腭骨楔形突进行光汽化。

虽然切除后软骨基部出血并不常见，但由于切除部位水肿程度增加，切除喉小囊可能增加术后即刻出现呼吸困难的可能性。

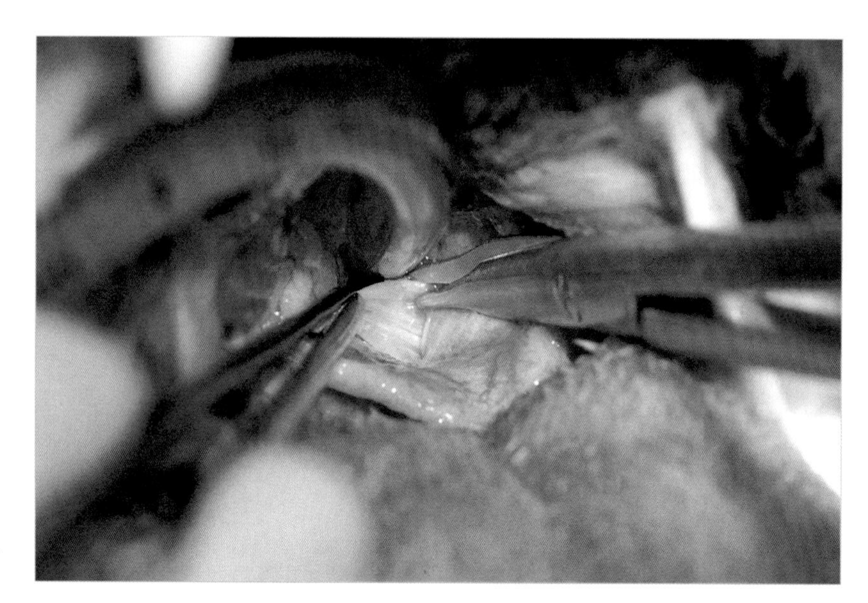

图10.100　用精细剪刀切除左侧喉小囊。然后该区域将被激光灼烧汽化，以尽量减少出血和术后炎症。

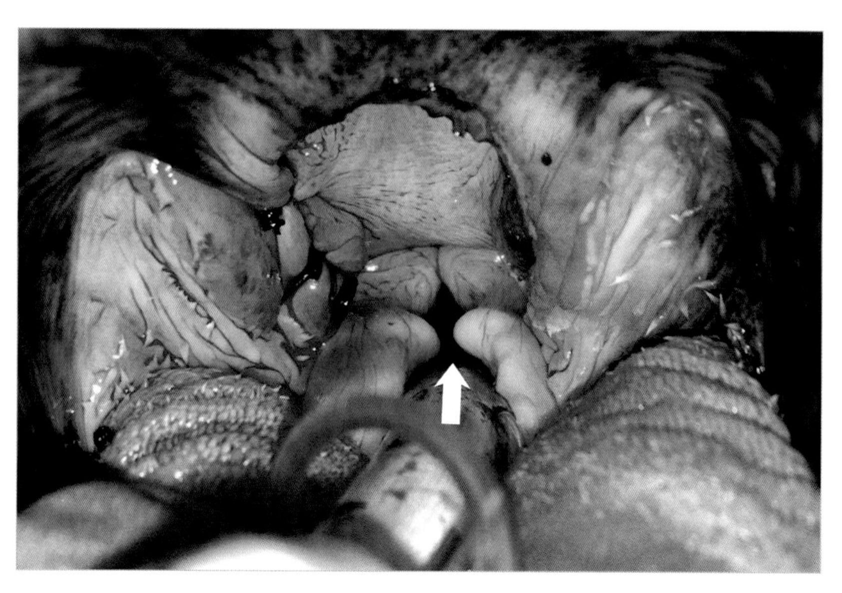

图10.101　在这个病例，我们可以看到楔形突是如何向内侧移位并阻塞喉的入口（箭头）。

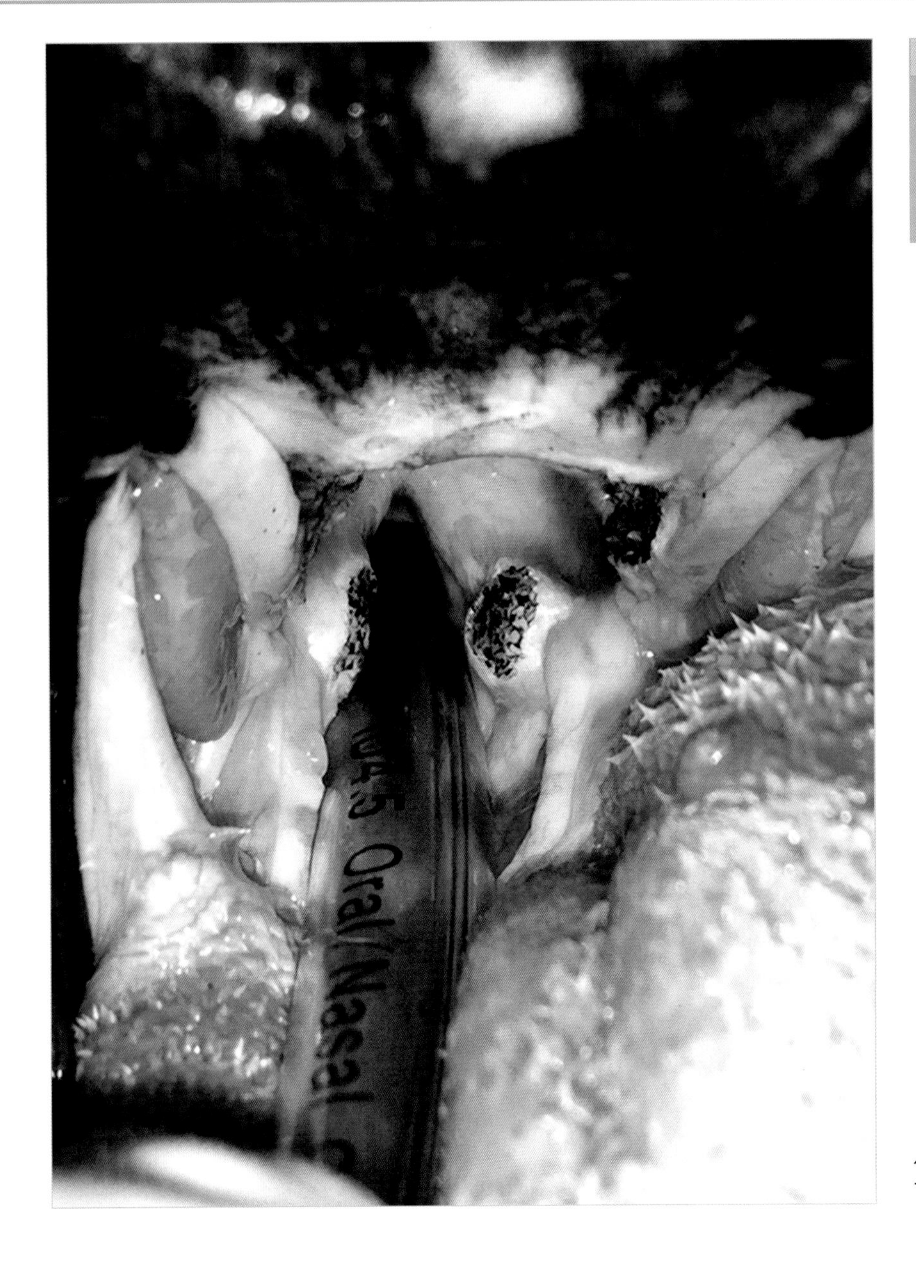

即使手术成功，动物的气喘也会导致咽喉部炎症，并可能引起会厌软骨水肿。

图10.102 解决办法为精确光汽化左侧楔形突，但在严重的情况下，也可在双侧进行。

这需要在超脉冲模式下，以机器允许的最高脉冲速度和间隔在10 ~ 15 V之间完成。必须找到正确的角度来精确定位楔状突的顶点，将突出的组织进行修整，直到杓状突的边缘变平，不再有突出物堵塞喉部入口。

大多数情况下，作者只在手术当天使用抗生素治疗。马波沙星是首选的药物。动物术后刚苏醒时，应注意其呼吸状态，因为喉部炎症及水肿可导致呼吸衰竭。

使动物在平静放松的环境中苏醒过来非常必要，最好能不要在笼子里；如果可能的话，应尽量避免动物发生喘息。

如有呼吸困难，并怀疑可能是该区域炎症所导致的，应给予皮质类固醇和利尿剂，尽量避免气管切开术。

建议在术后的头12 h禁止给予食物和水。12 h后，如果犬状态稳定，可以提供少量冷水，并在24 h后提供易消化的食物。易消化的饮食应坚持10 d，以促进愈合和利于吞咽。

动物通常在几天后就能适应新的状况，大多数病例的临床症状都有明显改善。我们需要让主人了解相关信息，并详细解释短头品种综合征的多方面影响以及进行手术的目的，而手术目的通常为缓解病情。

参考文献